动物疫病防控出版工程二

猪实体解剖学图谱

熊本海 恩和 都格尔斯仁 等 著

中国农业出版社

图书在版编目（CIP）数据

猪实体解剖学图谱 / 熊本海等著. —北京：中国农业出版社，2017.9
ISBN 978-7-109-22522-0

Ⅰ. ①猪… Ⅱ. ①熊… Ⅲ. ①猪-动物解剖学-图谱 Ⅳ. ①S828.1-64

中国版本图书馆CIP数据核字（2016）第311984号

中国农业出版社出版
（北京市朝阳区麦子店街18号楼）
（邮政编码 100125）
责任编辑 刘 玮

北京通州皇家印刷厂印刷 新华书店北京发行所发行
2017年9月第1版 2017年9月北京第1次印刷

开本：787mm × 1092mm 1/16 印张：22.75
字数：600 千字
定价：268.00 元

《猪实体解剖学图谱》课题组

课题组组长

熊本海　中国农业科学院北京畜牧兽医研究所　研究员
恩　和（蒙古族）　内蒙古赤峰农牧学校　高级讲师
都格尔斯仁（蒙古族）　内蒙古农业大学　副教授

课题组副组长

庞之洪（女）　中国农业科学院北京畜牧兽医研究所　副研究员
苏日娜（蒙古族　女）　内蒙古赤峰农牧学校　高级讲师
郭颖妍（女）　内蒙古赤峰农牧学校　高级讲师

课题组成员（按姓氏笔画排序）

于　占（蒙古族）　内蒙古赤峰农牧学校　高级讲师
扎木苏（蒙古族）　内蒙古赤峰农牧学校　高级讲师
乌力吉（蒙古族）　内蒙古赤峰农牧学校　讲师
乌云格日乐（蒙古族　女）　内蒙古赤峰农牧学校　高级实验师
布仁巴雅尔（蒙古族）　内蒙古赤峰农牧学校　高级讲师
李春华（蒙古族　女）　内蒙古赤峰农牧学校　高级实验师
杨　亮　中国农业科学院北京畜牧兽医研究所　助理研究员
辛海瑞　中国农业科学院北京畜牧兽医研究所　实习研究员
张　颖（女）　内蒙古赤峰农牧学校　助理讲师
罗清尧　中国农业科学院北京畜牧兽医研究所　副研究员
金　花（蒙古族　女）　内蒙古赤峰农牧学校　高级讲师
赵福军　内蒙古赤峰农牧学校　高级讲师
胡颖娴（女）　内蒙古赤峰农牧学校　高级讲师
贾会囡（女）　中国农业科学院北京畜牧兽医研究所　实习研究员
特古斯巴雅尔（蒙古族）　内蒙古赤峰农牧学校　高级讲师
高华杰（女）　北京大北农科技集团股份有限公司　助理研究员
韩英东　中国农业科学院北京畜牧兽医研究所　实习研究员
潘佳一　中国农业科学院北京畜牧兽医研究所　工程师
潘晓花（女）　中国农业科学院北京畜牧兽医研究所　实习研究员
魏向阳　内蒙古赤峰农牧学校　高级讲师

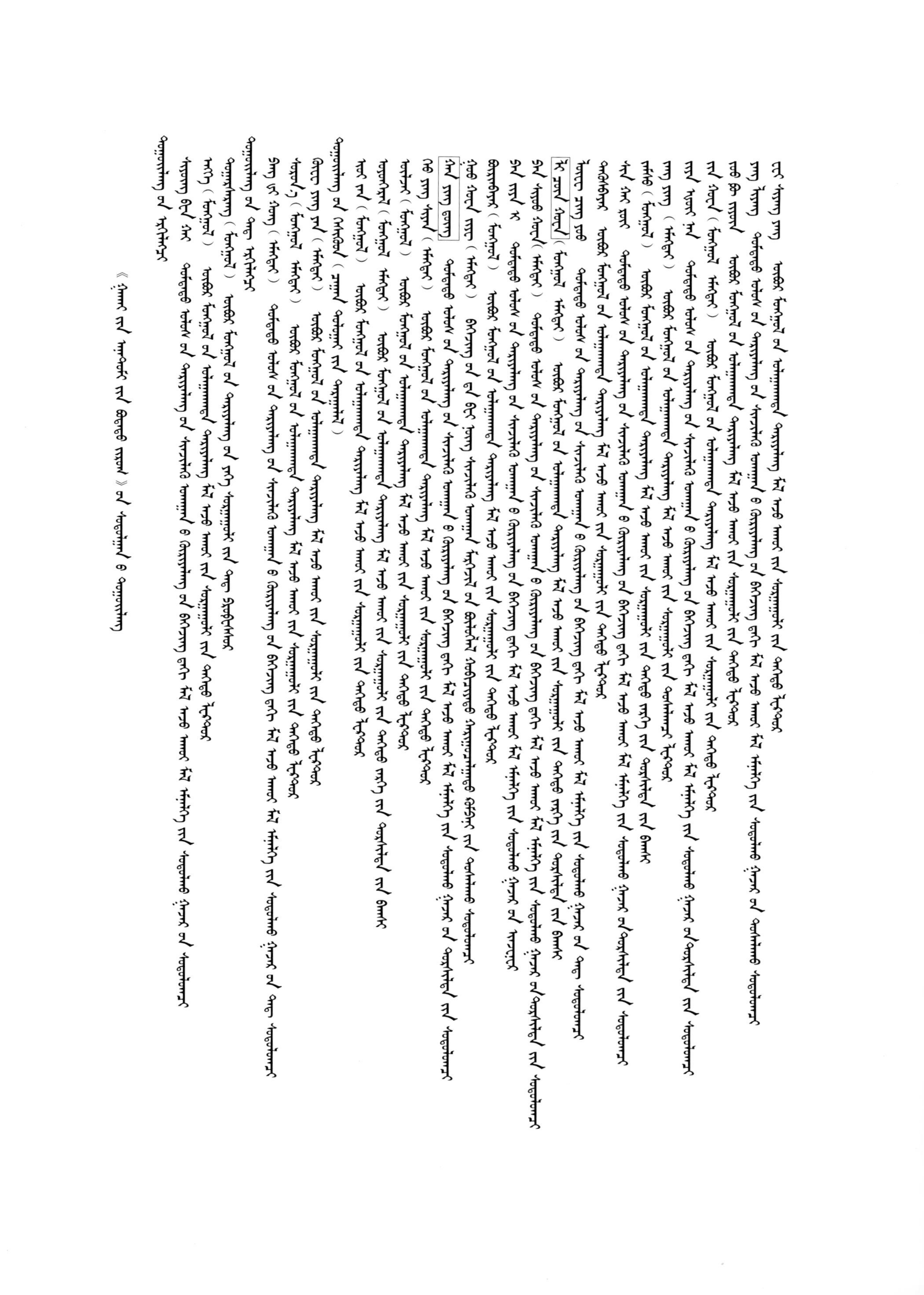

[illegible]

序

继中国农业出版社先后出版《绵羊实体解剖学图谱》《家禽实体解剖学图谱》后，又高兴见到熊本海研究员、恩和老师等带领的研究团队，在总结前期研究工作的基础上，继续完成的《猪实体解剖学图谱》要与读者见面了，由此为他们研究团队的不断创新与执着的精神，甘于寂寞及锲而不舍的工作态度倍感欣慰，并欣然作序！

与已经出版的《绵羊实体解剖学图谱》及《家禽实体解剖学图谱》比较，本书涉及解剖对象为猪。显然，成熟的猪体型、体重明显大于绵羊与家禽，解剖难度大，尤其是猪的整个心血管系统、肌肉组织、脂肪组织及结缔组织等明显发达，脉络走向错综复杂，以致获得每一帧完整的组织或器官图片，需要准确的解剖定位、精心的剥离与辨认，多人多角色的协同与光线控制，才能获得不同系统、不同器官及不同组织的满意的解剖学图片。在每一次有效的解剖与采集图片过程中，也只能采集到部分所需要的部位或组织图片，而其他部位的器官或组织因为时间过长往往已经发生溃败，或者颜色等不符合采集的标准。因此，研究团队前后共解剖了10头成熟的公、母猪，才获得十二大解剖学系统的大约300幅珍贵的图片。

本书图片均为实体解剖学图片，与之前出版的大量通过手绘、电脑绘制的猪解剖学图片区别较大，更真实、直观。并且研究团队在图片采集的过程中，对每幅图片涉及的组织或器官的名称有疑惑的，查阅了大量的国内外生物学及解剖学词典，从中文名称，到对应的蒙文及英文的准确描述，逐一进行了科学的比对、斟酌，去伪存真，定义有依据，经得起考证。最终，千辛万苦始得的不少器官或组织图片绝大多数为首次出现，也将成为本领域的经典之作。本书不仅是一本难得的、原创性的实体解剖学图谱，也是一本猪解剖学的中文、蒙文及英文教科书，填补了国内外本研究领域的空白。

本书内容包括猪躯体部位、被皮系统、消化系统、呼吸系统、心血管系统、泌尿系统、神经系统与感觉器官、母猪生殖系统、公猪生殖系统、内分泌系统、免疫系统、运动系统十二大部分，共282组、330张图片。

本书的出版发行，对于畜牧兽医专业大专院校学生、广大畜牧兽医技术工作者学习和掌握猪的解剖学基本理论和基本概念，准确、直观地认识正常猪体各器官的形态、结构、位置与功能的关系具有实际意义。而且本书提供的实体解剖学图片，尤其是这些图片的原始高像素的图形文件，为通过计算机技术、计算机图形学技术、数学模型技术、生命科学与系统科学等构建“数字猪”，提供了一套完整、真实的基础素材。

本书继续保持了与《绵羊实体解剖学图谱》《家禽实体解剖学图谱》一致的特点，即对每幅图片提供中蒙文对照，填补了我国乃至全世界在蒙文解剖学科技图书方面的空白，有利于解剖学知识在蒙文地区的教学与科普，也可以作为与蒙古国进行文化和科学交流的工具书之一。

21世纪是生命科学与信息科学突飞猛进的时代，也是学科交叉发展和进行知识创新的时代。但是，科普关系到国家发展和民族兴盛，是全社会科学发展的前提，是科学探索真理的延伸。希望本书的创作团队从高度重视科普的思维出发，继续利用现代生物技术与信息技术的方法，构建其他动物，如马、牛等大体型家养动物的实体解剖学图谱，完善我国在家畜家禽解剖学领域研究的基础性工作，扩大与丰富本领域的研究成果，为中国乃至世界的科学与技术的普及做出更大的贡献。

中国工程院院士
华中农业大学教授 陈焕春

2017年6月8日

前 言

家畜解剖学是家畜生理学、兽医病理学、兽医临床诊断学、兽医外科学、兽医产科学、畜禽营养学、畜禽繁殖学、动物生产学等畜牧兽医类专业的基础科学，同时，它也是畜牧兽医科学研究工作者的必备基本知识。

迄今为止，国内畜牧兽医领域对猪、牛、马、羊等家畜的解剖学研究较为重视，各种风格版本的图谱著作时有出版，但在猪的解剖学图谱的研究方面，通过系统解剖猪的正常器官与组织，采集、编写及系统标注器官与组织名称的原色实体解剖学图谱专著在国内外还未见出版。鉴于此，为给广大畜牧兽医领域的师生、科研工作者及生产技术人员提供基础素材，继课题研究组2011年完成《绵羊实体解剖学图谱》（中国农业出版社）、2013年完成《家禽实体解剖学图谱》（中国农业出版社）后，又系统研究并完成了《猪实体解剖学图谱》的撰写工作。本书包括猪躯体部位、被皮系统、消化系统、呼吸系统、心血管系统、泌尿系统、神经系统与感觉器官、母猪生殖系统、公猪生殖系统、内分泌系统、免疫系统、运动系统十二大部分，共282组，330幅高清数字化图片。

本书的图片素材是以直接解剖公、母猪，用高分辨率数码相机拍摄真实、正常器官而取得的。在拍照时，保持了成年猪在正常生理状态下各器官的基本形态、相对位置和原有色泽。因此，本书中的图片基本能够代表家猪活体各系统器官的正常形态、相对位置和色泽。

书中对所有图片采用中文、蒙文两种文字作注释，并附上所有器官名称的英文注释，具有可查阅猪解剖学名词字典的功能，以扩大国内读者群体并方便开展国际间文化交流。

本书对畜牧兽医专业师生和广大畜牧兽医技术工作者学习和掌握猪解剖学基本理论和基本概念，准确、直观地认识正常猪体各器官的形态、结构、位置与功能的关系具有重要实际意义，而且对科学研究人员也有一定的参考价值。同时，本书填补了国内大专院校教材和科技图书中缺乏猪实体解剖学图谱素材的空白，而且获得的图片不少成为猪解剖学图片的经典之作，在国际上的相同研究领域或者教材中也难以发现。

此外，本书提供的猪实体解剖学图片，尤其是这些图片的原始高像素的图形文件，为通过计算机技术、计算机图形学技术、数学模型技术、生命科学与系统科学等尝试构建“数字猪”，提供了一套完整、真实的基础素材。

在本书撰写过程中，熊本海、恩和、都格尔斯仁全程主持和采集图片，设计和执笔编写，其他人员全程参加解剖和采集图片工作，分工如下：李春华、潘晓花负责第1部分，魏向阳、潘佳一负责第2部分，乌力吉、罗清尧负责第3部分，胡颖娴、杨亮负责第4部分，张颖、扎木苏负责第5部分，赵福军、庞之洪负责第6部分，特古斯巴雅尔、韩英东负责第7部分，布仁巴雅尔、辛海瑞负责第8部分，恩和负责第9部分，乌云格日乐、贾会囡负责第10部分，金花负责第11部分，苏日娜、都格尔斯仁、郭颖妍负责第12部分。此外，庞之洪、高华杰、罗清尧、杨亮等负责附录各个部分的英文注释工作，潘佳一负责所有图片的精细加工与处理工作，都格尔斯仁等负责不同部分的专业审稿，于占负责蒙文、中文审稿工作。

开展动物解剖、采集和制作数字图片是一项繁重的技术工作，在项目的实施过程中，内蒙古赤峰农牧学校王宏校长、高德昌副校长和陈学风主任给予了大力支持，在工作场地、设备使用等方面提供了很大的便利条件，在此表示诚挚的感谢。

此外，本项目的实施得到“国家农业科学数据中心动物科学子平台”“中国饲料数据库情报网中心”“动物营养学国家重点实验室”的资助，亦表致谢！

由于猪实体解剖图谱方面缺乏可对照或参考的资料，加上编者的知识能力有限，书中有可能出现失误或不足，恳请广大读者批评指正！

编　者

2017年4月25日

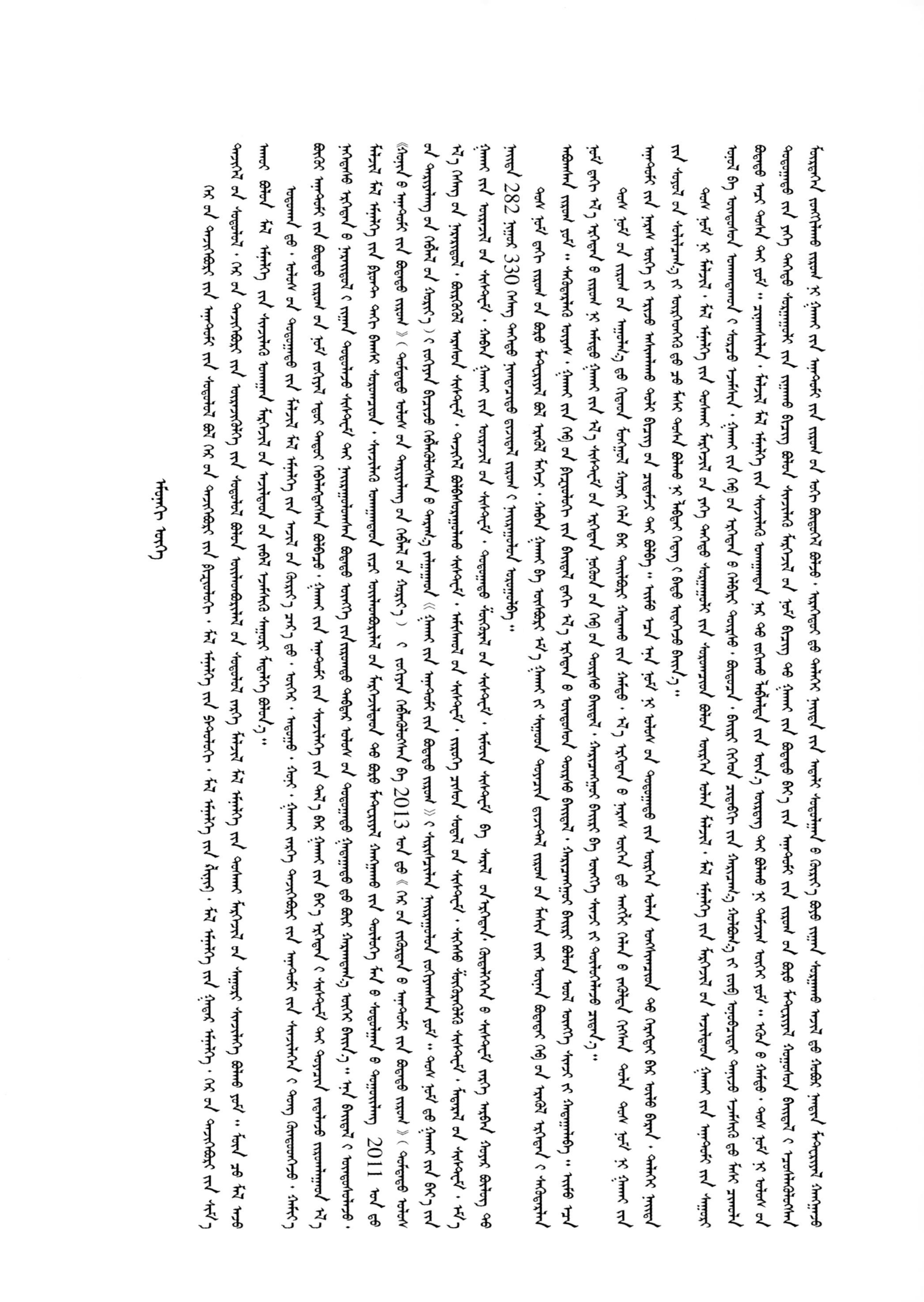

ᠤᠷᠢᠳᠤ ᠦᠭᠡ

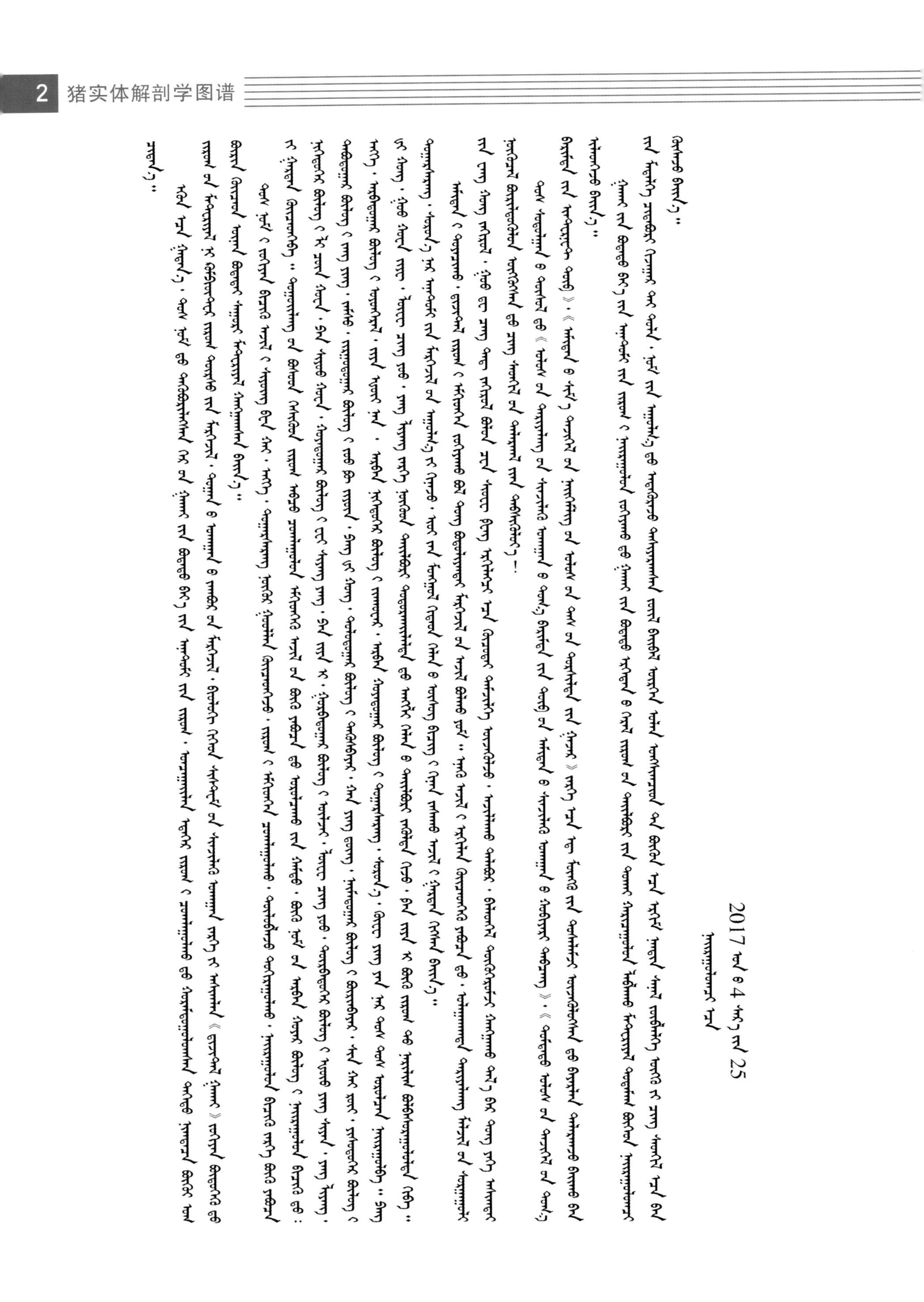

[illegible]

2017 [illegible] 4 [illegible] 25

目　录

序

前言

一、猪躯体各部位名称 …… 1

图 1-1　公猪躯体各部位名称 …… 2
图 1-2　母猪躯体各部位名称 …… 3
图 1-3　公猪头部额面观 …… 4
图 1-4　母猪头部侧面观 …… 5

二、猪被皮系统 …… 6

图 2-1　猪皮肤及切面 …… 7
图 2-2　猪下颌下部 …… 8
图 2-3　猪前脚蹄 …… 9
图 2-4　猪后脚蹄 …… 10
图 2-5　母猪乳头 …… 11

三、猪消化系统 …… 12

图 3-1　猪口腔 -1 …… 13
图 3-2　猪口腔 -2 …… 14
图 3-3　猪口腔上壁（生长猪） …… 15
图 3-4　猪口腔底壁 …… 16
图 3-5　猪口腔底壁及舌下观 …… 17
图 3-6　猪消化器官（生长猪腹下面观） …… 18
图 3-7　猪消化器官（成年猪腹下面观） …… 19
图 3-8　猪消化器官（生长猪腹左下侧观） …… 20
图 3-9　猪消化器官（生长猪腹左侧观） …… 21
图 3-10　猪消化器官（生长猪腹右下侧观） …… 22
图 3-11　猪消化器官（生长猪腹右侧观） …… 23
图 3-12　猪消化系统的组成 …… 24
图 3-13　猪消化管 -1 …… 25

图 3-14　猪消化管 -2 …… 26
图 3-15　猪结肠旋袢 -1（生长猪）…… 27
图 3-16　猪结肠旋袢 -2（成年猪）…… 28
图 3-17　猪结肠旋袢 -3（成年猪）…… 29
图 3-18　猪肝膈面（腹腔内）…… 30
图 3-19　猪肝脏面（腹腔内）…… 31
图 3-20　猪肝、胃、十二指肠相对位置 …… 32
图 3-21　猪肝、胆管 …… 33
图 3-22　猪胃 …… 34
图 3-23　猪胃黏膜 …… 35
图 3-24　猪肝膈面 …… 36
图 3-25　猪肝脏面 …… 37
图 3-26　猪肝叶切面 …… 38
图 3-27　猪食管和小肠黏膜 …… 39
图 3-28　猪大肠黏膜 …… 40
图 3-29　猪腮腺（成年猪）…… 41
图 3-30　猪颌下腺（生长猪）…… 42

四、猪呼吸系统 …… 43

图 4-1　猪鼻 …… 44
图 4-2　猪鼻腔横切面 -1 …… 45
图 4-3　猪鼻腔横切面 -2 …… 46
图 4-4　猪鼻腔横切面 -3 …… 47
图 4-5　猪咽喉口 …… 48
图 4-6　猪喉软骨 …… 49
图 4-7　猪呼吸器官的相对位置 …… 50
图 4-8　猪肺左侧观 …… 51
图 4-9　猪肺右侧观 …… 52
图 4-10　猪肺背面观 …… 53
图 4-11　猪肺腹面观 …… 54
图 4-12　猪气管和支气管剖面 …… 55

五、猪心血管系统 …… 56

图 5-1　猪颈浅静脉及舌面动脉和静脉 …… 57
图 5-2　猪胸内动脉及静脉 …… 58
图 5-3　猪心、肺相对位置 …… 59
图 5-4　猪前腔静脉 …… 60
图 5-5　猪心脏、心包（胸腔腹面）…… 61
图 5-6　猪胸骨心包韧带 …… 62

图 5-7 猪前腔静脉汇合部 …… 63
图 5-8 猪臂头动脉总干及其分支（腹侧面） …… 64
图 5-9 猪后腔静脉及肺静脉 …… 65
图 5-10 猪肺动脉及肺静脉 …… 66
图 5-11 猪主动脉相对位置（左侧） …… 67
图 5-12 猪心脏前腹侧观 …… 68
图 5-13 猪心脏左侧观 …… 69
图 5-14 猪心脏右侧观 …… 70
图 5-15 猪心脏背侧观 …… 71
图 5-16 猪肺动脉半月瓣 …… 72
图 5-17 猪主动脉半月瓣 …… 73
图 5-18 猪心脏三尖瓣房侧观 …… 74
图 5-19 猪心脏三尖瓣室侧观 …… 75
图 5-20 猪心脏房室口（心脏底部） …… 76
图 5-21 猪心二尖瓣室侧观-1 …… 77
图 5-22 猪心二尖瓣室侧观-2 …… 78
图 5-23 猪心左房室口及二尖瓣 …… 79
图 5-24 猪心脏房室口（翻转） …… 80
图 5-25 猪心静脉冠状窦和卵圆窝 …… 81
图 5-26 猪肝门静脉 …… 82
图 5-27 猪脾、胃血管-1 …… 83
图 5-28 猪脾、胃血管-2 …… 84
图 5-29 猪脾、胃血管-3 …… 85
图 5-30 猪小肠系膜血管 …… 86
图 5-31 猪空肠系膜及血管（注水后） …… 87
图 5-32 猪肾血管 …… 88
图 5-33 猪子宫阔韧带和膀胱血管 …… 89
图 5-34 猪子宫阔韧带血管 …… 90
图 5-35 猪髂内、外静脉及骨盆壁静脉 …… 91
图 5-36 猪髂外动静脉 …… 92
图 5-37 猪右前肢血管-1 …… 93
图 5-38 猪右前肢血管-2 …… 94
图 5-39 猪右前肢血管-3 …… 95
图 5-40 猪右后肢血管-1 …… 96
图 5-41 猪右后肢血管-2 …… 97
图 5-42 猪右后肢血管-3 …… 98
图 5-43 猪右后肢血管-4 …… 99
图 5-44 猪腹壁皮下静脉 …… 100
图 5-45 猪腹壁皮下静脉及乳腺静脉 …… 101

图5-46　猪阴部外动脉和静脉 …… 102

六、猪泌尿系统 …… 103

图6-1　猪左肾相对位置 …… 104
图6-2　猪肾、输尿管及血管 …… 105
图6-3　猪泌尿系统器官 …… 106
图6-4　猪双肾 …… 107
图6-5　猪肾门 …… 108
图6-6　猪肾正中纵切面-1 …… 109
图6-7　猪肾正中纵切面-2 …… 110
图6-8　猪肾横切面 …… 111
图6-9　猪膀胱黏膜（生长猪） …… 112

七、猪神经系统与感觉器官 …… 113

图7-1　猪脑部背侧观（在脑硬膜内） …… 114
图7-2　猪脑部背侧观 …… 115
图7-3　猪脑部腹面观 …… 116
图7-4　猪脑部侧面观 …… 117
图7-5　猪脑纵切面观 …… 118
图7-6　猪颈胸部脊髓 …… 119
图7-7　猪胸部脊髓 …… 120
图7-8　猪腰部和尾部脊髓 …… 121
图7-9　猪荐部脊髓及马尾 …… 122
图7-10　猪前肢神经及血管-1 …… 123
图7-11　猪前肢神经及血管-2 …… 124
图7-12　猪前肢神经及血管-3 …… 125
图7-13　猪前肢神经及血管-4 …… 126
图7-14　猪后肢神经及血管 …… 127
图7-15　猪后肢神经 …… 128
图7-16　猪眼睛 …… 129
图7-17　猪眼睛第三眼睑 …… 130
图7-18　猪眼球肌 …… 131
图7-19　猪眼球结构 …… 132
图7-20　猪眼晶状体 …… 133
图7-21　猪外耳 …… 134

八、母猪生殖系统 …… 135

图8-1　母猪子宫阔韧带（经产） …… 136
图8-2　母猪生殖器官腹面观（经产，发情期） …… 137

图8-3 母猪生殖器官背面观（经产，红体期） …… 138
图8-4 母猪生殖器官腹面观（经产，红体期） …… 139
图8-5 母猪卵巢和输卵管（经产，发情期） …… 140
图8-6 母猪卵巢和输卵管（红体期） …… 141
图8-7 母猪卵巢和输卵管伞（经产，发情期） …… 142
图8-8 母猪卵巢和输卵管伞（红体期） …… 143
图8-9 母猪卵巢及红体 …… 144
图8-10 母猪卵巢纵切面（红体期） …… 145
图8-11 母猪子宫黏膜（红体期） …… 146
图8-12 母猪阴道和子宫颈黏膜（经产） …… 147
图8-13 母猪生殖道黏膜（成年，发情期） …… 148
图8-14 生长母猪生殖器官腹面观-1（腹腔内） …… 149
图8-15 生长母猪生殖器官腹面观-2（腹腔内） …… 150
图8-16 生长母猪生殖器官 …… 151
图8-17 生长母猪生殖道黏膜 …… 152
图8-18 母猪乳房 …… 153
图8-19 母猪乳腺切面 …… 154

九、公猪生殖系统 …… 155

图9-1 公猪阴囊 …… 156
图9-2 公猪腹面 …… 157
图9-3 公猪生殖器官腹面观-1 …… 158
图9-4 公猪生殖器官腹面观-2 …… 159
图9-5 公猪阴茎头 …… 160
图9-6 公猪睾丸及精索-1 …… 161
图9-7 公猪睾丸及精索-2 …… 162
图9-8 公猪阴茎 …… 163
图9-9 公猪生殖系统和泌尿系统器官 …… 164
图9-10 公猪睾丸结构 …… 165
图9-11 公猪睾丸和附睾 …… 166
图9-12 公猪睾丸纵切面和横切面 …… 167
图9-13 公猪副性腺腹面观 …… 168
图9-14 公猪副性腺背面观 …… 169
图9-15 公猪副性腺切面 …… 170

十、猪内分泌系统 …… 171

图10-1 猪甲状腺及其位置（生长猪） …… 172
图10-2 猪甲状腺及其位置（成年猪） …… 173
图10-3 猪甲状腺 …… 174

图 10-4　猪脑垂体 …… 175
图 10-5　猪右侧肾上腺的相对位置 …… 176
图 10-6　猪左侧肾上腺的相对位置 …… 177

十一、猪免疫系统 …… 178

图 11-1　猪胸腺相对位置（腹面观）…… 179
图 11-2　猪脾脏在腹腔内相对位置 …… 180
图 11-3　猪脾脏 …… 181
图 11-4　猪颈浅淋巴结 …… 182
图 11-5　猪髂下淋巴结 …… 183
图 11-6　猪腘淋巴结 …… 184
图 11-7　猪肠系膜淋巴结 …… 185
图 11-8　猪腰淋巴干 …… 186

十二、猪运动系统 …… 187

图 12-1　猪头部外侧浅层肌 …… 188
图 12-2　猪头颈部腹侧浅层肌 …… 189
图 12-3　猪头颈部腹侧深层肌 …… 190
图 12-4　猪全身背侧浅层肌 …… 191
图 12-5　猪胸腹部腹侧浅层肌 …… 192
图 12-6　猪胸腹部外侧浅层肌 …… 193
图 12-7　猪胸腹部外侧深层肌 -1 …… 194
图 12-8　猪胸腹部外侧深层肌 -2 …… 195
图 12-9　猪腹侧壁肌肉层次 -1 …… 196
图 12-10　猪腹侧壁肌肉层次 -2 …… 197
图 12-11　猪腹侧壁肌肉层次 -3 …… 198
图 12-12　猪腹侧壁肌肉层次 -4 …… 199
图 12-13　猪膈肌（胸腔面）…… 200
图 12-14　猪肋间肌 …… 201
图 12-15　猪腰部腹侧肌 -1 …… 202
图 12-16　猪腰部腹侧肌 -2 …… 203
图 12-17　猪腰最长肌横断面 …… 204
图 12-18　猪左前肢外侧浅层肌 -1 …… 205
图 12-19　猪左前肢外侧浅层肌 -2 …… 206
图 12-20　猪左前肢外侧深层肌 …… 207
图 12-21　猪前肢内侧浅层肌 -1（左前肢）…… 208
图 12-22　猪前肢内侧浅层肌 -2（右前肢）…… 209
图 12-23　猪左前肢内侧深层肌 -1 …… 210
图 12-24　猪左前肢内侧深层肌 -2 …… 211

图12-25 猪左前肢肌（背侧） …… 212
图12-26 猪左前肢肌（掌侧） …… 213
图12-27 猪左前肢前臂和前脚部肌腱（背侧） …… 214
图12-28 猪左前肢前臂及前脚部肌（内侧） …… 215
图12-29 猪左前肢前臂及前脚部肌（外侧） …… 216
图12-30 猪左前肢前臂及前脚部肌腱（掌侧） …… 217
图12-31 猪左后肢外侧浅层肌-1 …… 218
图12-32 猪左后肢外侧浅层肌-2 …… 219
图12-33 猪左后肢外侧深层肌-1 …… 220
图12-34 猪左后肢外侧深层肌-2 …… 221
图12-35 猪左后肢外侧深层肌-3 …… 222
图12-36 猪右后肢内侧浅层肌-1 …… 223
图12-37 猪右后肢内侧浅层肌-2 …… 224
图12-38 猪右后肢内侧浅层肌-3 …… 225
图12-39 猪右后肢内侧深层肌 …… 226
图12-40 猪左后肢肌-1（背侧） …… 227
图12-41 猪右后肢肌-2（背侧） …… 228
图12-42 猪左后肢肌-1（跖侧） …… 229
图12-43 猪左后肢肌-2（跖侧） …… 230
图12-44 猪右后肢小腿和后脚部肌腱（背侧） …… 231
图12-45 猪右后肢小腿和后脚部肌腱（跖侧） …… 232
图12-46 公猪全身骨骼左侧观 …… 233
图12-47 公猪全身骨骼右前侧和左后侧观 …… 234
图12-48 公猪头骨侧面观-1 …… 235
图12-49 公猪头骨侧面观-2 …… 236
图12-50 公猪头骨额面观 …… 237
图12-51 公猪头骨前面观 …… 238
图12-52 公猪上颌骨腭面观 …… 239
图12-53 公猪头骨后面观-1 …… 240
图12-54 公猪头骨后面观-2 …… 241
图12-55 公猪下颌骨上面观 …… 242
图12-56 公猪下颌骨下面观 …… 243
图12-57 公猪下颌骨前、后面观 …… 244
图12-58 公猪下颌骨侧面观 …… 245
图12-59 公猪舌骨 …… 246
图12-60 公猪颈椎骨腹面观 …… 247
图12-61 公猪颈椎骨背面观 …… 248
图12-62 公猪颈椎骨侧面观 …… 249
图12-63 公猪颈椎骨前面观 …… 250

图 12-64　公猪颈椎骨后面观 …………………………………………………… 251
图 12-65　公猪胸椎骨侧面观 …………………………………………………… 252
图 12-66　公猪胸椎骨背、腹面观 ……………………………………………… 253
图 12-67　公猪第一、三、七、十二、十六胸椎骨侧面观 …………………… 254
图 12-68　公猪第一、三、七、十二、十六胸椎骨前、后面观 ……………… 255
图 12-69　公猪左侧肋骨 ………………………………………………………… 256
图 12-70　公猪第一、三、五、七、十一、十六肋骨 ………………………… 257
图 12-71　公猪胸骨 ……………………………………………………………… 258
图 12-72　公猪腰椎骨背面观 …………………………………………………… 259
图 12-73　公猪腰椎骨腹面观 …………………………………………………… 260
图 12-74　公猪腰椎骨侧面观 …………………………………………………… 261
图 12-75　公猪第一、三、六腰椎骨前、后面观 ……………………………… 262
图 12-76　公猪荐骨 ……………………………………………………………… 263
图 12-77　公猪尾椎骨 …………………………………………………………… 264
图 12-78　公猪左前肢骨外侧观 ………………………………………………… 265
图 12-79　公猪左前肢骨内侧观 ………………………………………………… 266
图 12-80　公猪左肩胛骨外侧观 ………………………………………………… 267
图 12-81　公猪左肩胛骨内侧观 ………………………………………………… 268
图 12-82　公猪左肱骨 -1 ………………………………………………………… 269
图 12-83　公猪左肱骨 -2 ………………………………………………………… 270
图 12-84　公猪左肱骨关节面 …………………………………………………… 271
图 12-85　公猪左前臂骨 -1 ……………………………………………………… 272
图 12-86　公猪左前臂骨 -2 ……………………………………………………… 273
图 12-87　公猪左前臂骨关节面 ………………………………………………… 274
图 12-88　公猪左腕骨 …………………………………………………………… 275
图 12-89　公猪左前脚骨背侧观 ………………………………………………… 276
图 12-90　公猪左前脚骨掌侧观 ………………………………………………… 277
图 12-91　公猪左后肢骨外侧观 ………………………………………………… 278
图 12-92　公猪左后肢骨内侧观 ………………………………………………… 279
图 12-93　公猪髋骨背侧观 ……………………………………………………… 280
图 12-94　公猪髋骨腹侧观 ……………………………………………………… 281
图 12-95　公猪髋骨内、外侧观 ………………………………………………… 282
图 12-96　公猪左股骨 -1 ………………………………………………………… 283
图 12-97　公猪左股骨 -2 ………………………………………………………… 284
图 12-98　公猪左股骨关节面 …………………………………………………… 285
图 12-99　公猪膝盖骨 …………………………………………………………… 286
图 12-100　公猪左胫骨和腓骨 -1 ……………………………………………… 287
图 12-101　公猪左胫骨和腓骨 -2 ……………………………………………… 288
图 12-102　公猪左胫骨和腓骨关节面 ………………………………………… 289

ᠭᠠᠷᠴᠠᠭ

ᠤᠷᠢᠳᠤ ᠦᠭᠡ

ᠣᠷᠣᠰᠢᠯ

ᠪᠦᠯᠦᠭ ᠳᠥᠷᠪᠡ᠂ ᠭᠠᠬᠠᠢ ᠶᠢᠨ ᠠᠮᠢᠰᠬᠤᠯ ᠤᠨ ᠰᠢᠰᠲ᠋ᠧᠮ …… 43

ᠶᠢᠰᠦ · ᠡᠮ᠎ᠡ ᠭᠠᠬᠠᠢ ᠶᠢᠨ ᠦᠷᠡᠵᠢᠬᠦ ᠶᠢᠨ ᠰᠢᠰᠲ᠋ᠧᠮ 155

一、猪躯体各部位名称

猪躯体可分为头、躯干和四肢三大部。头又分为颅部和面部；躯干可分为颈部、胸部、腰部、腹部、荐部、臀部和尾。四肢分前肢和后肢，前肢自上而下分为肩胛部、臂部、前臂部、腕部、掌部和指部，后肢又分为骨盆（髋）部、股部、小腿部、跗部、跖部和趾部。

ᠨᠢᠭᠡ᠂ ᠭᠠᠬᠠᠢ ᠶᠢᠨ ᠪᠡᠶ᠎ᠡ ᠶᠢᠨ ᠬᠡᠰᠡᠭ ᠦᠨ ᠨᠡᠷᠡᠶᠢᠳᠦᠯ

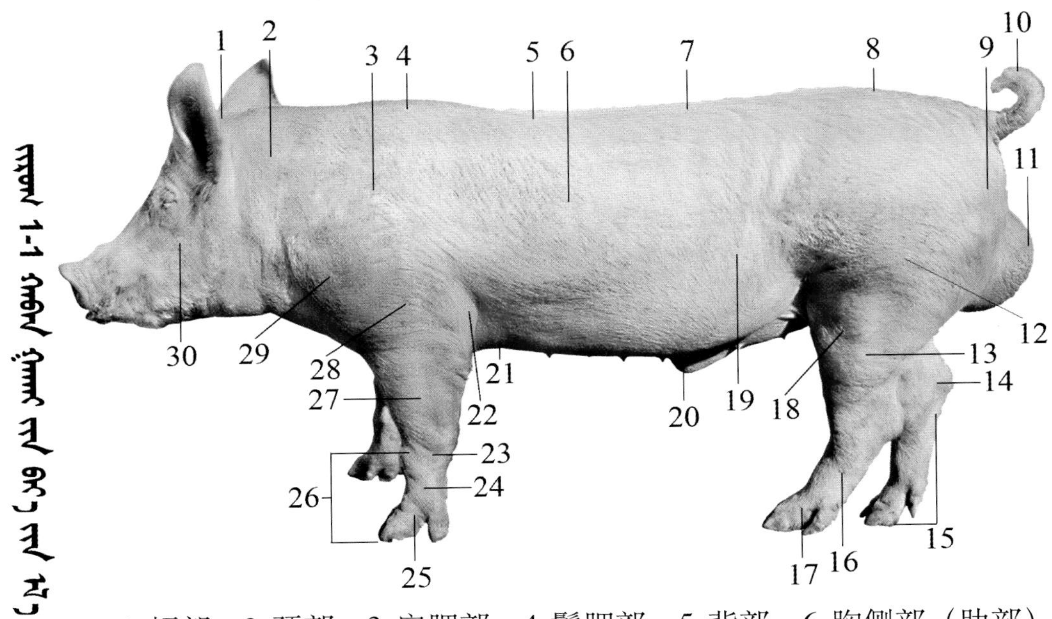

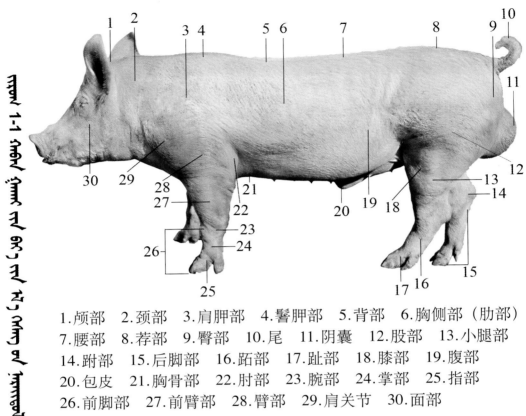

1.颅部　2.颈部　3.肩胛部　4.鬐胛部　5.背部　6.胸侧部（肋部）
7.腰部　8.荐部　9.臀部　10.尾　11.阴囊　12.股部　13.小腿部
14.跗部　15.后脚部　16.跖部　17.趾部　18.膝部　19.腹部
20.包皮　21.胸骨部　22.肘部　23.腕部　24.掌部　25.指部
26.前脚部　27.前臂部　28.臂部　29.肩关节　30.面部

图1-1　公猪躯体各部位名称

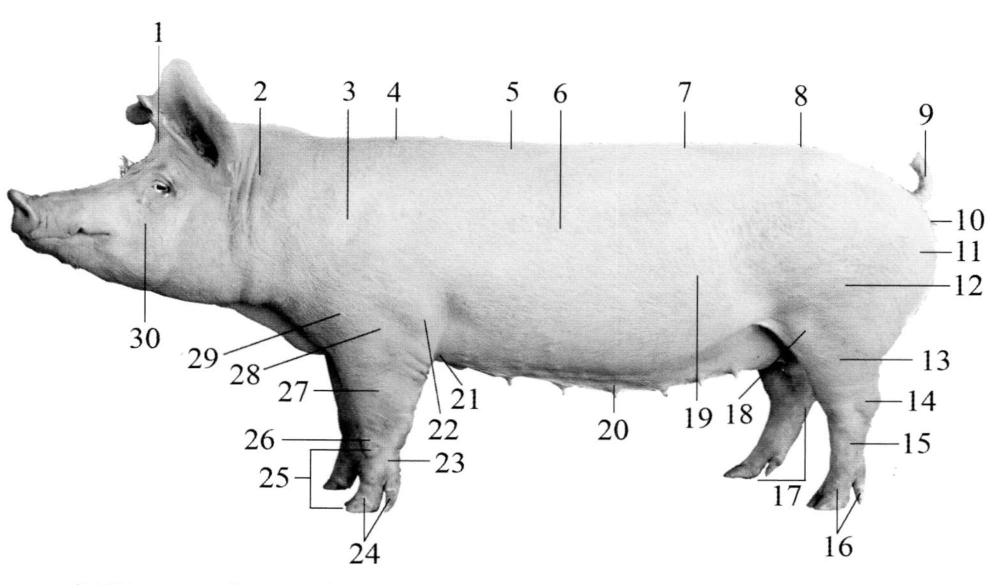

1.颅部　2.颈部　3.肩胛部　4.鬐胛部　5.背部　6.胸侧部（肋部）
7.腰部　8.荐部　9.尾　10.会阴部　11.臀部　12.股部　13.小腿部
14.跗部　15.跖部　16.趾部　17.后脚部　18.膝部　19.腹部　20.乳房
21.胸骨部　22.肘部　23.掌部　24.指部　25.前脚部　26.腕部
27.前臂部　28.臂部　29.肩关节　30.面部

图1-2　母猪躯体各部位名称

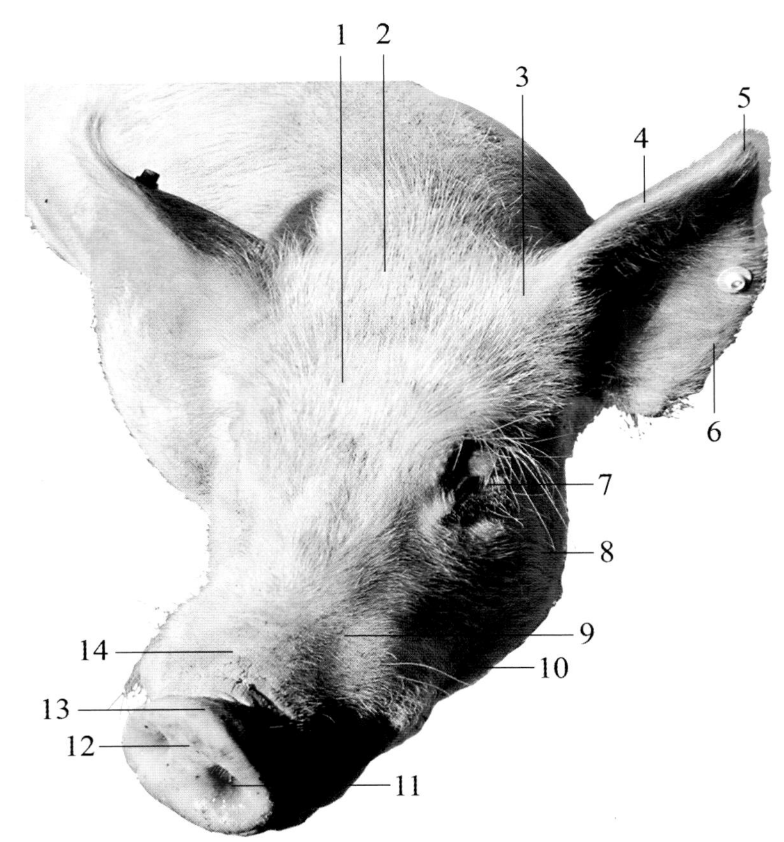

1.额部　2.顶部　3.耳郭基　4.耳郭前缘　5.耳郭尖　6.耳郭后缘　7.眼　8.颊部　9.上颌　10.下颌　11.鼻孔　12.吻镜　13.吻突　14.鼻部

图1-3　公猪头部额面观

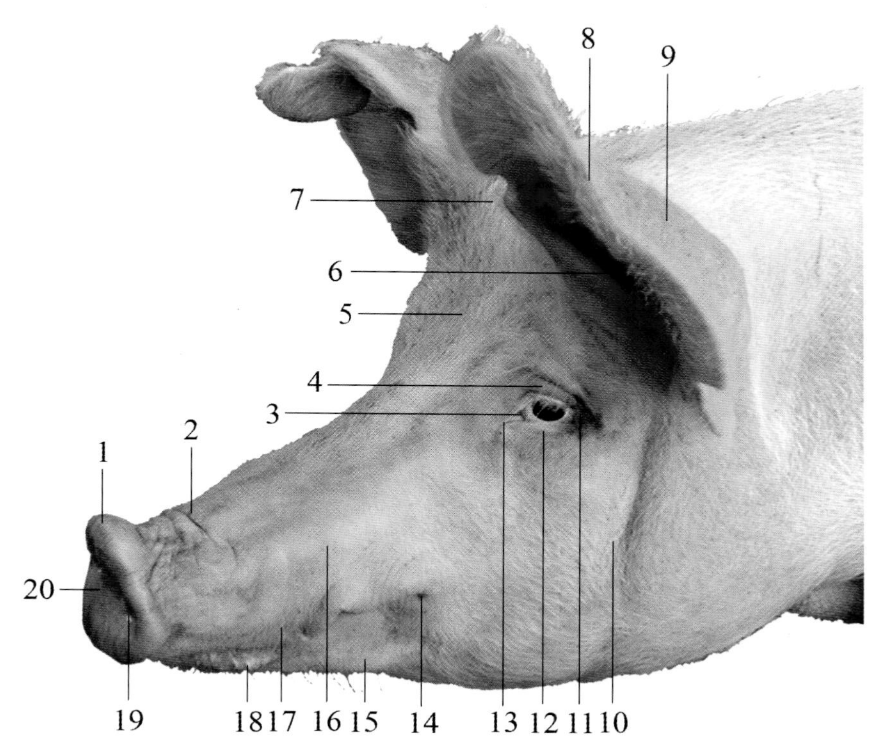

1.吻突　2.鼻部　3.第三眼睑　4.上眼睑　5.额部　6.耳孔　7.顶部　8.耳郭后缘　9.耳郭背　10.颊部　11.外眼角（外眦）　12.下眼睑　13.内眼角（内眦）　14.口角　15.下颌　16.上颌　17.上唇　18.下唇　19.鼻孔　20.吻镜

图1-4　母猪头部侧面观

二、猪被皮系统

猪被皮系统包括皮肤和皮肤衍生物两大部分。皮肤由表皮、真皮和皮下组织构成，是保护机体的屏障。皮肤衍生物是皮肤演化而产生的特殊器官，包括毛、蹄、皮肤腺、乳房等器官，其中蹄为偶蹄，又有主蹄和悬蹄之分；乳房常构成5 ～ 8对，排列于腹白线的两侧。

ᠬᠣᠶᠠᠷ᠂ ᠭᠠᠬᠠᠢ ᠶᠢᠨ ᠪᠦᠷᠬᠦᠭᠦᠯ ᠠᠷᠠᠰᠤᠨ ᠰᠢᠰᠲ᠋ᠧᠮ

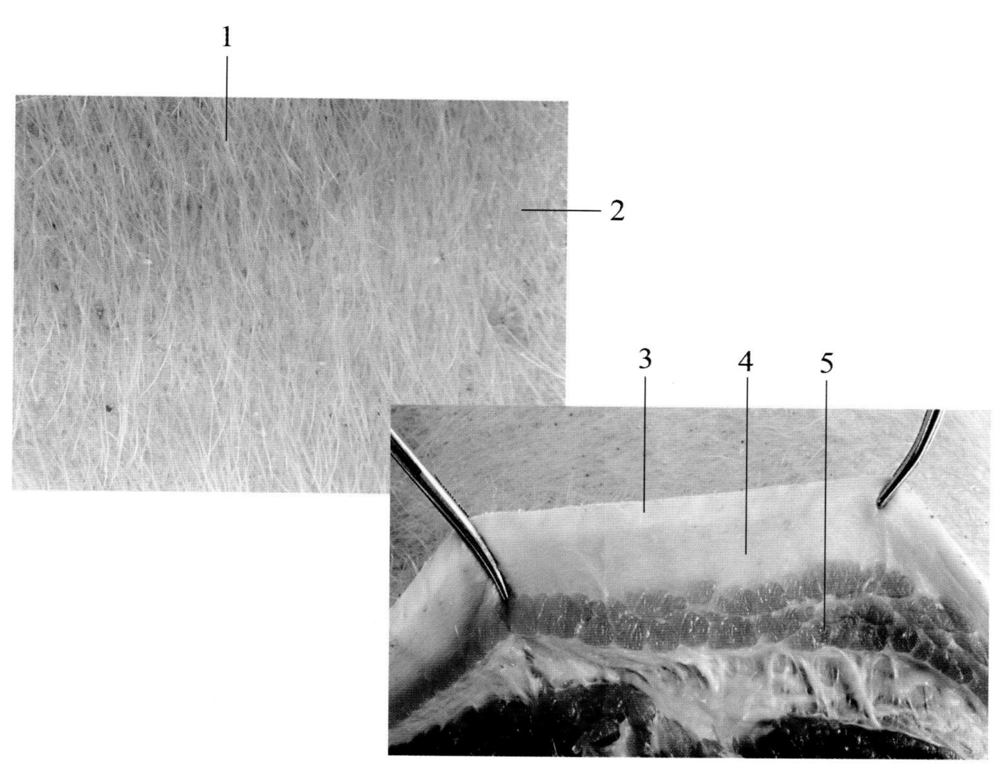

ᠵᠢᠷᠤᠭ 2-1 ᠭᠠᠬᠠᠢ ᠶᠢᠨ ᠠᠷᠠᠰᠤ ᠪᠠ ᠣᠭᠲᠠᠯ ᠤᠨ ᠭᠠᠳᠠᠷᠭᠤ

1.被毛　2.表皮　3.真皮　4.皮下脂肪　5.肌肉切面

1.ᠪᠦᠷᠬᠦᠪᠴᠢ ᠦᠰᠦ
2.ᠭᠠᠳᠠᠷ ᠠᠷᠠᠰᠤ
3.ᠵᠢᠩᠬᠢᠨᠢ ᠠᠷᠠᠰᠤ
4.ᠠᠷᠠᠰᠤᠨ ᠳᠣᠣᠷᠠᠬᠢ ᠡᠭᠡᠬᠡᠢ
5.ᠪᠤᠯᠴᠢᠩ ᠤᠨ ᠣᠭᠲᠠᠯᠭᠠᠳᠠᠷᠭᠤ

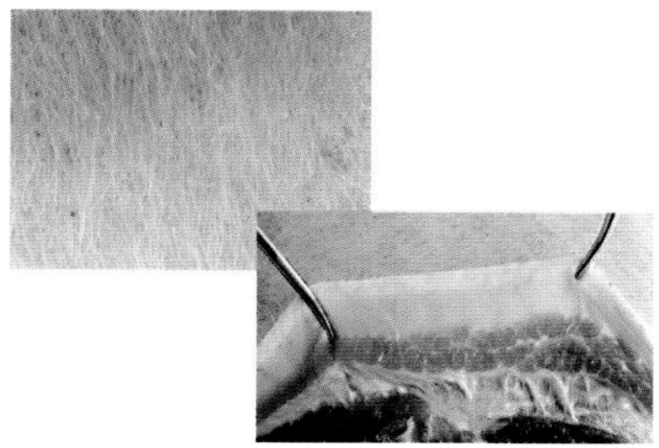

图2-1　猪皮肤及切面

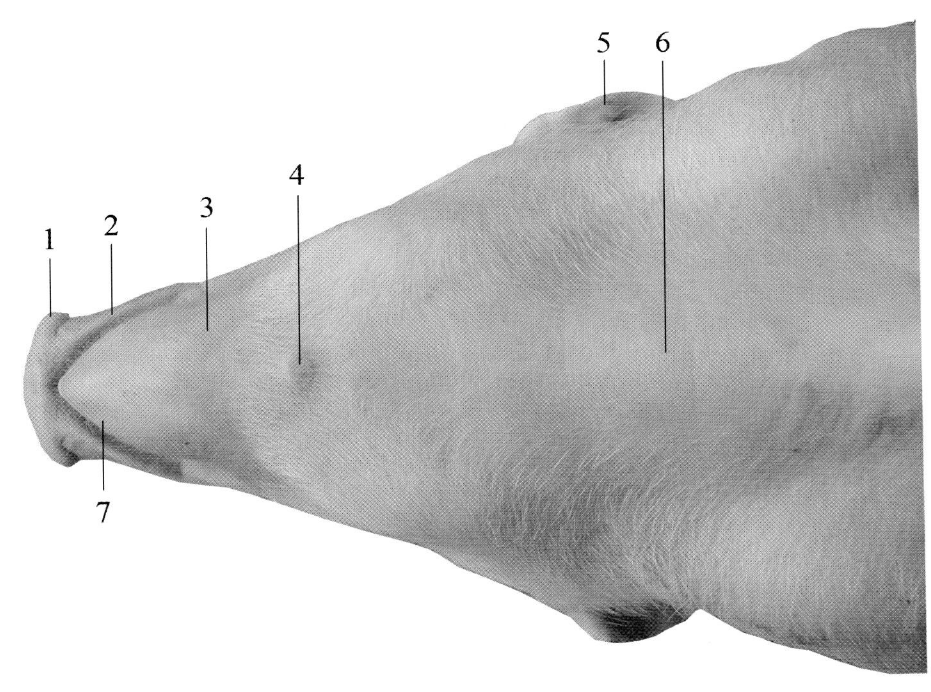

1.吻突　2.上唇　3.下颌　4.颌器　5.左耳　6.喉部　7.下唇

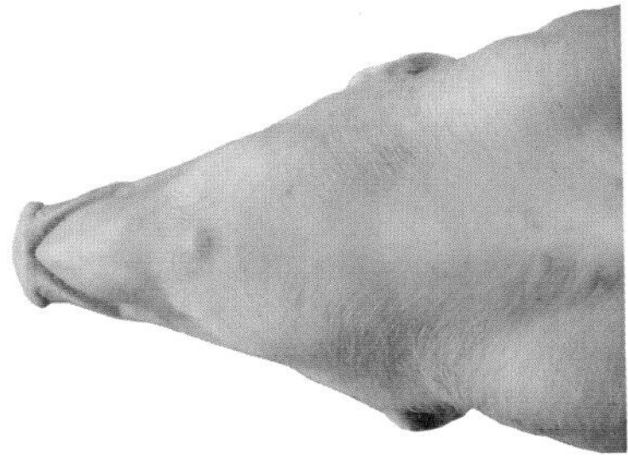

图2-2　猪下颌下部

ᠵᠢᠷᠤᠭ 2-3 ᠭᠠᠬᠠᠢ ᠶᠢᠨ ᠡᠮᠦᠨᠡ ᠬᠥᠯ ᠦᠨ ᠲᠤᠤᠷᠠᠢ

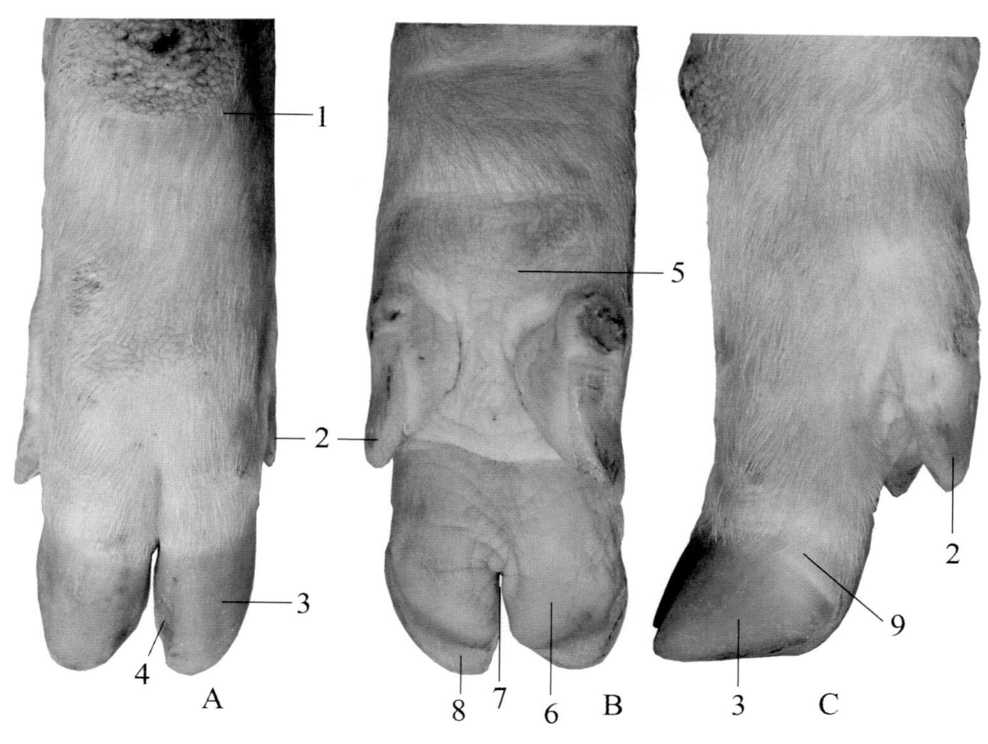

A.右前脚背侧面　B.右前脚掌侧面　C.右前脚内侧面
1.腕部　2.悬蹄　3.蹄壁　4.蹄壁轴面　5.掌部　6.蹄球　7.蹄间隙
8.蹄底　9.蹄冠

A.ᠪᠠᠷᠠᠭᠤᠨ ᠡᠮᠦᠨᠡ ᠬᠥᠯ ᠦᠨ ᠡᠮᠦᠨᠡ ᠲᠠᠯ
B.ᠪᠠᠷᠠᠭᠤᠨ ᠡᠮᠦᠨᠡ ᠬᠥᠯ ᠦᠨ ᠠᠯᠠᠭ᠎ᠠ ᠲᠠᠯ
C.ᠪᠠᠷᠠᠭᠤᠨ ᠡᠮᠦᠨᠡ ᠬᠥᠯ ᠦᠨ ᠳᠣᠲᠣᠭᠠᠳᠤ ᠲᠠᠯ
1.ᠰᠠᠭᠠᠷᠳᠠᠭ (ᠬᠡᠯᠲᠡᠰ) ᠤᠨ ᠬᠡᠰᠡᠭ
2.ᠰᠡᠭᠡᠷ ᠲᠤᠤᠷᠠᠢ (ᠬᠡᠭᠡᠷ ᠲᠤᠤᠷᠠᠢ)
3.ᠲᠤᠤᠷᠠᠢ ᠶᠢᠨ ᠬᠠᠨᠠ
4.ᠲᠤᠤᠷᠠᠢ ᠶᠢᠨ ᠬᠠᠨᠠ ᠶᠢᠨ ᠲᠡᠩᠭᠡᠯᠢᠭ ᠲᠠᠯ
5.ᠬᠥᠯ ᠦᠨ ᠠᠯᠠᠭ᠎ᠠ
6.ᠲᠤᠤᠷᠠᠢ ᠶᠢᠨ ᠪᠥᠮᠪᠥᠯᠢᠭ
7.ᠲᠤᠤᠷᠠᠢ ᠶᠢᠨ ᠵᠠᠢ
8.ᠲᠤᠤᠷᠠᠢ ᠶᠢᠨ ᠤᠯ
9.ᠲᠤᠤᠷᠠᠢ ᠶᠢᠨ ᠲᠤᠯᠤᠭᠠᠢ

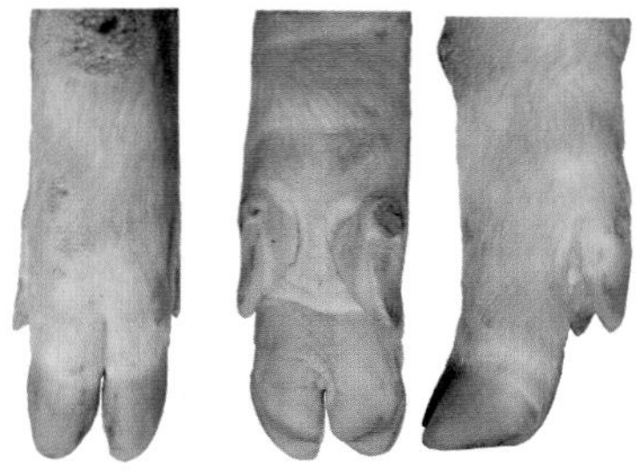

图2-3　猪前脚蹄

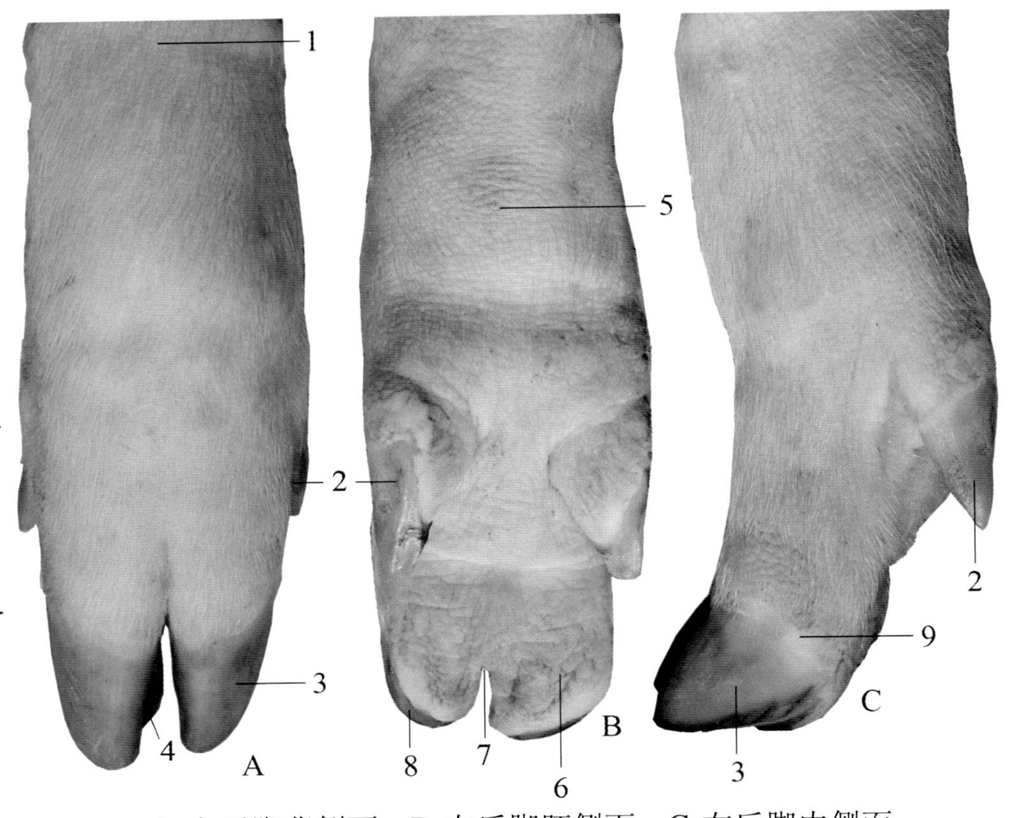

A.右后脚背侧面　B.右后脚跖侧面　C.右后脚内侧面

1.跗部　2.悬蹄　3.蹄壁　4.蹄壁轴面　5.跖部　6.蹄球　7.蹄间隙　8.蹄底　9.蹄冠

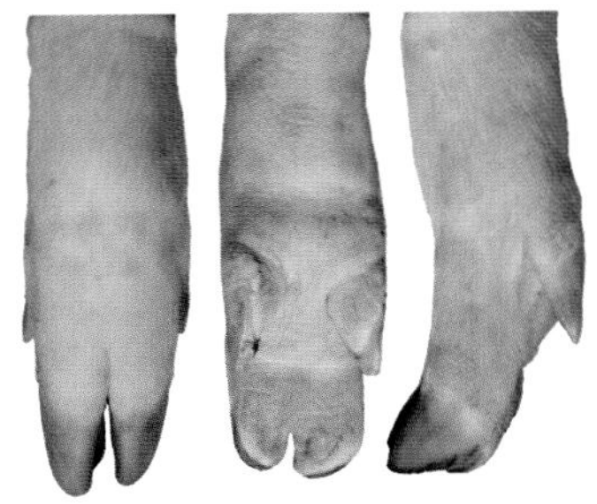

图 2-4　猪后脚蹄

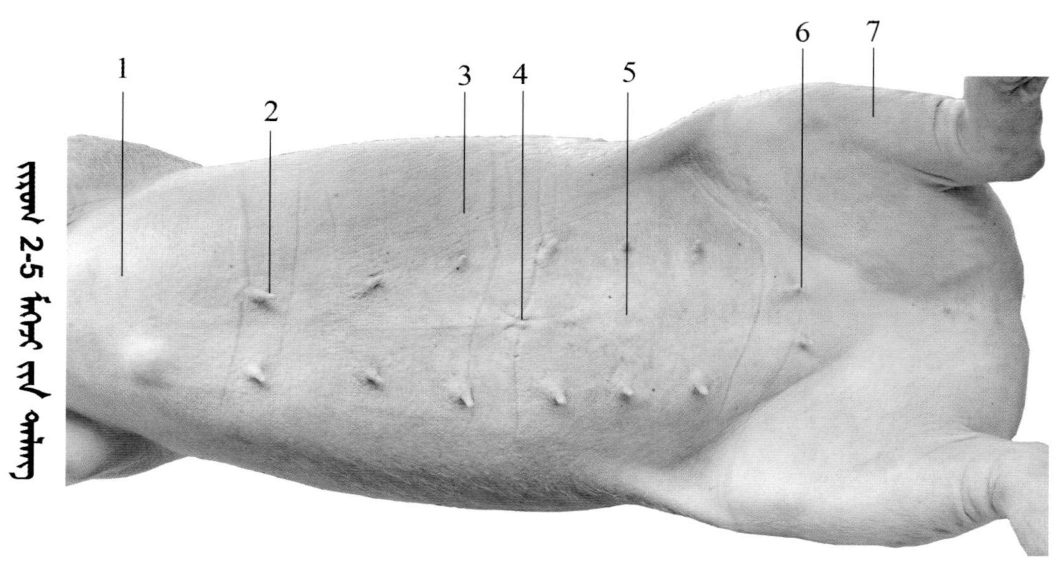

1.胸骨部　2.第一乳头　3.腹部　4.脐　5.腹白线　6.最后乳头　7.后肢

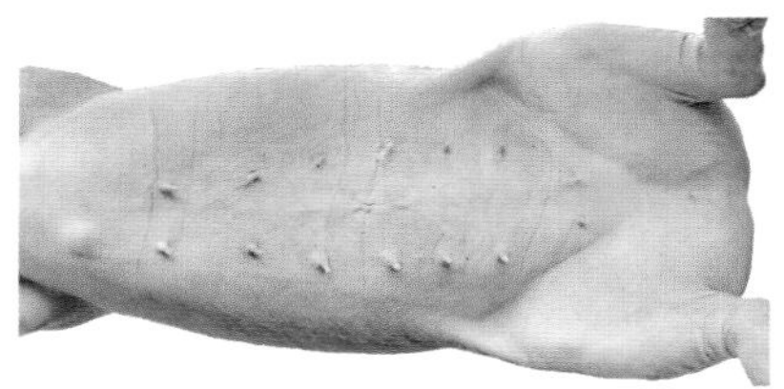

图2-5　母猪乳头

三、猪消化系统

猪消化系统由消化管和消化腺组成。消化管是食物通过的管道，起于口腔，经咽、食管、胃、小肠、大肠、止于肛门。口腔内有舌、齿等器官；食管分颈、胸、腹三段；胃属于单室胃；大肠中的结肠旋袢卷曲成结肠圆锥。消化腺是分泌消化液的腺体，包括壁外腺（肝脏、胰脏、腮腺、颌下腺、舌下腺），壁内腺（胃腺、肠腺、唇腺、颊腺等）。肝脏的脏面附有胆囊，其胆管开口于十二指肠。

ᠭᠤᠷᠪᠠ᠂ ᠭᠠᠬᠠᠢ ᠶᠢᠨ ᠬᠣᠭᠣᠯᠠ ᠰᠢᠩᠭᠡᠭᠡᠬᠦ ᠰᠢᠰᠲ᠋ᠧᠮ

ᠵᠢᠷᠤᠭ 3-1 ᠭᠠᠬᠠᠢ ᠶᠢᠨ ᠠᠮᠠᠨ ᠬᠥᠩᠳᠡᠢ-1

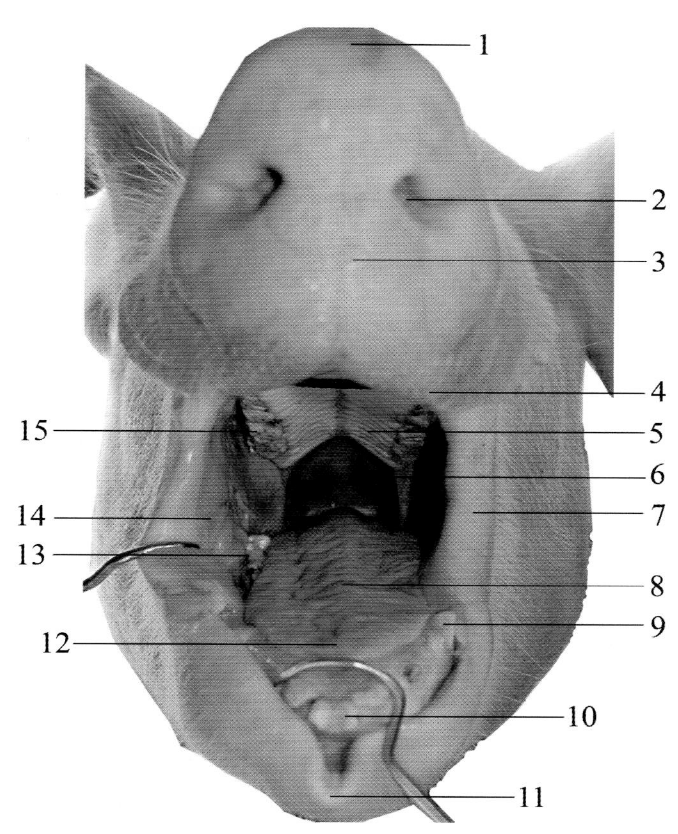

1.吻突 2.鼻孔 3.吻镜 4.上唇 5.硬腭 6.软腭 7.口角 8.舌体
9.犬齿 10.门齿 11.下唇 12.舌尖 13.下臼齿 14.口腔黏膜
15.上臼齿

1.ᠬᠤᠰᠢᠭᠤᠨ ᠤ ᠲᠣᠪᠣᠭᠣᠷ
2.ᠬᠠᠮᠠᠷ ᠤᠨ ᠨᠦᠬᠡ
3.ᠬᠤᠰᠢᠭᠤᠨ ᠤ ᠲᠣᠯᠢ
4.ᠳᠡᠭᠡᠳᠦ ᠤᠷᠤᠯ
5.ᠬᠠᠲᠠᠭᠤ ᠲᠠᠩᠭᠠᠢ
6.ᠵᠥᠭᠡᠯᠡᠨ ᠲᠠᠩᠭᠠᠢ
7.ᠵᠠᠵᠢ
8.ᠬᠡᠯᠡᠨ ᠦ ᠪᠡᠶ᠎ᠡ
9.ᠰᠣᠶᠤᠭ᠎ᠠ ᠰᠢᠳᠦ
10.ᠦᠷᠦᠬᠡ ᠰᠢᠳᠦ
11.ᠳᠣᠣᠷ᠎ᠠ ᠤᠷᠤᠯ
12.ᠬᠡᠯᠡᠨ ᠦ ᠦᠵᠦᠭᠦᠷ
13.ᠳᠣᠣᠷ᠎ᠠ ᠠᠷᠠ ᠶᠢᠨ ᠠᠷᠠᠭ᠎ᠠ ᠰᠢᠳᠦ
14.ᠠᠮᠠᠨ ᠬᠥᠩᠳᠡᠢ ᠶᠢᠨ ᠨᠢᠯᠤᠩᠬᠠᠢ ᠪᠦᠷᠬᠦᠪᠴᠢ
15.ᠳᠡᠭᠡᠳᠦ ᠠᠷᠠ ᠶᠢᠨ ᠠᠷᠠᠭ᠎ᠠ ᠰᠢᠳᠦ

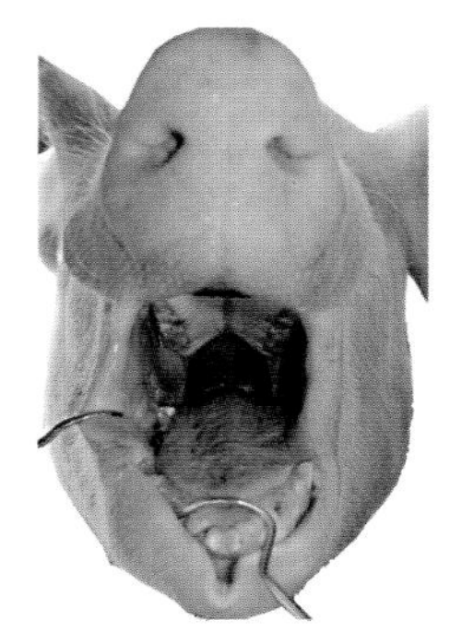

图3-1 猪口腔-1

ᠵᠢᠷᠤᠭ 3-2 ᠭᠠᠬᠠᠢ ᠶᠢᠨ ᠠᠮᠠᠨ ᠬᠥᠩᠳᠡᠢ-2

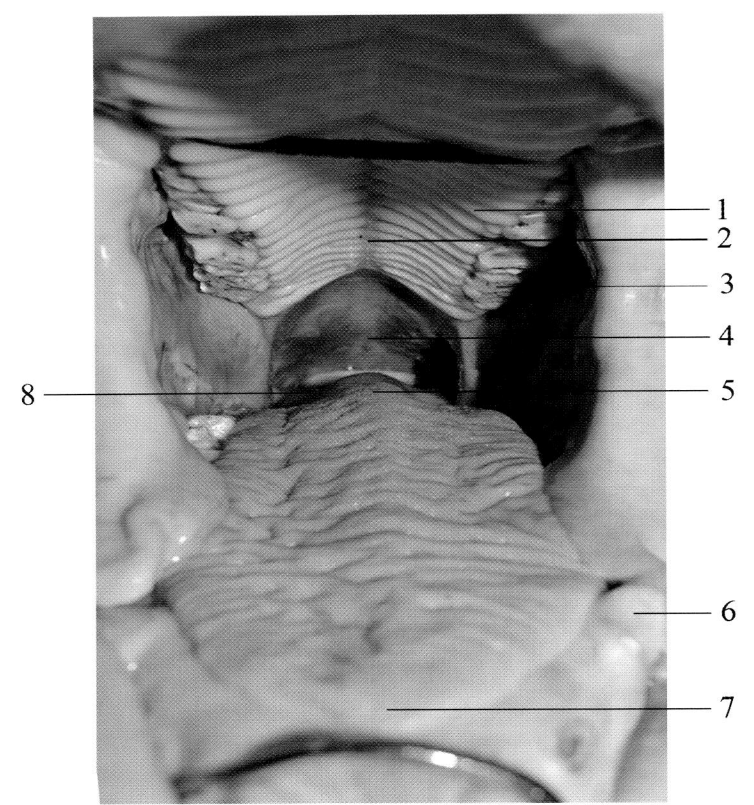

1.硬腭褶　2.硬腭缝　3.臼齿　4.软腭　5.舌根　6.犬齿
7.舌尖　8.咽

1.ᠬᠠᠲᠠᠭᠤ ᠲᠠᠩᠯᠠᠢ ᠶᠢᠨ ᠨᠤᠭᠤᠯᠤᠷ
2.ᠲᠠᠩᠯᠠᠢ ᠶᠢᠨ ᠣᠶᠤᠳᠠᠯ
3.ᠠᠯᠠᠭ᠎ᠠ ᠰᠢᠳᠦ
4.ᠵᠦᠭᠡᠯᠡᠨ ᠲᠠᠩᠯᠠᠢ
5.ᠬᠡᠯᠡᠨ ᠦ ᠦᠨᠳᠦᠰᠦ
6.ᠰᠣᠶᠤᠭ᠎ᠠ ᠰᠢᠳᠦ
7.ᠬᠡᠯᠡᠨ ᠦ ᠦᠵᠦᠭᠦᠷ
8.ᠬᠣᠭᠣᠯᠠᠢ

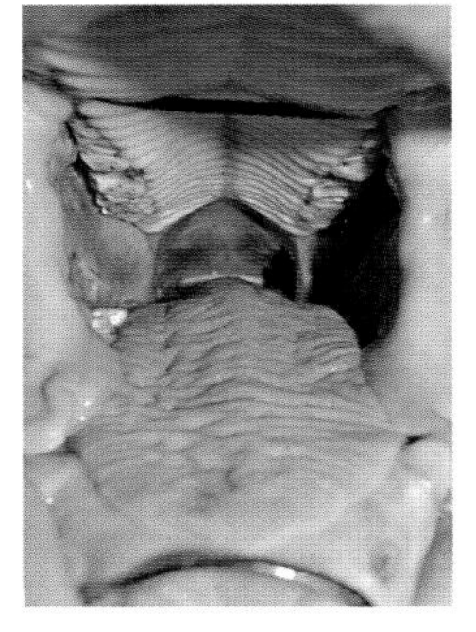

图3-2　猪口腔-2

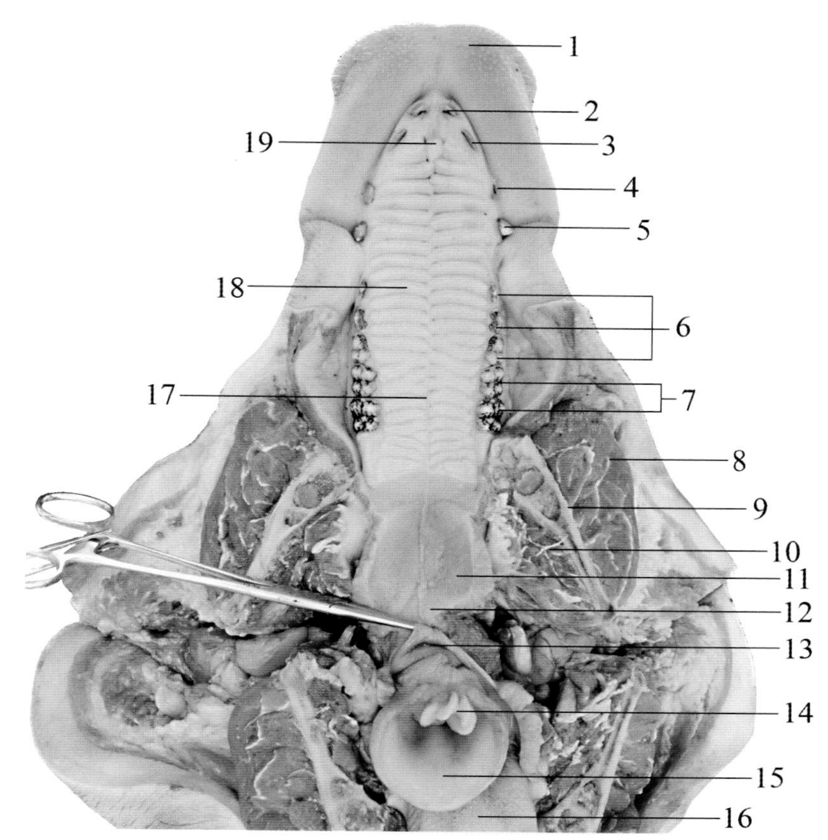

1.上唇　2.门齿　3.中间齿　4.隅齿　5.犬齿　6.前臼齿　7.后臼齿
8.咬肌横断面　9.下颌骨支横断面　10.翼内肌　11.腭帆扁桃体
12.软腭　13.食道口　14.勺状软骨　15.会厌软骨　16.舌根
17.硬腭缝　18.硬腭褶　19.切齿乳头

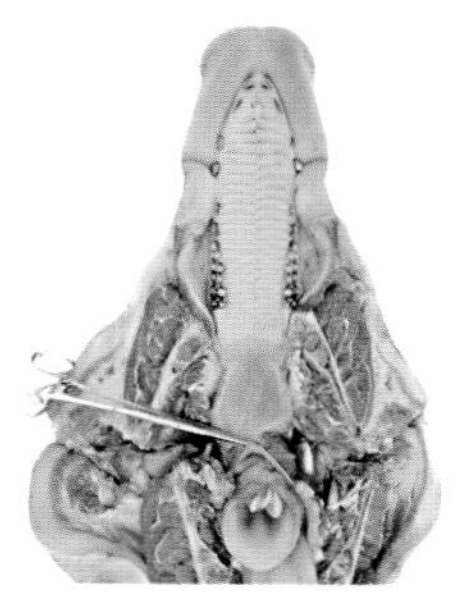

图3-3　猪口腔上壁（生长猪）

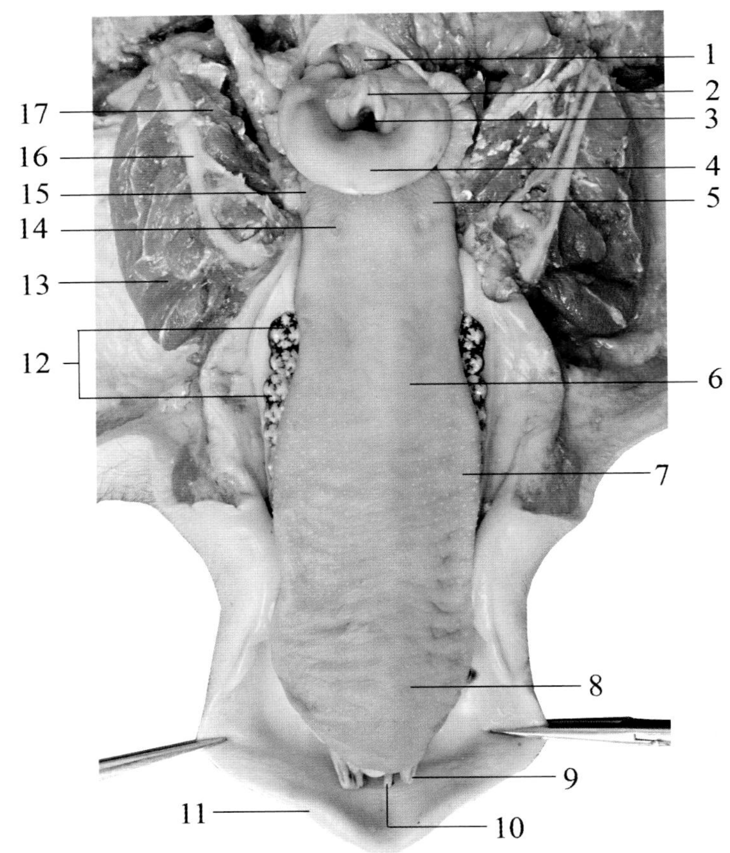

1.食道口　2.勺状软骨　3.喉口　4.会厌软骨　5.圆锥乳头　6.舌体　7.蕈状乳头　8.舌尖　9.中间齿　10.门齿　11.下唇　12.后臼齿　13.咬肌横断面　14.轮廓乳头　15.舌根　16.下颌骨支横断面　17.翼内肌横断面

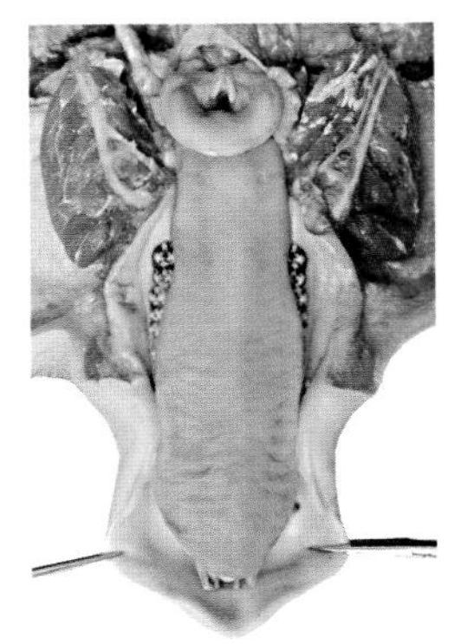

图3-4　猪口腔底壁

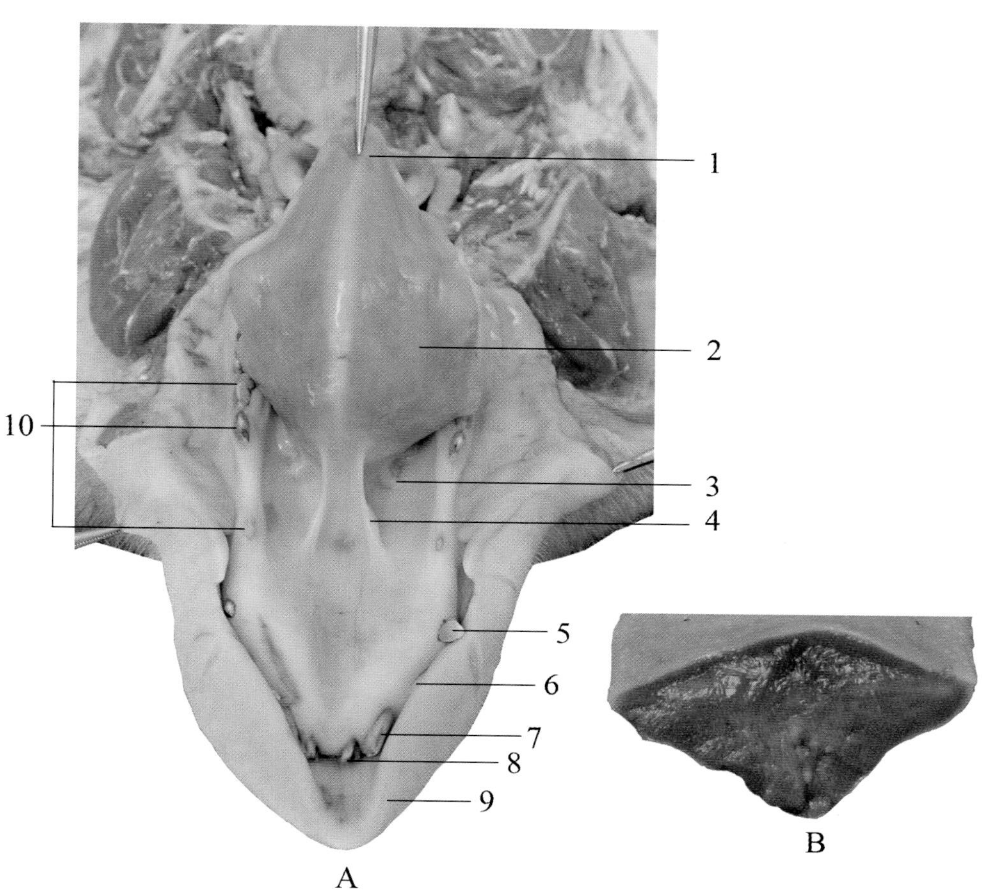

A.口腔底壁　B.舌横切面

1.舌尖　2.舌尖腹面　3.舌下肉阜及舌下腺管开口　4.舌系带
5.犬齿　6.隅齿　7.中间齿　8.门齿　9.下唇　10.前臼齿

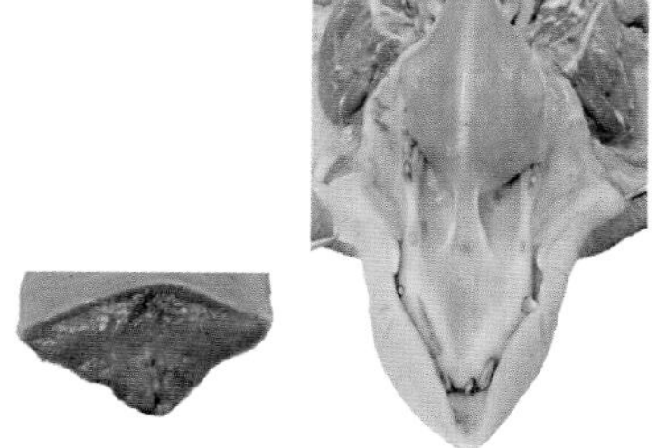

图3-5　猪口腔底壁及舌下观

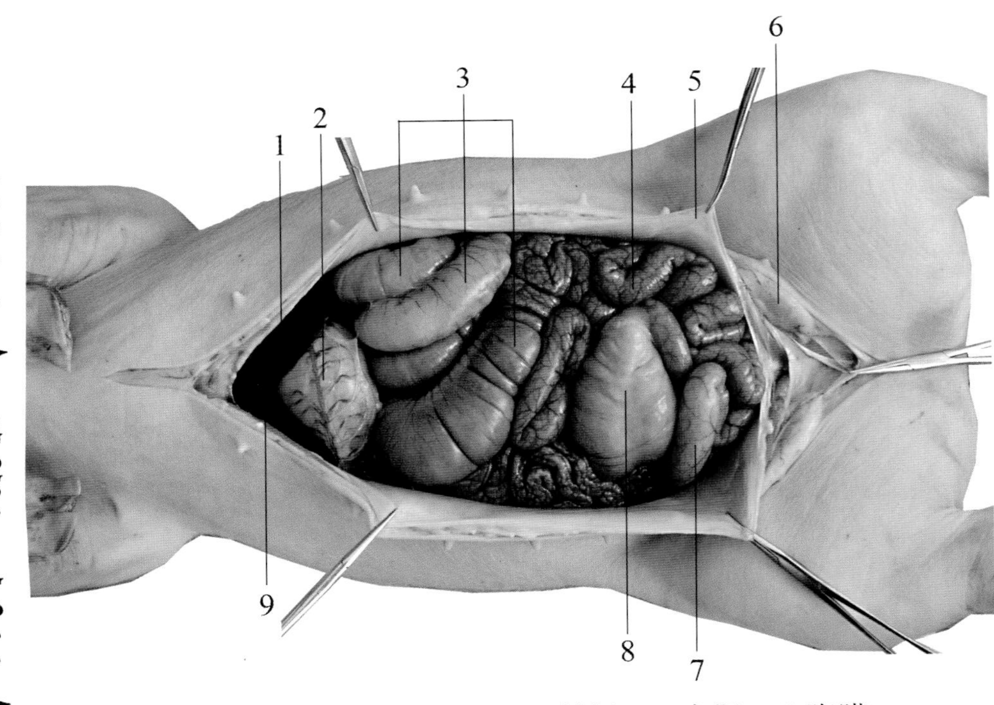

1.肝左叶　2.大网膜和胃　3.结肠　4.空肠　5.腹膜
6.腹股沟浅淋巴结　7.回肠　8.盲肠　9.肝右叶

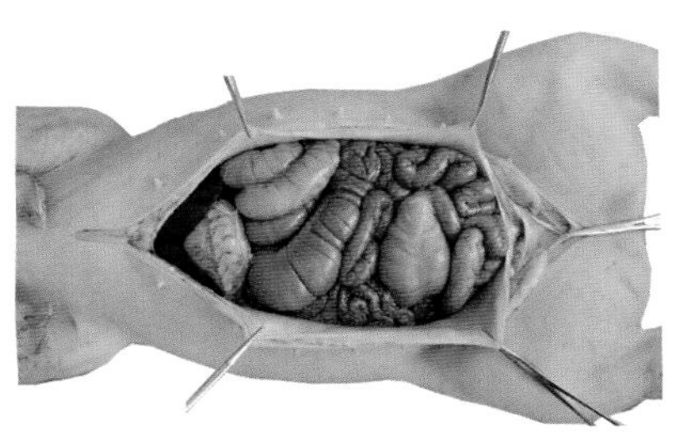

图3-6　猪消化器官（生长猪腹下面观）

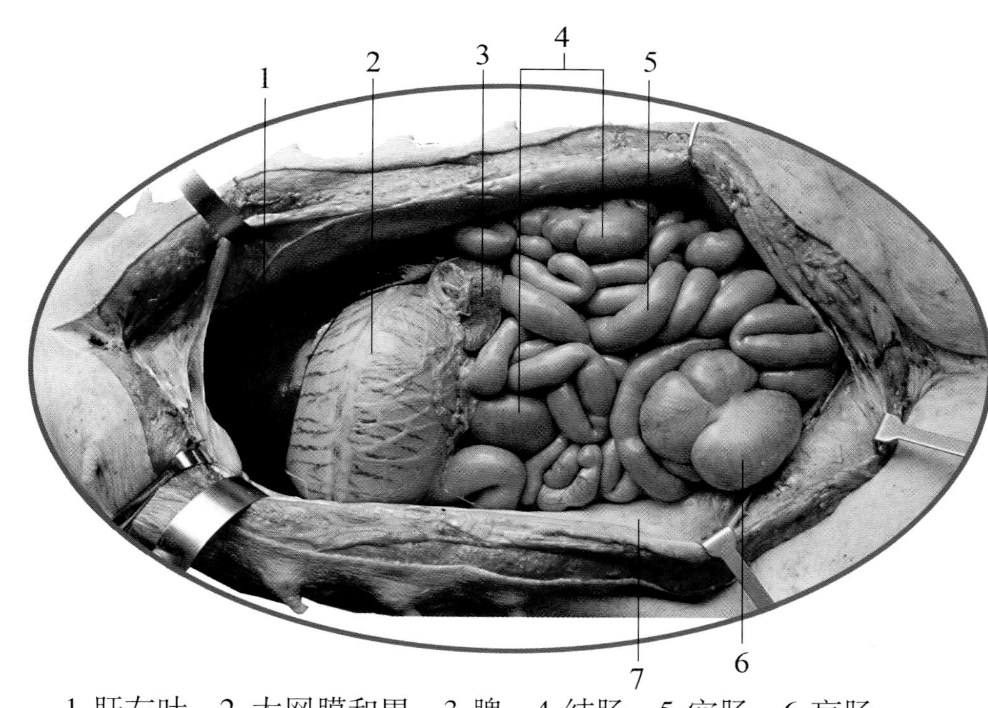

1.肝左叶　2.大网膜和胃　3.脾　4.结肠　5.空肠　6.盲肠
7.腹腔壁和腹膜

ᠵᠢᠷᠤᠭ 3-7 ᠭᠠᠬᠠᠢ ᠶᠢᠨ ᠬᠣᠭᠣᠯ ᠪᠣᠯᠪᠠᠰᠤᠷᠠᠭᠤᠯᠬᠤ ᠡᠷᠬᠢᠲᠡᠨ (ᠲᠣᠮᠣ ᠪᠣᠯᠤᠭᠰᠠᠨ ᠭᠠᠬᠠᠢ ᠶᠢᠨ ᠬᠡᠪᠡᠯ ᠦᠨ ᠳᠣᠣᠷᠠᠬᠢ ᠲᠠᠯ᠎ᠠ)

1.ᠡᠯᠢᠭᠡᠨ ᠦ ᠵᠡᠭᠦᠨ ᠬᠡᠰᠡᠭ
2.ᠶᠡᠬᠡ ᠰᠦᠯᠵᠢᠭᠡᠨ ᠪᠦᠷᠬᠦᠪᠴᠢ ᠬᠣᠳᠣᠭᠣᠳ
3.ᠳᠡᠯᠡᠭᠦᠦ
4.ᠪᠦᠭᠦᠳᠡᠭᠡᠷ (ᠮᠡᠬᠦᠯᠵᠡᠢ) ᠭᠡᠳᠡᠰᠦ
5.ᠬᠣᠭᠣᠰᠤᠨ ᠭᠡᠳᠡᠰᠦ
6.ᠰᠣᠬᠣᠷ ᠭᠡᠳᠡᠰᠦ
7.ᠬᠡᠪᠡᠯ ᠦᠨ ᠬᠥᠨᠳᠡᠢ ᠶᠢᠨ ᠬᠠᠨ᠎ᠠ ᠪᠠ ᠬᠡᠪᠡᠯ ᠦᠨ ᠪᠦᠷᠬᠦᠪᠴᠢ

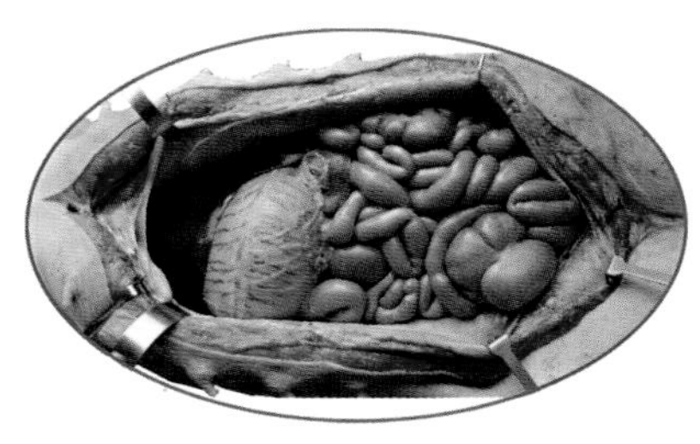

图3-7　猪消化器官（成年猪腹下面观）

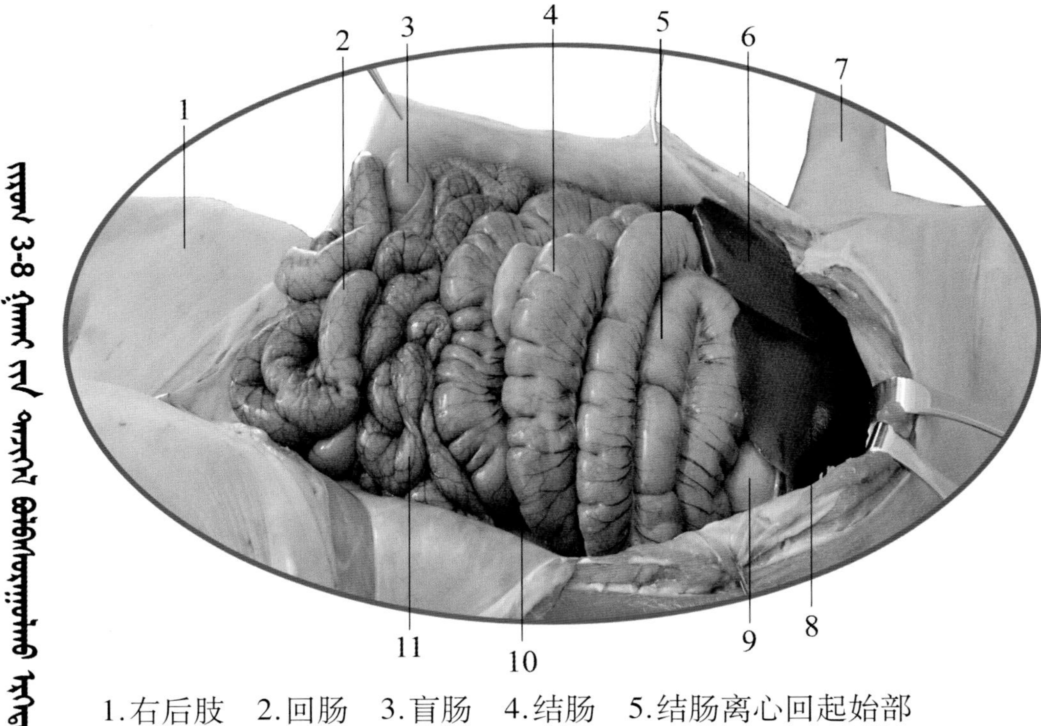

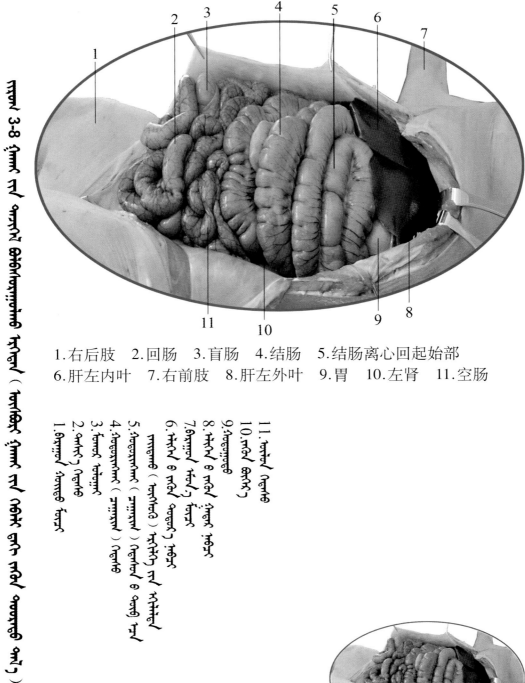

1.右后肢　2.回肠　3.盲肠　4.结肠　5.结肠离心回起始部
6.肝左内叶　7.右前肢　8.肝左外叶　9.胃　10.左肾　11.空肠

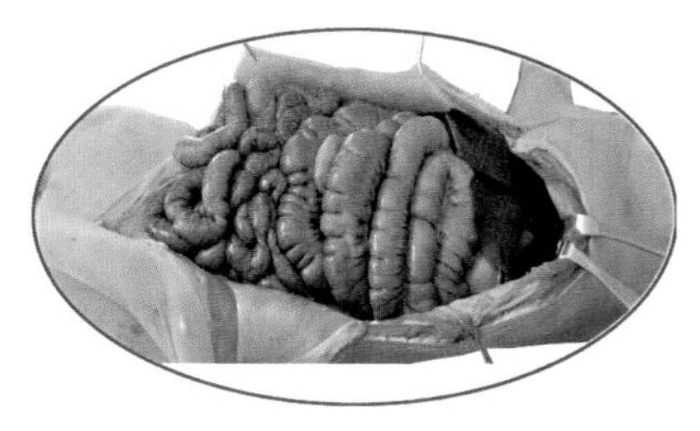

图3-8　猪消化器官（生长猪腹左下侧观）

ᠵᠢᠷᠤᠭ 3-9 ᠭᠠᠬᠠᠢ ᠶᠢᠨ ᠬᠣᠭᠣᠯᠠ ᠰᠢᠩᠭᠡᠭᠡᠬᠦ ᠡᠷᠬᠲᠡᠨ (ᠥᠰᠥᠯᠲᠡ ᠭᠠᠬᠠᠢ ᠶᠢᠨ ᠬᠡᠪᠡᠯ ᠦᠨ ᠵᠡᠭᠦᠨ ᠲᠠᠯ᠎ᠠ)

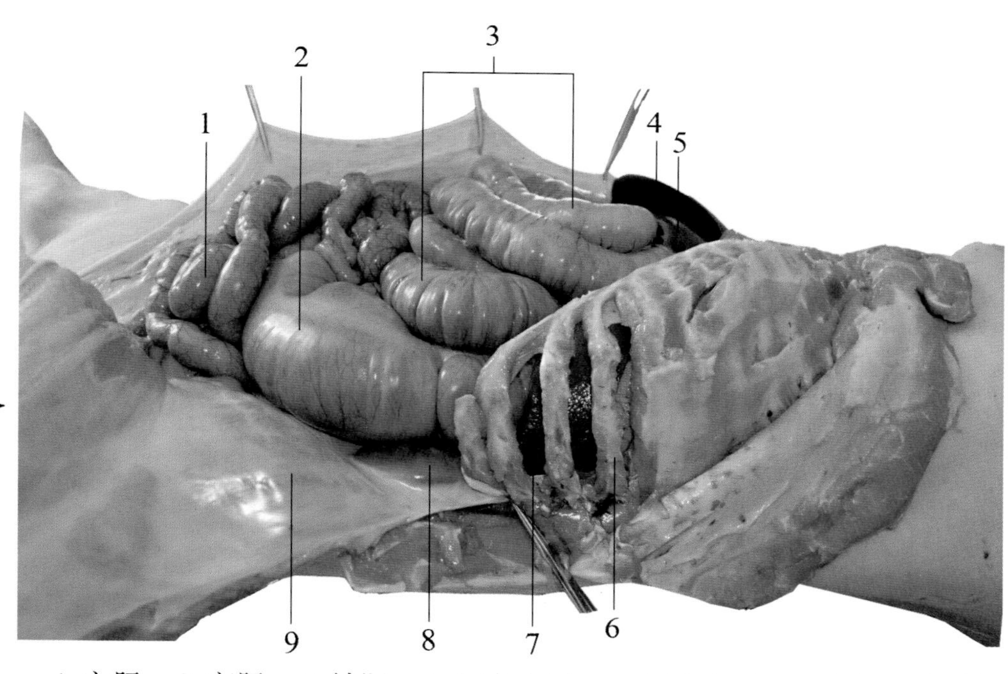

1.空肠　2.盲肠　3.结肠　4.肝左内叶　5.肝左外叶　6.第十三肋骨
7.脾　8.左肾　9.腹壁及腹膜

1.ᠬᠣᠭᠣᠰᠣᠨ ᠭᠡᠳᠡᠰᠦ
2.ᠰᠣᠬᠣᠷ ᠣᠯᠭᠣᠢ
3.[illegible] ([illegible]) ᠭᠡᠳᠡᠰᠦ
4.ᠡᠯᠢᠭᠡᠨ ᠦ ᠵᠡᠭᠦᠨ ᠳᠣᠲᠣᠭᠠᠳᠤ ᠬᠡᠰᠡᠭ
5.ᠡᠯᠢᠭᠡᠨ ᠦ ᠵᠡᠭᠦᠨ ᠭᠠᠳᠠᠭᠠᠳᠤ ᠬᠡᠰᠡᠭ
6.ᠠᠷᠪᠠᠨ ᠭᠤᠷᠪᠠᠳᠤᠭᠠᠷ ᠬᠠᠪᠢᠰᠤ
7.ᠳᠡᠯᠡᠭᠦᠦ
8.ᠵᠡᠭᠦᠨ ᠪᠥᠭᠡᠷ
9.ᠬᠡᠪᠡᠯ ᠦᠨ ᠬᠠᠨ᠎ᠠ ᠪᠠ ᠬᠡᠪᠡᠯ ᠦᠨ ᠪᠦᠷᠬᠦᠪᠴᠢ

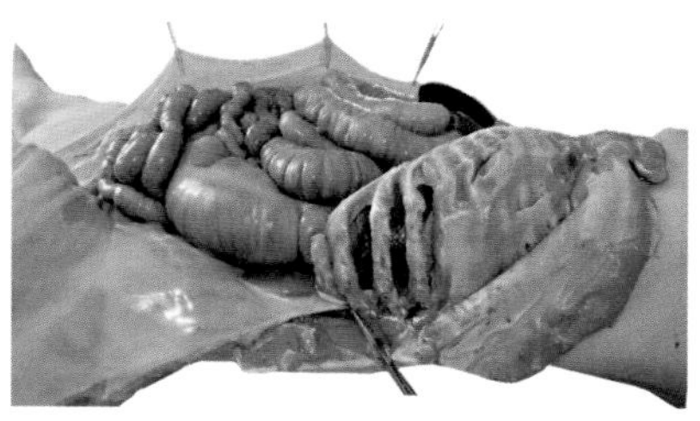

图3-9　猪消化器官（生长猪腹左侧观）

ᠵᠢᠷᠤᠭ 3-10 ᠭᠠᠬᠠᠢ ᠶᠢᠨ ᠬᠣᠭᠤᠯᠠ ᠱᠢᠩᠭᠡᠭᠡᠬᠦ ᠡᠷᠬᠢᠲᠡᠨ (ᠲᠣᠮᠣᠳᠬᠤ ᠭᠠᠬᠠᠢ ᠶᠢᠨ ᠬᠡᠪᠡᠯ ᠦᠨ ᠪᠠᠷᠠᠭᠤᠨ ᠳᠣᠣᠷᠠᠳᠤ ᠲᠠᠯ᠎ᠠ)

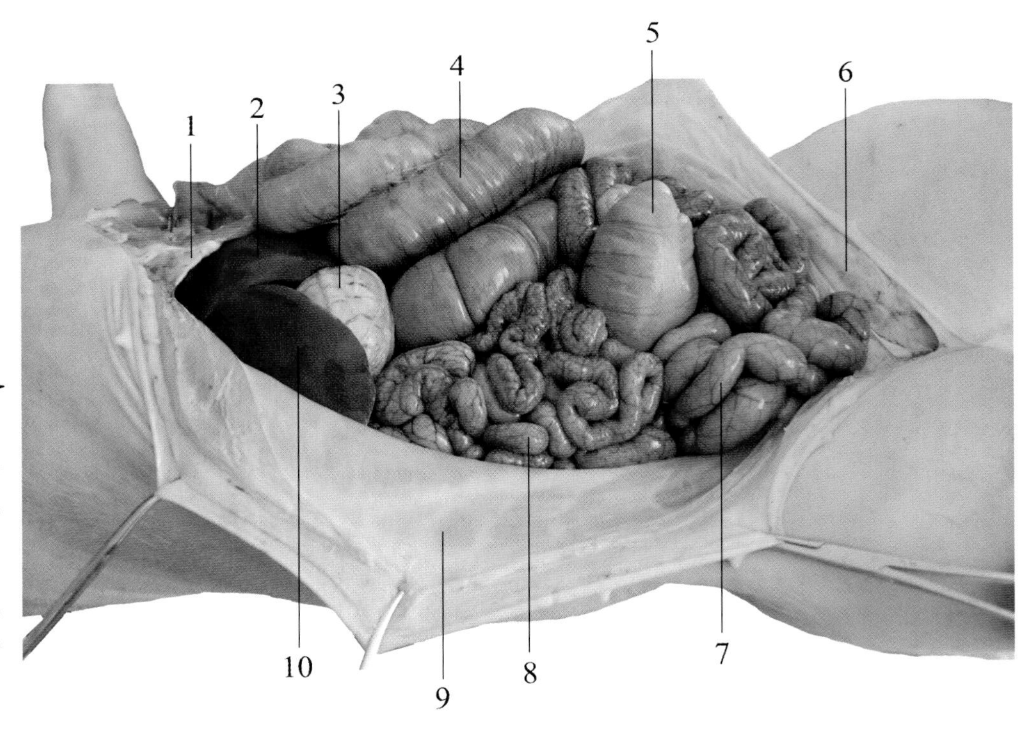

1.剑状软骨　2.肝右内叶　3.大网膜和胃　4.结肠　5.盲肠尖
6.腹股沟浅淋巴结　7.回肠　8.空肠　9.腹壁及腹膜　10.肝右外叶

图3-10　猪消化器官（生长猪腹右下侧观）

ᠵᠢᠷᠤᠭ 3-11 ᠭᠠᠬᠠᠢ ᠶᠢᠨ ᠬᠣᠭᠣᠯᠠ ᠪᠣᠯᠪᠠᠰᠤᠷᠠᠭᠤᠯᠬᠤ ᠡᠷᠬᠢᠲᠡᠨ (ᠥᠰᠦᠯᠲᠡᠢ ᠭᠠᠬᠠᠢ ᠶᠢᠨ ᠬᠡᠪᠡᠯ ᠦᠨ ᠪᠠᠷᠠᠭᠤᠨ ᠲᠠᠯ᠎ᠠ)

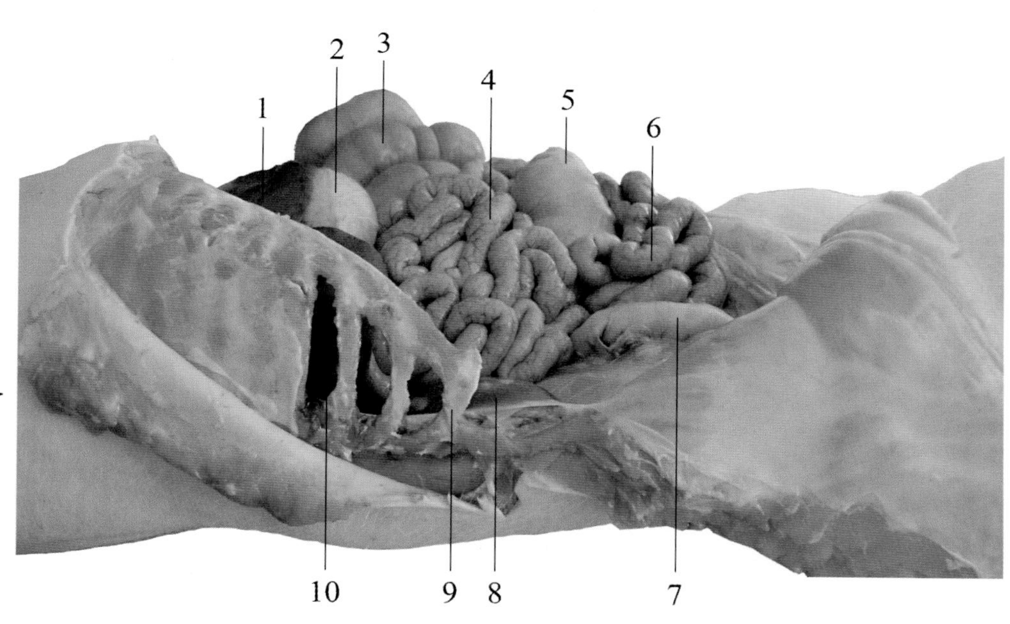

1.肝右内叶　2.大网膜和胃　3.结肠　4.空肠　5.盲肠尖　6.回肠
7.直肠　8.右肾　9.右侧肋骨　10.肝右外叶

1.ᠡᠯᠢᠭᠡᠨ ᠦ ᠪᠠᠷᠠᠭᠤᠨ ᠳᠣᠲᠣᠭᠠᠳᠤ ᠬᠡᠰᠡᠭ
2.ᠶᠡᠬᠡ ᠰᠢᠪᠡᠭᠡᠯ ᠪᠠ ᠬᠣᠳᠣᠭᠣᠳ
3.ᠪᠦᠭᠦᠯᠦᠭᠦᠷᠯᠢᠭ (ᠪᠦᠳᠦᠭᠦᠨ) ᠭᠡᠳᠡᠰᠦ
4.ᠲᠡᠰᠬᠡᠯ ᠭᠡᠳᠡᠰᠦ
5.ᠰᠣᠬᠣᠷ ᠰᠣᠯᠣᠩᠭᠤᠨ ᠤ ᠦᠵᠦᠭᠦᠷ
6.ᠮᠡᠷᠭᠡᠵᠢ ᠭᠡᠳᠡᠰᠦ
7.ᠰᠢᠯᠤᠭᠤᠨ ᠭᠡᠳᠡᠰᠦ
8.ᠪᠠᠷᠠᠭᠤᠨ ᠪᠥᠭᠡᠷᠡ
9.ᠪᠠᠷᠠᠭᠤᠨ ᠬᠠᠵᠠᠭᠤᠨ ᠬᠠᠪᠢᠰᠤ
10.ᠡᠯᠢᠭᠡᠨ ᠦ ᠪᠠᠷᠠᠭᠤᠨ ᠭᠠᠳᠠᠨ᠎ᠠ ᠬᠡᠰᠡᠭ

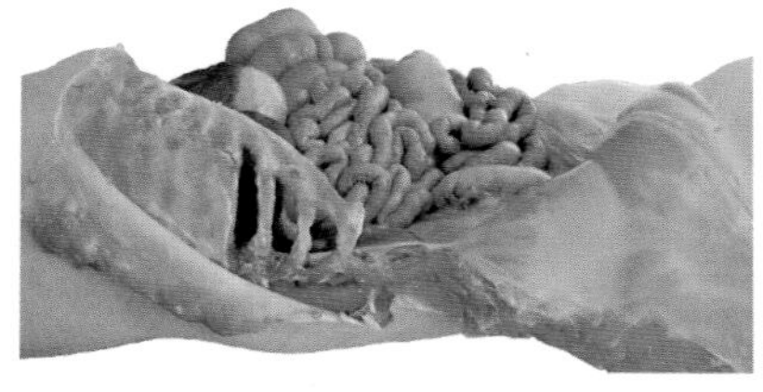

图3-11　猪消化器官（生长猪腹右侧观）

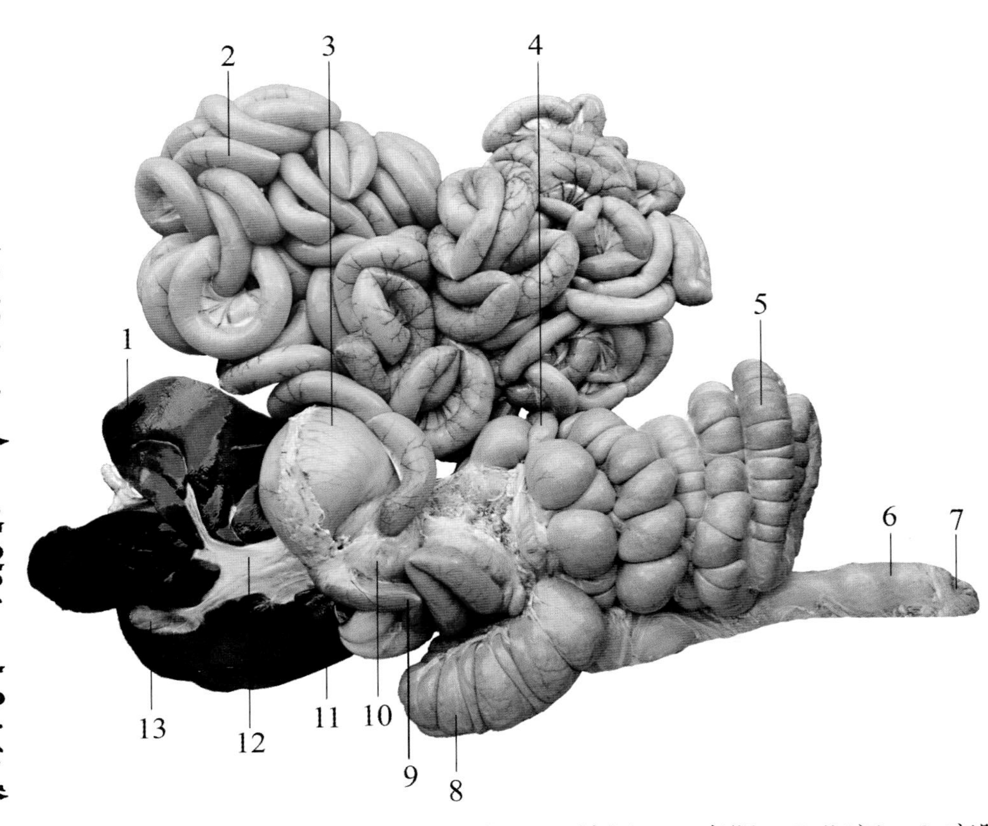

1.肝脏 2.空肠 3.胃 4.回肠 5.结肠 6.直肠 7.肛门 8.盲肠
9.十二指肠 10.胰脏 11.脾脏 12.门静脉 13.胆囊

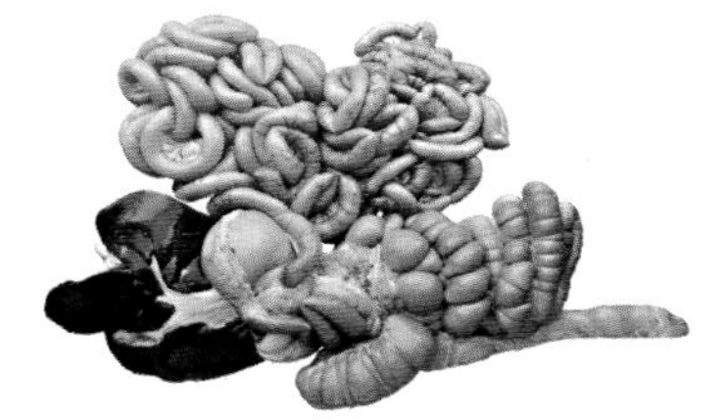

图3-12 猪消化系统的组成

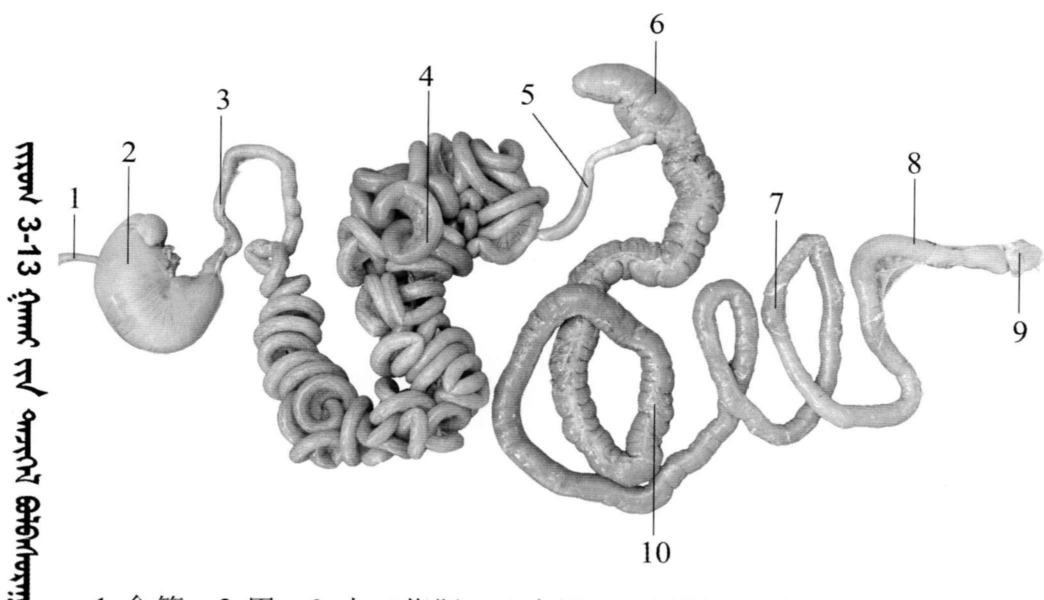

1.食管　2.胃　3.十二指肠　4.空肠　5.回肠　6.盲肠　7.结肠离心段
8.直肠　9.肛门　10.结肠向心段

ᠵᠢᠷᠤᠭ 3-13 ᠭᠠᠬᠠᠢ ᠶᠢᠨ ᠬᠣᠭᠤᠯ ᠰᠢᠩᠭᠡᠭᠡᠬᠦ ᠰᠤᠪᠠᠭ-1

1.ᠤᠯᠠᠭᠠᠨ ᠬᠣᠭᠣᠯᠠᠢ
2.ᠬᠣᠳᠣᠭᠣᠳᠤ
3.ᠠᠷᠪᠠᠨᠬᠣᠶᠠᠷ (ᠬᠤᠷᠤᠭᠤᠨ ᠤ ᠬᠡᠮᠵᠢᠶᠡᠲᠦ) ᠭᠡᠳᠡᠰᠦ
4.ᠲᠤᠰᠬᠠᠢ ᠭᠡᠳᠡᠰᠦ
5.ᠣᠷᠢᠶᠠᠩᠭᠤ ᠭᠡᠳᠡᠰᠦ
6.ᠰᠣᠬᠣᠷ ᠰᠣᠯᠣᠩᠭ᠎ᠠ
7.ᠪᠦᠳᠦᠭᠦᠨᠰᠢᠯᠦᠭᠡ (ᠲᠥᠪᠡᠴᠡ) ᠭᠡᠳᠡᠰᠦᠨ ᠦ ᠬᠡᠰᠡᠭ ᠲᠠᠯ
ᠳᠤᠭᠤᠢᠷᠠᠭᠤᠯᠬᠤ (ᠲᠥᠪᠯᠡᠬᠦ) ᠬᠡᠰᠡᠭ
8.ᠰᠢᠯᠤᠭᠤᠨ ᠭᠡᠳᠡᠰᠦ
9.ᠬᠣᠯᠬᠣᠪᠴᠢ
10.ᠪᠦᠳᠦᠭᠦᠨᠰᠢᠯᠦᠭᠡ (ᠲᠥᠪᠯᠡᠬᠦ) ᠭᠡᠳᠡᠰᠦᠨ ᠦ ᠬᠡᠰᠡᠭ
ᠲᠥᠪᠯᠡᠬᠦ (ᠳᠤᠭᠤᠢᠷᠠᠭᠤᠯᠬᠤ) ᠬᠡᠰᠡᠭ

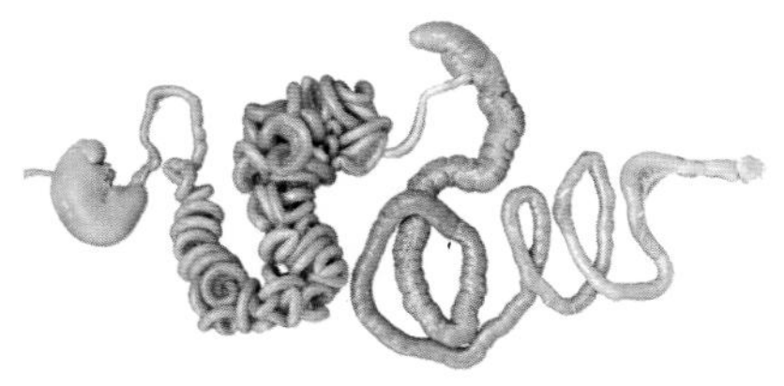

图3-13　猪消化管-1

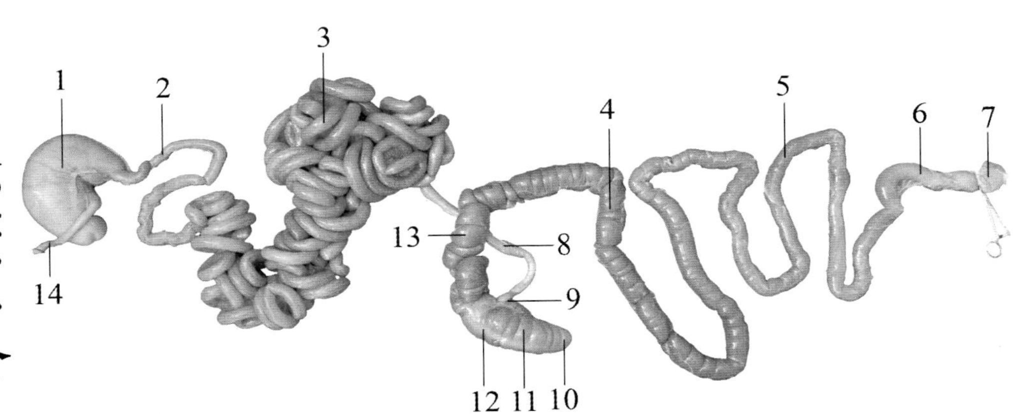

1.胃　2.十二指肠　3.空肠　4.结肠向心段　5.结肠离心段　6.直肠
7.肛门　8.回肠　9.回盲结口　10.盲肠尖　11.盲肠体　12.盲肠带
13.结肠袋　14.食管

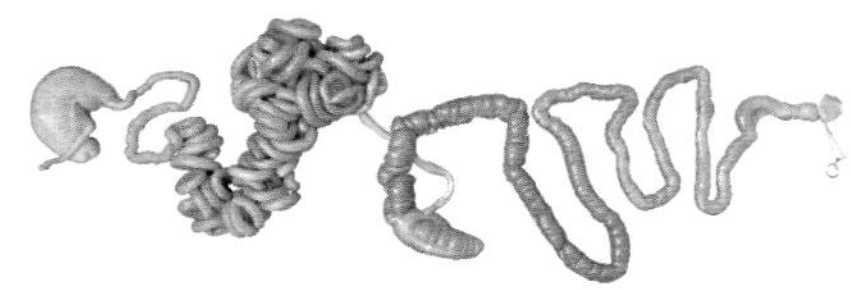

图3-14　猪消化管-2

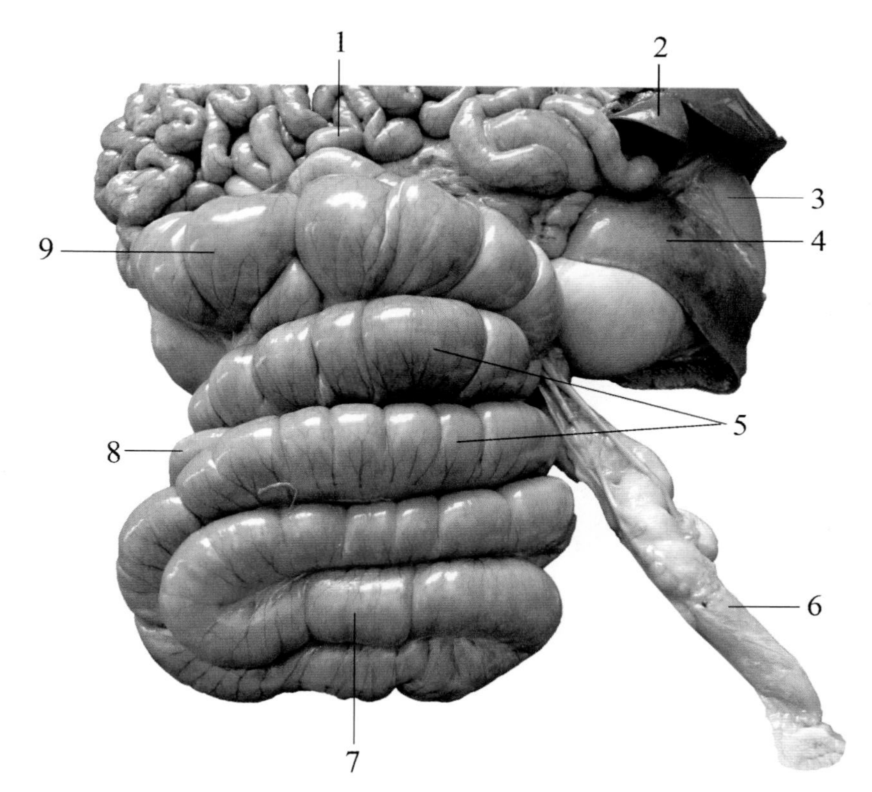

1.小肠　2.肝　3.胃　4.脾　5.结肠向心回　6.直肠　7.中央曲
8.结肠离心回　9.盲肠

图3-15　猪结肠旋袢-1（生长猪）

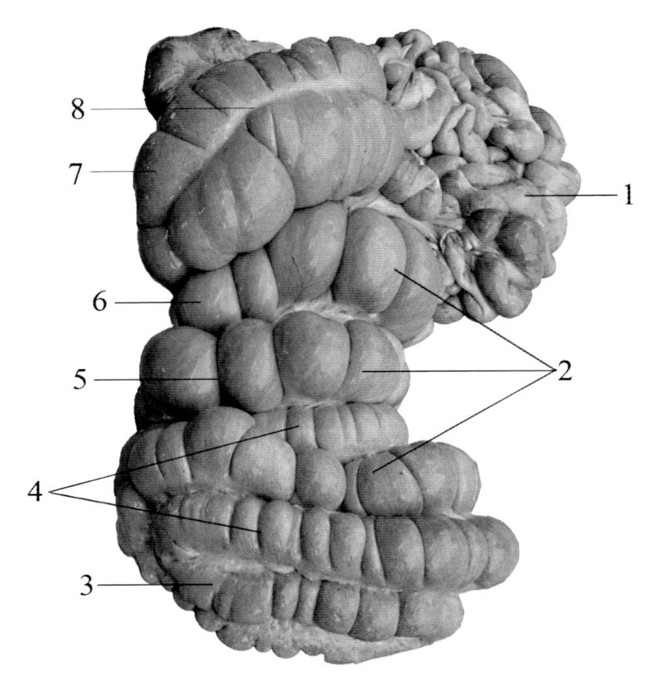

1.小肠　2.结肠向心回　3.中央曲　4.结肠离心回　5.结肠半月襞
6.结肠袋　7.盲肠袋　8.盲肠带

图3-16　猪结肠旋袢-2（成年猪）

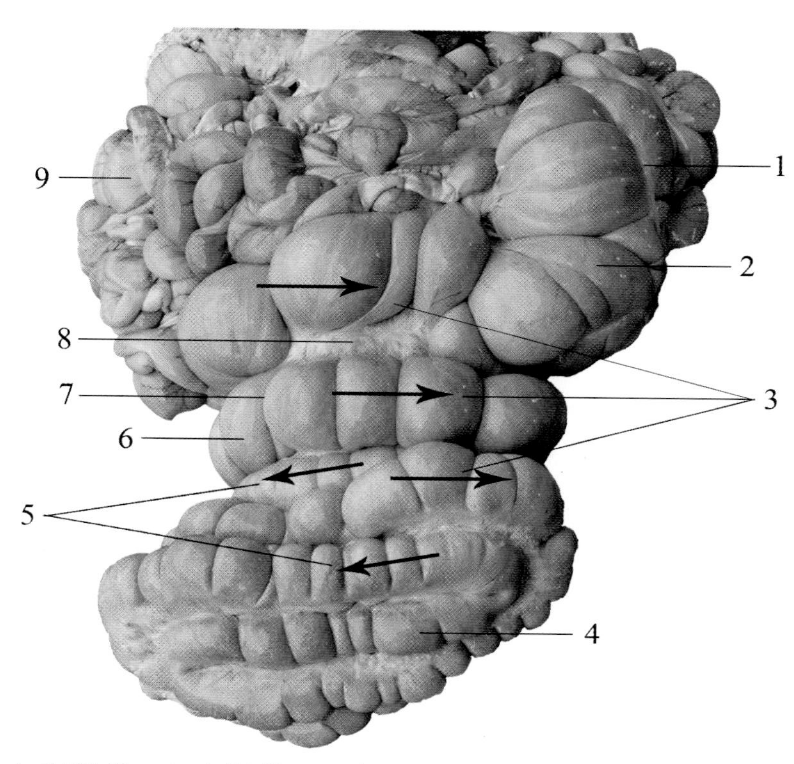

1.盲肠带　2.盲肠袋　3.向心回　4.中央曲　5.离心回　6.结肠袋
7.结肠半月襞　8.结肠系膜　9.小肠

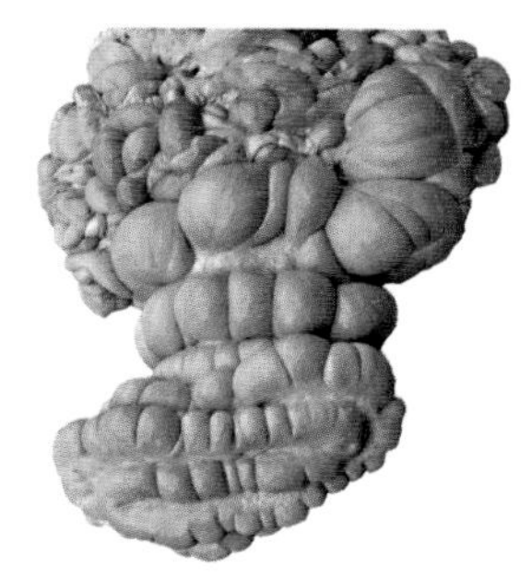

图3-17　猪结肠旋袢-3（成年猪）

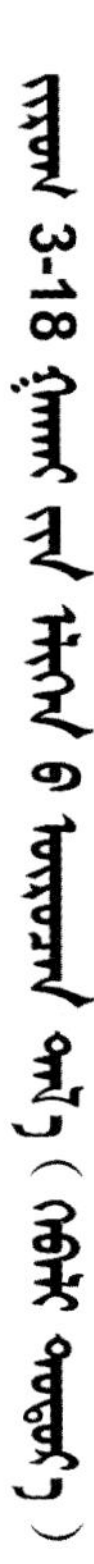

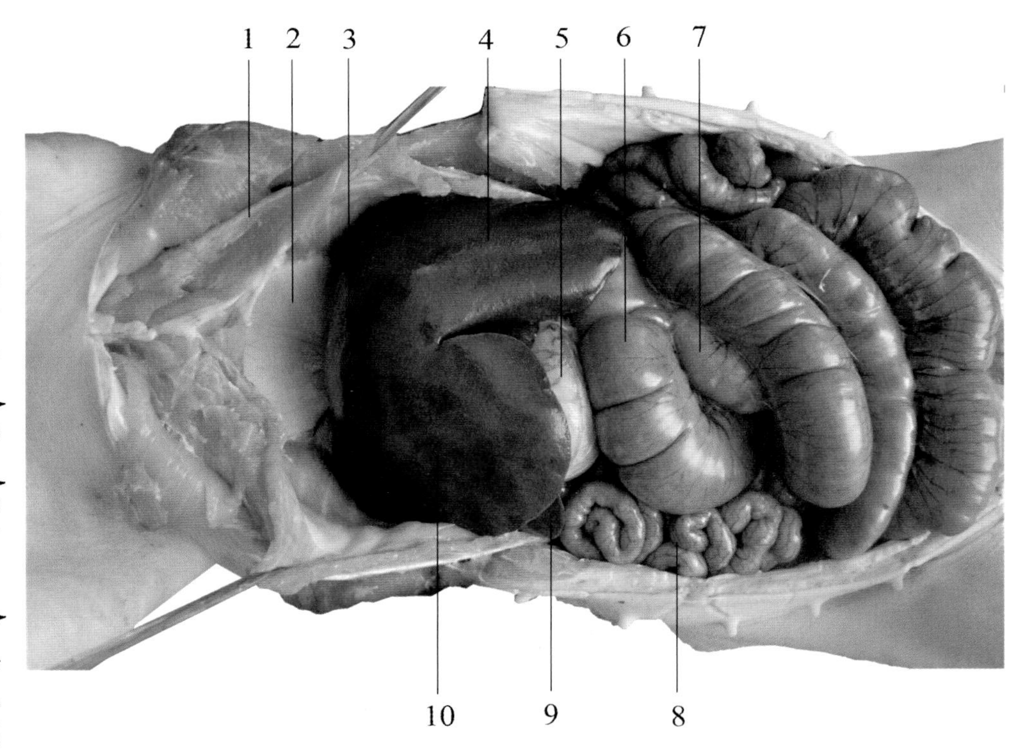

1.左季肋部　2.膈中心腱　3.肝膈面　4.肝左内叶　5.胃和大网膜
6.结肠向心回　7.结肠离心回　8.小肠　9.肝右外叶　10.肝右内叶

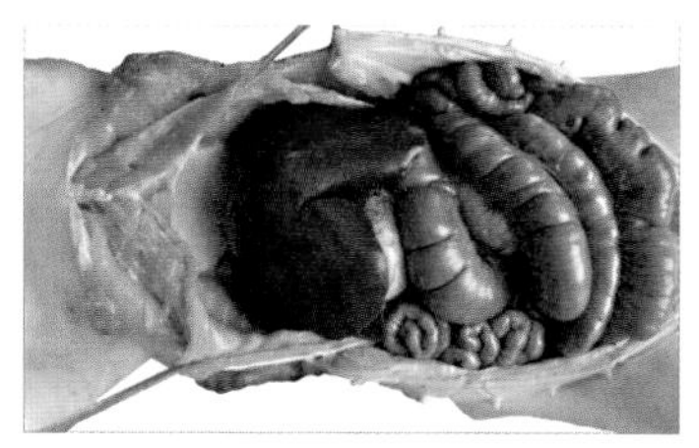

图3-18　猪肝膈面（腹腔内）

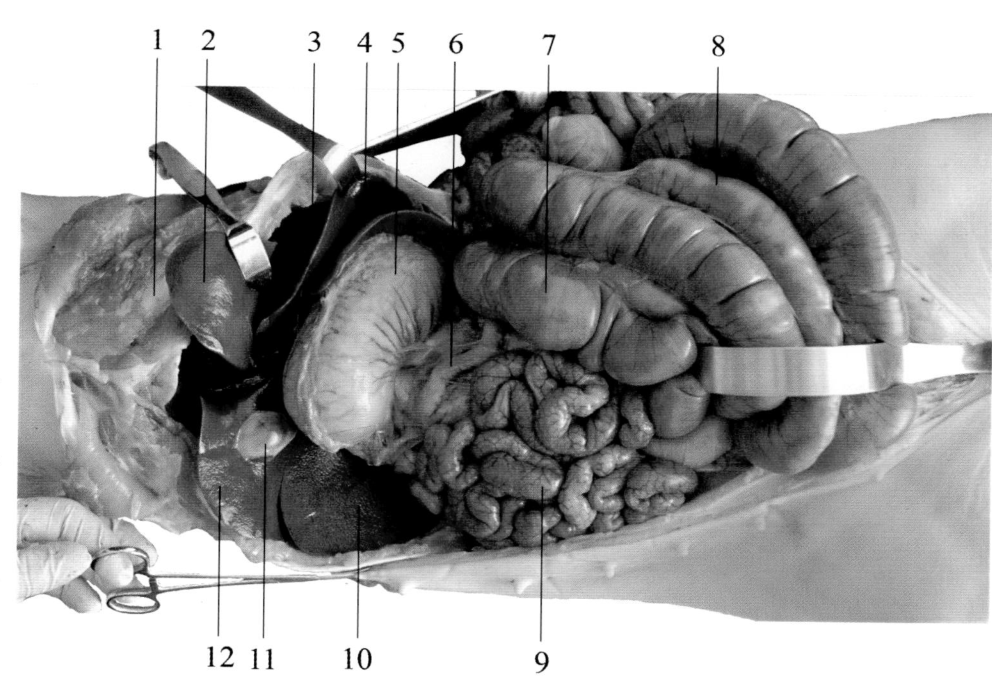

1.左季肋部　2.肝左内叶　3.肝左外叶　4.脾　5.胃和大网膜　6.十二指肠　7.结肠向心回　8.结肠离心回　9.空肠　10.肝右外叶　11.胆囊　12.肝右内叶

图3-19　猪肝脏面（腹腔内）

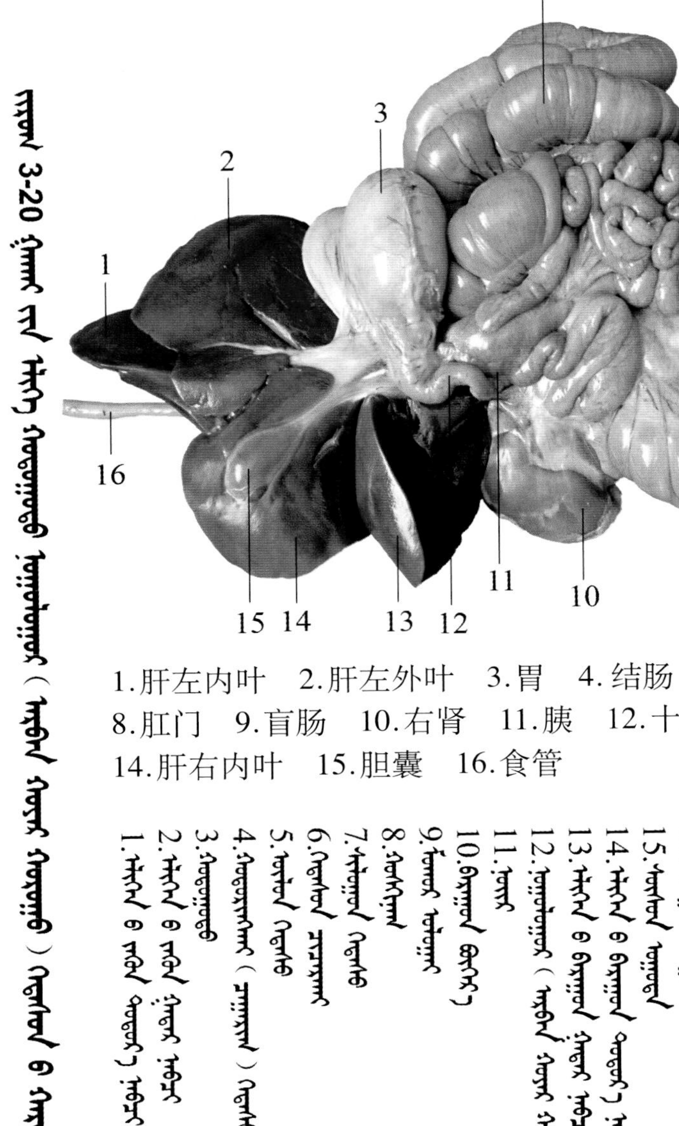

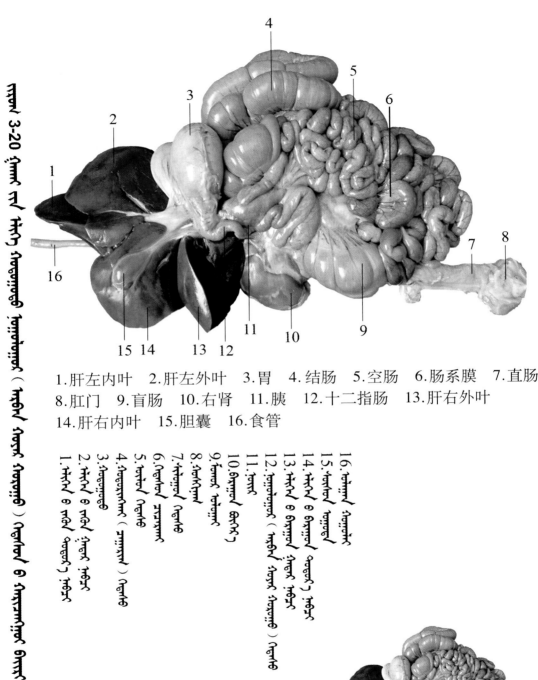

1.肝左内叶　2.肝左外叶　3.胃　4.结肠　5.空肠　6.肠系膜　7.直肠　8.肛门　9.盲肠　10.右肾　11.胰　12.十二指肠　13.肝右外叶　14.肝右内叶　15.胆囊　16.食管

图3-20　猪肝、胃、十二指肠相对位置

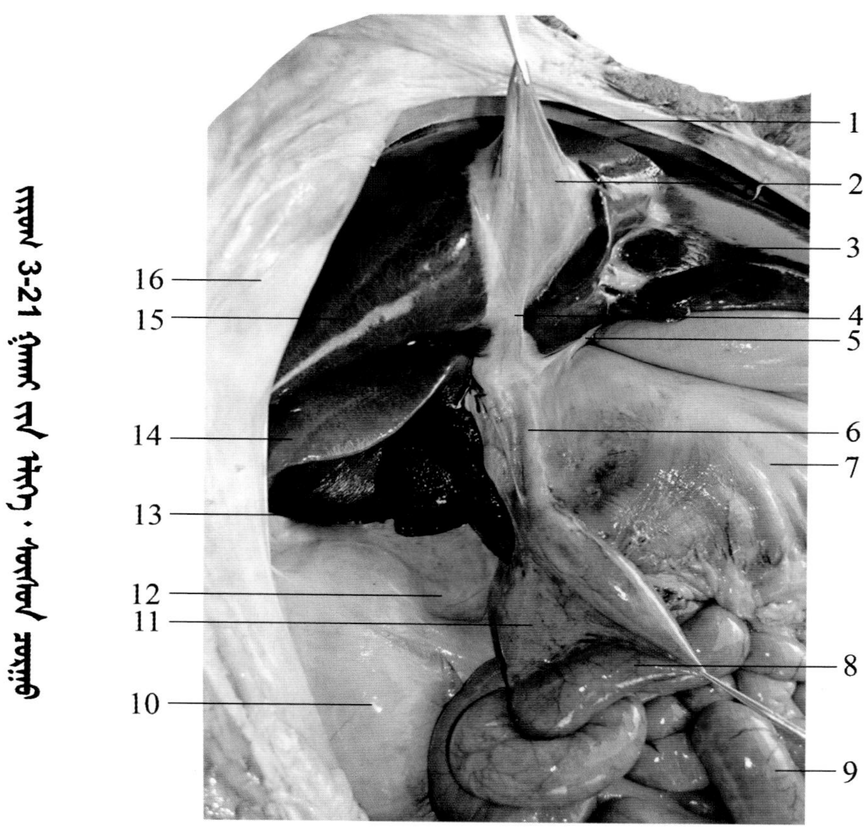

1.膈　2.胆囊　3.肝左内叶　4.胆管　5.肝管　6.胆总管　7.胃
8.十二指肠　9.空肠　10.右肾　11.胰　12.肾淋巴结　13.肝尾状叶
14.肝右外叶　15.肝右内叶　16.腹壁

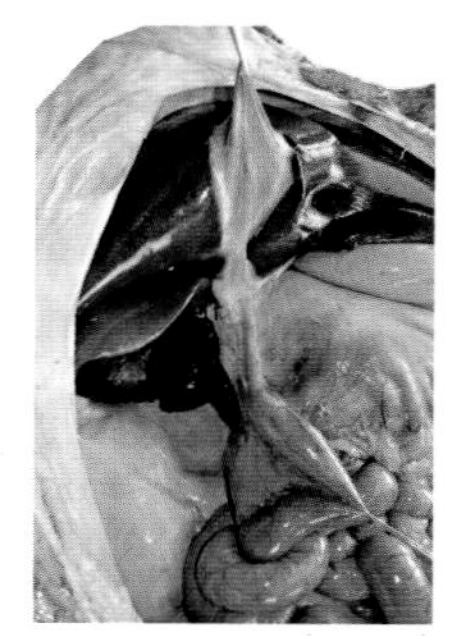

图3-21　猪肝、胆管

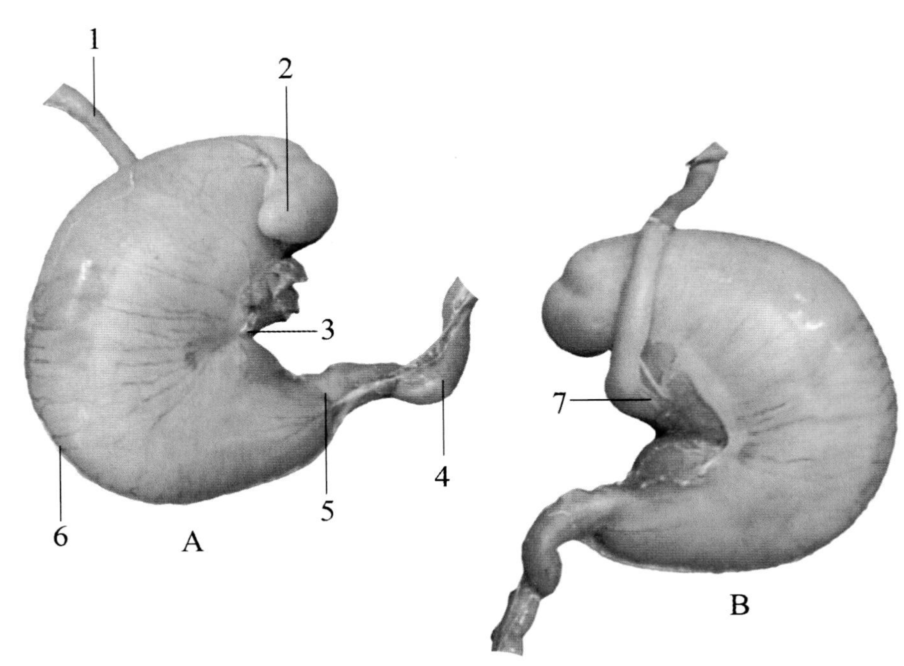

A.胃脏面　B.胃壁面

1.食管　2.胃憩室　3.胃小弯　4.十二指肠　5.幽门　6.胃大弯　7.贲门

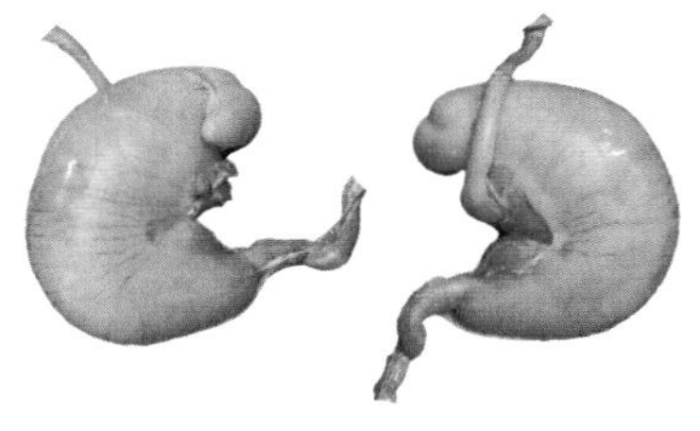

图3-22　猪胃

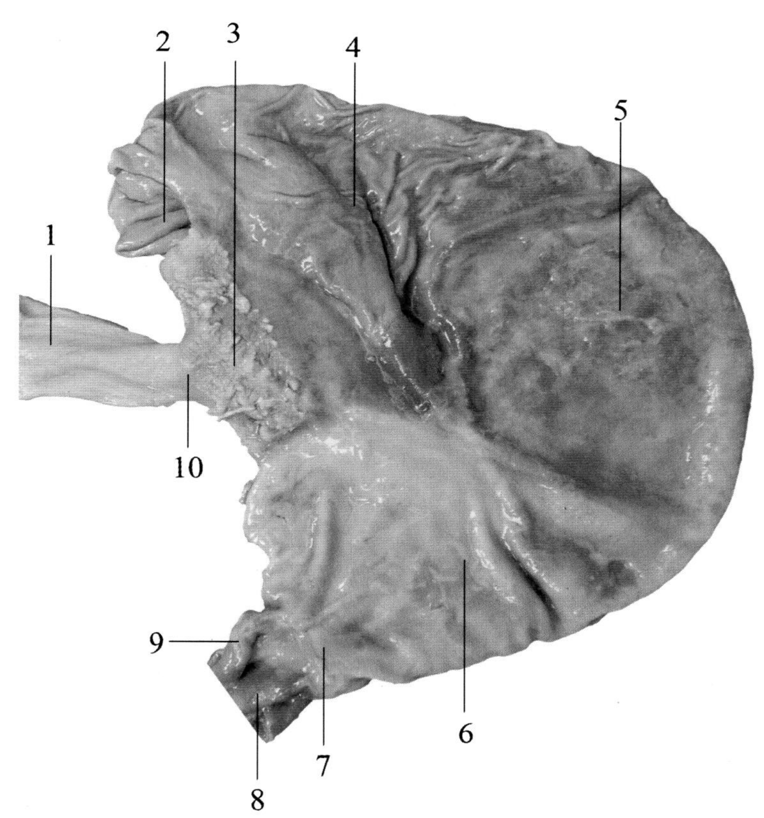

1.食管　2.胃憩室　3.无腺区　4.贲门腺区　5.胃底腺区
6.幽门腺区　7.幽门　8.幽门圆枕　9.十二指肠　10.贲门

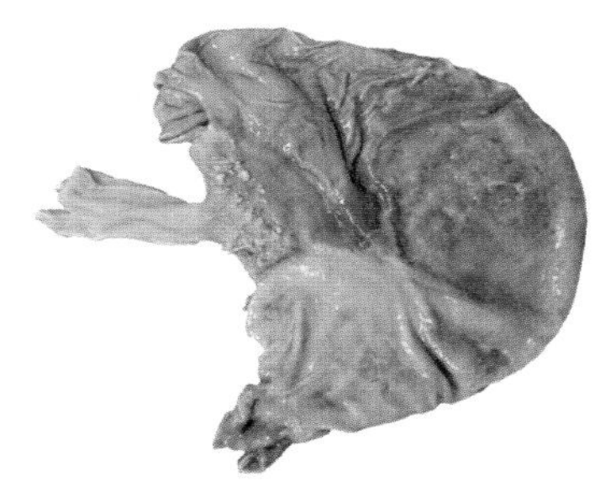

图3-23　猪胃黏膜

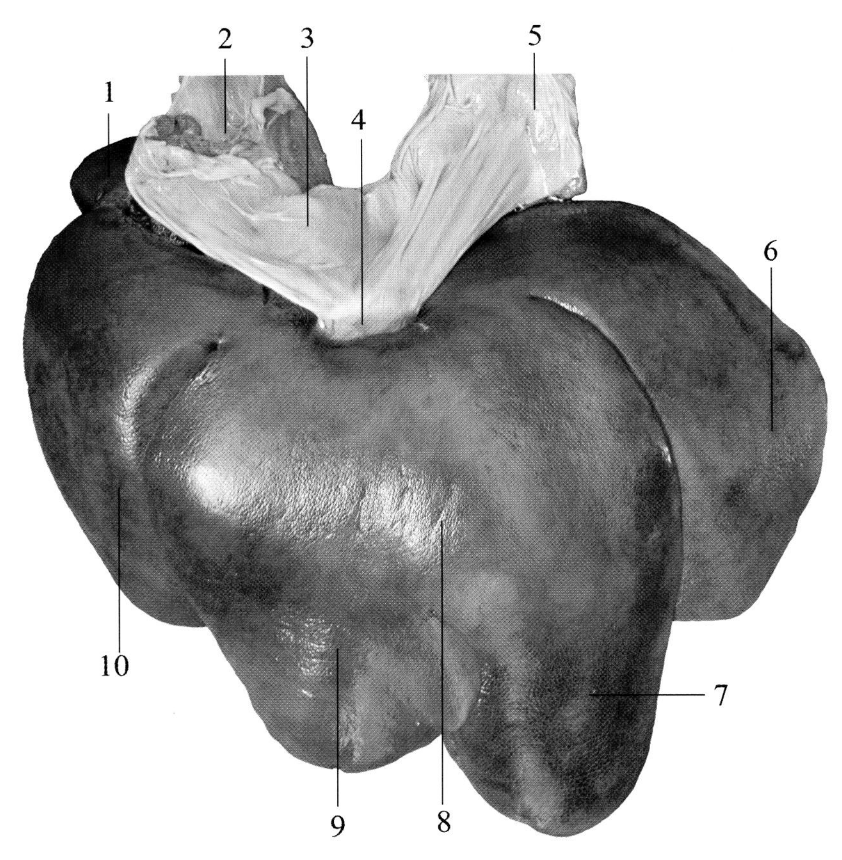

1.肝尾状叶　2.肝右三角韧带　3.肝冠状韧带　4.肝镰状韧带
5.肝左三角韧带　6.肝左外叶　7.肝左内叶　8.肝膈面　9.肝右内叶
10.肝右外叶

图3-24　猪肝膈面

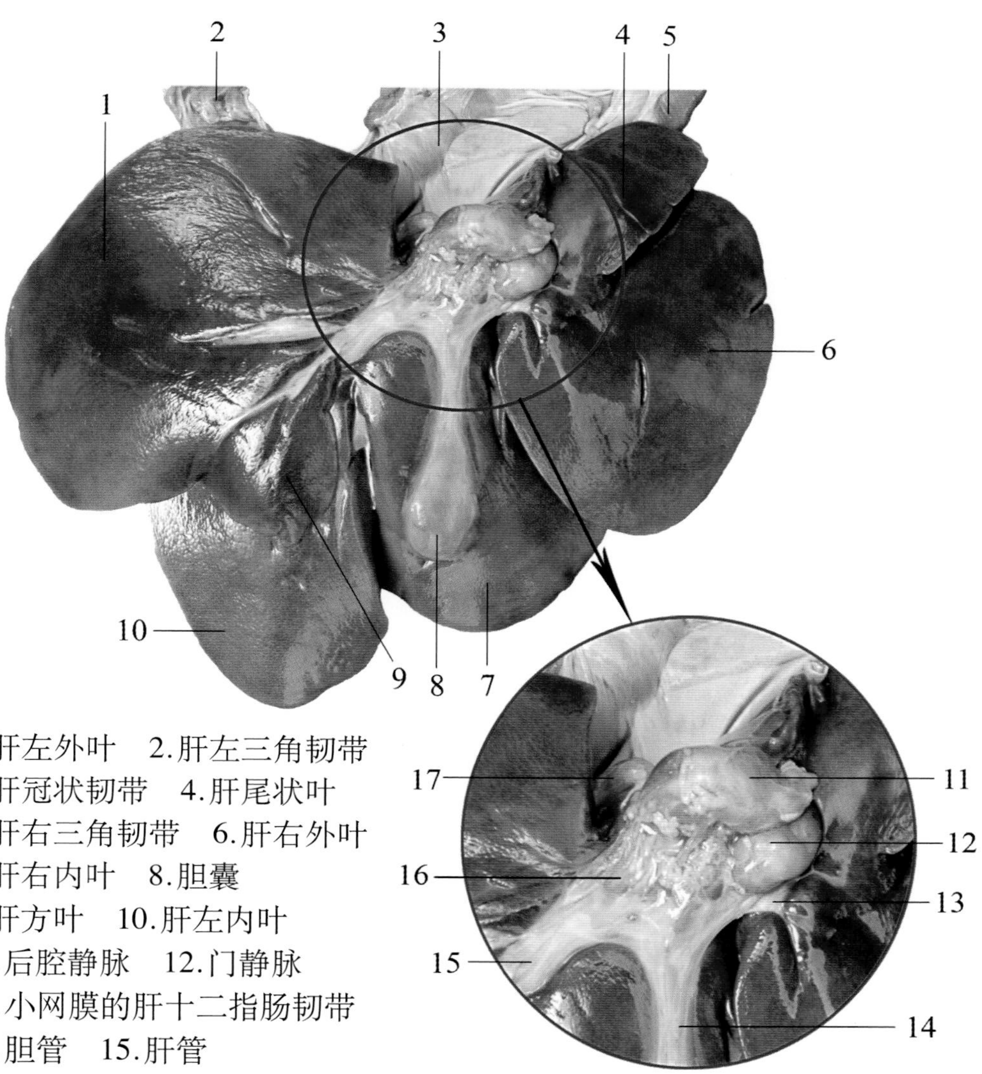

1.肝左外叶　2.肝左三角韧带
3.肝冠状韧带　4.肝尾状叶
5.肝右三角韧带　6.肝右外叶
7.肝右内叶　8.胆囊
9.肝方叶　10.肝左内叶
11.后腔静脉　12.门静脉
13.小网膜的肝十二指肠韧带
14.胆管　15.肝管
16.小网膜的肝胃韧带　17. 肝动脉

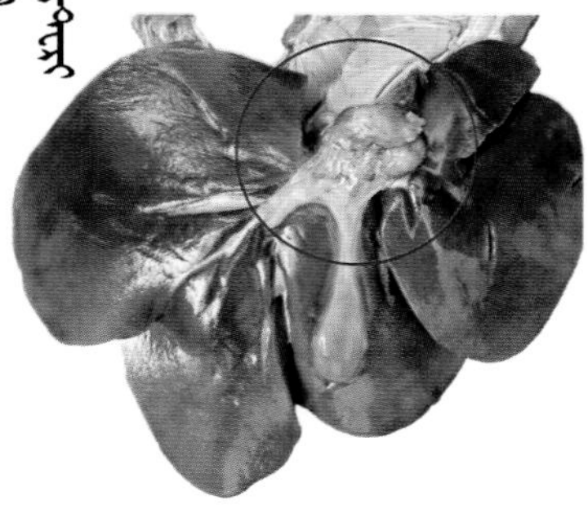

图 3-25　猪肝脏面

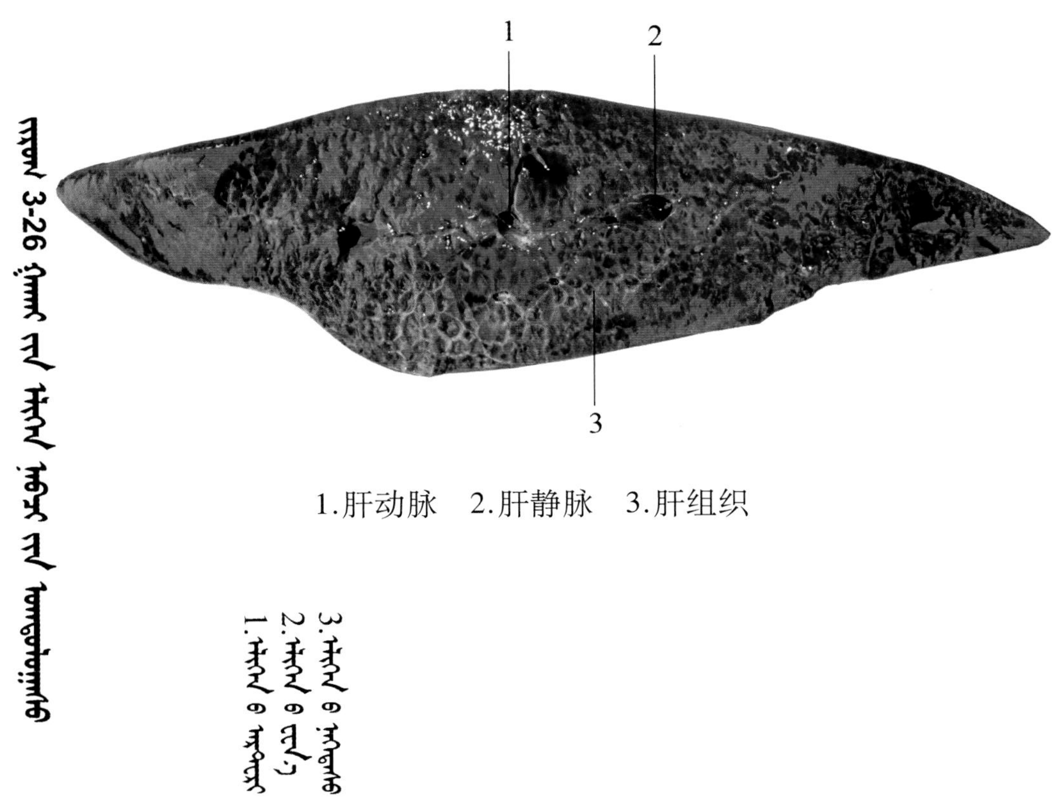

1.肝动脉　2.肝静脉　3.肝组织

ᠵᠢᠷᠤᠭ 3-26 ᠭᠠᠬᠠᠢ ᠶᠢᠨ ᠡᠯᠢᠭᠡ ᠨᠢ ᠬᠡᠰᠡᠭ ᠦᠨ ᠣᠬᠲᠤᠯᠤᠯᠲᠠ

3. ᠡᠯᠢᠭᠡᠨ ᠦ ᠵᠣᠬᠢᠶᠠᠯ
2. ᠡᠯᠢᠭᠡᠨ ᠦ ᠸᠧᠨ
1. ᠡᠯᠢᠭᠡᠨ ᠦ ᠠᠷᠲᠸᠷᠢ

图 3-26　猪肝叶切面

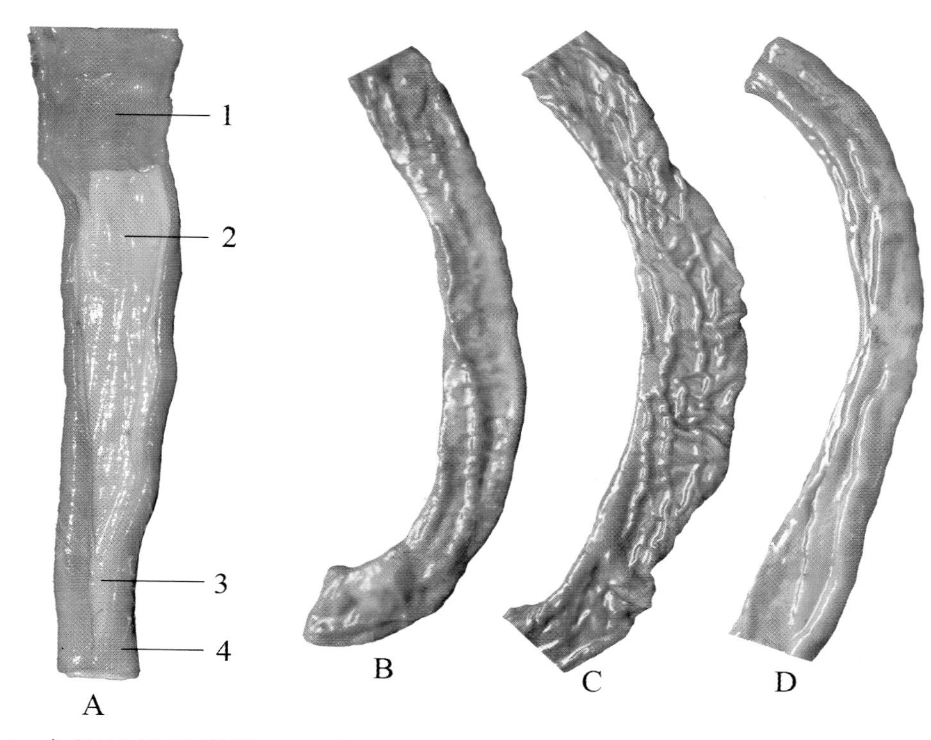

A.食管结构及黏膜　B.十二指肠黏膜　C.空肠黏膜　D.回肠黏膜
1.黏膜下组织　2.黏膜层　3.肌层　4.浆膜层

ᠵᠢᠷᠤᠭ 3-27 ᠭᠠᠬᠠᠢ ᠶᠢᠨ ᠤᠭᠤᠷ ᠭᠣᠯᠣᠮᠲᠠ ᠪᠣᠯᠣᠨ ᠨᠠᠷᠢᠨ ᠭᠡᠳᠡᠰᠦᠨ ᠦ ᠨᠢᠯᠤᠩᠬᠠᠢ ᠪᠦᠷᠬᠦᠪᠴᠢ

A. ᠤᠭᠤᠷ ᠭᠣᠯᠣᠮᠲᠠ ᠶᠢᠨ ᠪᠦᠲᠦᠴᠡ ᠪᠠ ᠨᠢᠯᠤᠩᠬᠠᠢ ᠪᠦᠷᠬᠦᠪᠴᠢ
B. ᠠᠷᠪᠠᠨᠬᠣᠶᠠᠷᠬᠤᠷᠤᠭᠤᠨ (ᠬᠡᠪᠡᠯ ᠠᠮᠠᠰᠠᠷ ᠭᠣᠯᠣᠮᠲᠠ) ᠭᠡᠳᠡᠰᠦᠨ ᠦ ᠨᠢᠯᠤᠩᠬᠠᠢ ᠪᠦᠷᠬᠦᠪᠴᠢ
C. ᠬᠣᠭᠣᠰᠤᠨ ᠭᠡᠳᠡᠰᠦᠨ ᠦ ᠨᠢᠯᠤᠩᠬᠠᠢ ᠪᠦᠷᠬᠦᠪᠴᠢ
D. ᠮᠤᠷᠤᠢ ᠭᠡᠳᠡᠰᠦᠨ ᠦ ᠨᠢᠯᠤᠩᠬᠠᠢ ᠪᠦᠷᠬᠦᠪᠴᠢ
1. ᠨᠢᠯᠤᠩᠬᠠᠢ ᠪᠦᠷᠬᠦᠪᠴᠢ ᠶᠢᠨ ᠳᠣᠣᠷᠠᠬᠢ ᠵᠣᠬᠢᠶᠠᠯ
2. ᠨᠢᠯᠤᠩᠬᠠᠢ ᠪᠦᠷᠬᠦᠪᠴᠢ ᠶᠢᠨ ᠳᠠᠪᠬᠤᠷᠭ᠎ᠠ
3. ᠪᠤᠯᠴᠢᠩᠭᠤ ᠳᠠᠪᠬᠤᠷᠭ᠎ᠠ
4. ᠰᠢᠩᠭᠡᠨ ᠪᠦᠷᠬᠦᠪᠴᠢ ᠶᠢᠨ ᠳᠠᠪᠬᠤᠷᠭ᠎ᠠ

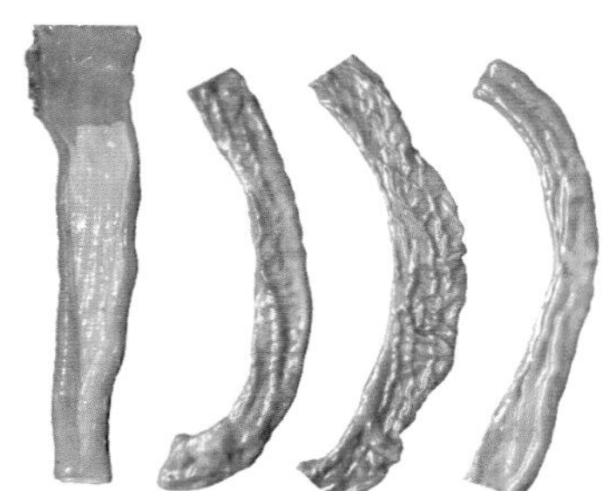

图3-27　猪食管和小肠黏膜

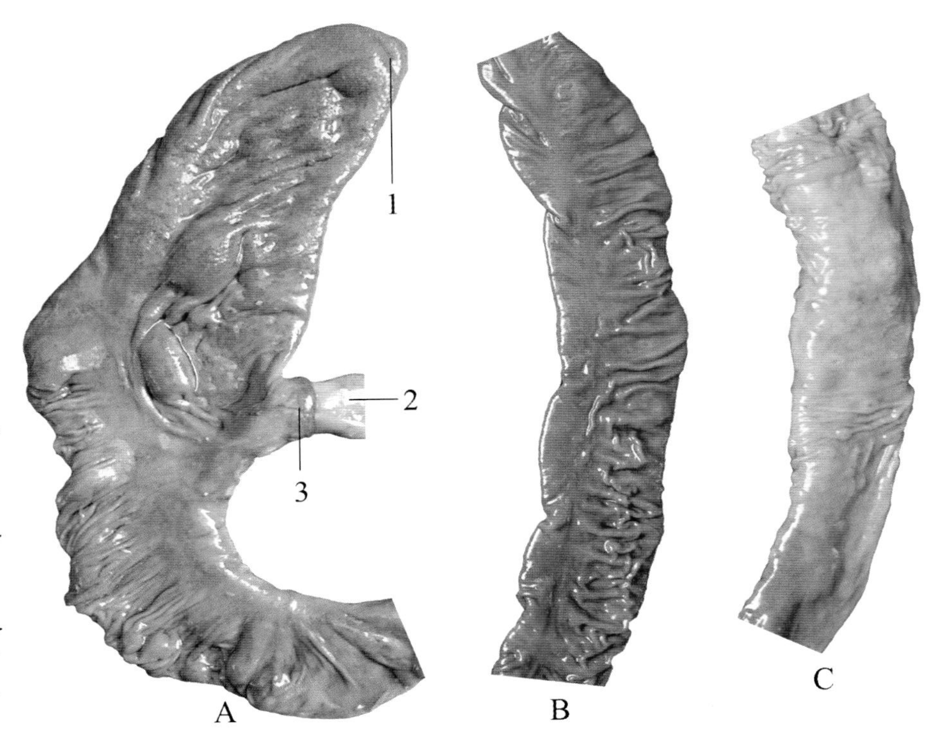

A.盲肠黏膜　B.结肠黏膜　C.直肠黏膜
1.盲肠尖　2.回肠　3.回盲结口

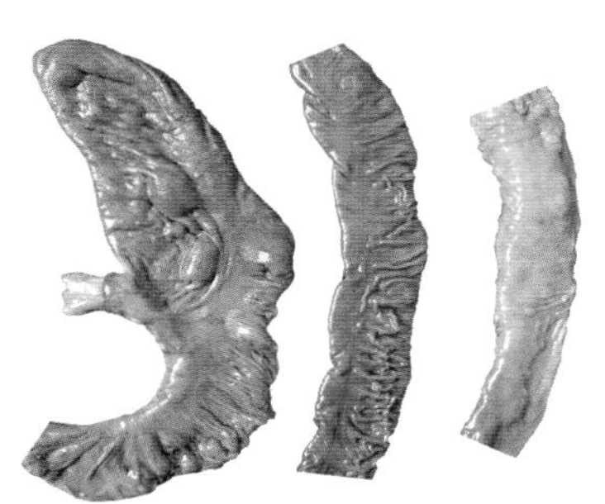

图3-28　猪大肠黏膜

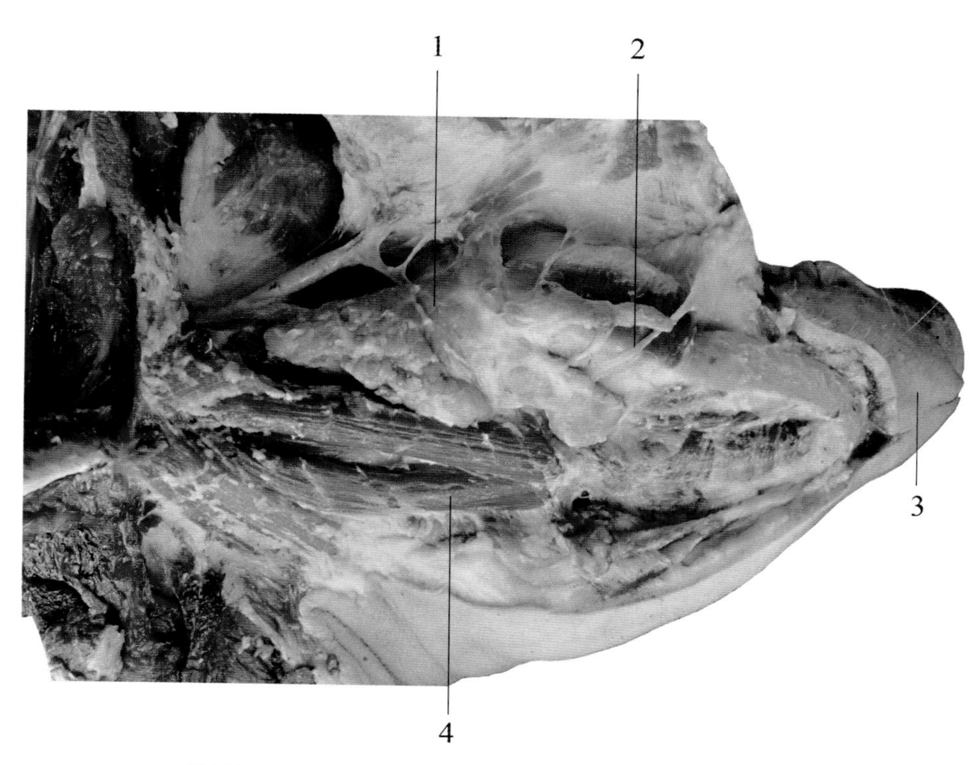

1.腮腺　2.腮腺管　3.下颌　4.胸骨舌骨肌

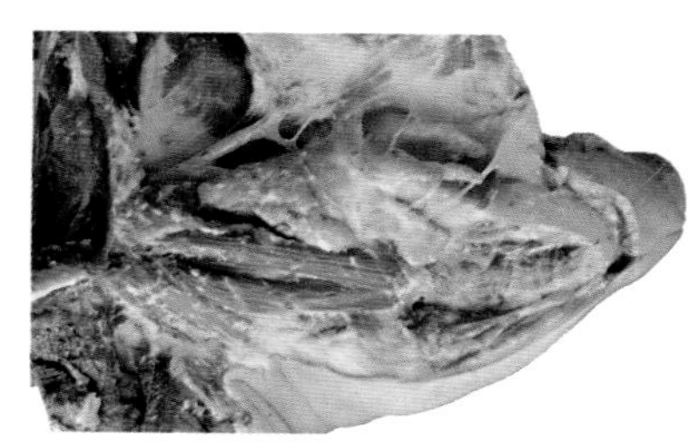

图3-29　猪腮腺（成年猪）

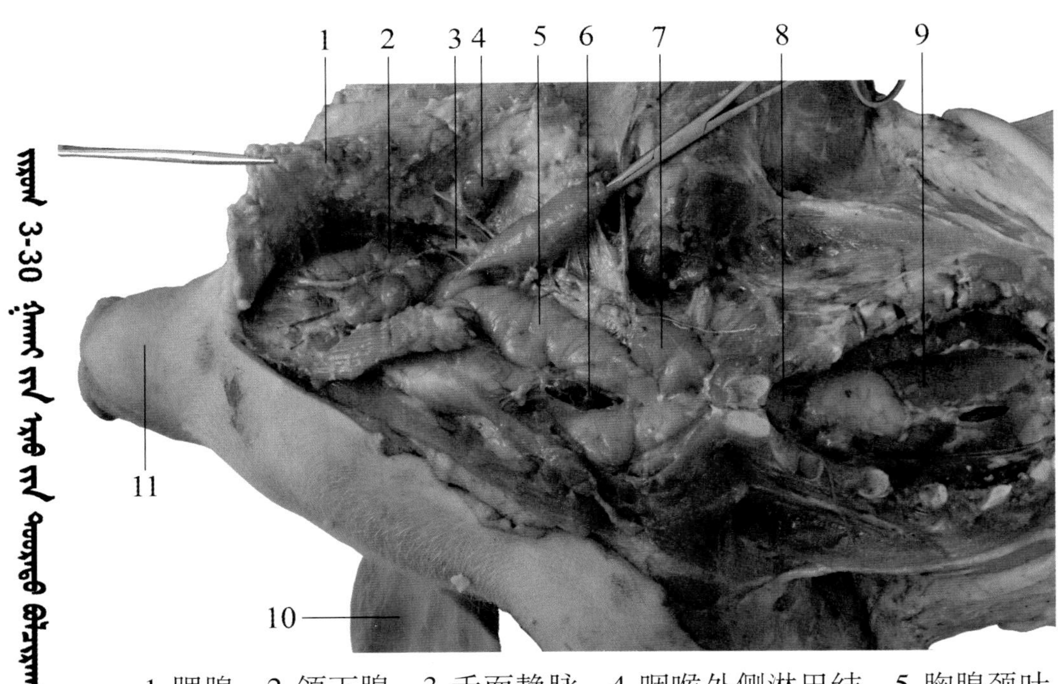

1.腮腺　2.颌下腺　3.舌面静脉　4.咽喉外侧淋巴结　5.胸腺颈叶　6.甲状腺　7.胸腺中叶　8.胸腺胸叶　9.心包、心　10.右耳　11.下颌

图3-30　猪颌下腺（生长猪）

四、猪呼吸系统

猪呼吸系统由呼吸道、肺和辅助结构三部分组成。呼吸道是气体进出肺的通道，起于鼻，经咽、喉、气管、支气管入肺，其中鼻由外鼻、鼻腔和副鼻窦组成。外鼻又分为鼻孔及特殊的结构——吻突，是呼吸道的起始部，鼻腔又是嗅觉器官；咽是消化管和呼吸管共同通道；喉由喉腔、喉肌组成，还是发声器官；气管、支气管由软骨环及结缔组织组成；肺是气体交换的器官；辅助结构由胸膜、胸膜腔等组成。

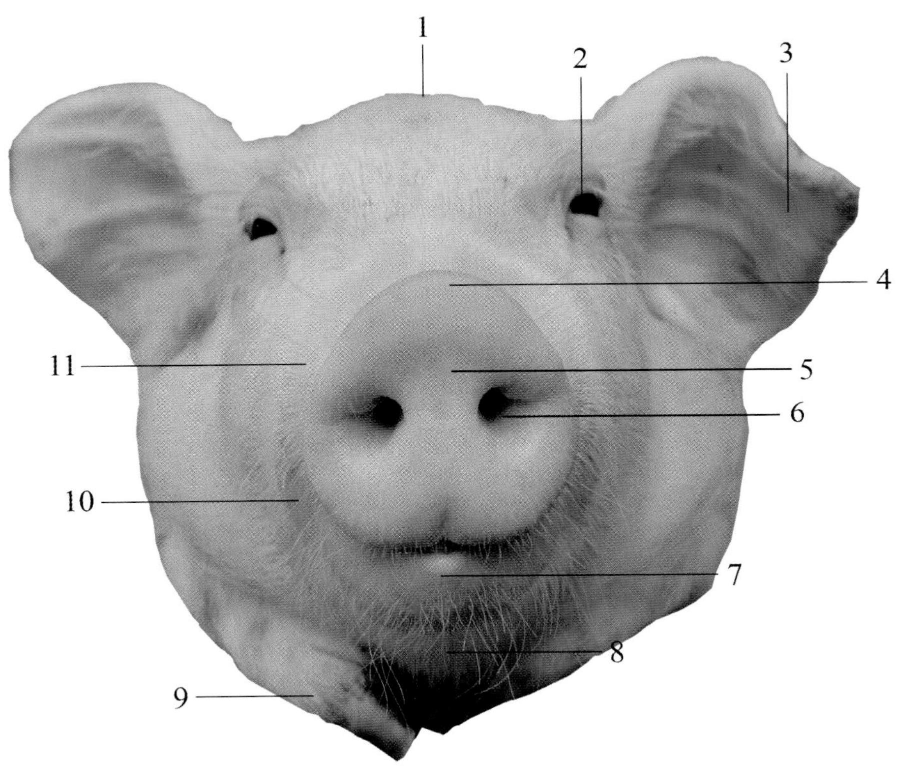

1.顶部 2.眼 3.耳郭 4.吻突 5.吻镜 6.鼻孔 7.下唇
8.下颌 9.前肢 10.颊部 11.上颌

图4-1 猪鼻

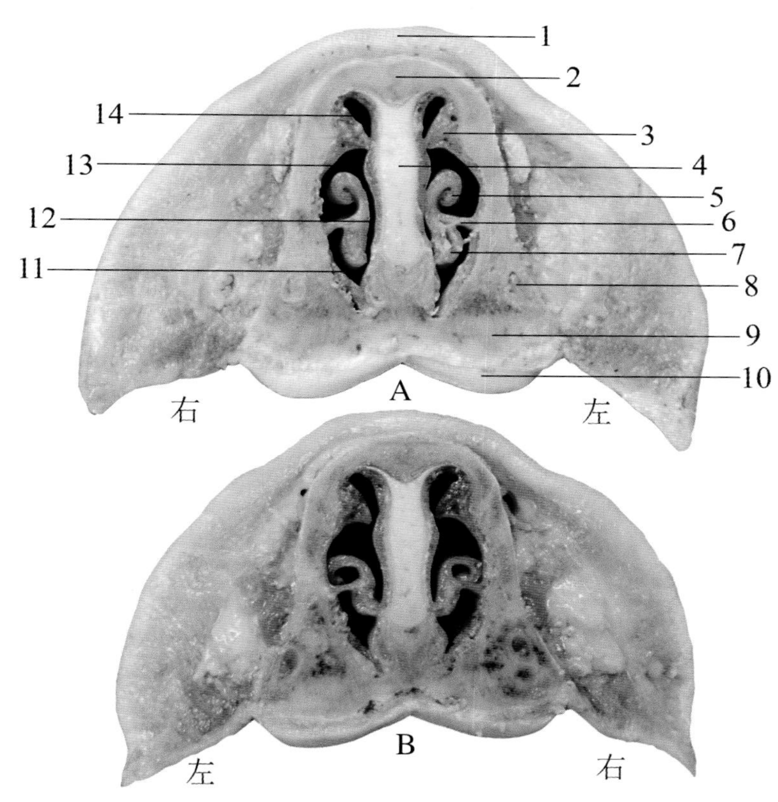

A.经过隅齿后横切面近端面　B.经过隅齿后横切面远端面
1.皮肤　2.鼻骨　3.上鼻甲　4.鼻中隔软骨　5.下鼻甲上部　6.下鼻甲　7.下鼻甲下部　8.齿槽　9.切齿骨　10.硬腭　11.下鼻道　12.总鼻道　13.中鼻道　14.上鼻道

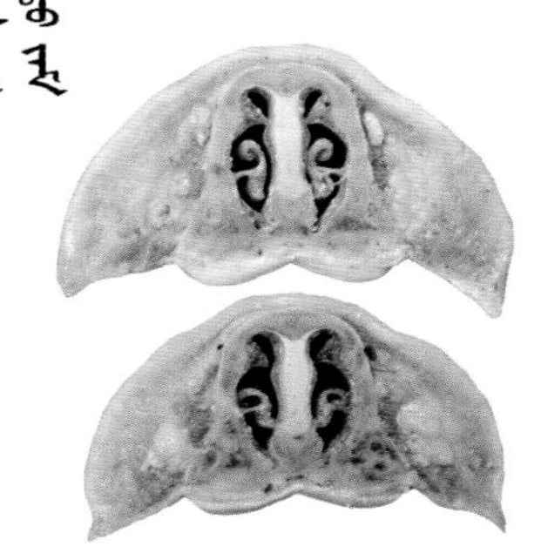

图4-2　猪鼻腔横切面-1

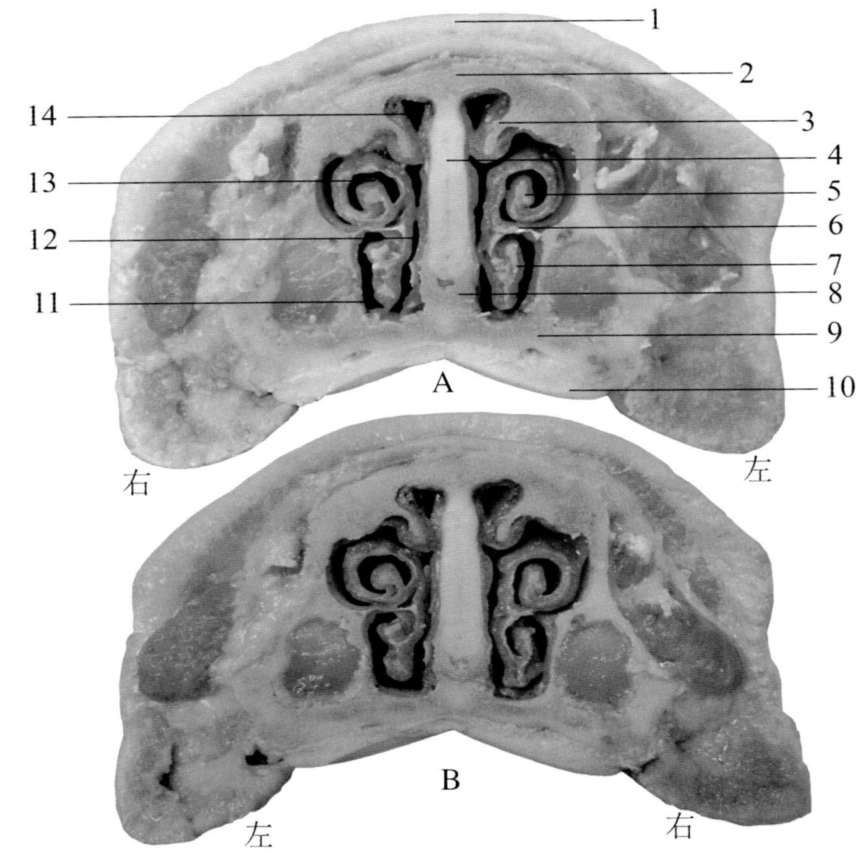

A.经过犬齿后横切面近端面　B.经过犬齿后横切面远端面

1.皮肤　2.鼻骨　3.上鼻甲　4.鼻中隔软骨　5.下鼻甲上部　6.下鼻甲　7.下鼻甲下部　8.犁骨　9.上颌骨　10.硬腭　11.下鼻道　12.总鼻道　13.中鼻道　14.上鼻道

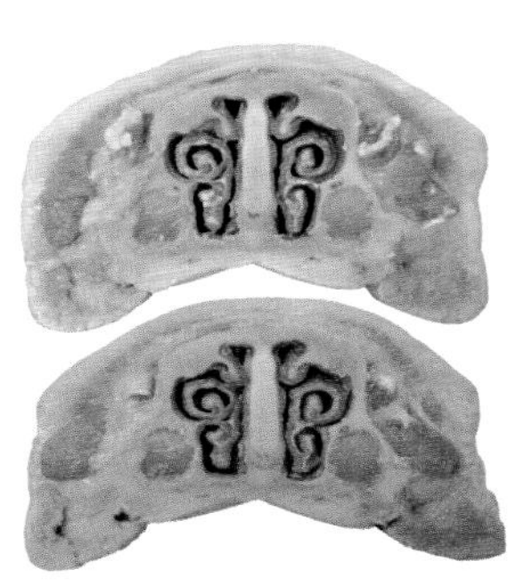

图4-3　猪鼻腔横切面-2

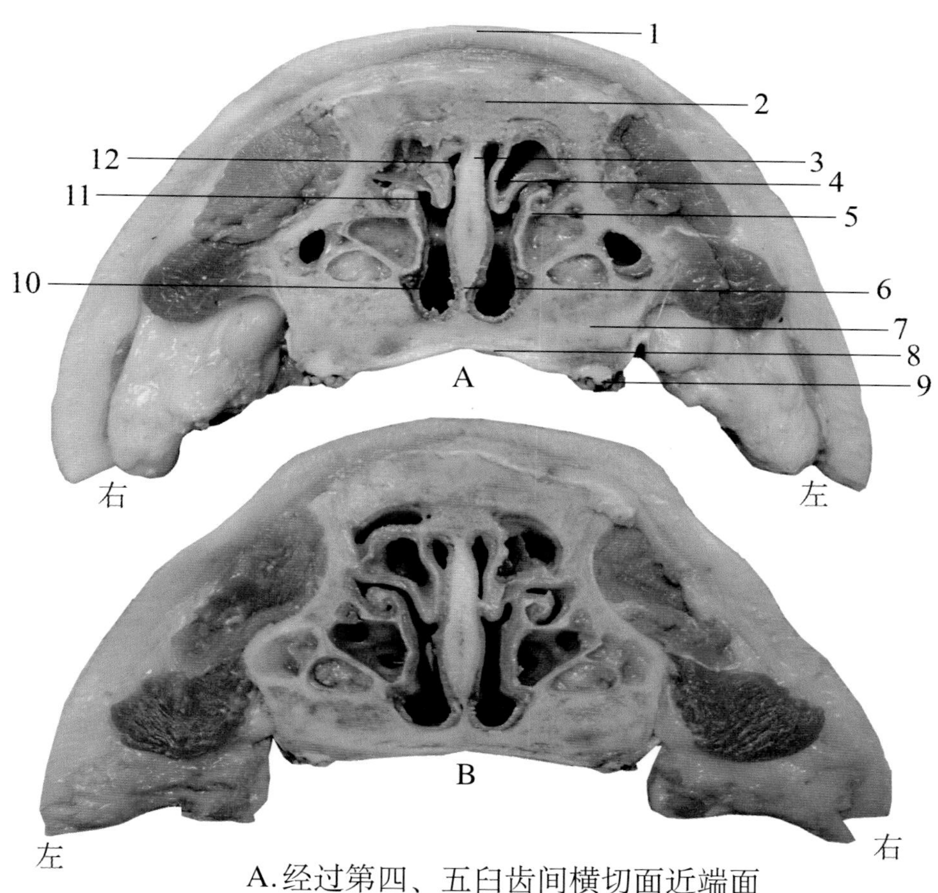

A.经过第四、五臼齿间横切面近端面
B.经过第四、五臼齿间横切面远端面

1.皮肤　2.鼻骨　3.鼻中隔软骨　4.上鼻甲　5.下鼻甲　6.犁骨
7.上颌骨　8.硬腭　9.第五臼齿　10.下鼻道　11.中鼻道　12.上鼻道

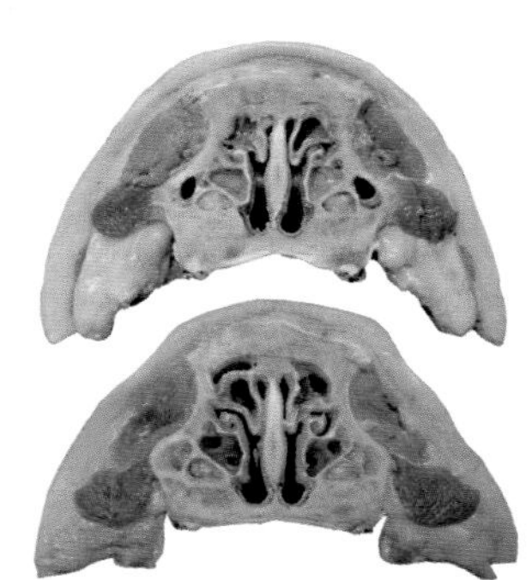

图4-4　猪鼻腔横切面-3

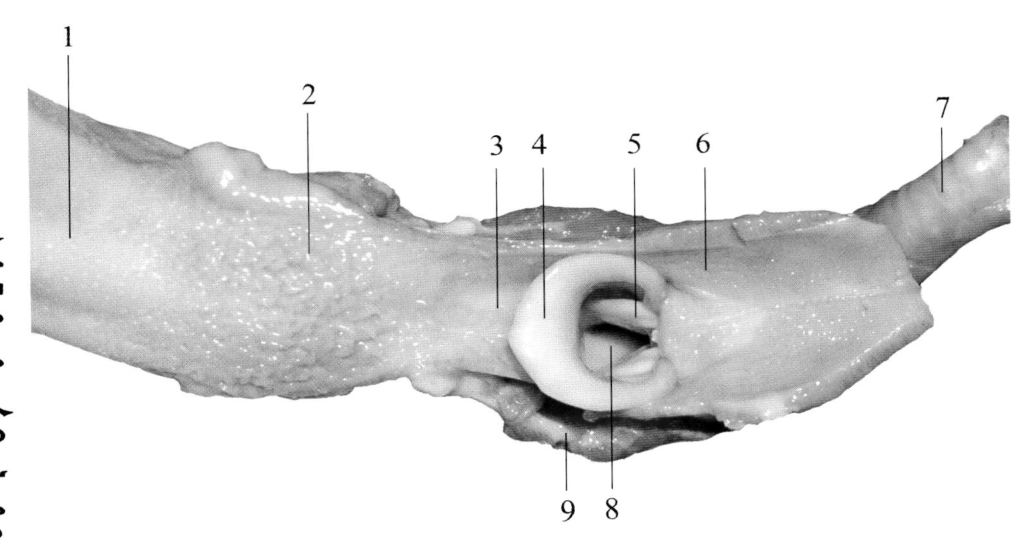

1.舌体　2.舌根　3.咽峡　4.会厌软骨　5.勺状软骨
6.咽和食管连接部　7.气管　8.喉口　9.甲状软骨

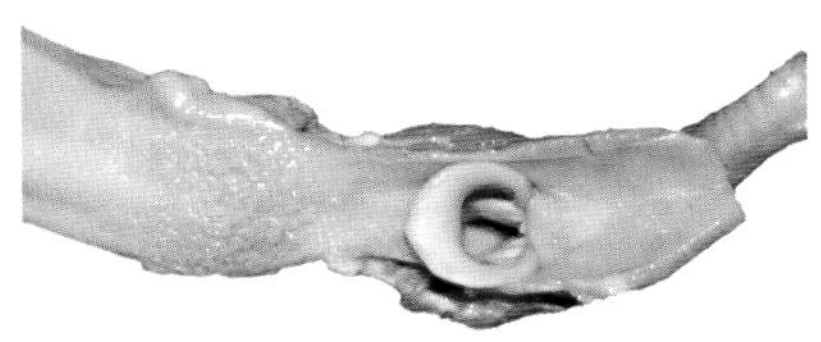

图 4-5　猪咽喉口

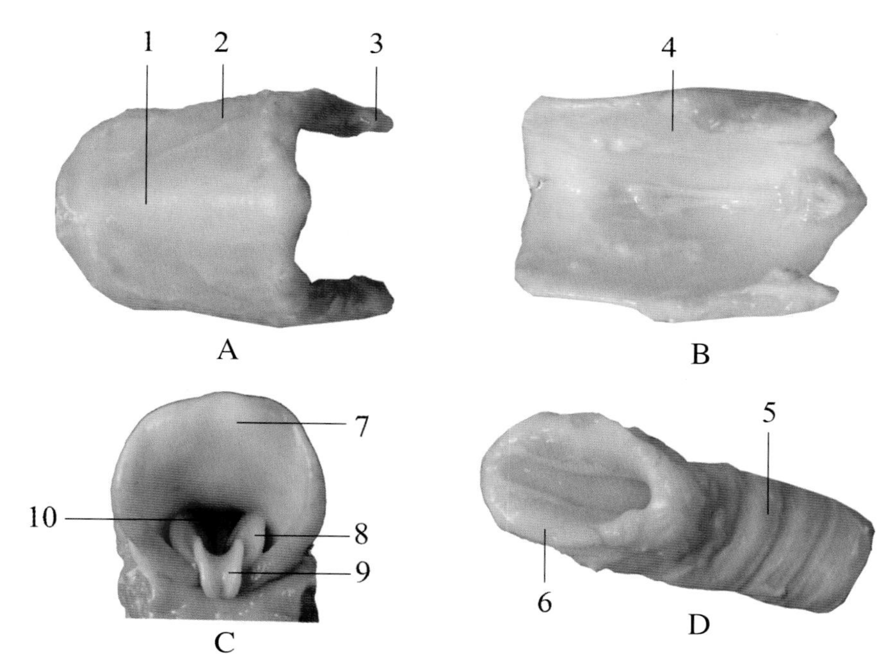

A. 甲状软骨腹侧面　B. 甲状软骨背侧面
C. 会厌软骨和勺状软骨　D. 气管和环状软骨
1. 甲状软骨体　2. 甲状软骨侧板　3. 甲状软骨后角　4. 甲状软骨关节面
5. 气管软骨环　6. 喉环状软骨　7. 会厌软骨　8. 勺状软骨
9. 勺状软骨尖　10. 喉口

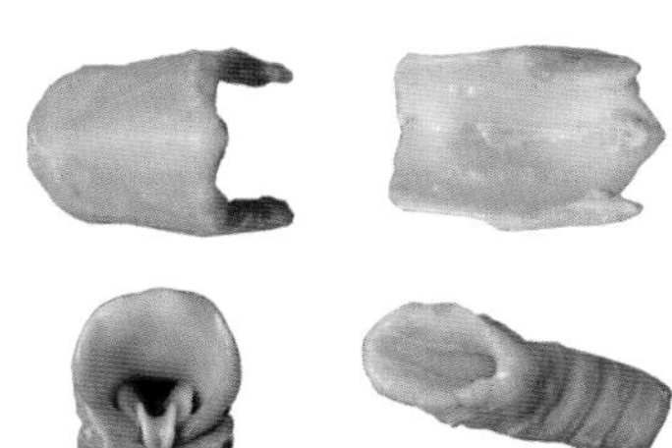

图4-6　猪喉软骨

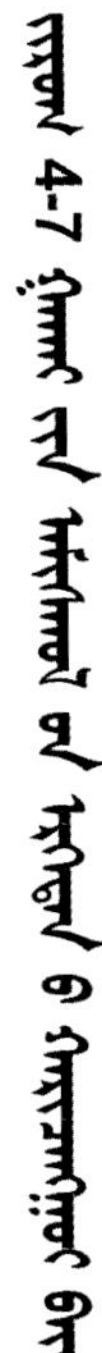

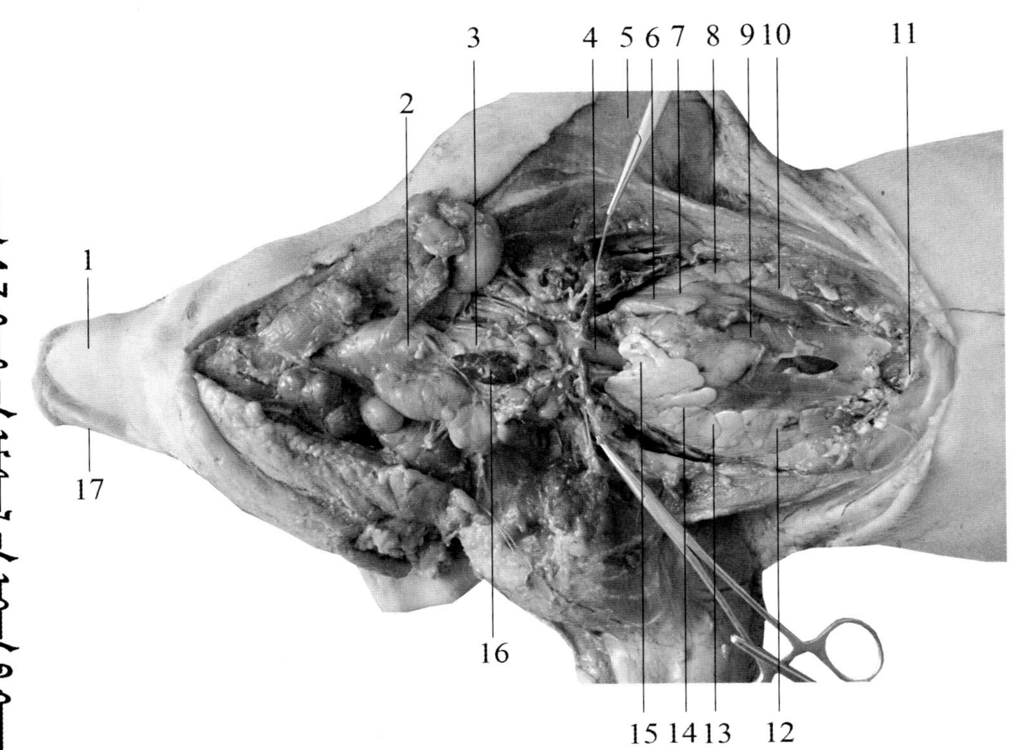

1.下颌　2.喉　3.气管　4.前腔静脉　5.左前肢　6.左肺尖叶　7.左肺心切迹　8.左肺心叶　9.心包、心　10.左肺膈叶　11.剑状软骨　12.右肺膈叶　13.右肺心叶　14.右肺心切迹　15.右肺尖叶　16.甲状腺　17.上颌

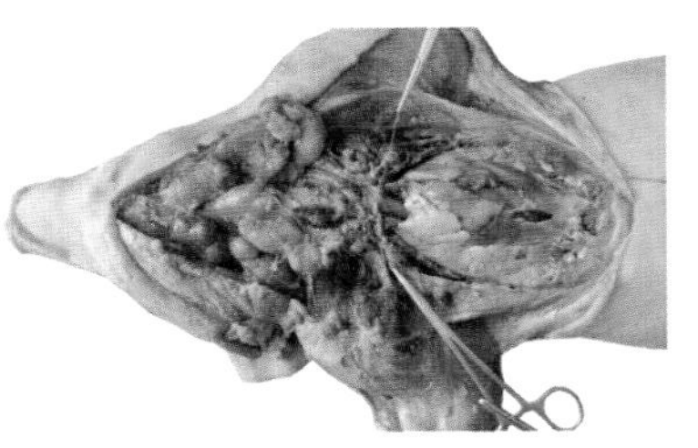

图4-7　猪呼吸器官的相对位置

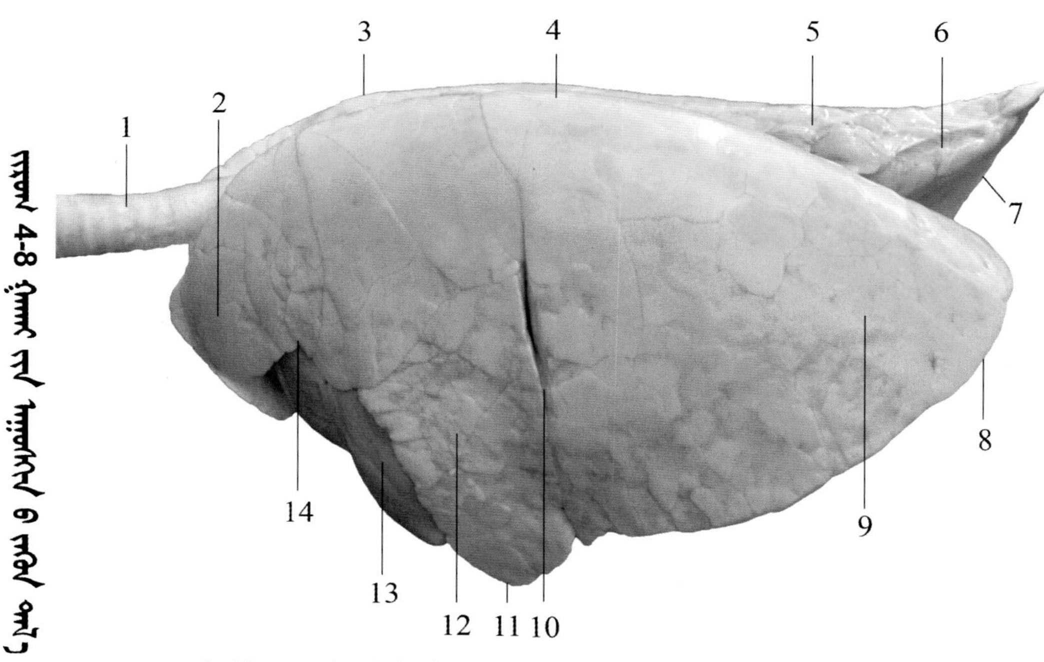

1.气管　2.左肺尖叶　3.右肺背缘　4.左肺背缘　5.右肺膈叶
6.右肺纵隔面　7.右肺后缘　8.左肺后缘　9.左肺膈叶
10.左肺叶间裂　11.左肺腹缘　12.左肺心叶　13.心
14.左肺心切迹

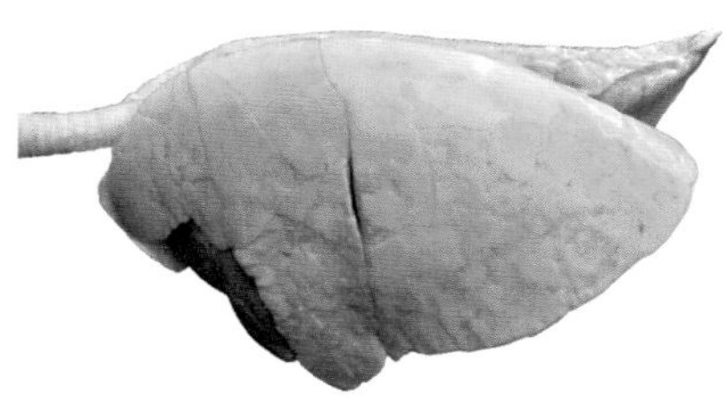

图4-8　猪肺左侧观

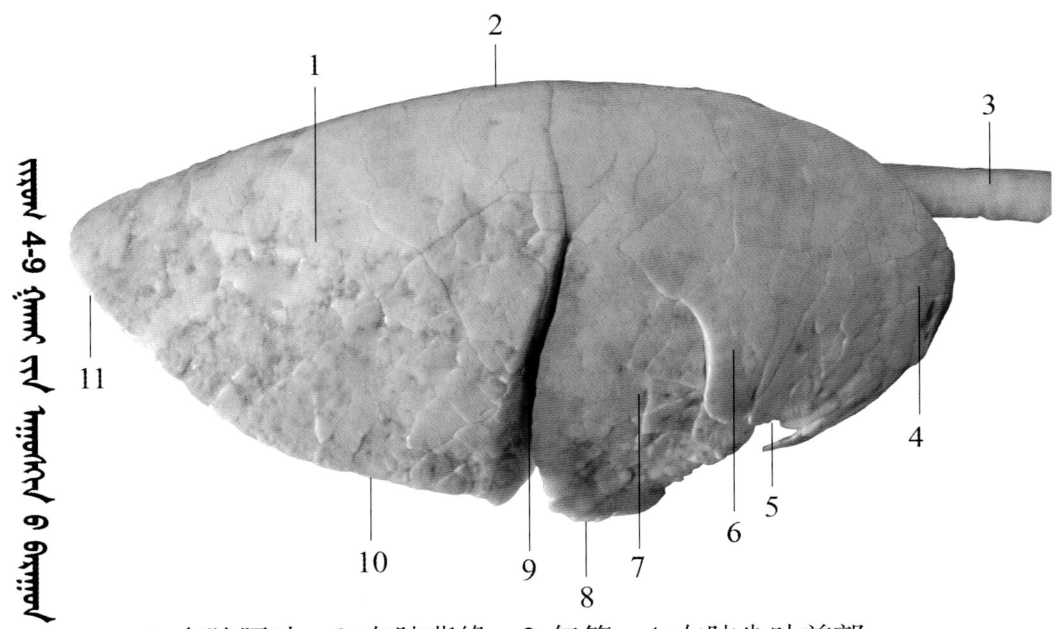

1. 右肺膈叶　2. 右肺背缘　3. 气管　4. 右肺尖叶前部
5. 右肺心切迹　6. 右肺尖叶后部　7. 右肺心叶　8. 右肺心叶腹缘
9. 右肺叶间裂　10. 右肺膈叶腹缘　11. 右肺膈叶后缘

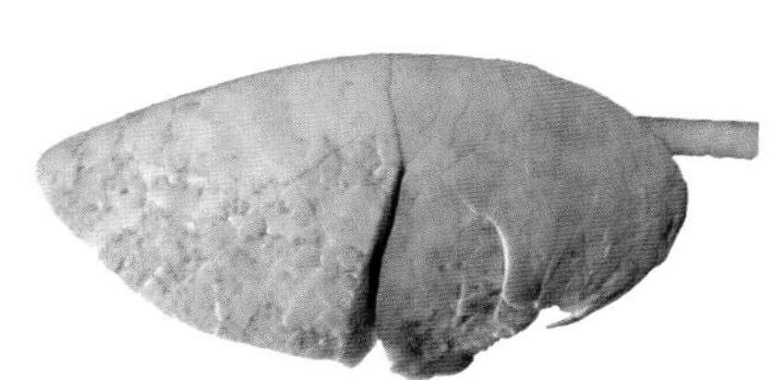

图 4-9　猪肺右侧观

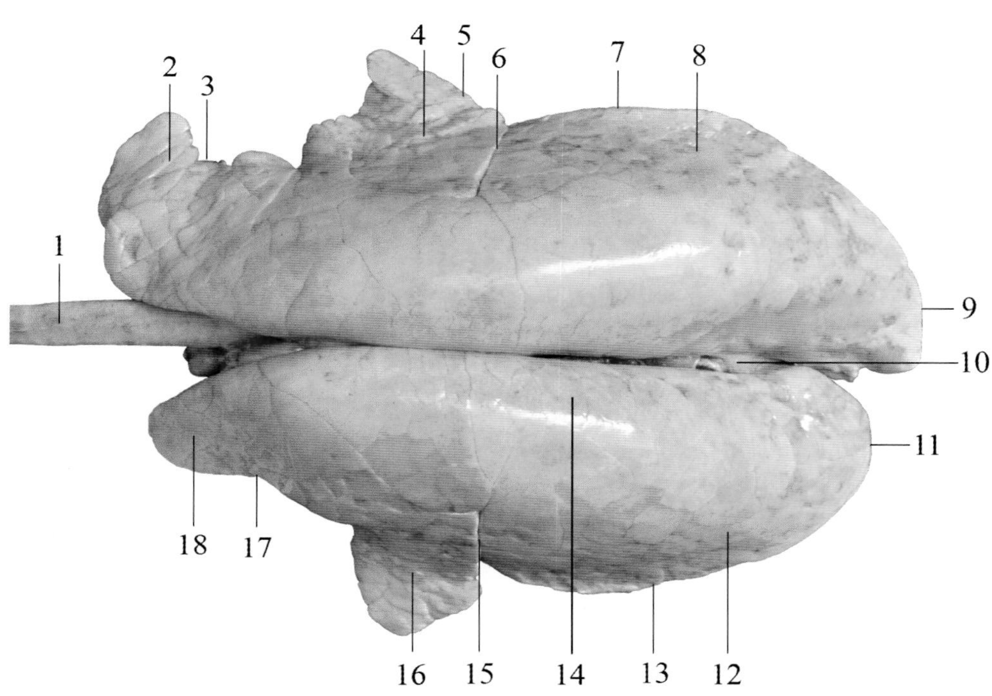

1.气管　2.右肺尖叶　3.右肺心切迹　4.右肺心叶　5.右肺心叶腹缘　6.右肺叶间裂　7.右肺膈叶腹缘　8.右肺膈叶肋面　9.右肺膈叶后缘　10.纵隔　11.左肺膈叶后缘　12.左肺膈叶肋面　13.左肺膈叶腹缘　14.左肺背缘　15.左肺叶间裂　16.左肺心叶　17.左肺心切迹　18.左肺尖叶

图4-10　猪肺背面观

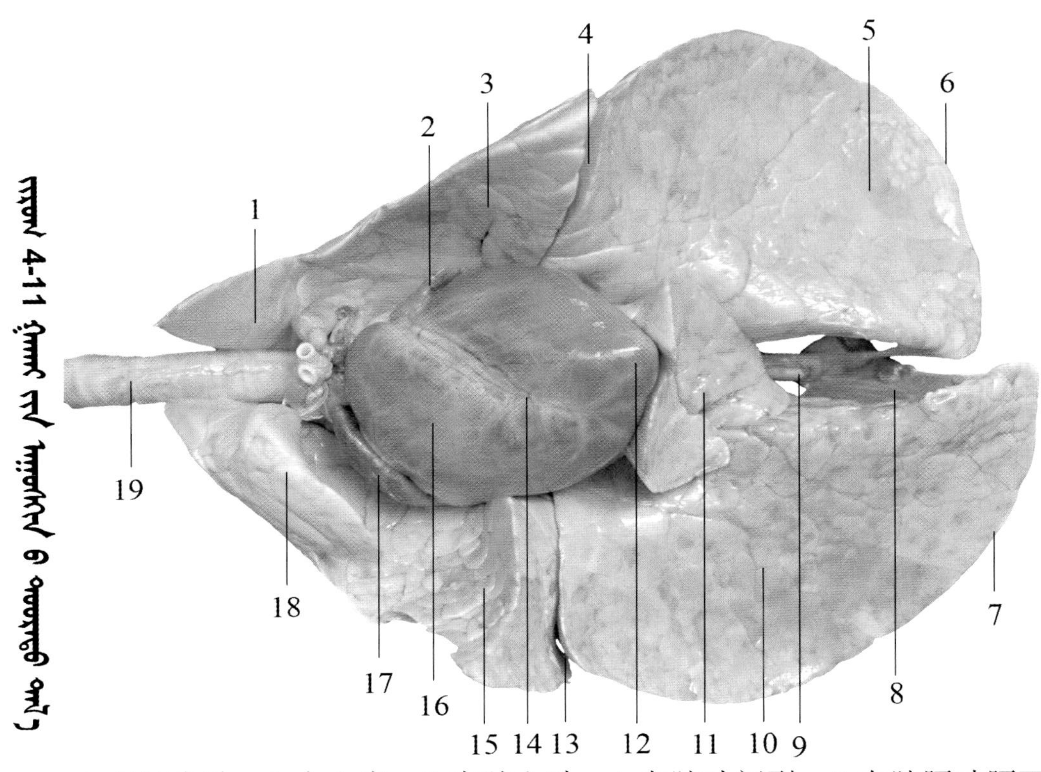

1.左肺尖叶　2.左心房　3.左肺心叶　4.左肺叶间裂　5.左肺膈叶膈面　6.左肺膈叶后缘　7.右肺膈叶后缘　8.纵隔　9.主动脉　10.右肺膈叶膈面　11.右肺副叶　12.心尖　13.右肺叶间裂　14.锥旁室间沟（左纵沟）　15.右肺心叶　16.右心室　17.右心房　18.右肺尖叶　19.气管

图4-11　猪肺腹面观

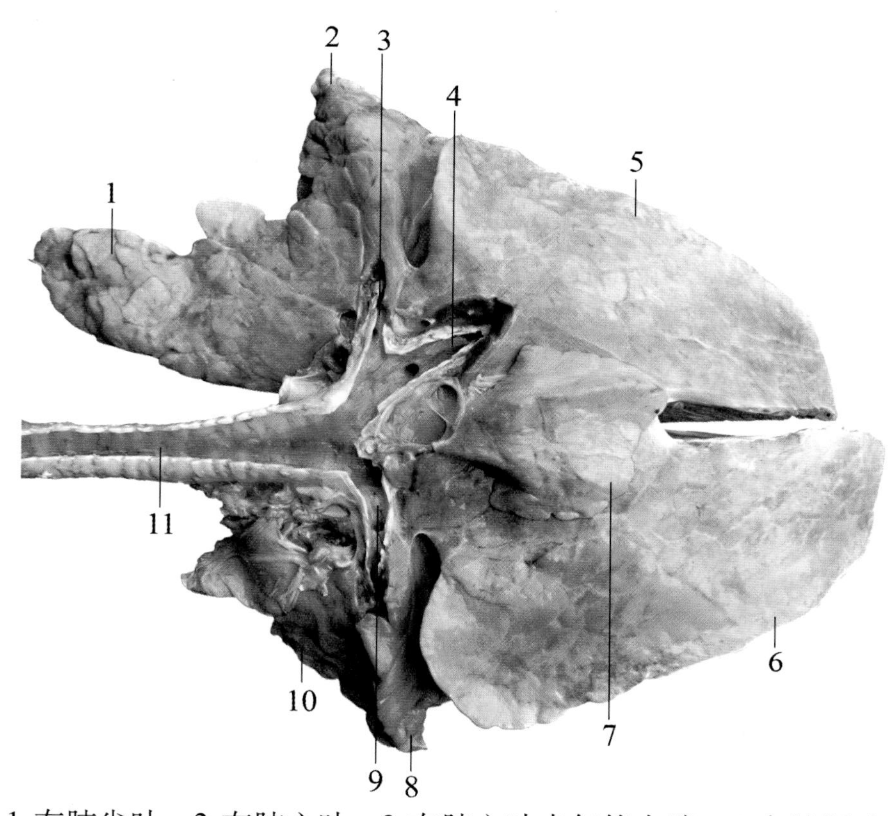

1.左肺尖叶　2.左肺心叶　3.左肺心叶支气管内壁　4.左肺膈叶支气管内壁　5.左肺膈叶　6.右肺膈叶　7.右肺副叶　8.右肺心叶　9.右肺心叶支气管内壁　10.右肺尖叶　11.气管内壁

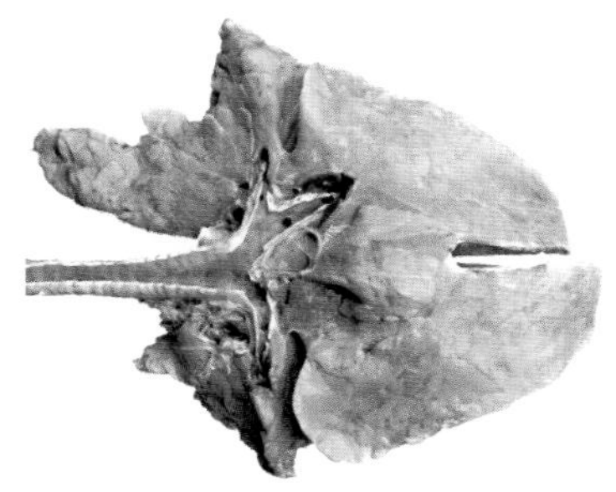

图4-12　猪气管和支气管剖面

五、猪心血管系统

猪心血管系统包括心脏、血管和血液。心脏位于胸腔纵隔中，其基部有进出心脏的静脉和动脉，心脏是血液循环的动力器官；血管分为动脉、毛细血管、静脉三部分，是血液循环的密闭管道。

ᠲᠠᠪᠤ᠂ ᠭᠠᠬᠠᠢ ᠶᠢᠨ ᠵᠢᠷᠦᠬᠡ ᠰᠤᠳᠠᠰᠤᠨ ᠤ ᠰᠢᠰᠲ᠋ᠧᠮ

ᠭᠠᠬᠠᠢ ᠶᠢᠨ ᠵᠢᠷᠦᠬᠡ ᠰᠤᠳᠠᠰᠤᠨ ᠤ ᠰᠢᠰᠲ᠋ᠧᠮ ᠳ᠋ᠤ ᠵᠢᠷᠦᠬᠡ᠂ ᠰᠤᠳᠠᠰᠤ᠂ ᠴᠢᠰᠤ ᠪᠠᠭᠲᠠᠭᠠᠳᠠᠭ᠃ ᠵᠢᠷᠦᠬᠡ ᠨᠢ ᠴᠡᠭᠡᠵᠢ ᠶᠢᠨ ᠬᠥᠨᠳᠡᠢ ᠶᠢᠨ ᠵᠠᠭᠠᠭᠯᠠᠯ ᠳ᠋ᠤ ᠪᠠᠢᠷᠢᠯᠠᠬᠤ ᠪᠥᠭᠡᠳ᠂ ᠲᠡᠭᠦᠨ ᠦ ᠦᠨᠳᠦᠰᠦᠨ ᠬᠡᠰᠡᠭ ᠲᠦ ᠵᠢᠷᠦᠬᠡᠨ ᠳ᠋ᠦ ᠣᠷᠣᠬᠤ ᠭᠠᠷᠬᠤ ᠸᠧᠨ ᠰᠤᠳᠠᠰᠤ ᠪᠠ ᠠᠷᠲ᠋ᠧᠷᠢ ᠰᠤᠳᠠᠰᠤ ᠪᠠᠢᠨ᠎ᠠ᠃ ᠵᠢᠷᠦᠬᠡ ᠨᠢ ᠴᠢᠰᠤᠨ ᠦ ᠡᠷᠭᠢᠯᠲᠡ ᠶᠢᠨ ᠬᠦᠴᠦᠨ ᠦ ᠡᠷᠲᠡᠨ ᠪᠣᠯᠤᠨ᠎ᠠ᠂ ᠰᠤᠳᠠᠰᠤ ᠨᠢ ᠠᠷᠲ᠋ᠧᠷᠢ ᠰᠤᠳᠠᠰᠤ᠂ ᠨᠠᠷᠢᠨ ᠰᠤᠳᠠᠰᠤ᠂ ᠸᠧᠨ ᠰᠤᠳᠠᠰᠤ ᠭᠡᠰᠡᠨ ᠭᠤᠷᠪᠠᠨ ᠬᠡᠰᠡᠭ ᠲᠦ ᠬᠤᠪᠢᠶᠠᠭᠳᠠᠬᠤ ᠪᠥᠭᠡᠳ᠂ ᠴᠢᠰᠤᠨ ᠤ ᠡᠷᠭᠢᠯᠲᠡ ᠶᠢᠨ ᠪᠢᠲᠡᠭᠦᠦ ᠰᠤᠪᠠᠭ ᠪᠣᠯᠤᠨ᠎ᠠ᠃

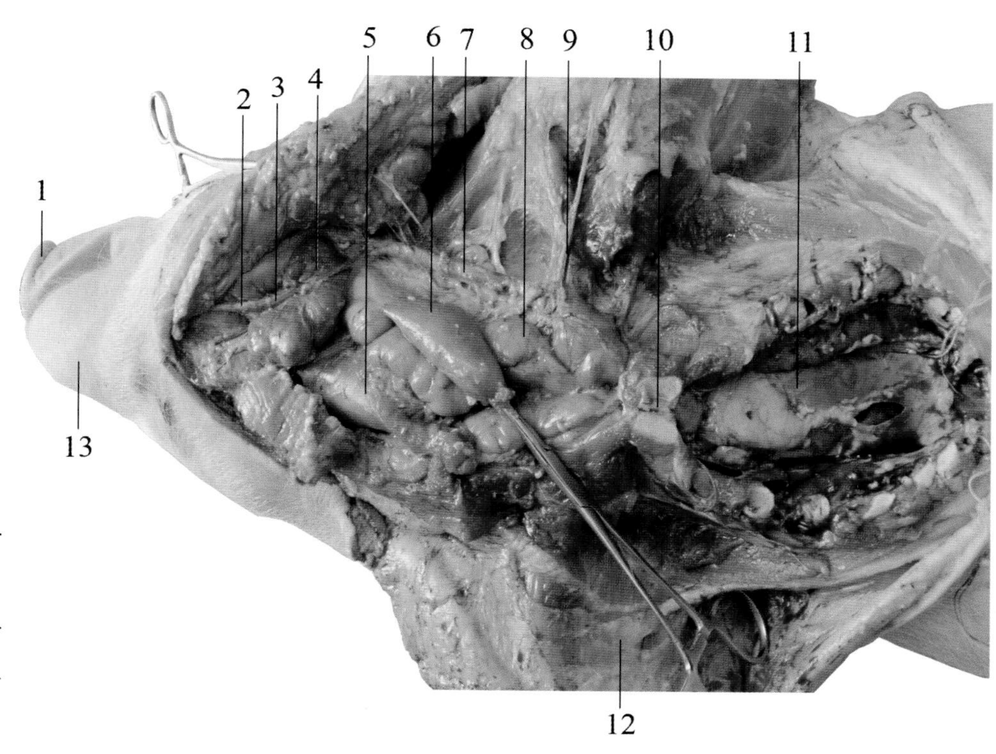

1.吻突　2.舌面动脉　3.舌面静脉　4.颌下腺　5.喉　6.胸头肌
7.颈浅静脉　8.胸腺中叶　9.头静脉　10.第一肋骨
11.心包、心　12.右前肢　13.下颌

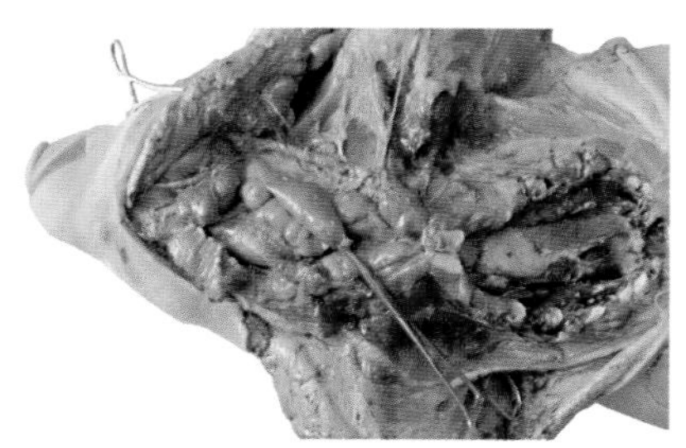

图5-1　猪颈浅静脉及舌面动脉和静脉

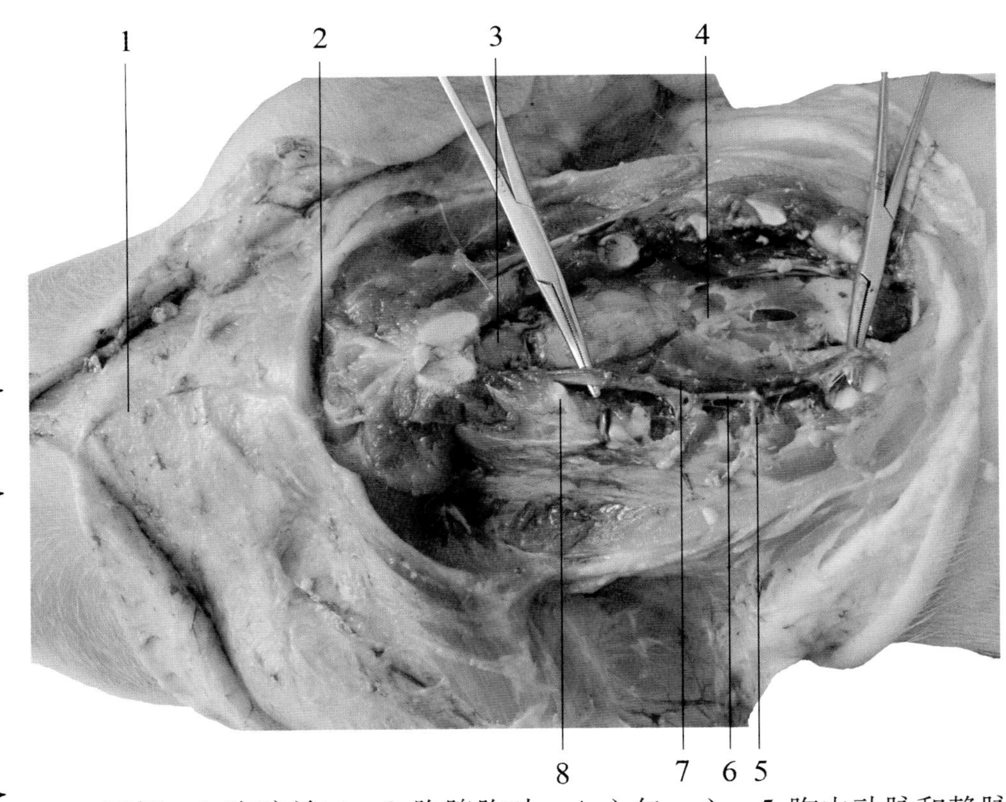

1.颈部　2.胸腔前口　3.胸腺胸叶　4.心包、心　5.胸内动脉和静脉肋间腹侧支　6.胸内动脉右支　7.胸内静脉右支　8.第二肋骨

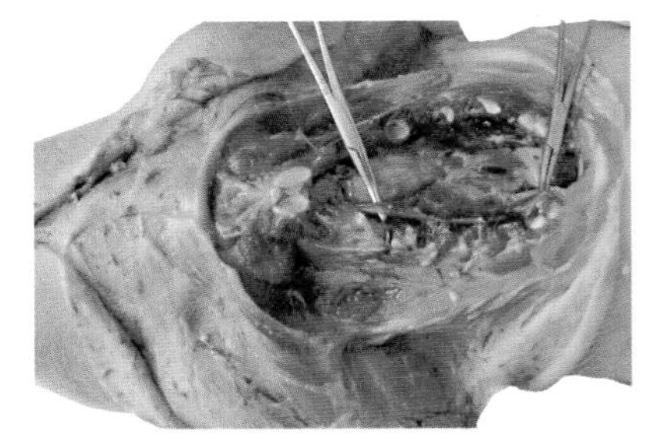

图5-2　猪胸内动脉及静脉

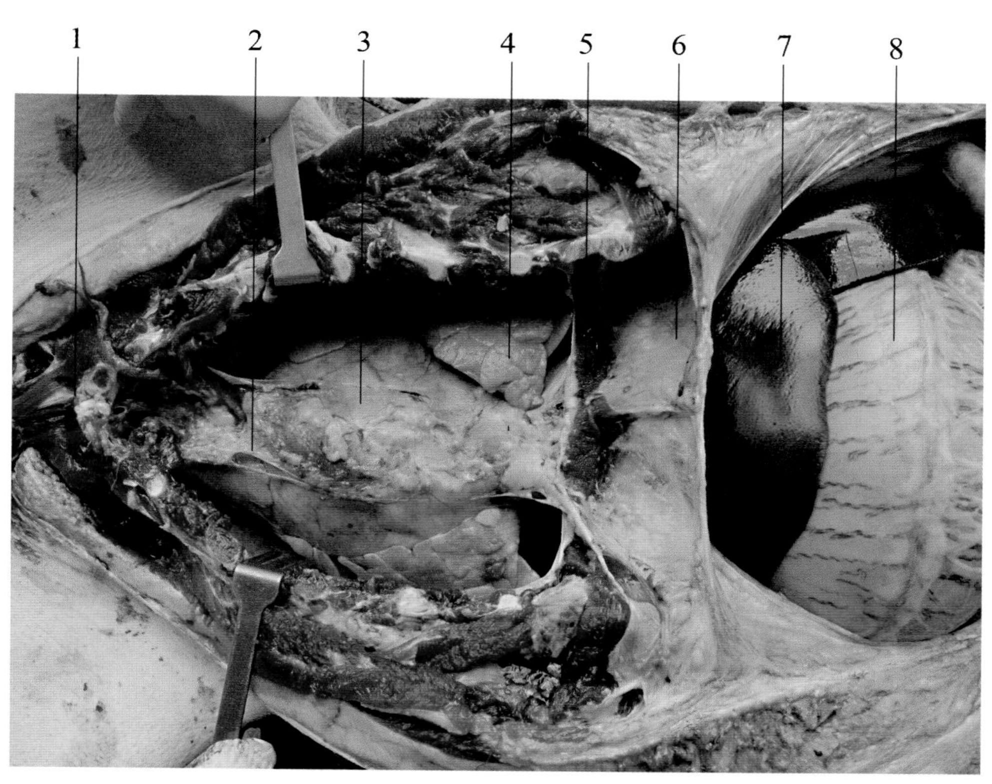

1. 胸腔前口　2.纵隔　3.心、心包　4.左肺膈叶　5. 膈　6. 膈腹膜
7.肝　8.大网膜和胃

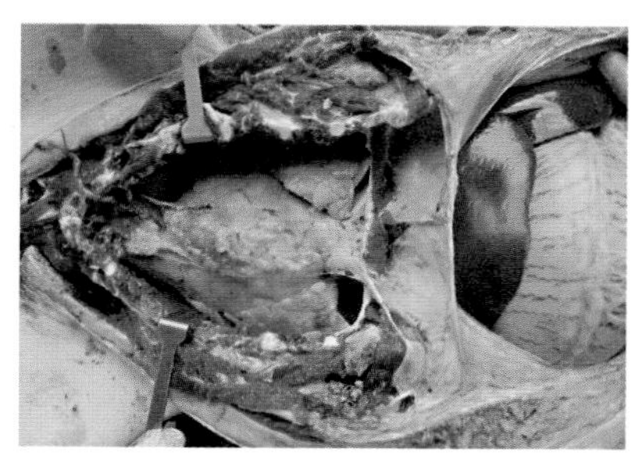

图5-3　猪心、肺相对位置

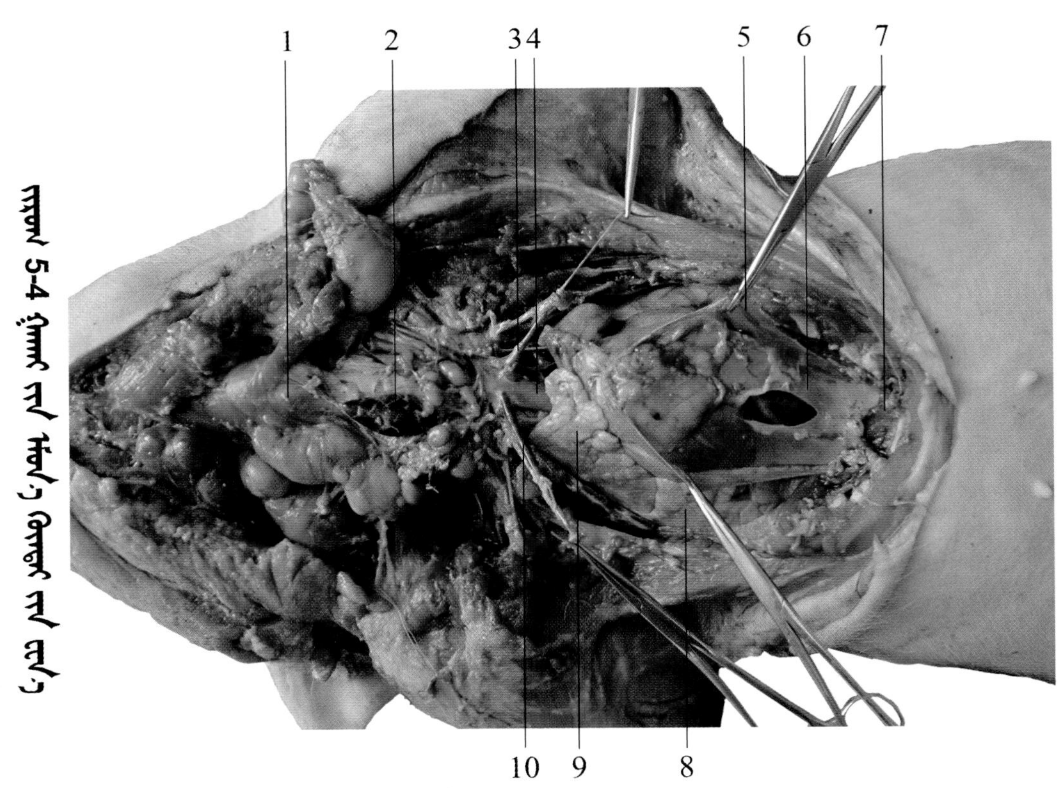

1.喉　2.甲状腺　3.胸内静脉左支　4.前腔静脉　5.心包外层
6.心包内层　7.膈　8.右肺膈叶　9.右肺尖叶　10.胸内静脉右支

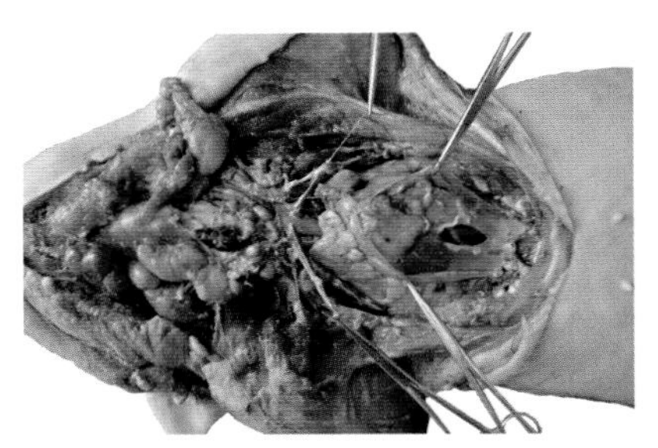

图 5-4　猪前腔静脉

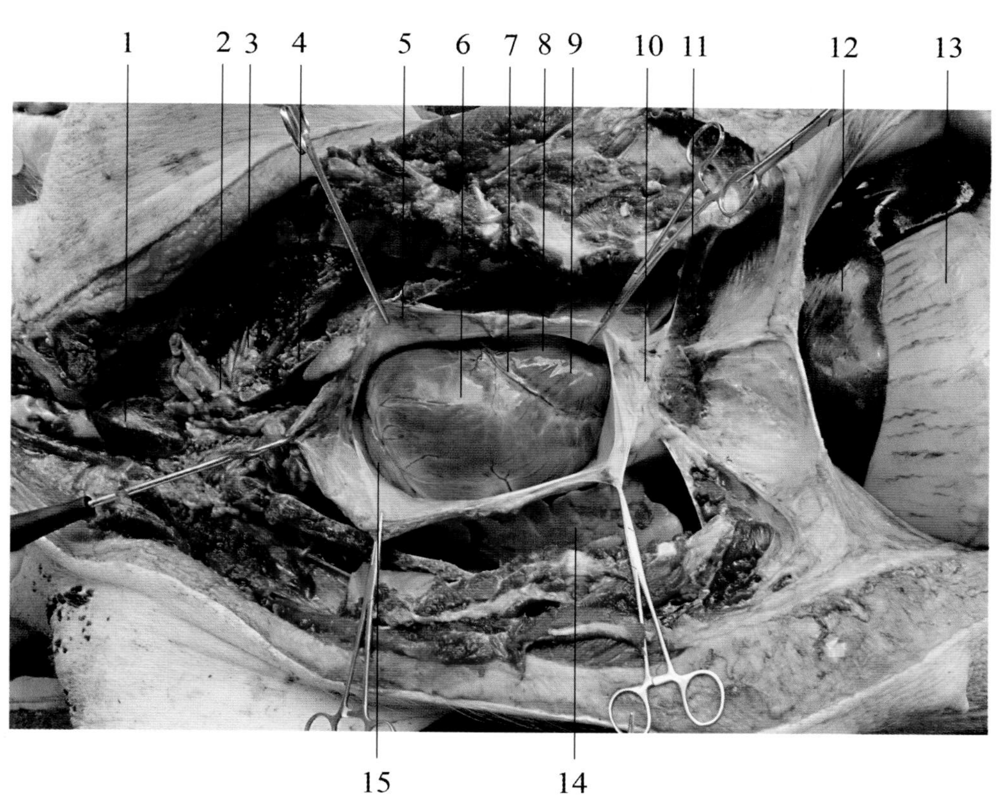

1. 甲状腺　2. 颈（总）静脉　3. 腋静脉　4. 第二肋骨断端　5. 心包
6. 右心室　7. 锥旁室间沟（左纵沟）　8. 左心室　9. 心尖
10. 胸骨心包韧带　11. 膈　12. 肝　13. 胃　14. 右肺膈叶　15. 右心房

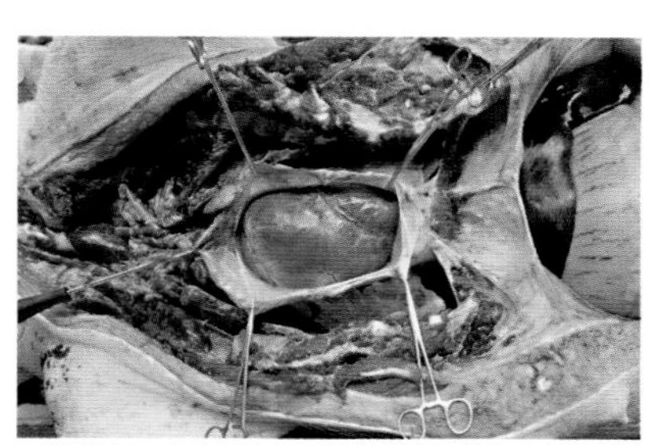

图5-5　猪心脏、心包（胸腔腹面）

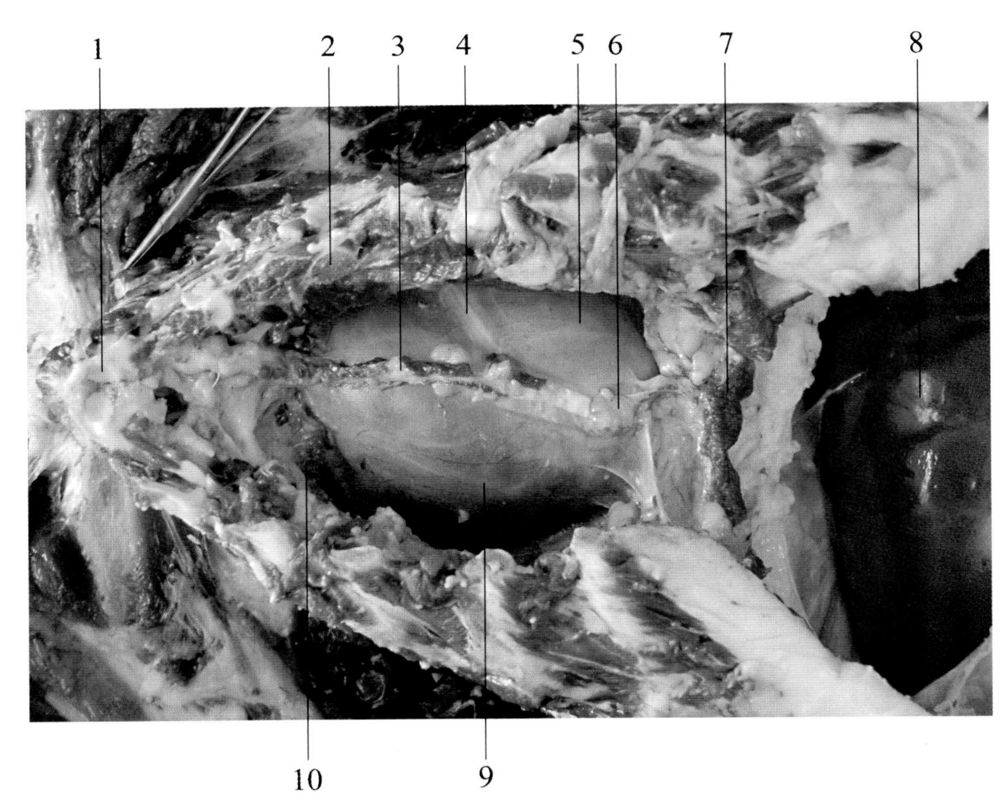

1.第一肋骨关节面　2.第二肋骨断端　3.胸骨心包韧带　4.锥旁室间沟（左纵沟，在心包内）　5.左心室（心包内）　6.纵隔　7.膈肌切面　8.肝　9.右心室（心包内）　10.右心房（心包内）

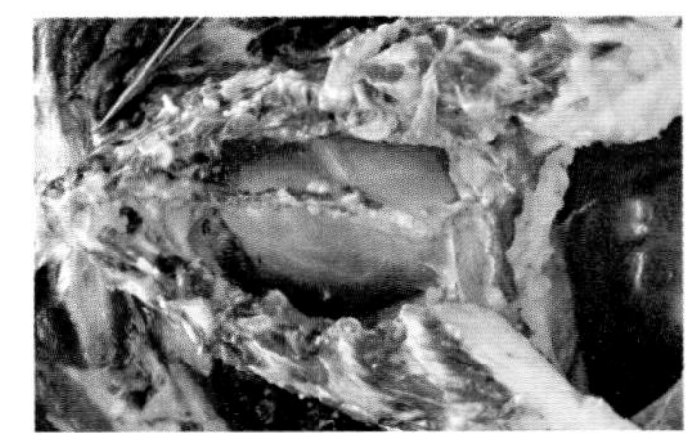

图5-6　猪胸骨心包韧带

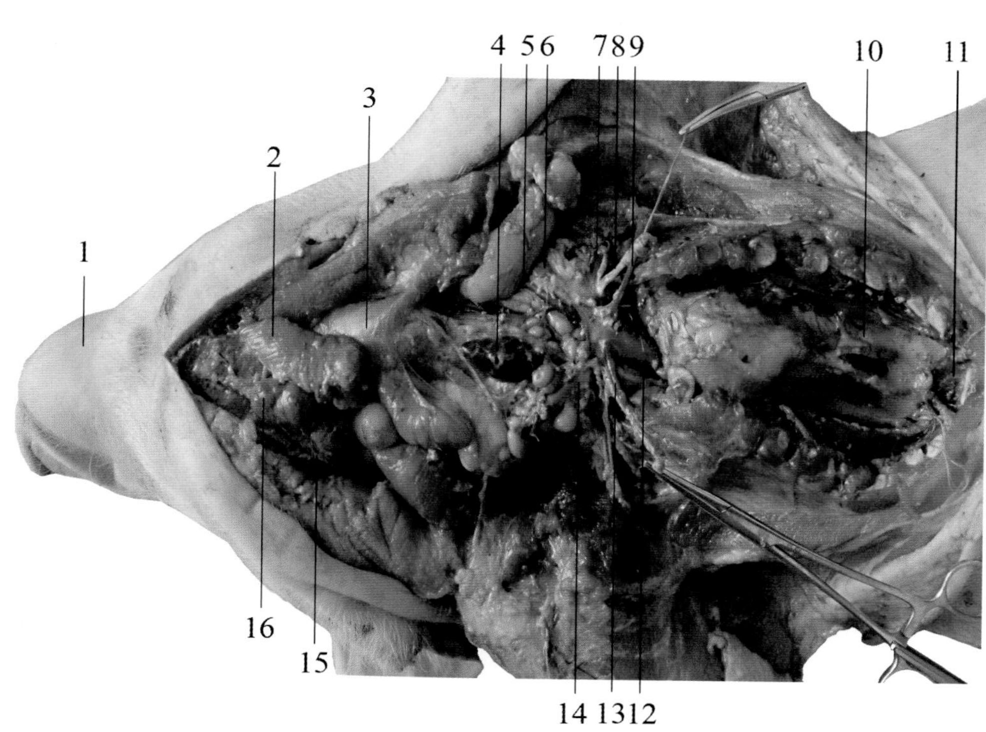

1.下颌　2.胸骨舌骨肌　3.喉　4.甲状腺　5.头静脉　6.左颈外静脉　7.腋静脉　8.胸内动脉左支　9.胸内静脉左支　10.心包、心　11.膈　12.前腔静脉　13.胸内静脉右支　14.右颈外静脉　15.舌面静脉　16.颌下腺

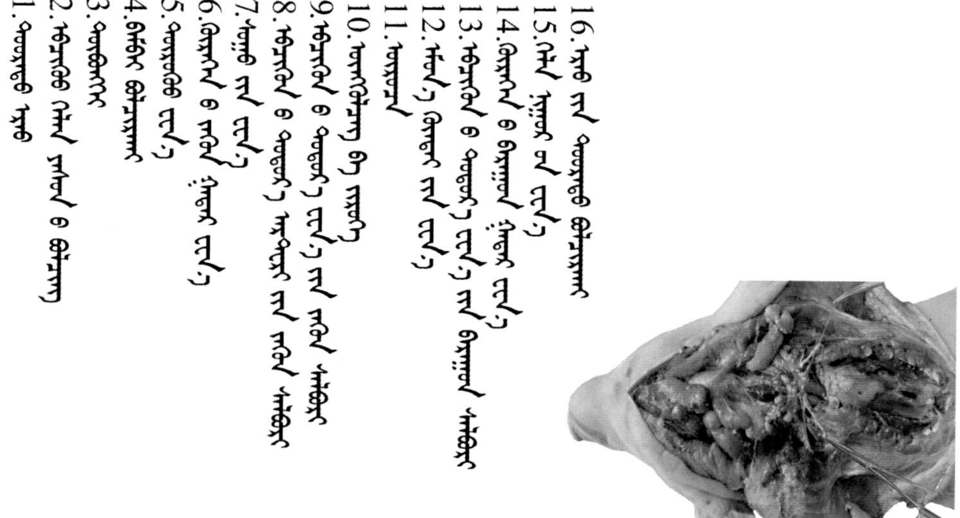

图5-7　猪前腔静脉汇合部

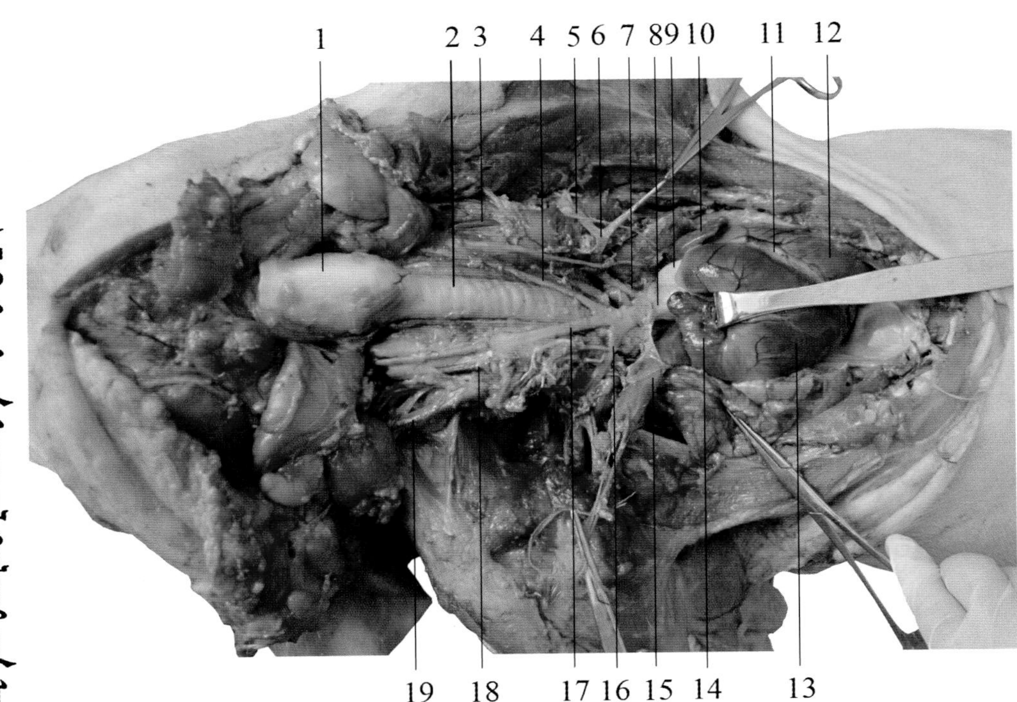

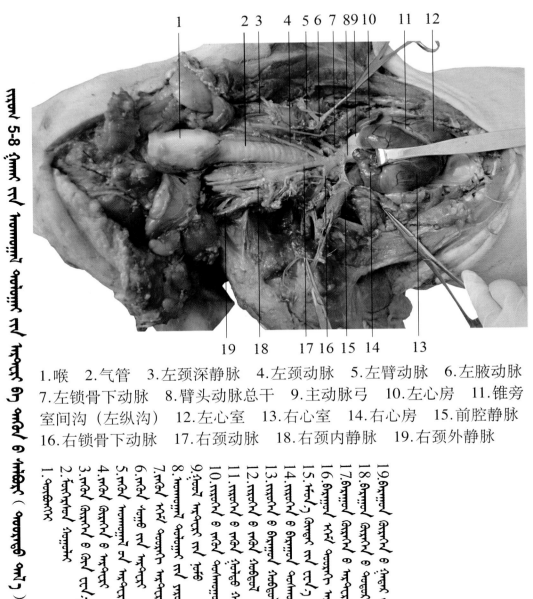

1.喉　2.气管　3.左颈深静脉　4.左颈动脉　5.左臂动脉　6.左腋动脉　7.左锁骨下动脉　8.臂头动脉总干　9.主动脉弓　10.左心房　11.锥旁室间沟（左纵沟）　12.左心室　13.右心室　14.右心房　15.前腔静脉　16.右锁骨下动脉　17.右颈动脉　18.右颈内静脉　19.右颈外静脉

图5-8　猪臂头动脉总干及其分支（腹侧面）

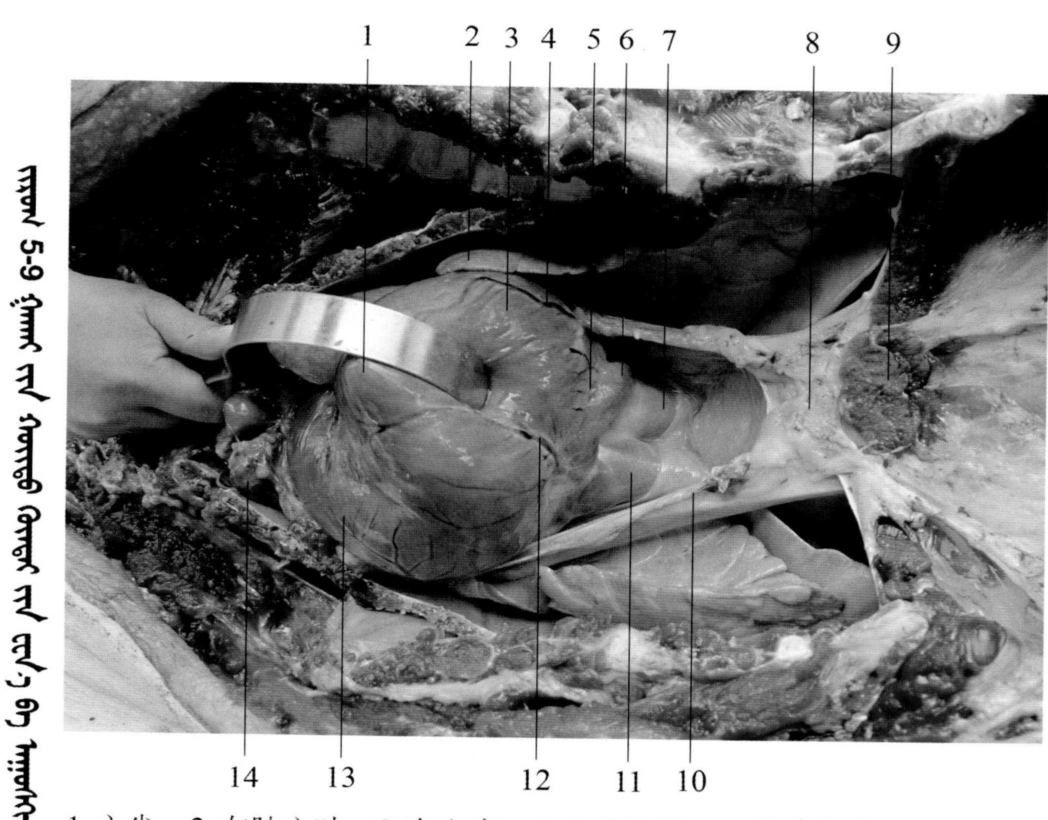

1.心尖　2.左肺心叶　3.左心室　4.心小静脉　5.左冠状沟　6.左心房
7.肺静脉　8.胸骨心包韧带　9.膈　10.心包　11.后腔静脉　12.心中静脉
13.右心室　14.右心房

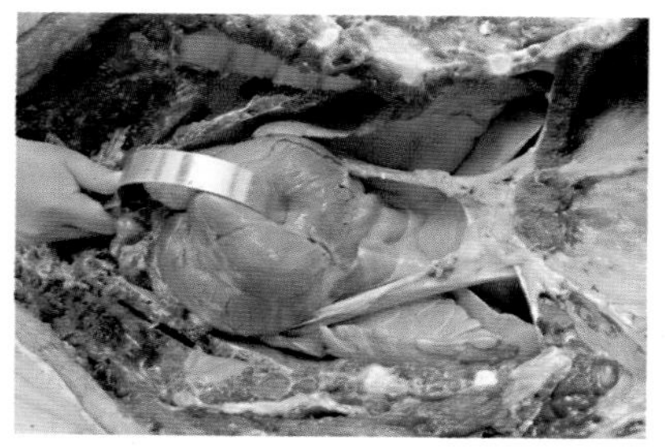

图5-9　猪后腔静脉及肺静脉

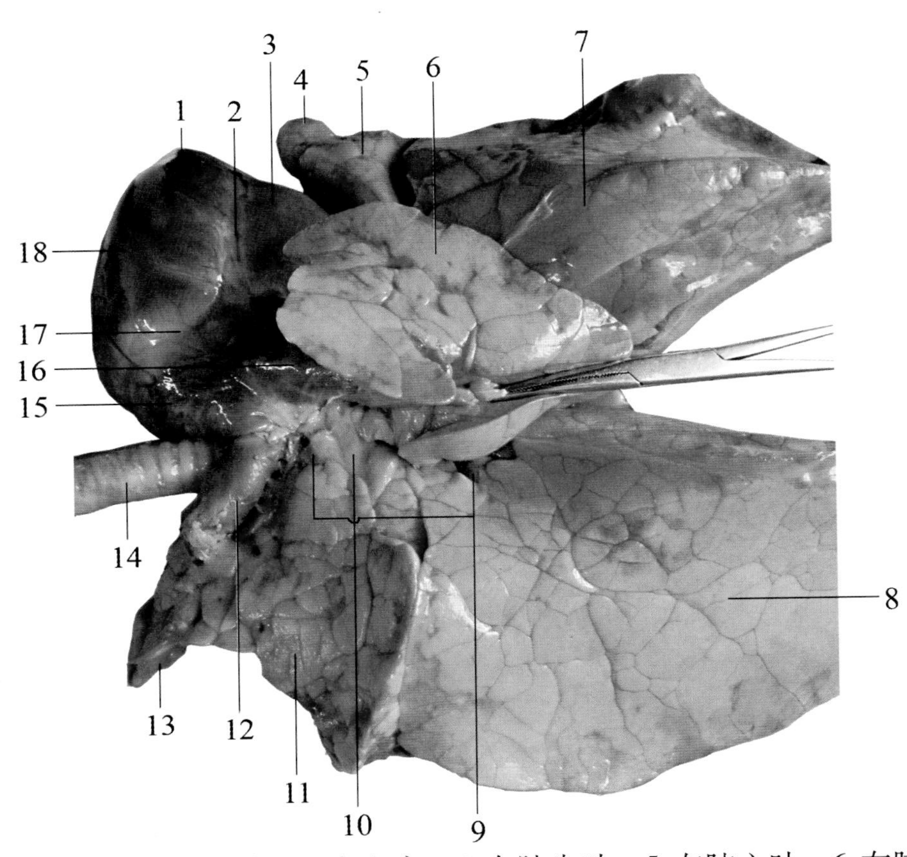

1.心尖　2.心右纵沟　3.左心室　4.左肺尖叶　5.左肺心叶　6.右肺副叶　7.左肺膈叶　8.右肺膈叶　9.肺静脉　10.肺动脉　11.右肺心叶　12.前腔静脉　13.右肺尖叶　14.气管　15.右心房　16.后腔静脉　17.心右冠状沟　18.右心室

图5-10　猪肺动脉及肺静脉

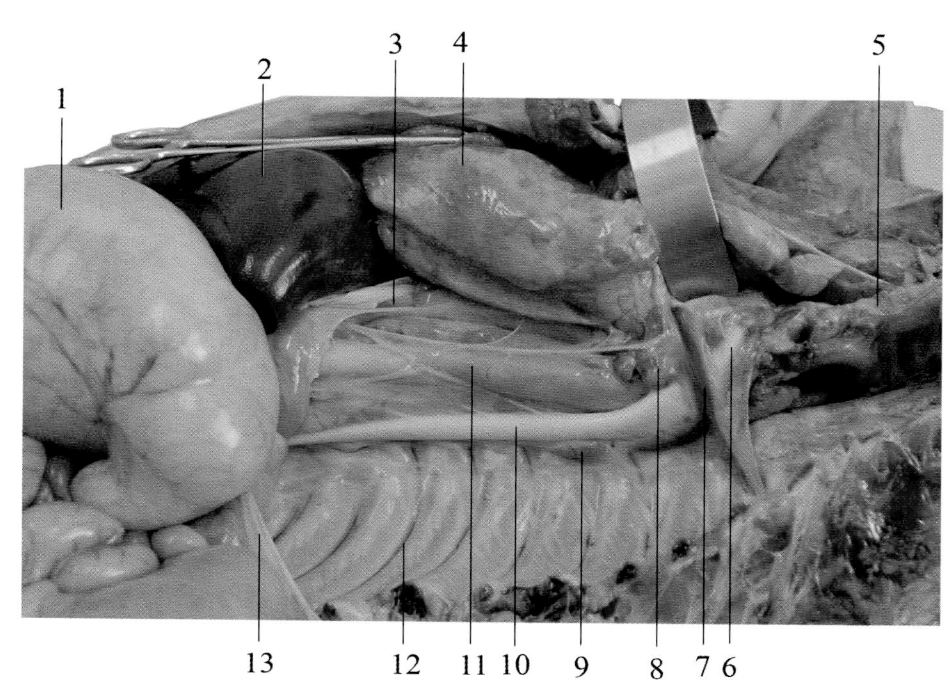

1.胃　2.肝　3.后腔静脉　4.肺　5.气管　6.主动脉弓　7.左奇静脉
8.肺门淋巴结　9.胸主动脉淋巴结　10.胸主动脉　11.食管　12.肋间静脉
13.膈

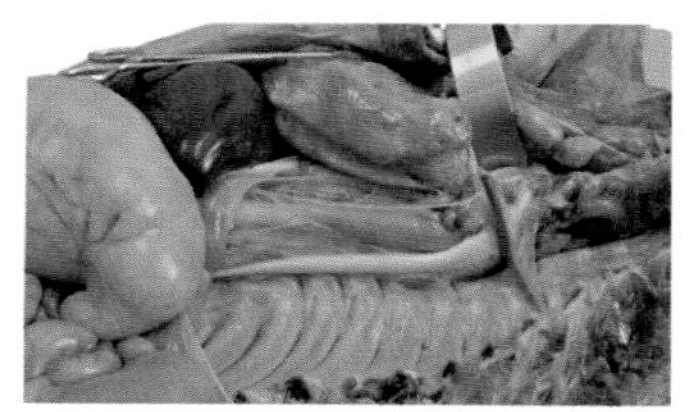

图5-11　猪主动脉相对位置（左侧）

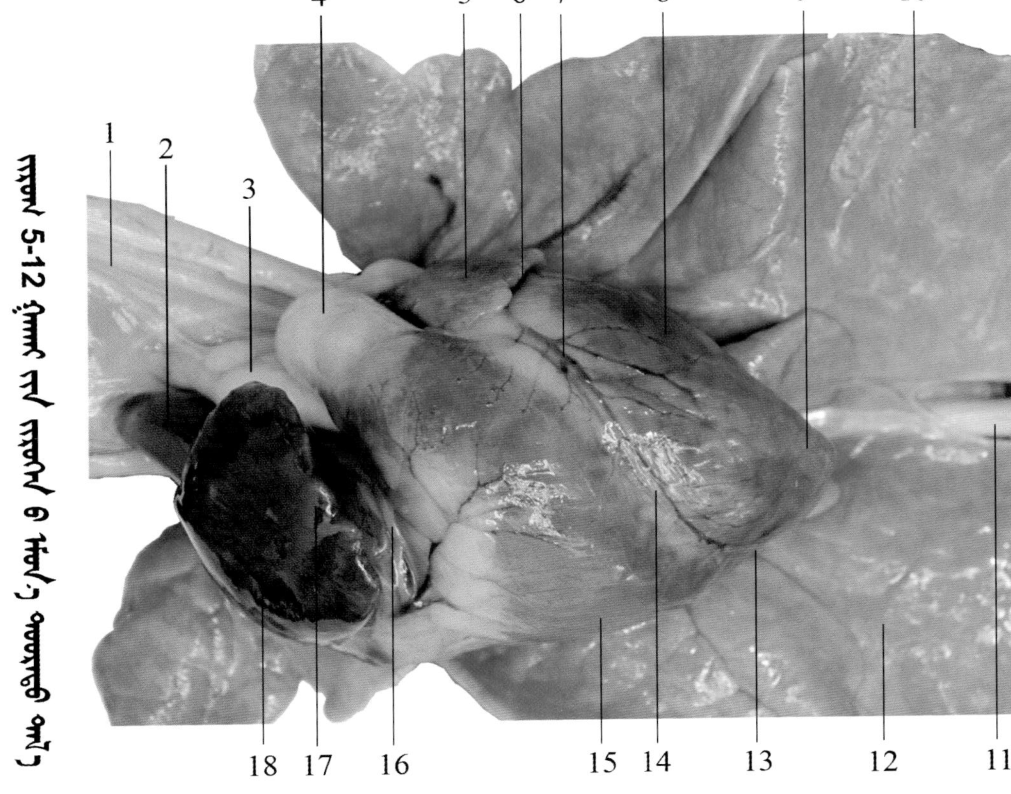

1.心包　2.前腔静脉　3.主动脉弓　4.肺动脉　5.左心房　6.左冠状沟
7.心大静脉　8.左心室　9.心尖　10.左肺　11.胸主动脉　12.右肺
13.心尖切迹　14.锥旁室间沟（左纵沟）　15.右心室　16.心右冠状沟
17.右心耳　18.右心房

图5-12　猪心脏前腹侧观

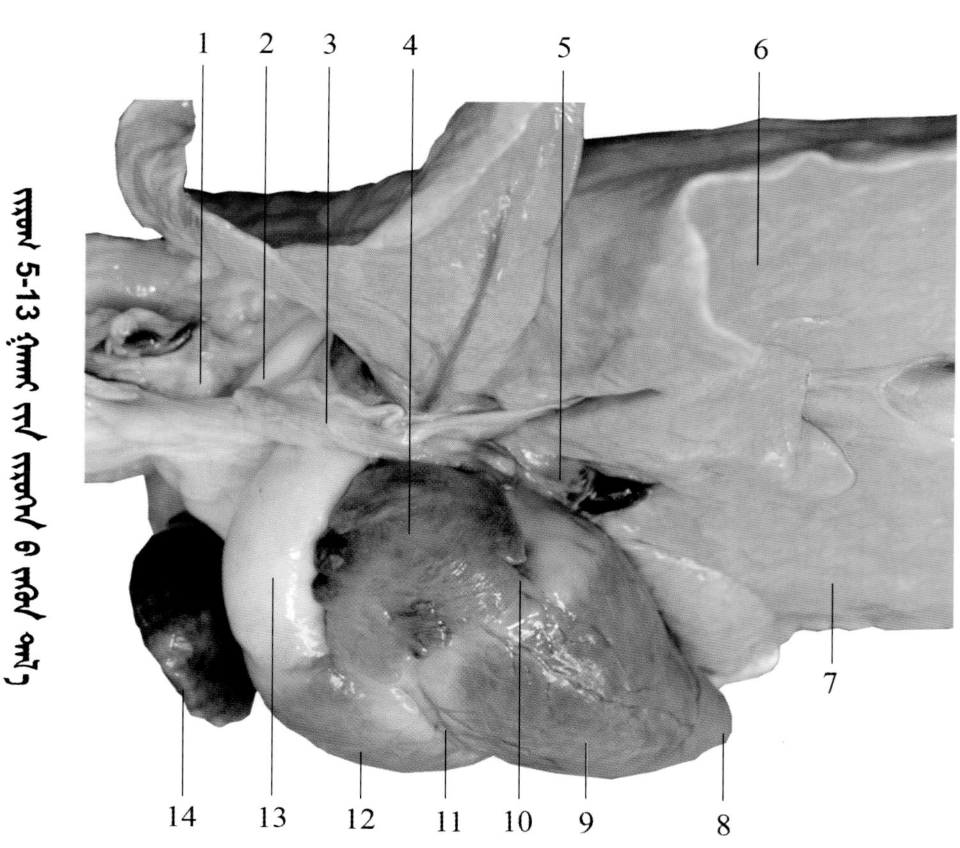

1.臂头动脉总干　2.主动脉　3.心包　4.左心房　5.后腔静脉　6.左肺　7.右肺　8.心尖　9.左心室　10.左冠状沟　11.锥旁室间沟（左纵沟）　12.右心室　13.肺动脉　14.右心耳

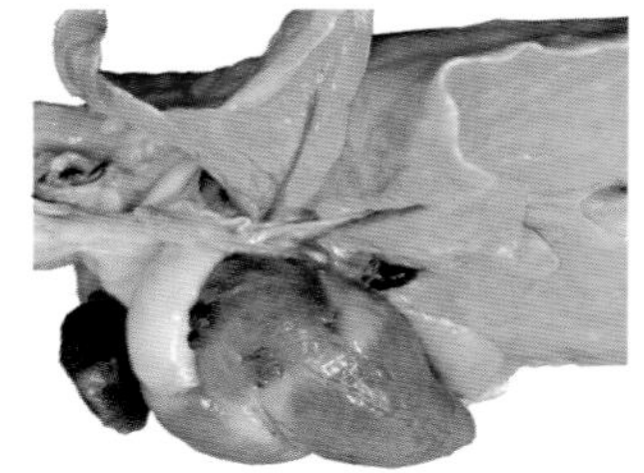

图5-13　猪心脏左侧观

ᠵᠢᠷᠤᠭ 5-14 ᠭᠠᠬᠠᠢ ᠶᠢᠨ ᠵᠢᠷᠦᠬᠡᠨ ᠦ ᠪᠠᠷᠠᠭᠤᠨ ᠲᠠᠯ᠎ᠠ

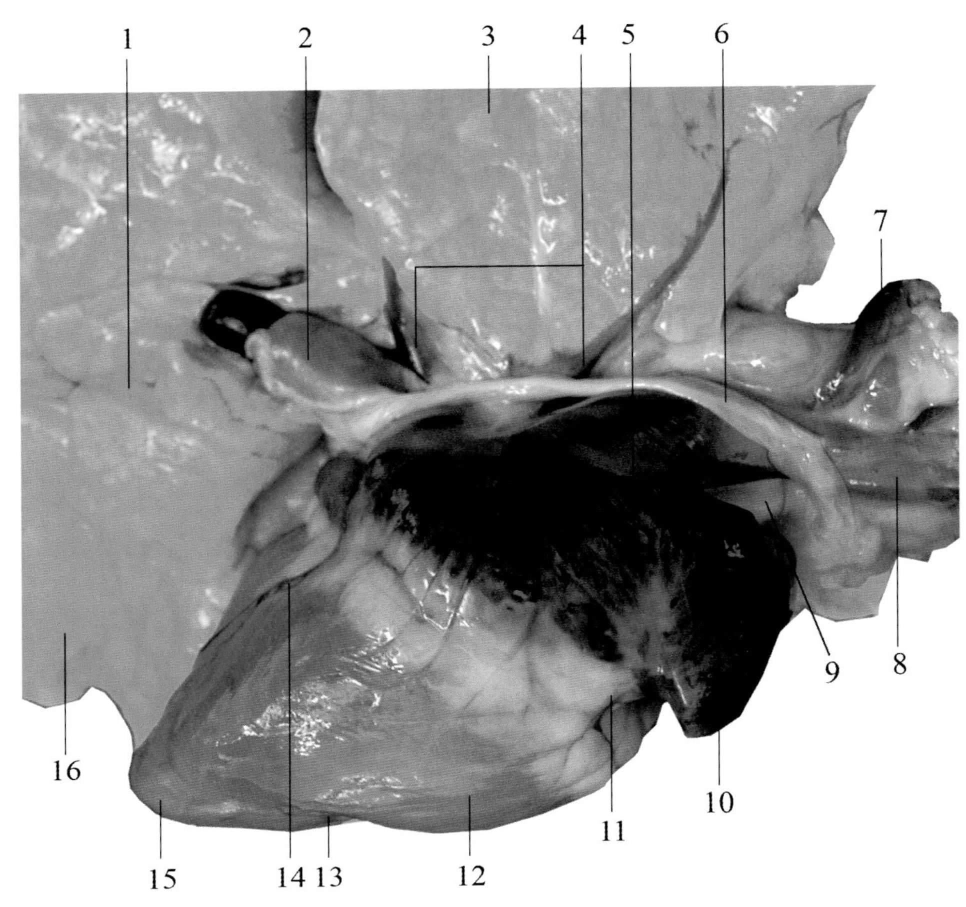

1.右肺副叶　2.后腔静脉　3.右肺心叶　4.右肺静脉　5.右心房　6.心包
7.奇静脉　8.前腔静脉　9.主动脉弓　10.右心耳　11.心右冠状沟
12.右心室　13.心尖切迹　14.心中静脉　15.心尖　16.左肺

1.ᠪᠠᠷᠠᠭᠤᠨ ᠤᠭᠤᠰᠢ ᠶᠢᠨ ᠳᠠᠭᠠᠯᠳᠤᠭᠠ ᠬᠡᠰᠡᠭ
2.ᠠᠷᠤᠭᠤ ᠬᠥᠨᠳᠡᠢ ᠶᠢᠨ ᠰᠤᠳᠠᠯ
3.ᠪᠠᠷᠠᠭᠤᠨ ᠤᠭᠤᠰᠢ ᠶᠢᠨ ᠵᠢᠷᠦᠬᠡᠨ ᠬᠡᠰᠡᠭ
4.ᠪᠠᠷᠠᠭᠤᠨ ᠤᠭᠤᠰᠢ ᠶᠢᠨ ᠰᠤᠳᠠᠯ
5.ᠵᠢᠷᠦᠬᠡᠨ ᠦ ᠪᠠᠷᠠᠭᠤᠨ ᠲᠣᠰᠬᠠᠭᠤᠷ
6.ᠵᠢᠷᠦᠬᠡᠪᠴᠢ
7.ᠵᠢᠷᠤᠭᠠᠯᠳᠠᠢ ᠰᠤᠳᠠᠯ
8.ᠡᠮᠦᠨᠡ ᠬᠥᠨᠳᠡᠢ ᠶᠢᠨ ᠰᠤᠳᠠᠯ
9.ᠭᠣᠤᠯ ᠠᠷᠲᠧᠷᠢ ᠶᠢᠨ ᠨᠤᠮᠤ
10.ᠵᠢᠷᠦᠬᠡᠨ ᠦ ᠪᠠᠷᠠᠭᠤᠨ ᠴᠢᠬᠢ
11.ᠵᠢᠷᠦᠬᠡᠨ ᠦ ᠪᠠᠷᠠᠭᠤᠨ ᠲᠢᠲᠢᠮ ᠬᠣᠳᠢᠯ
12.ᠵᠢᠷᠦᠬᠡᠨ ᠦ ᠪᠠᠷᠠᠭᠤᠨ ᠬᠣᠳᠣᠭᠠᠳ
13.ᠵᠢᠷᠦᠬᠡᠨ ᠦ ᠰᠣᠶᠣᠪᠣᠷ ᠤᠨ ᠣᠶᠢᠯ
14.ᠵᠢᠷᠦᠬᠡᠨ ᠦ ᠳᠤᠮᠳᠠᠳᠤ ᠰᠤᠳᠠᠯ
15.ᠵᠢᠷᠦᠬᠡᠨ ᠦ ᠰᠣᠶᠣᠪᠣᠷ
16.ᠵᠡᠭᠦᠨ ᠤᠭᠤᠰᠢ

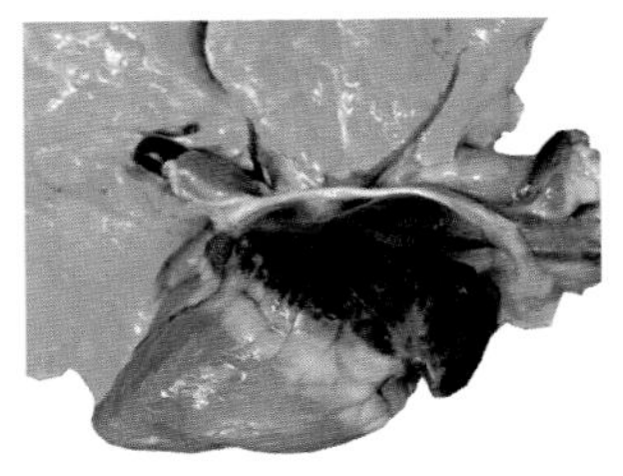

图5-14　猪心脏右侧观

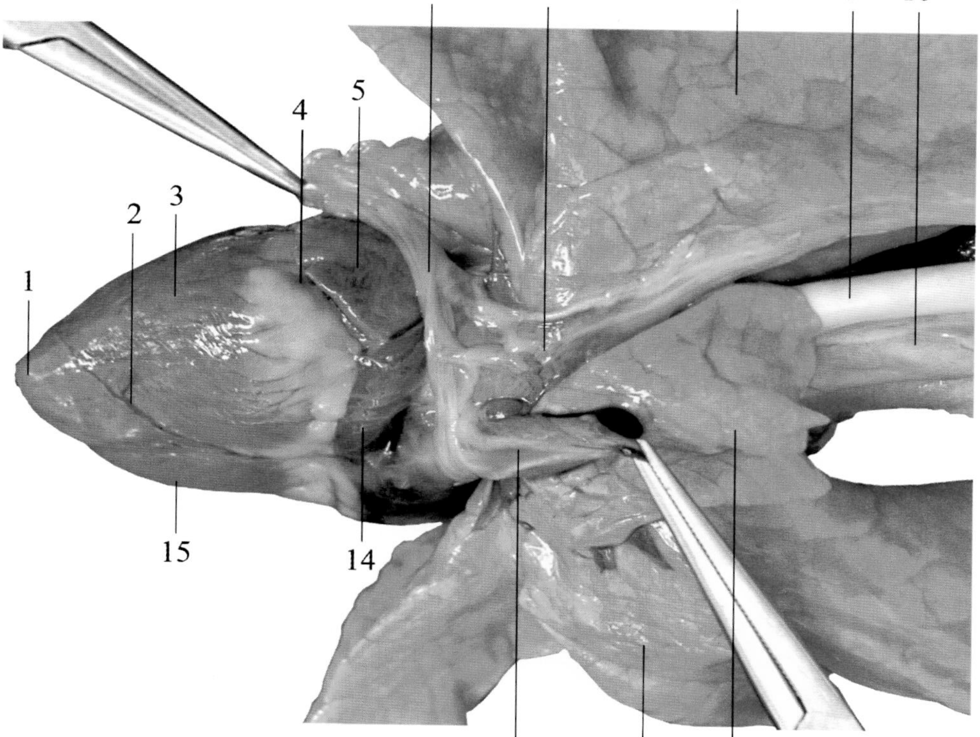

1.心尖　2.窦下室间沟（右纵沟）　3.左心室　4.左冠状沟　5.左心房
6.心包　7.肺静脉　8.左肺　9.胸主动脉　10.食管　11.右肺副叶
12.右肺心叶　13.后腔静脉　14.左奇静脉　15.右心室

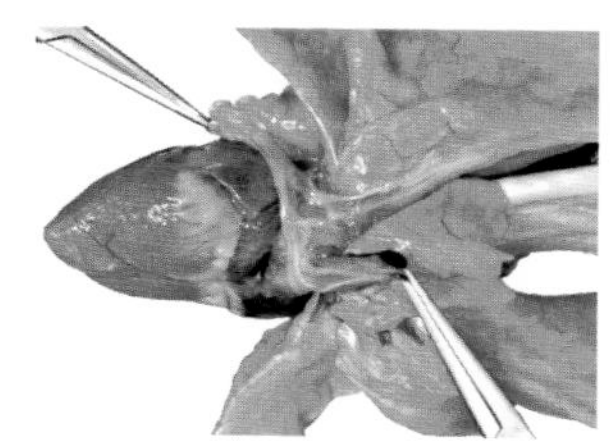

图5-15　猪心脏背侧观

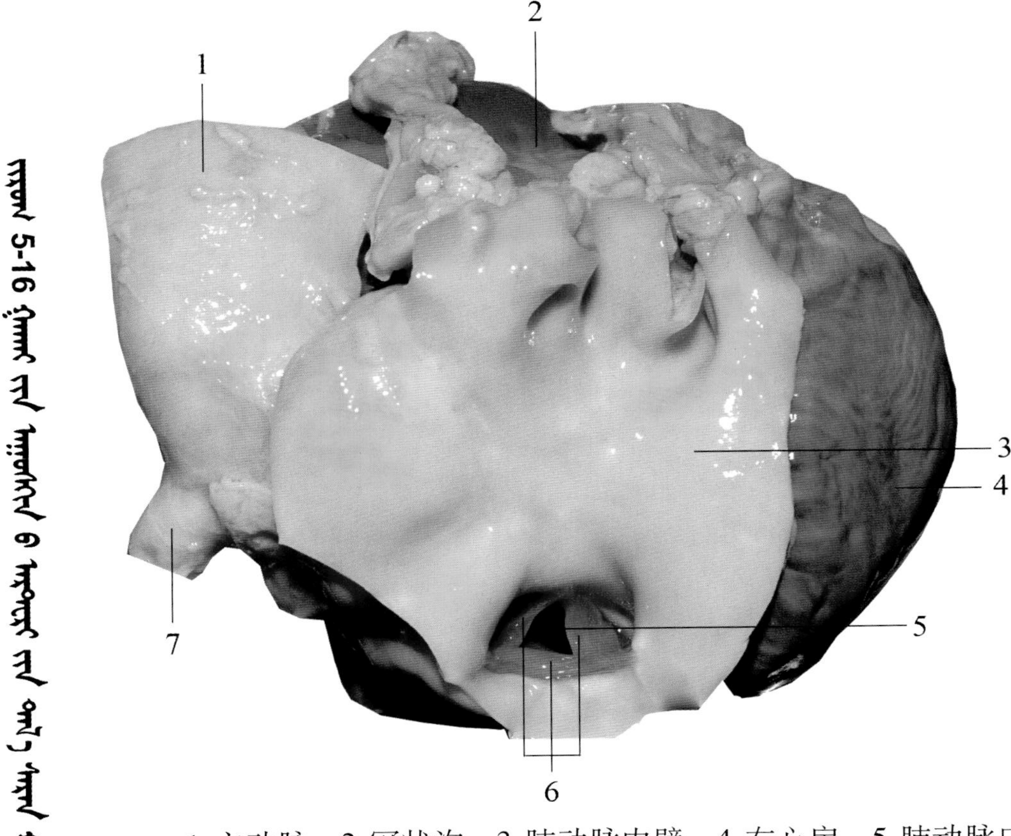

1. 主动脉 2. 冠状沟 3. 肺动脉内壁 4. 右心房 5. 肺动脉口
6. 肺动脉半月瓣 7. 臂头动脉干

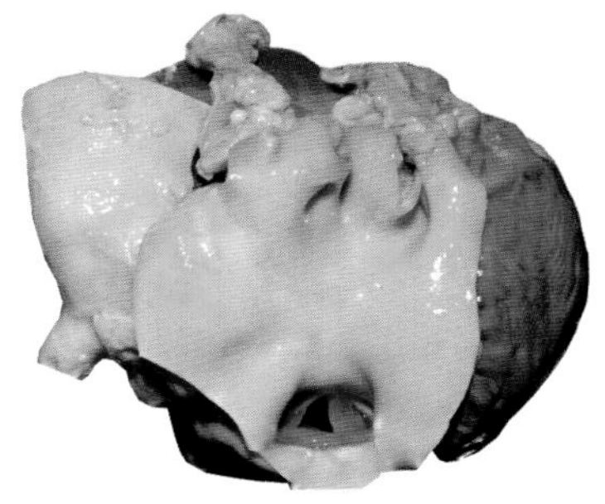

图5-16 猪肺动脉半月瓣

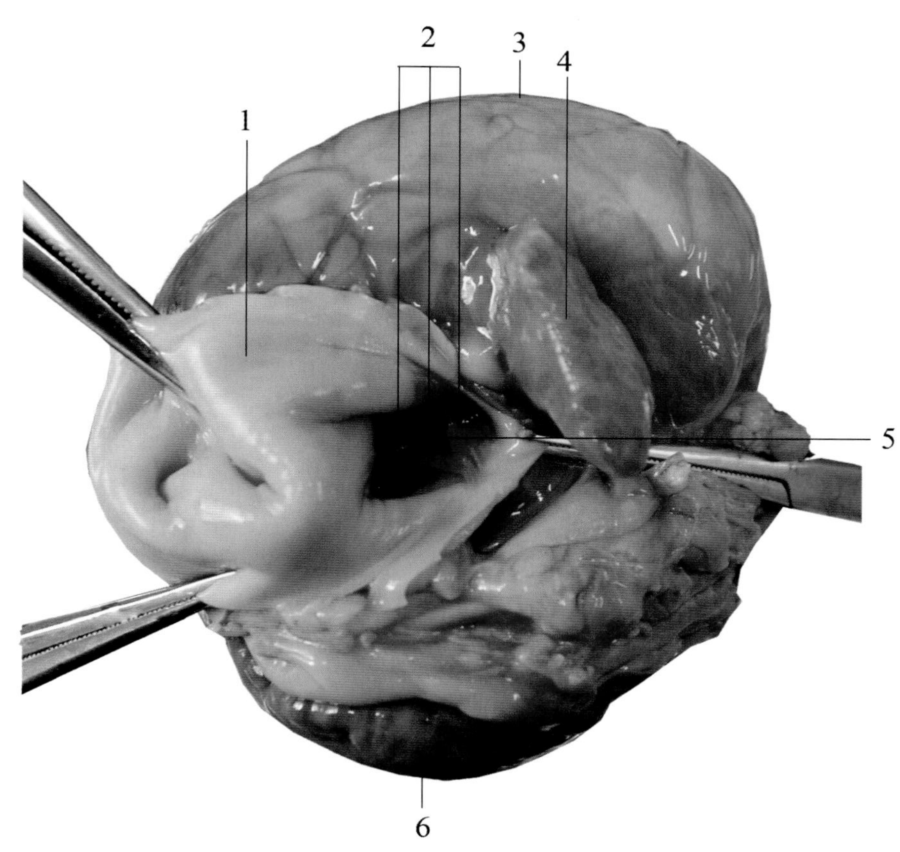

1.主动脉内壁　2.主动脉半月瓣　3.左心室　4.左心耳
5.主动脉口　6.右心房

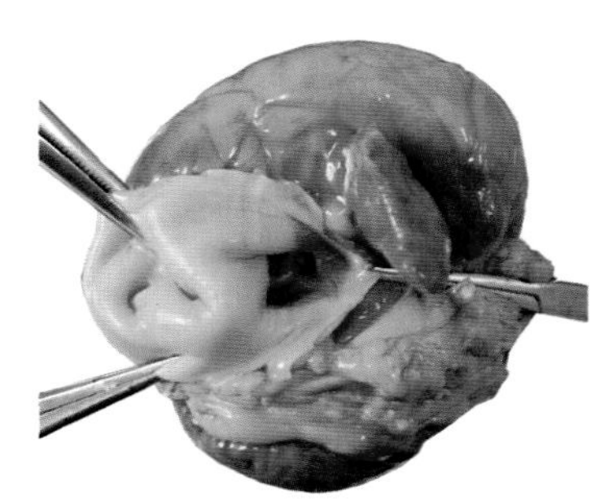

图5-17　猪主动脉半月瓣

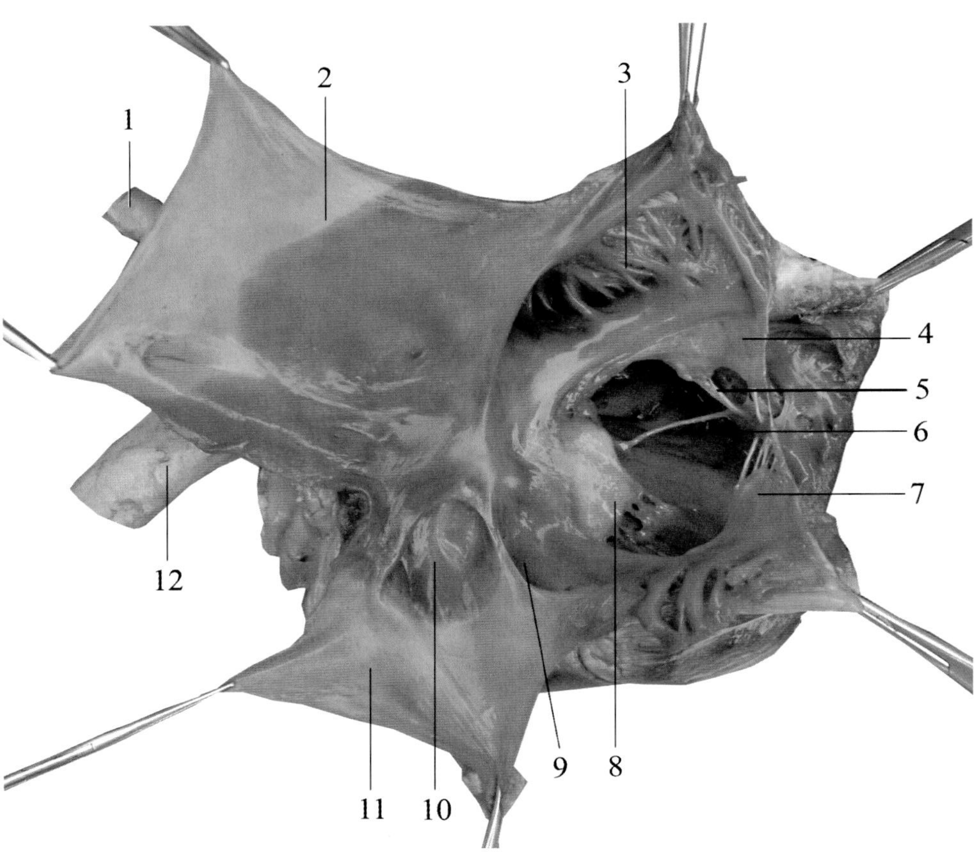

1.臂头动脉　2.前腔静脉内壁　3.右心房梳状肌　4.三尖瓣前瓣
5.腱索　6.右心室　7.三尖瓣后瓣　8.三尖瓣中瓣　9.冠状窦
10.卵圆窝　11.后腔静脉内壁　12.主动脉

图5-18　猪心脏三尖瓣房侧观

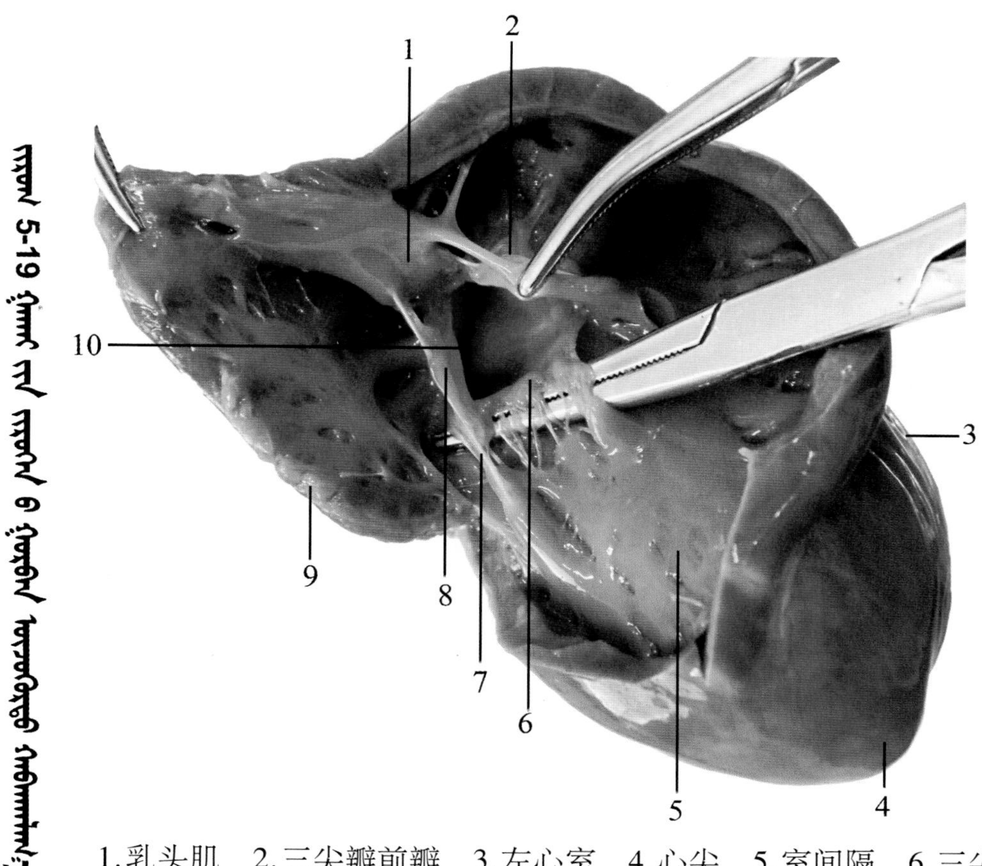

1.乳头肌　2.三尖瓣前瓣　3.左心室　4.心尖　5.室间隔　6.三尖瓣中瓣
7.腱索　8.三尖瓣后瓣　9.右心室壁　10.右房室口

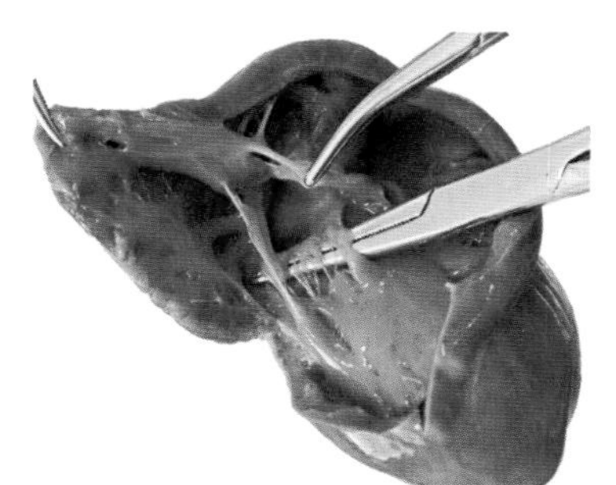

图5-19　猪心脏三尖瓣室侧观

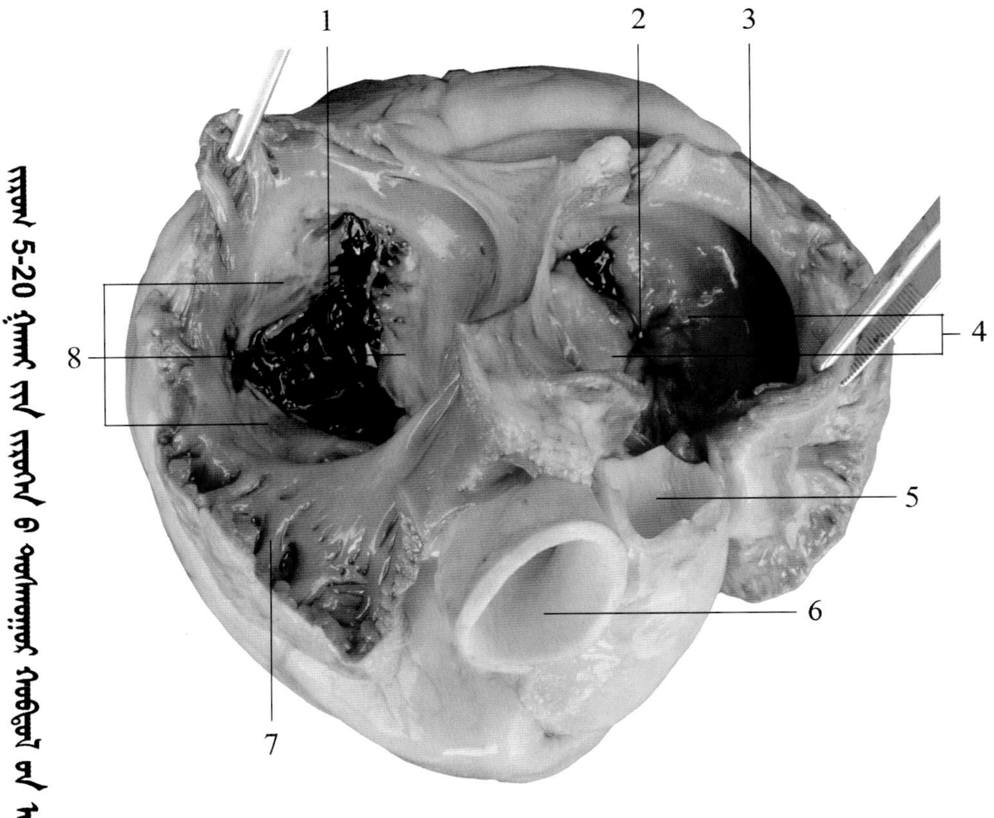

1.右房室口 2.左房室口 3.左心房 4.二尖瓣 5.肺动脉
6.主动脉根 7.右心房梳状肌 8.三尖瓣

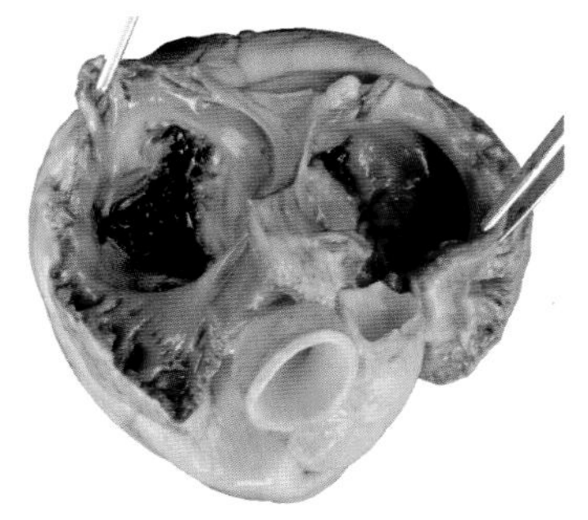

图5-20 猪心脏房室口（心脏底部）

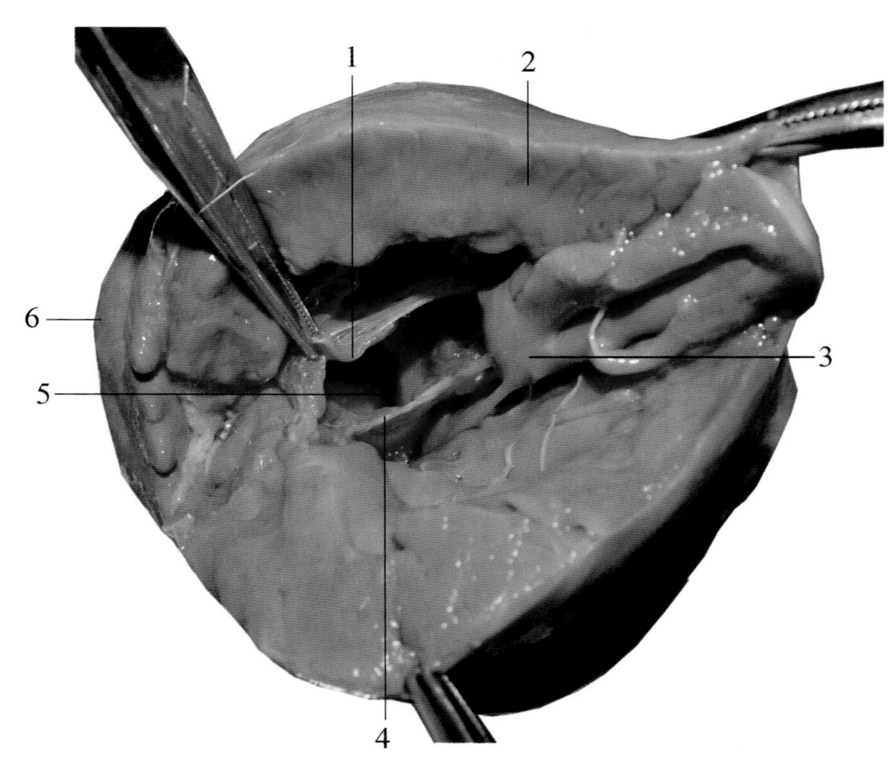

1.二尖瓣壁瓣　2.左心室壁肌切面　3.乳头肌　4.二尖瓣隔瓣
5.左房室口　6.左心房

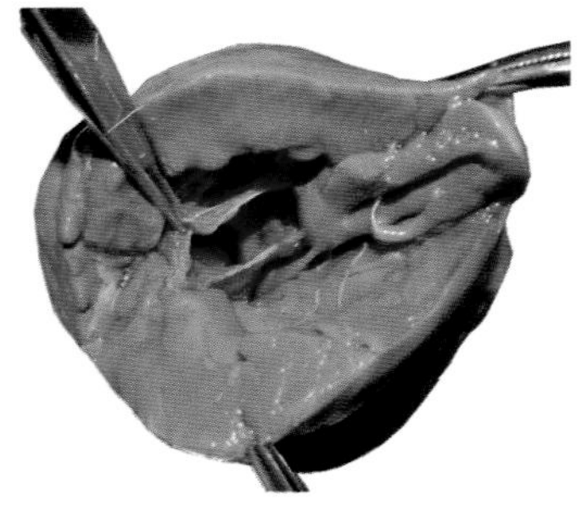

图5-21　猪心二尖瓣室侧观-1

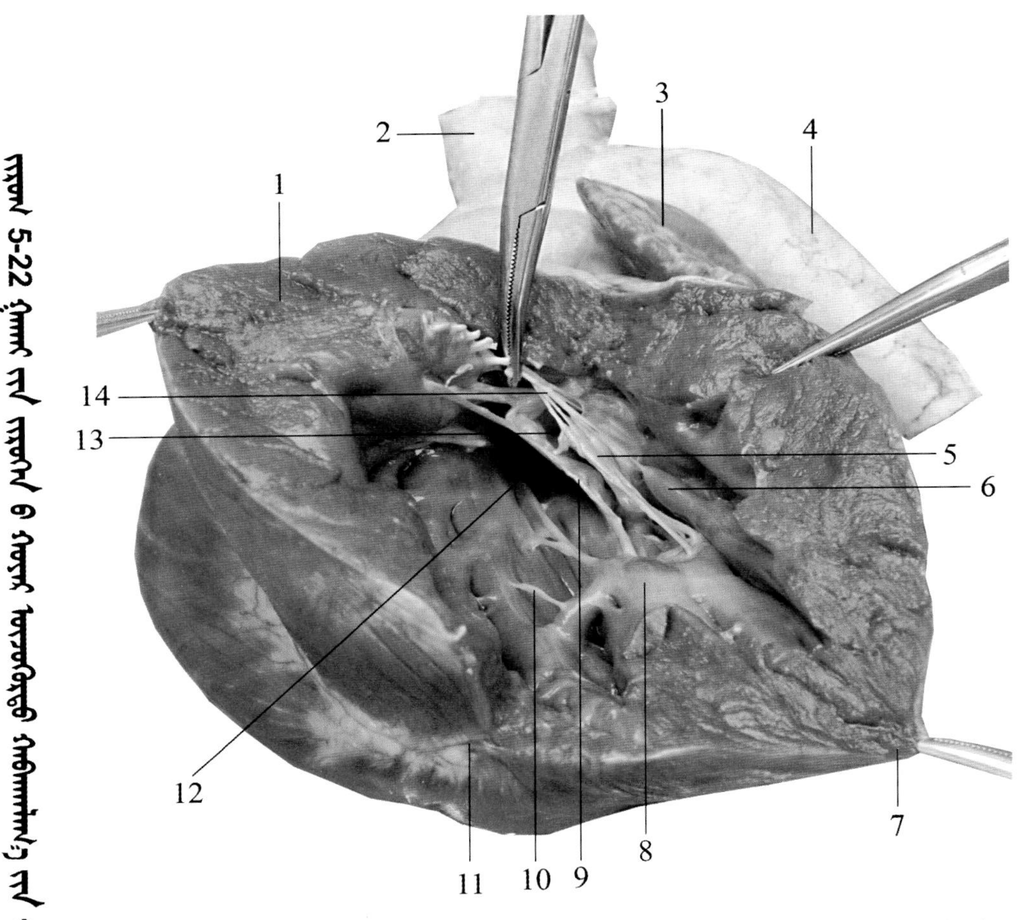

1.左心室壁肌　2.肺动脉　3.左心房　4.主动脉　5.二尖瓣壁瓣
6.乳头肌　7.心尖　8.肉柱　9.二尖瓣隔瓣　10.心横肌
11.心切迹　12.主动脉口　13.左房室口　14.腱索

图5-22　猪心二尖瓣室侧观-2

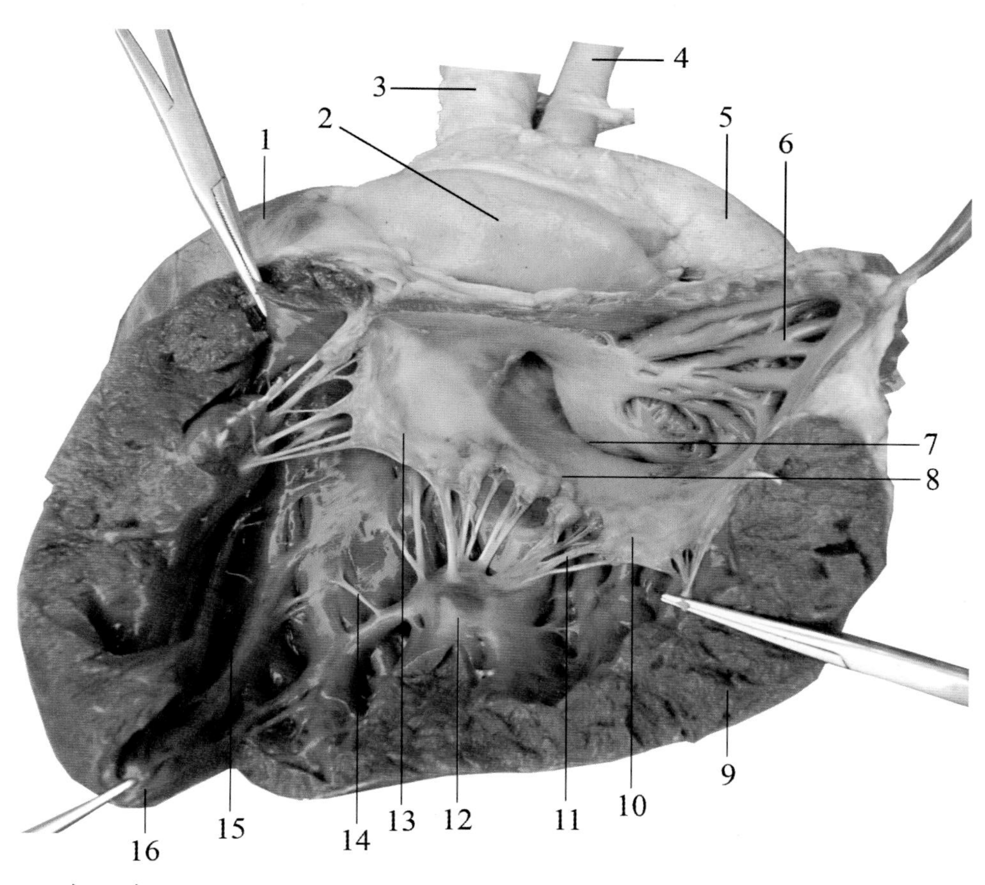

1.右心室 2.肺动脉 3.臂头动脉 4.左锁骨下动脉 5.主动脉
6.左心房梳状肌 7.左心房 8.左房室口 9.左心室壁肌切面
10.二尖瓣壁瓣 11.腱索 12.肉柱 13.二尖瓣隔瓣 14.心横肌
15.左心室腔 16.心尖

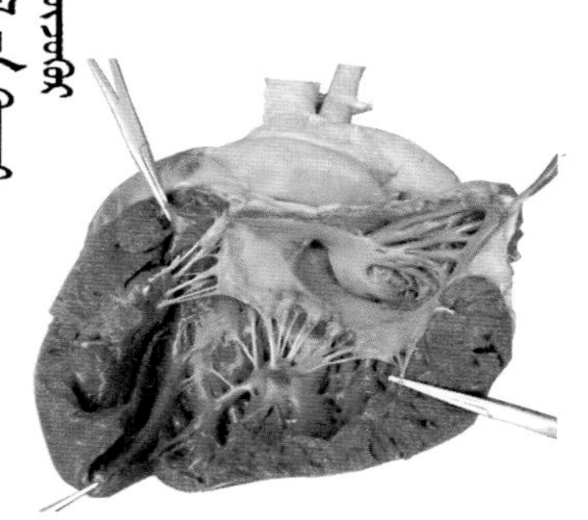

图5-23 猪心左房室口及二尖瓣

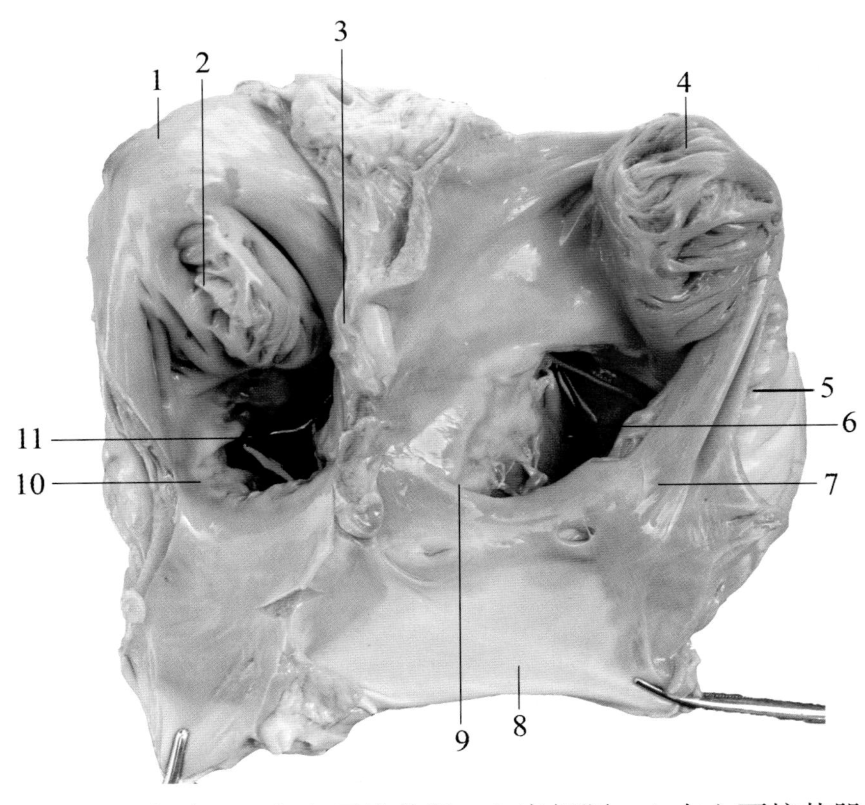

1.左心房壁　2.左心耳梳状肌　3.房间隔　4.右心耳梳状肌　5.冠状沟　6.右心室腔　7.右心房壁　8.静脉壁　9.右房室口　10.左房室口　11.左心室腔

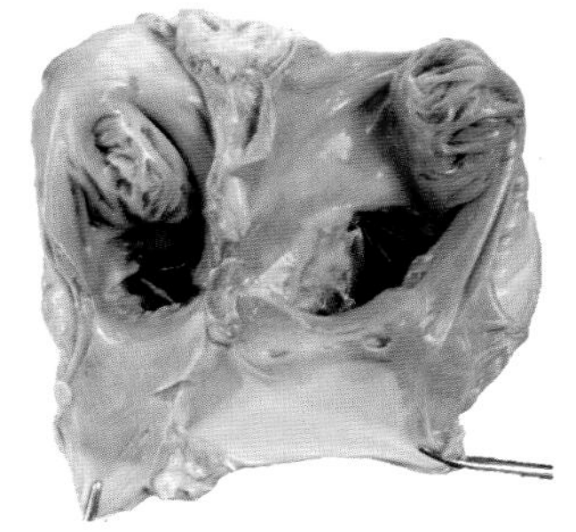

图5-24　猪心脏房室口（翻转）

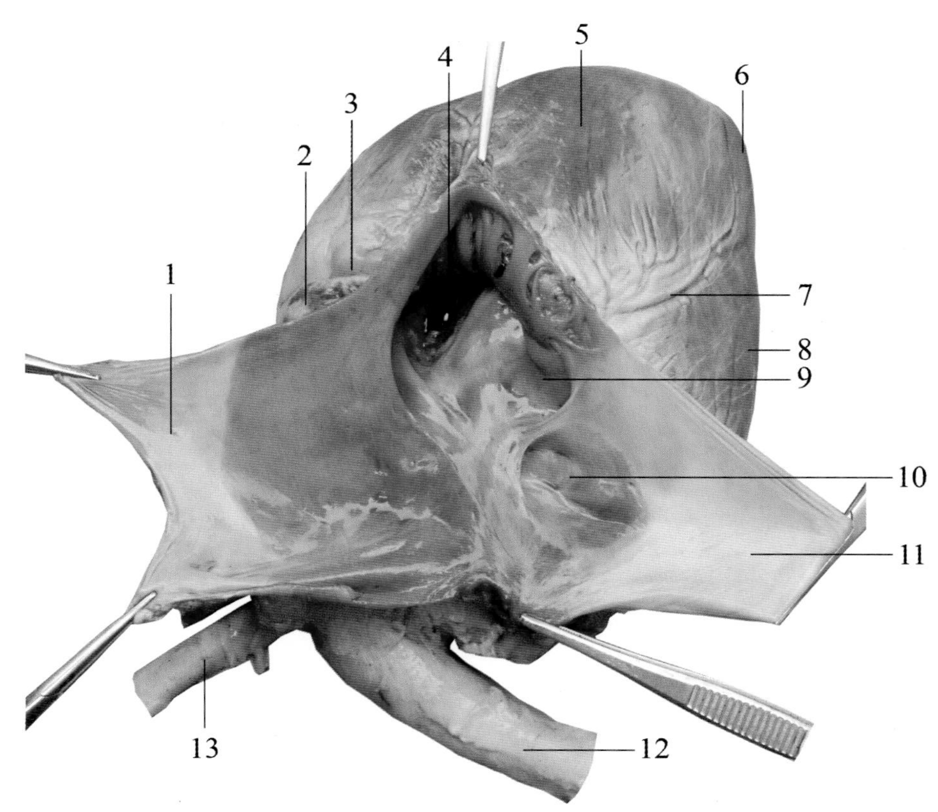

1.前腔静脉内壁　2.右心耳　3.心右冠状沟　4.右房室口　5.右心室
6.心尖　7.窦下室间沟（右纵沟）　8.左心室　9.冠状窦　10.卵圆窝
11.后腔静脉内壁　12.主动脉　13.臂头动脉

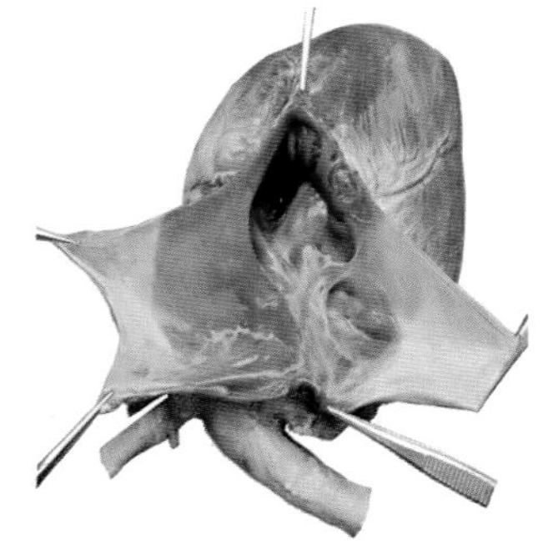

图5-25　猪心静脉冠状窦和卵圆窝

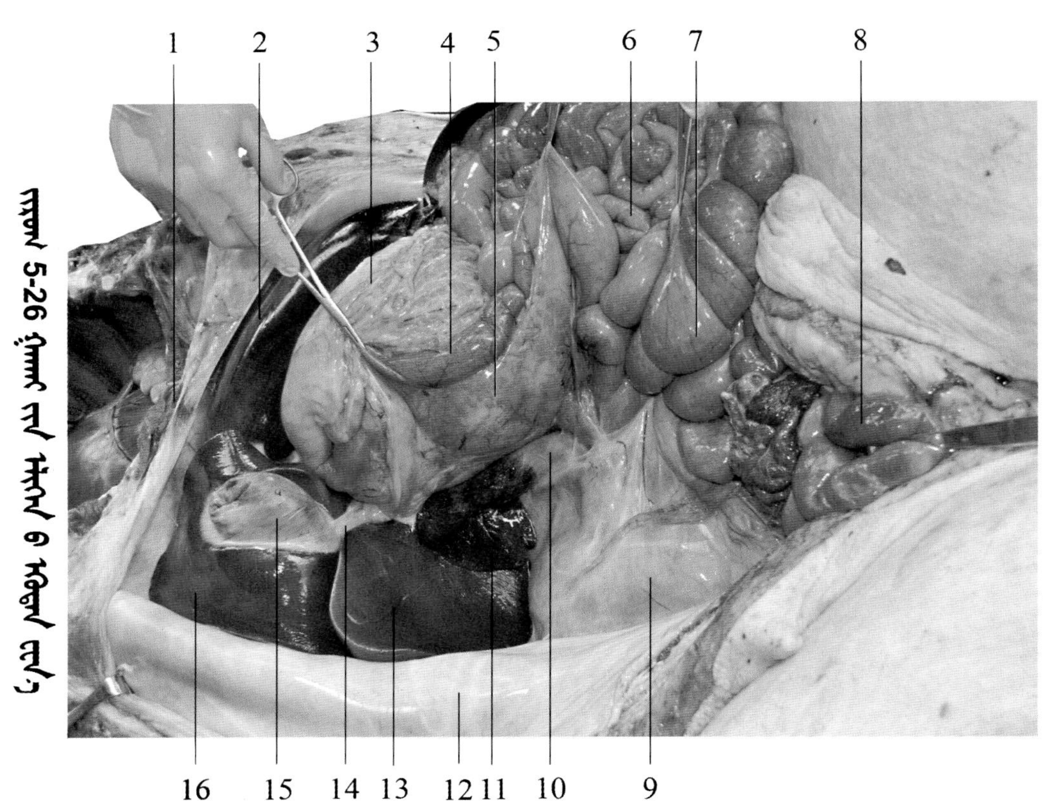

1.膈　2.肝左内叶　3.大网膜和胃　4.十二指肠　5.胰　6.小肠
7.结肠　8.子宫角　9.肾（腹膜外）　10.门静脉　11.肝尾叶
12.右侧腹壁腹膜　13.肝右外叶　14.胆管　15.胆囊　16.肝右内叶

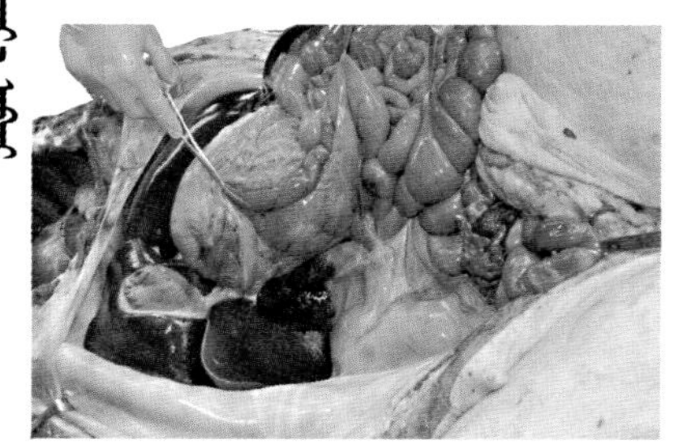

图5-26　猪肝门静脉

ᠵᠢᠷᠤᠭ 5-27 ᠭᠠᠬᠠᠢ ᠶᠢᠨ ᠳᠡᠯᠡᠭᠦ ᠬᠤᠳᠤᠭᠤᠳᠤᠨ ᠤ ᠰᠤᠳᠠᠰᠤ -1

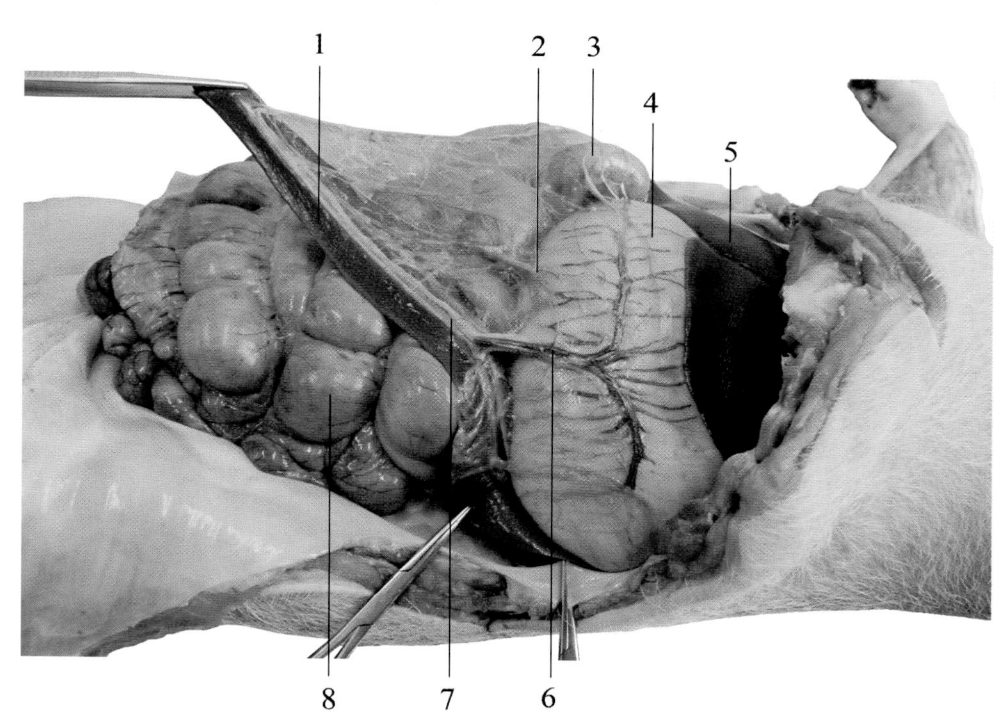

1.脾　2.胃网膜　3.小肠　4.胃　5.肝　6.胃网膜静脉　7.脾静脉
8.结肠

1.ᠳᠡᠯᠡᠭᠦ
2.ᠬᠤᠳᠤᠭᠤᠳᠤᠨ ᠤ ᠰᠠᠯᠠᠯ
3.ᠨᠠᠷᠢᠨ ᠭᠡᠳᠡᠰᠦ
4.ᠬᠤᠳᠤᠭᠤᠳᠤ
5.ᠡᠯᠢᠭᠡ
6.ᠬᠤᠳᠤᠭᠤᠳᠤ ᠰᠠᠯᠠᠯ ᠤᠨ ᠨᠢᠭᠤᠷᠠ
7.ᠳᠡᠯᠡᠭᠦ ᠶᠢᠨ ᠨᠢᠭᠤᠷᠠ
8.ᠪᠦᠭᠦᠷᠡᠭᠡᠯᠵᠢᠨ (ᠮᠤᠬᠤᠷᠢᠭ) ᠭᠡᠳᠡᠰᠦ

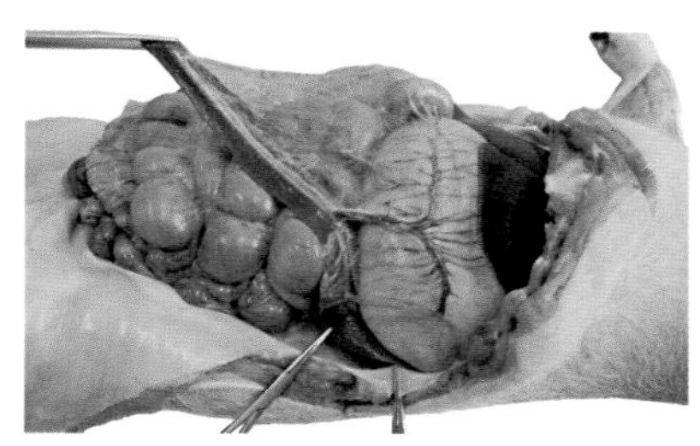

图5-27　猪脾、胃血管-1

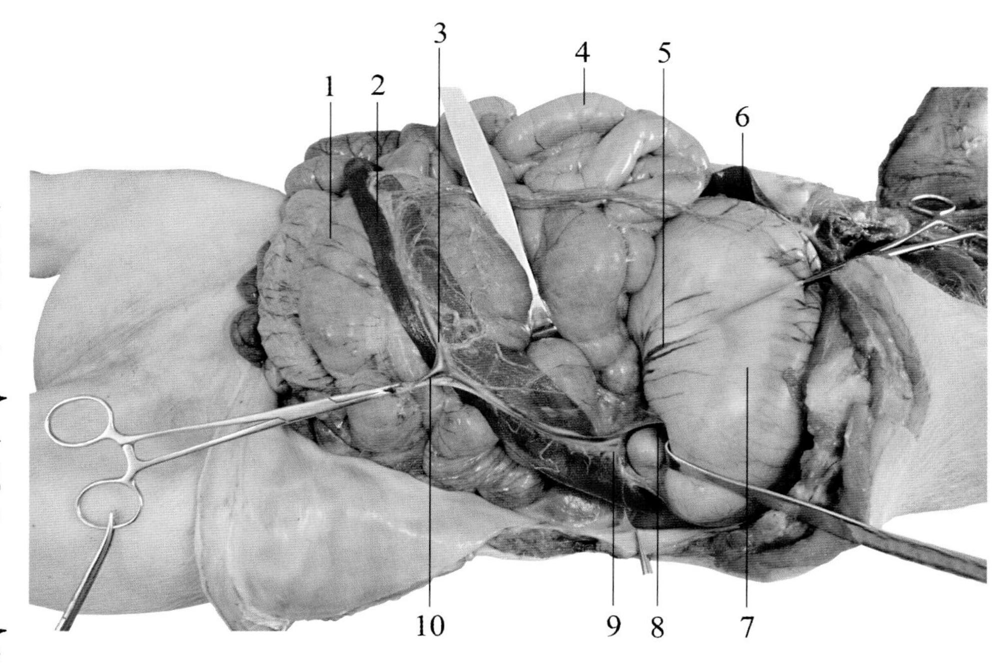

1.结肠　2.脾　3.脾静脉　4.小肠　5.胃壁血管　6.肝　7.胃　8.脾胃静脉
9.脾门　10.脾网膜静脉

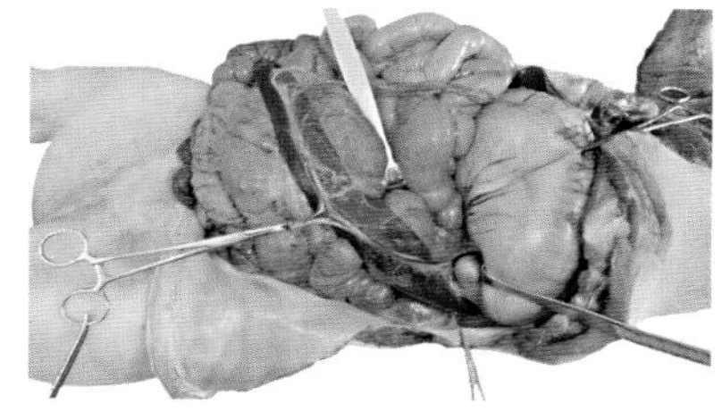

图5-28　猪脾、胃血管-2

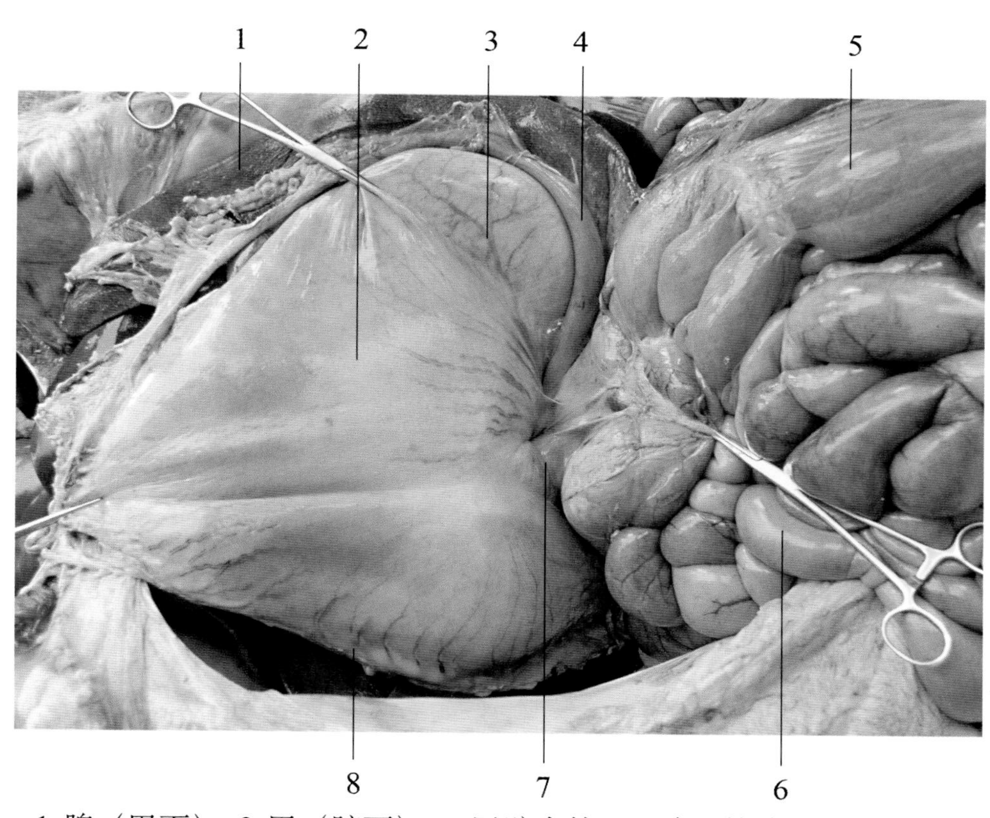

1.脾（胃面） 2.胃（脏面） 3.胃壁血管 4.脾胃静脉 5.结肠
6.小肠 7.胃幽门 8.胃网膜附着缘

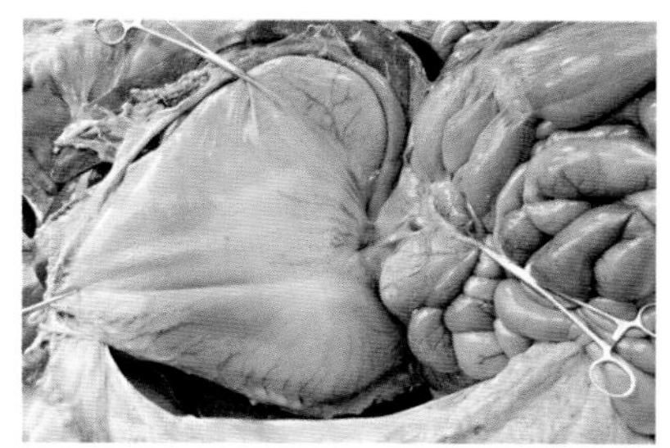

图5-29 猪脾、胃血管-3

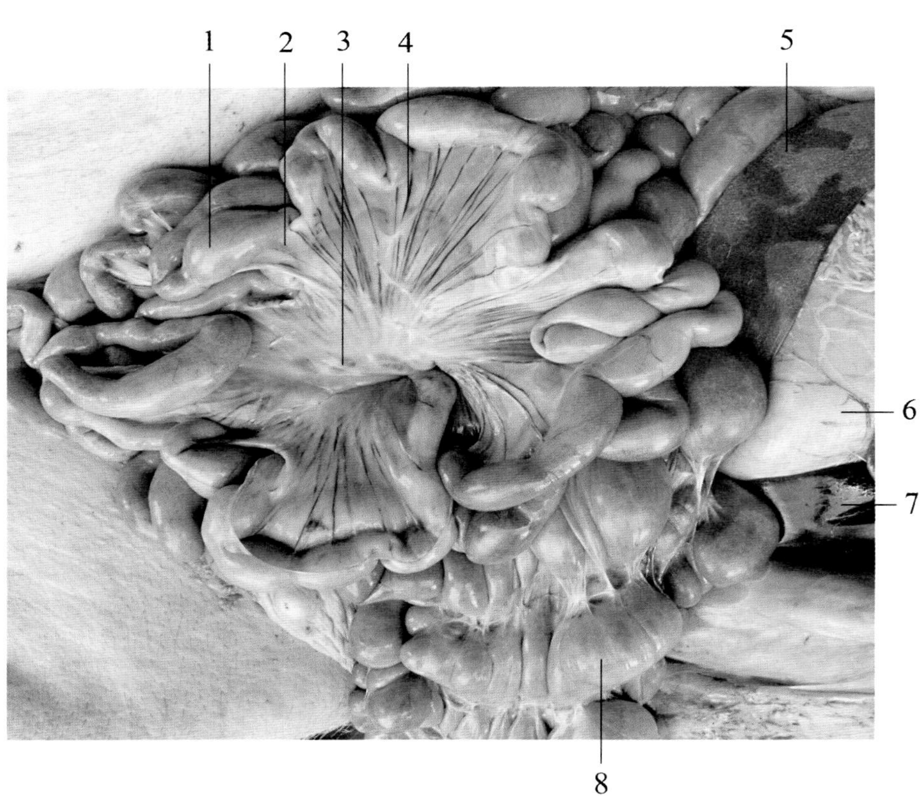

1.小肠　2.小肠系膜　3.小肠系膜淋巴结　4.小肠系膜血管
5.脾　6.胃　7.肝　8.结肠

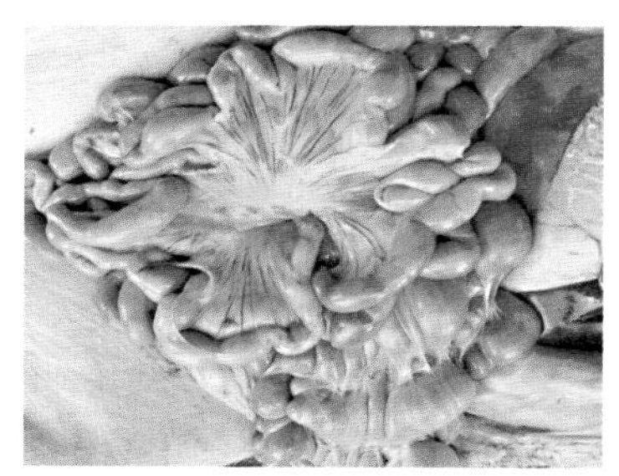

图5-30　猪小肠系膜血管

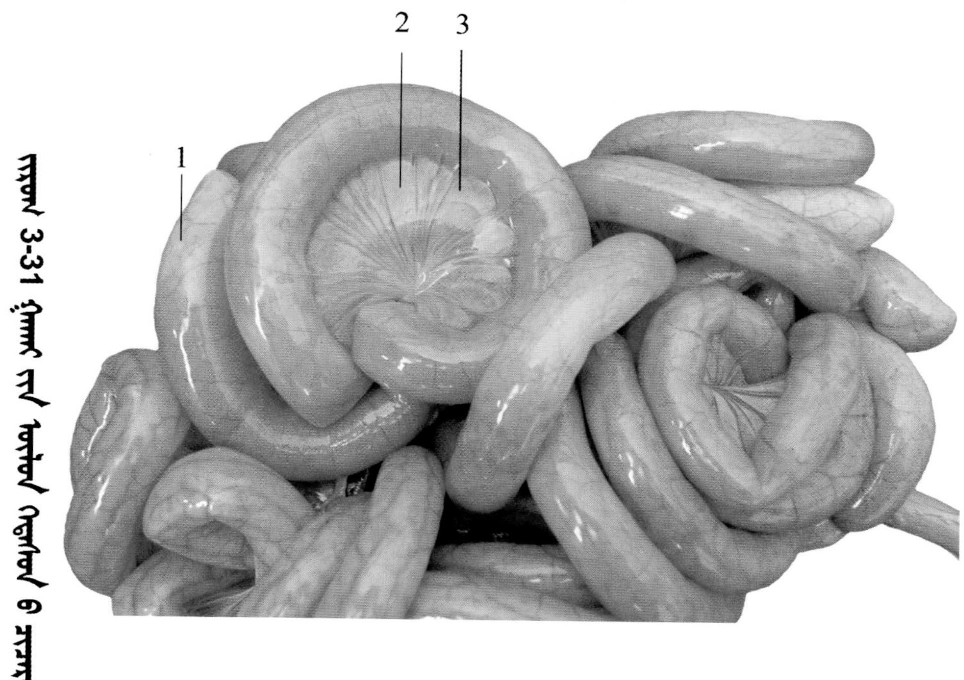

1.空肠　2.空肠系膜　3.空肠系膜血管

图5-31　猪空肠系膜及血管（注水后）

ᠵᠢᠷᠤᠭ 5-32 ᠭᠠᠬᠠᠢ ᠶᠢᠨ ᠪᠦᠭᠡᠷᠡ ᠶᠢᠨ ᠰᠢᠰᠤᠨ ᠰᠤᠳᠠᠯ

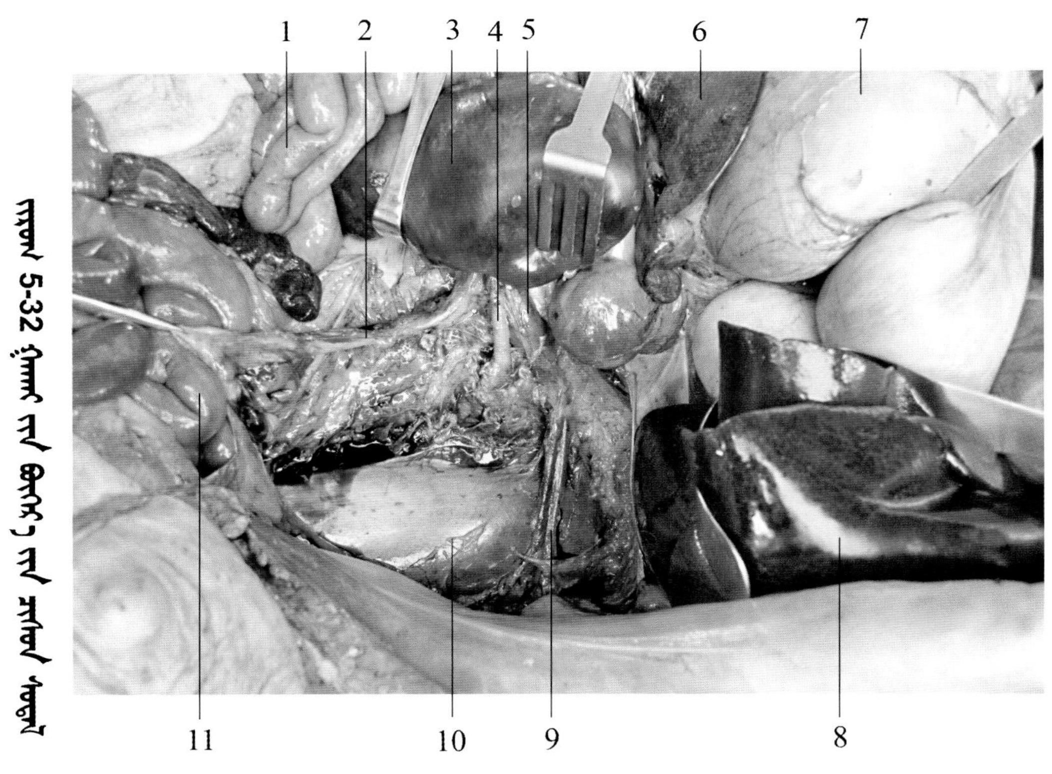

1.小肠　2.输尿管　3.左肾　4.肾动脉　5.肾静脉　6.脾　7.胃　8.肝
9.体壁静脉　10.腰大肌　11.子宫角

1.ᠨᠠᠷᠢᠨ ᠭᠡᠳᠡᠰᠦ
2.ᠰᠢᠭᠡᠰᠦ ᠬᠦᠷᠭᠡᠭᠦᠯᠦᠭᠴᠢ ᠭᠤᠯᠰᠤ
3.ᠵᠡᠭᠦᠨ ᠪᠦᠭᠡᠷᠡ
4.ᠪᠦᠭᠡᠷᠡᠨ ᠦ ᠠᠷᠲᠧᠷᠢ
5.ᠪᠦᠭᠡᠷᠡᠨ ᠦ ᠸᠧᠨ
6.ᠳᠡᠯᠪᠡᠭᠦ
7.ᠬᠤᠳᠤᠭᠤᠳᠤ
8.ᠡᠯᠢᠭᠡ
9.ᠪᠡᠶ᠎ᠡ ᠶᠢᠨ ᠬᠠᠨ᠎ᠠ ᠶᠢᠨ ᠸᠧᠨ
10.ᠨᠤᠷᠤᠭᠤᠨ ᠤ ᠪᠦᠳᠦᠭᠦᠨ ᠪᠤᠯᠴᠢᠨᠭ
11.ᠤᠮᠠᠢ ᠶᠢᠨ ᠡᠪᠡᠷ

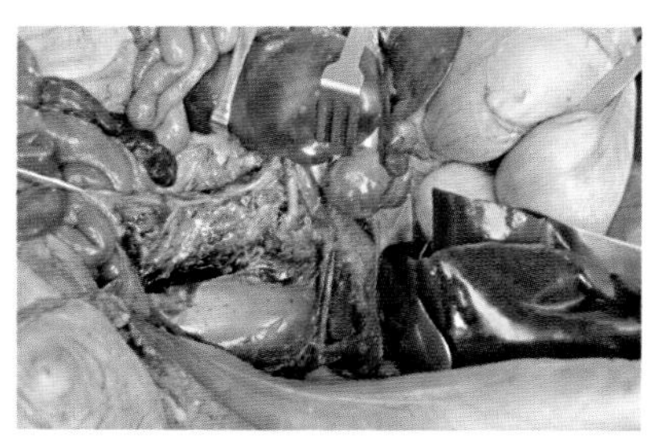

图5-32　猪肾血管

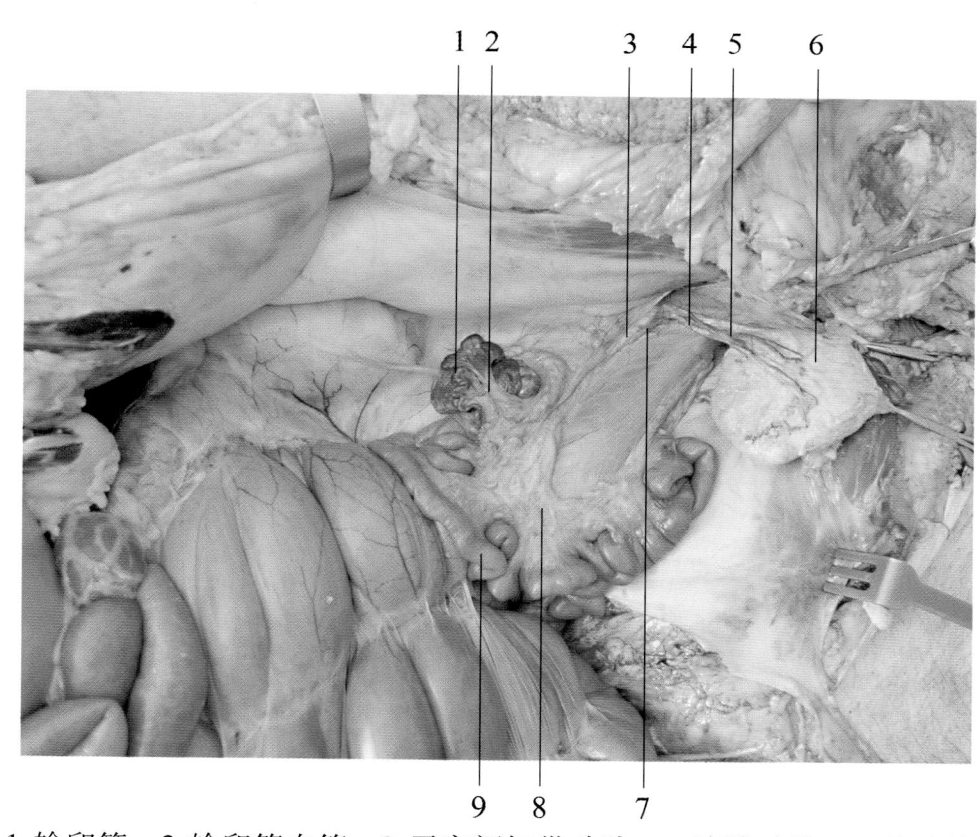

1.输卵管　2.输卵管血管　3.子宫阔韧带动脉　4.膀胱动脉　5.膀胱静脉
6.膀胱　7.子宫阔韧带静脉　8.子宫阔韧带　9.子宫角

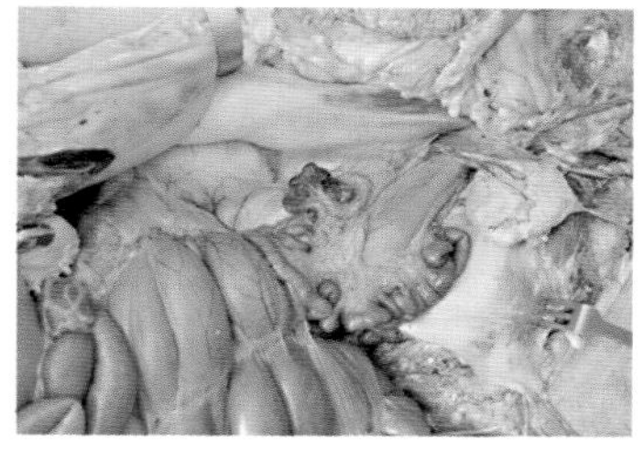

图5-33　猪子宫阔韧带和膀胱血管

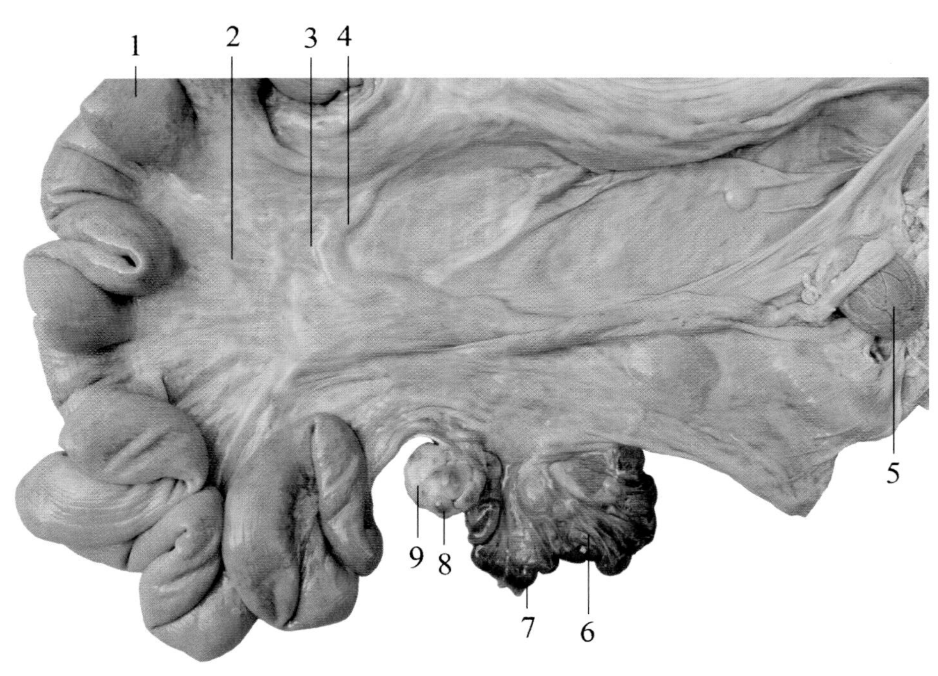

1.子宫角　2.子宫阔韧带　3.子宫阔韧带动脉　4.子宫阔韧带静脉
5.子宫阔韧带淋巴结　6.输卵管系膜及血管　7.输卵管　8.卵泡　9.卵巢

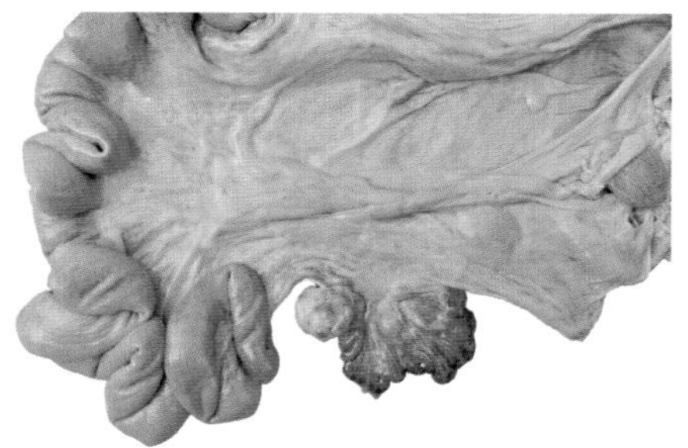

图5-34　猪子宫阔韧带血管

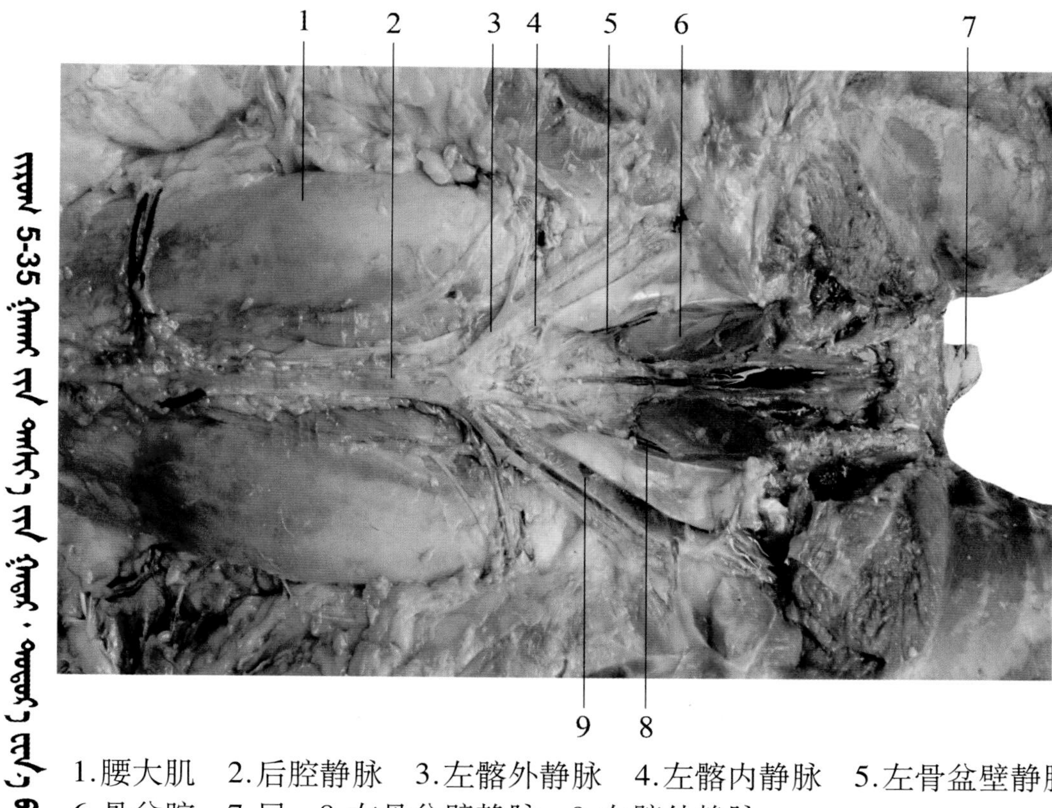

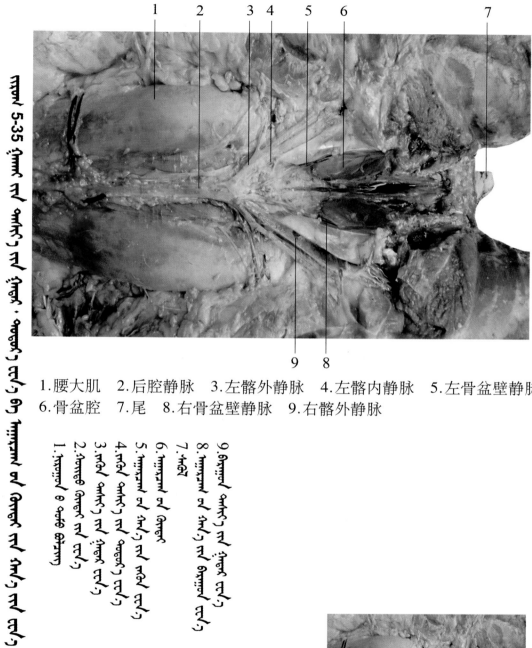

1.腰大肌 2.后腔静脉 3.左髂外静脉 4.左髂内静脉 5.左骨盆壁静脉 6.骨盆腔 7.尾 8.右骨盆壁静脉 9.右髂外静脉

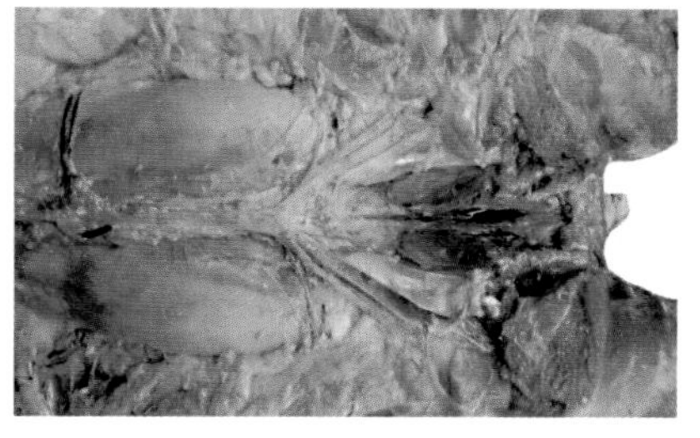

图5-35 猪髂内、外静脉及骨盆壁静脉

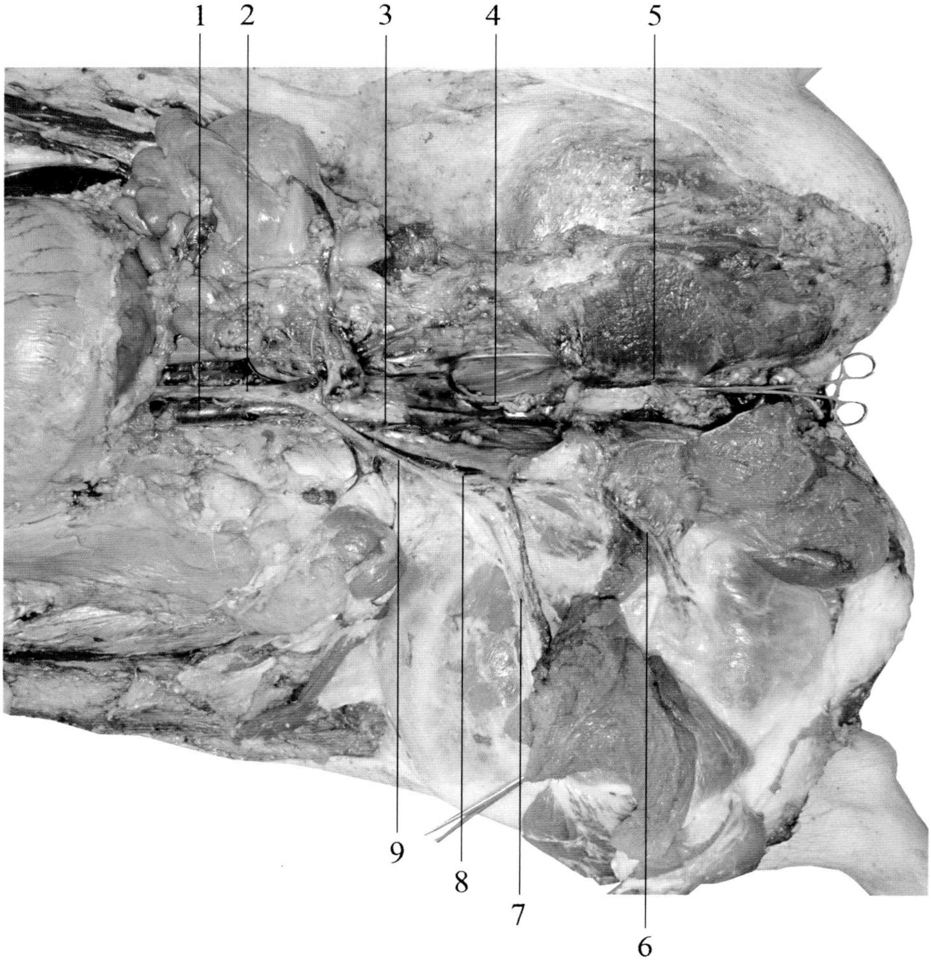

1.后腔静脉　2.腹主动脉　3.右侧髂内静脉　4.骨盆腔　5.耻骨连结
6.股深动脉及静脉　7.股动脉及静脉　8.髂外静脉　9.髂外动脉

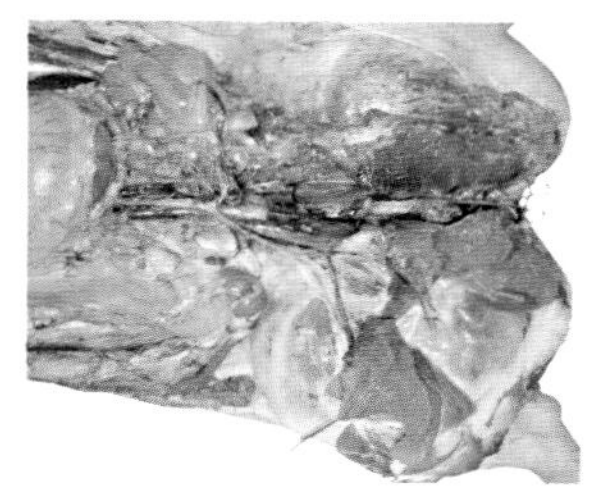

图 5-36　猪髂外动静脉

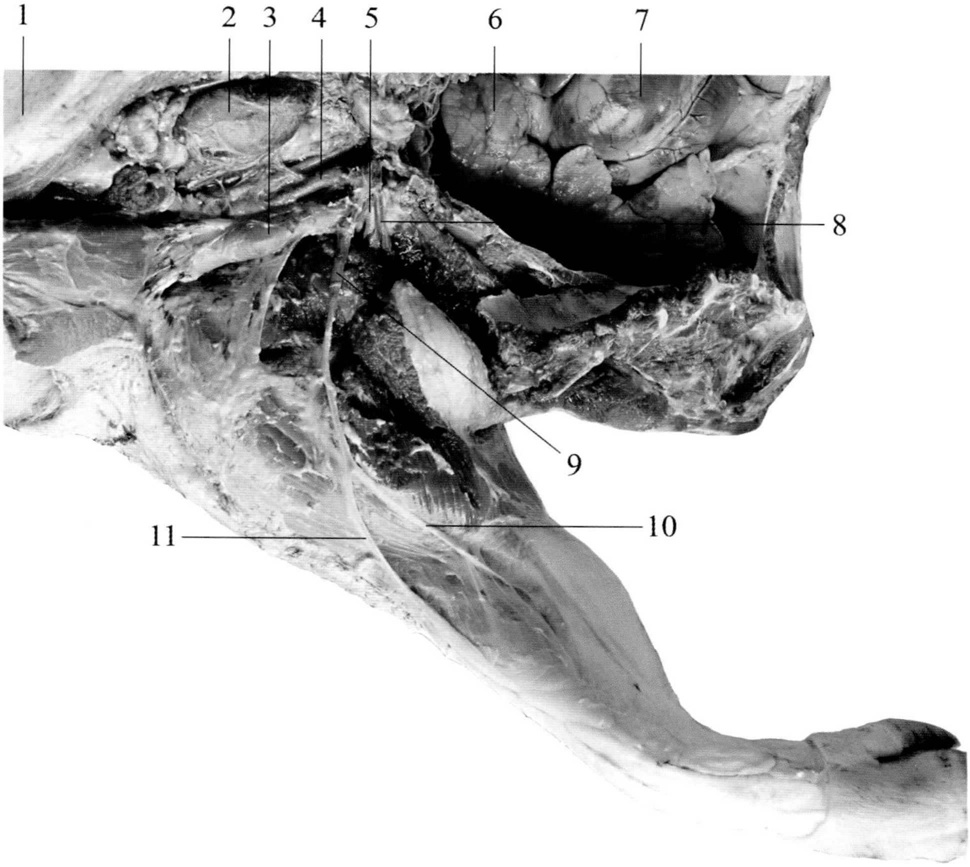

1.颈部　2.甲状腺　3.颈外静脉　4.颈深静脉　5.腋大静脉　6.肺尖叶　7.心　8.腋小静脉　9.头静脉　10.副头静脉　11.肘正中静脉

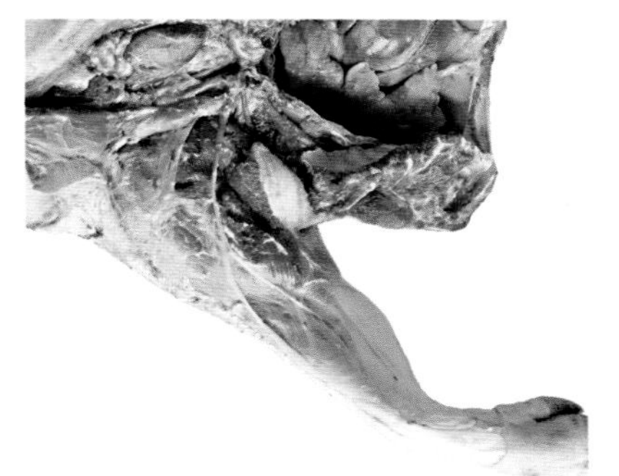

图5-37　猪右前肢血管-1

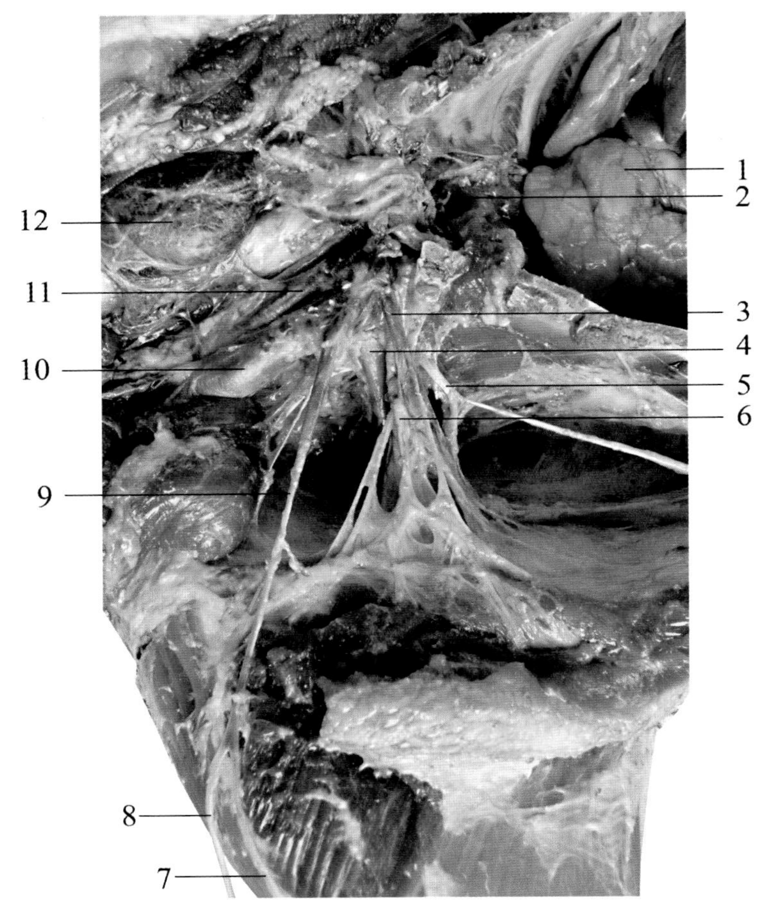

1.肺尖叶　2.胸腔前口　3.腋小静脉　4.腋大静脉　5.腋神经
6.腋动脉　7.副头静脉　8.肘正中静脉　9.头静脉　10.颈外静脉
11.颈浅静脉　12.甲状腺

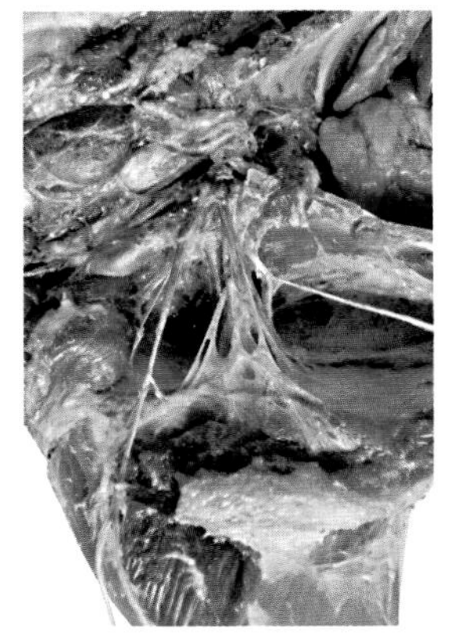

图5-38　猪右前肢血管-2

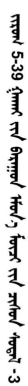

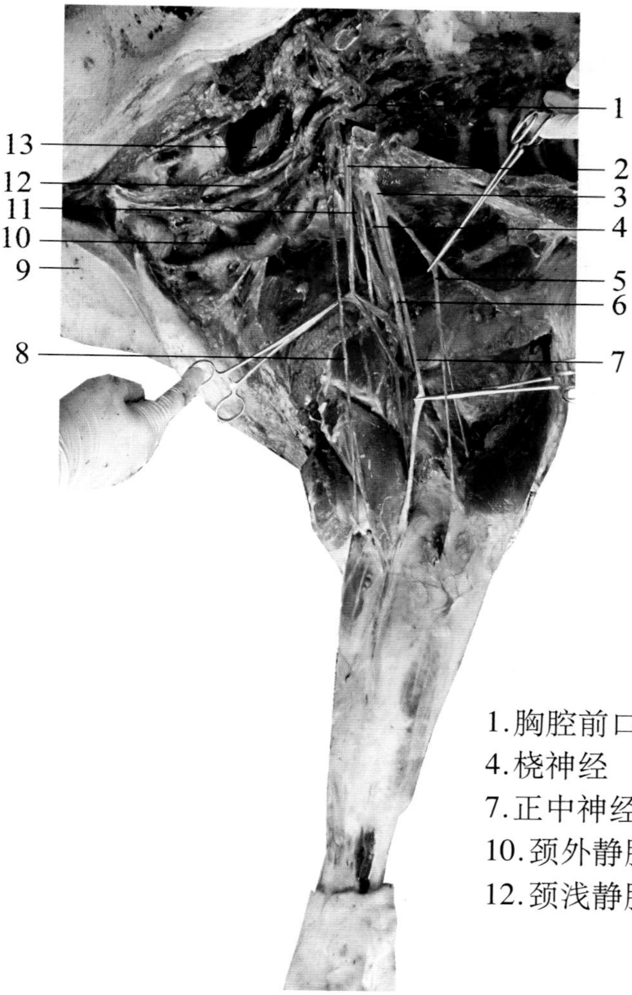

1.胸腔前口 2.腋小静脉 3.腋神经
4.桡神经 5.尺神经 6.臂动脉
7.正中神经 8.头静脉 9.颈部
10.颈外静脉 11.腋大静脉
12.颈浅静脉 13.甲状腺

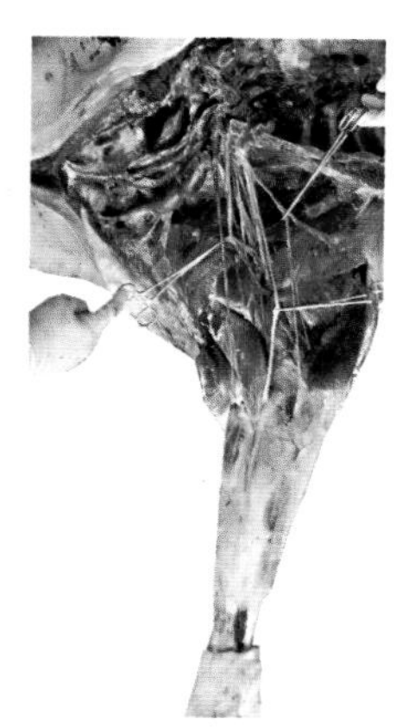

图5-39 猪右前肢血管-3

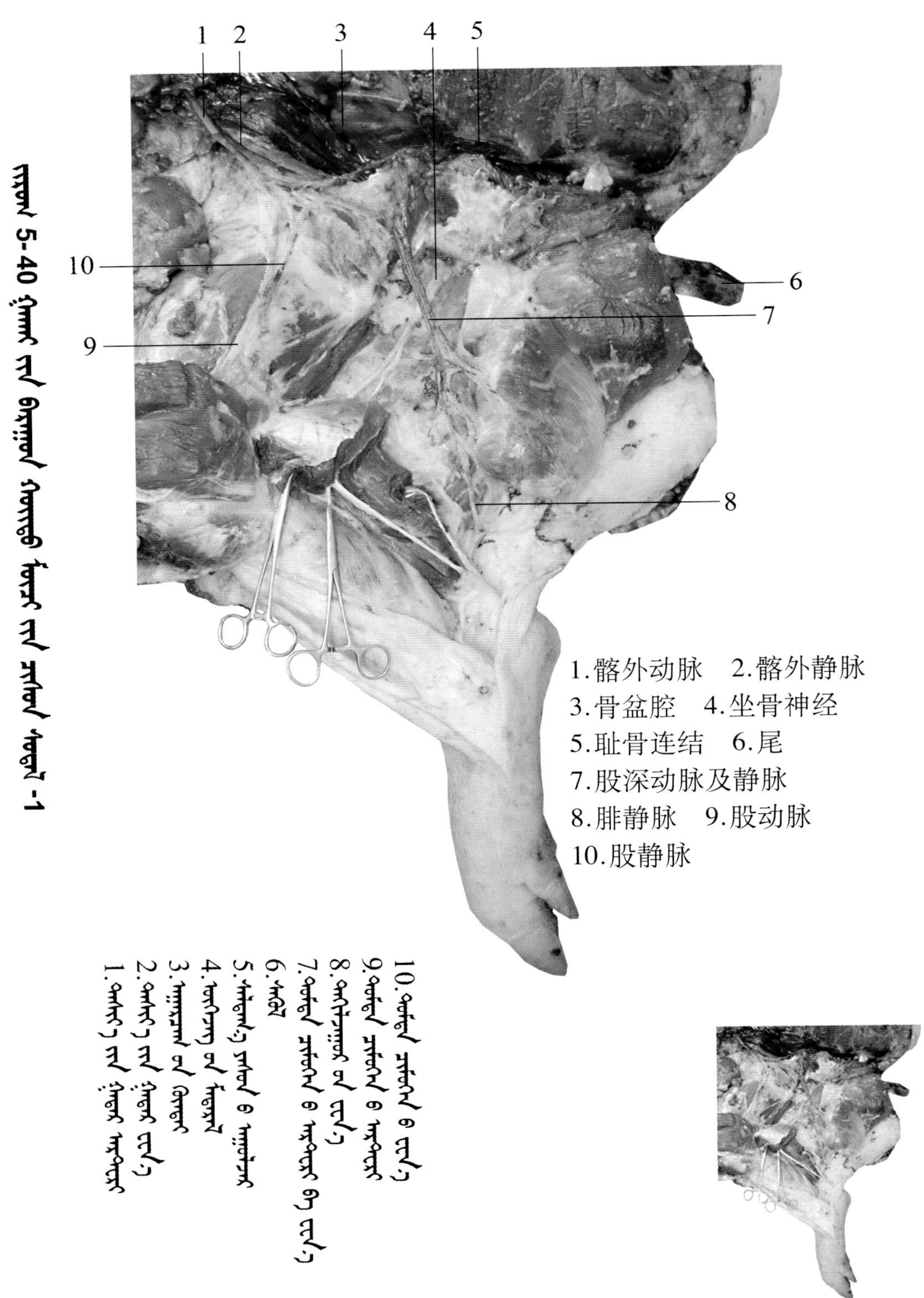

图5-40 猪右后肢血管-1

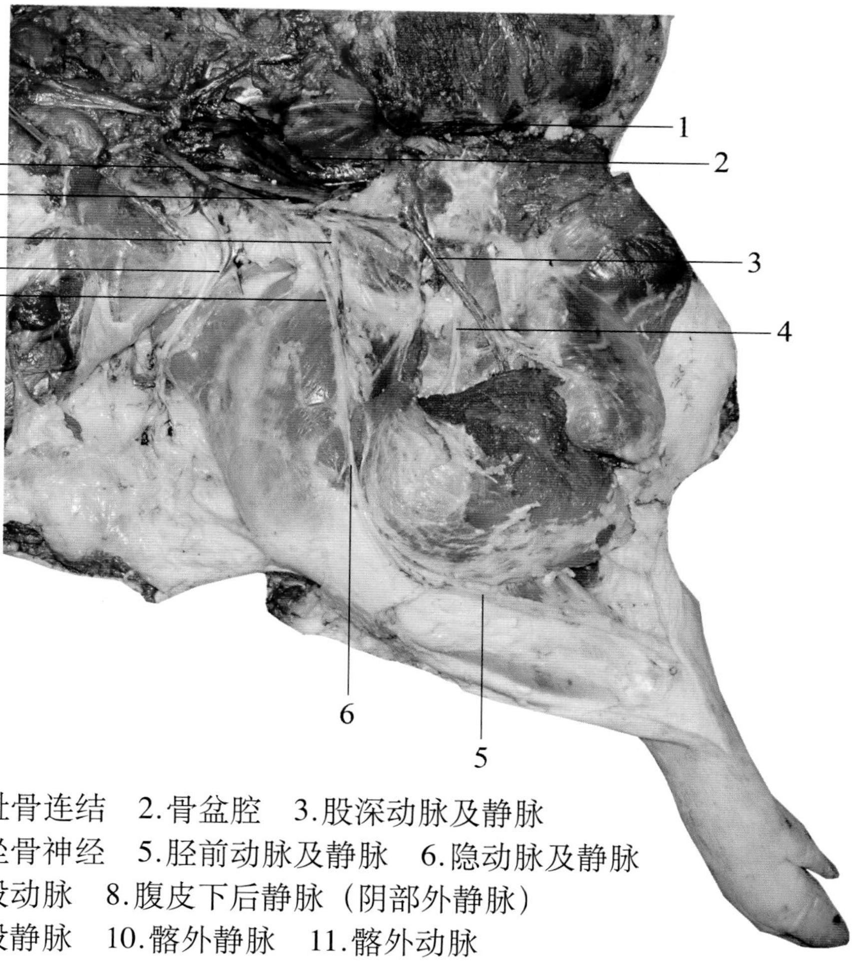

1.耻骨连结　2.骨盆腔　3.股深动脉及静脉
4.坐骨神经　5.胫前动脉及静脉　6.隐动脉及静脉
7.股动脉　8.腹皮下后静脉（阴部外静脉）
9.股静脉　10.髂外静脉　11.髂外动脉

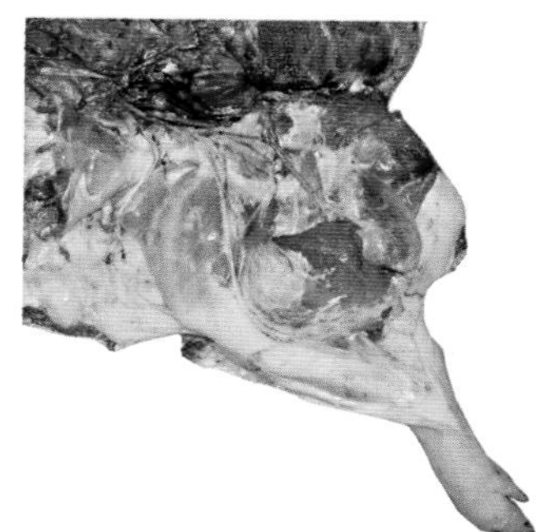

图5-41　猪右后肢血管-2

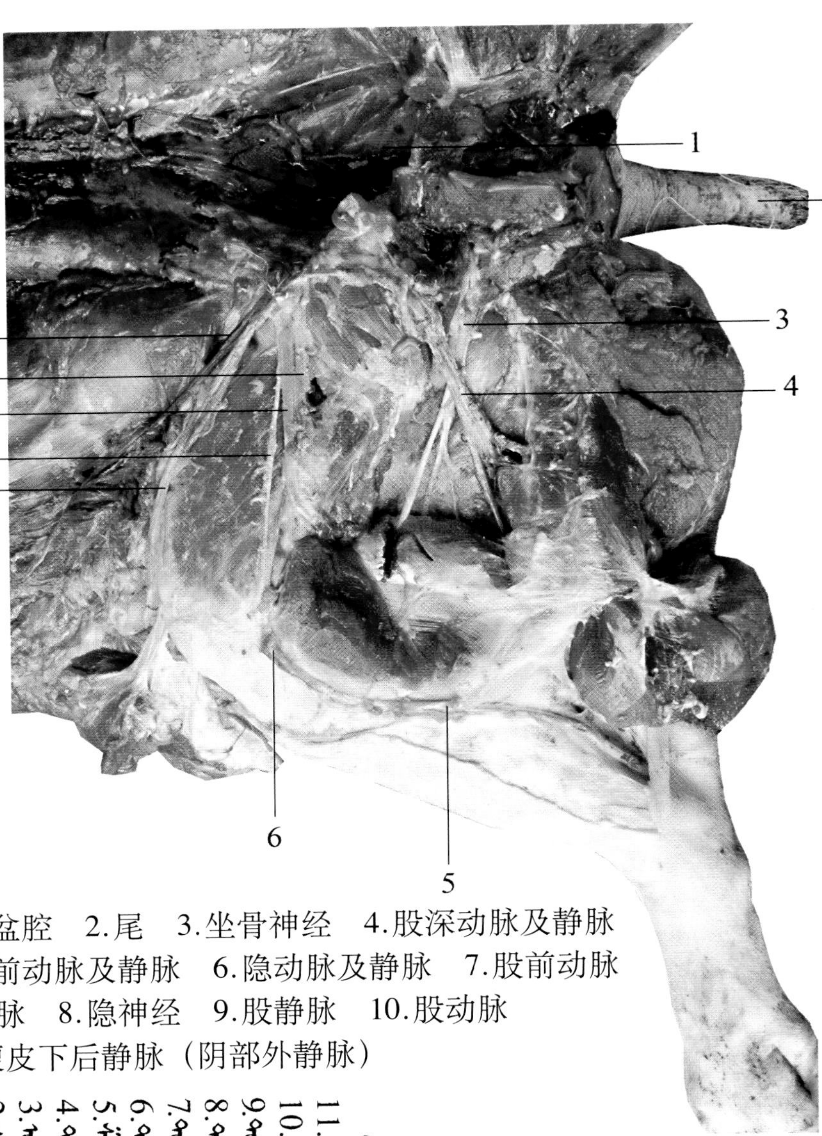

1.骨盆腔　2.尾　3.坐骨神经　4.股深动脉及静脉　5.胫前动脉及静脉　6.隐动脉及静脉　7.股前动脉及静脉　8.隐神经　9.股静脉　10.股动脉　11.腹皮下后静脉（阴部外静脉）

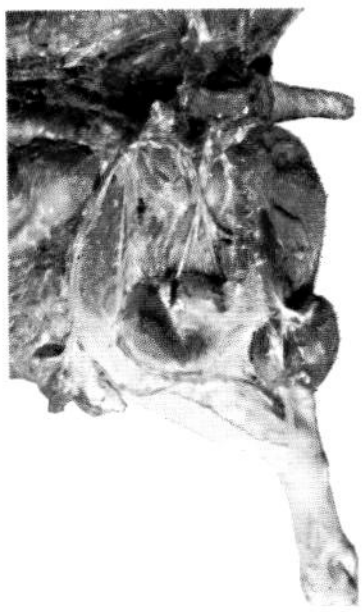

图5-42　猪右后肢血管-3

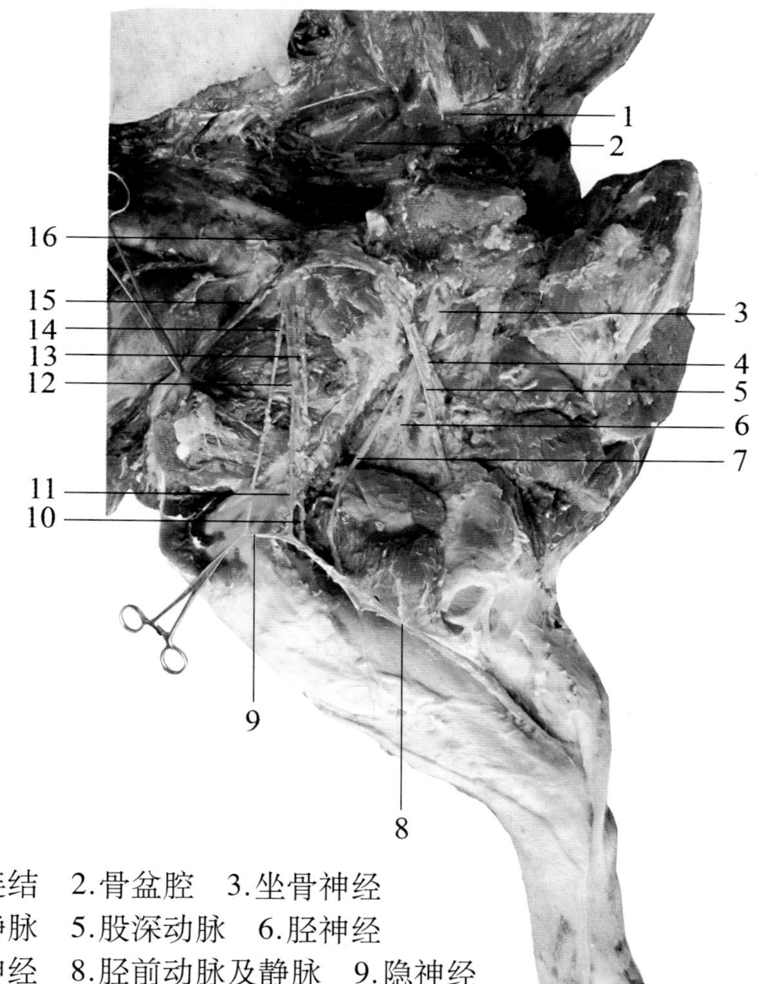

1.耻骨连结 2.骨盆腔 3.坐骨神经
4.股深静脉 5.股深动脉 6.胫神经
7.腓总神经 8.胫前动脉及静脉 9.隐神经
10.隐动脉 11.隐静脉 12.股静脉 13.股动脉
14.股神经 15.股前动脉及静脉 16.髂外静脉

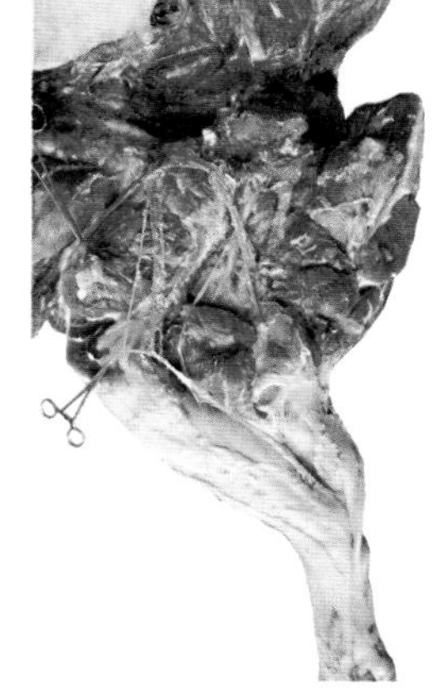

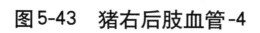

图5-43 猪右后肢血管-4

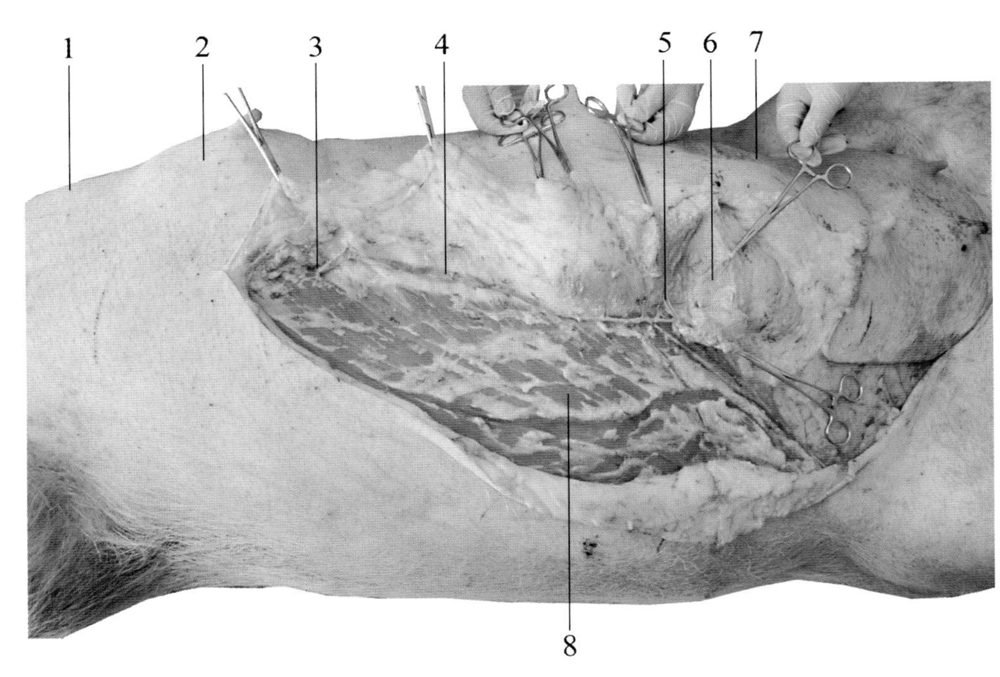

1.胸部　2.乳房　3.腹皮下静脉入口　4.腹皮下静脉　5.乳腺静脉
6.乳腺切面　7.腹白线　8.躯干皮肌

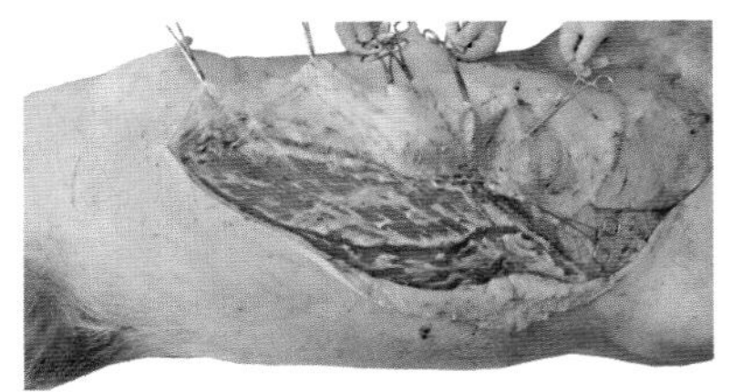

图5-44　猪腹壁皮下静脉

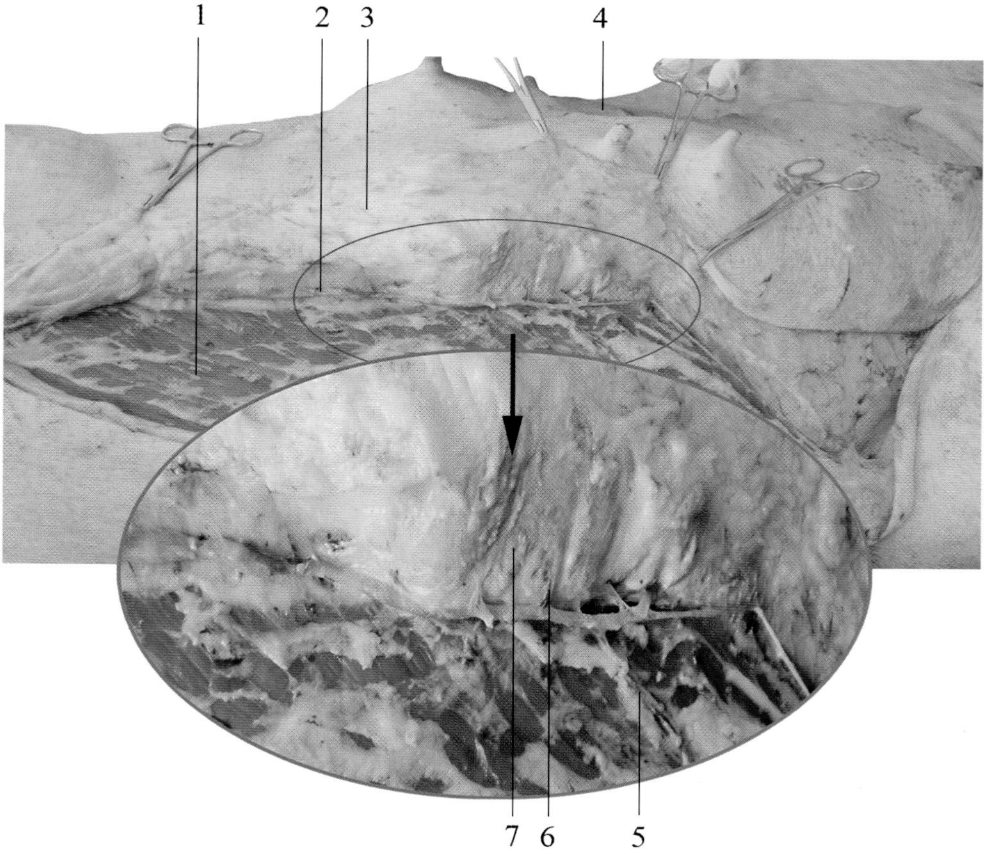

1.躯干皮肌　2.腹皮下静脉　3.皮及皮下组织　4.腹白线
5.躯干皮肌静脉　6.乳腺静脉　7.乳腺

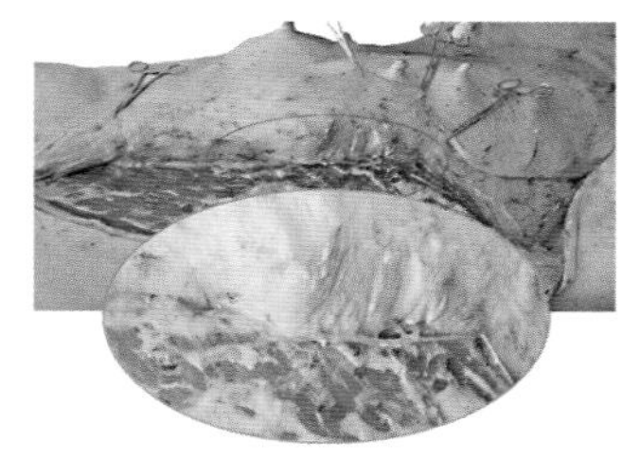

图5-45　猪腹壁皮下静脉及乳腺静脉

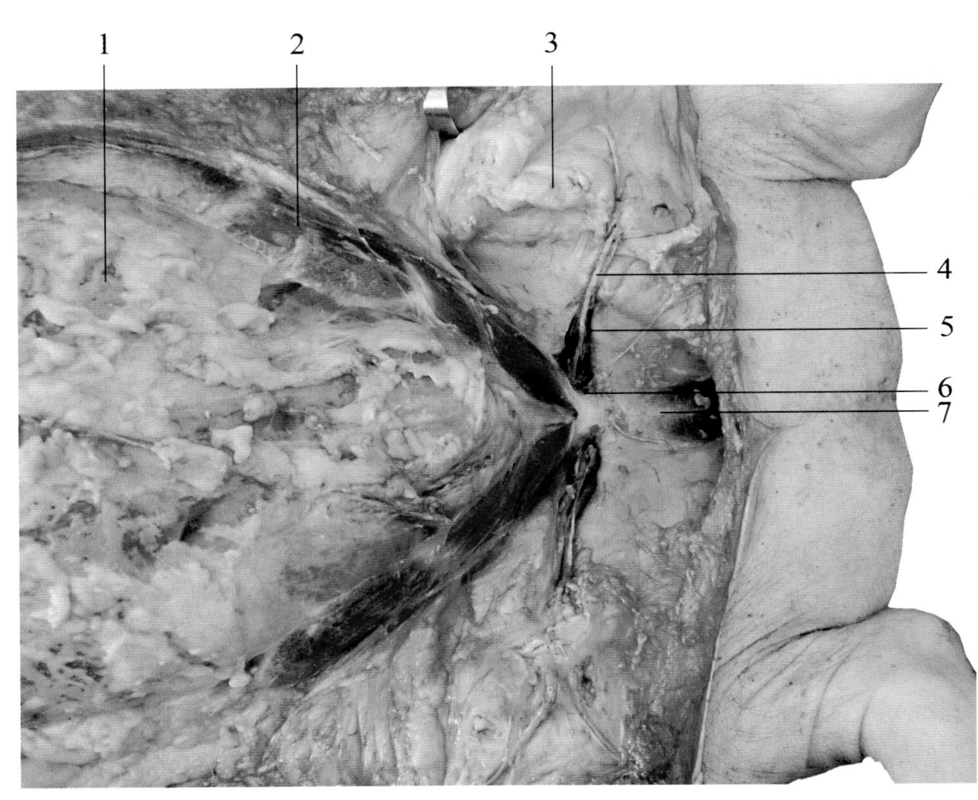

1.腹膜　2.腹肌　3.腹股沟浅淋巴结　4.阴部外动脉　5.阴部外静脉
6.腹股沟管　7.骨盆联合部

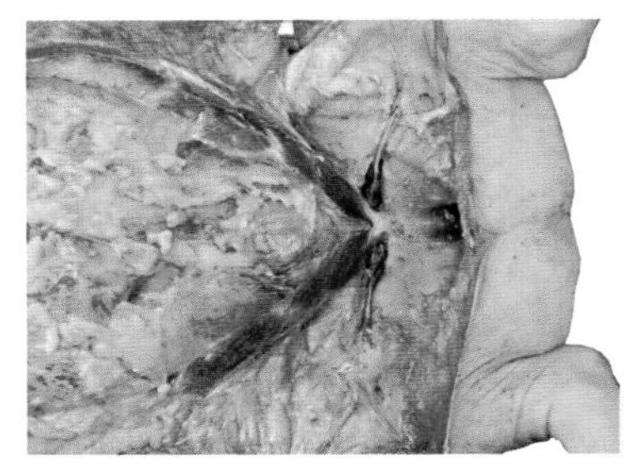

图 5-46　猪阴部外动脉和静脉

六、猪泌尿系统

猪泌尿系统由肾、输尿管、膀胱和尿道组成。肾一对，属平滑多乳头肾，肾是生成尿的器官；输尿管是输送尿液至膀胱的管道；膀胱为暂时贮存尿液和排出尿液至尿道的器官；尿道是将尿液排出体外的管道。

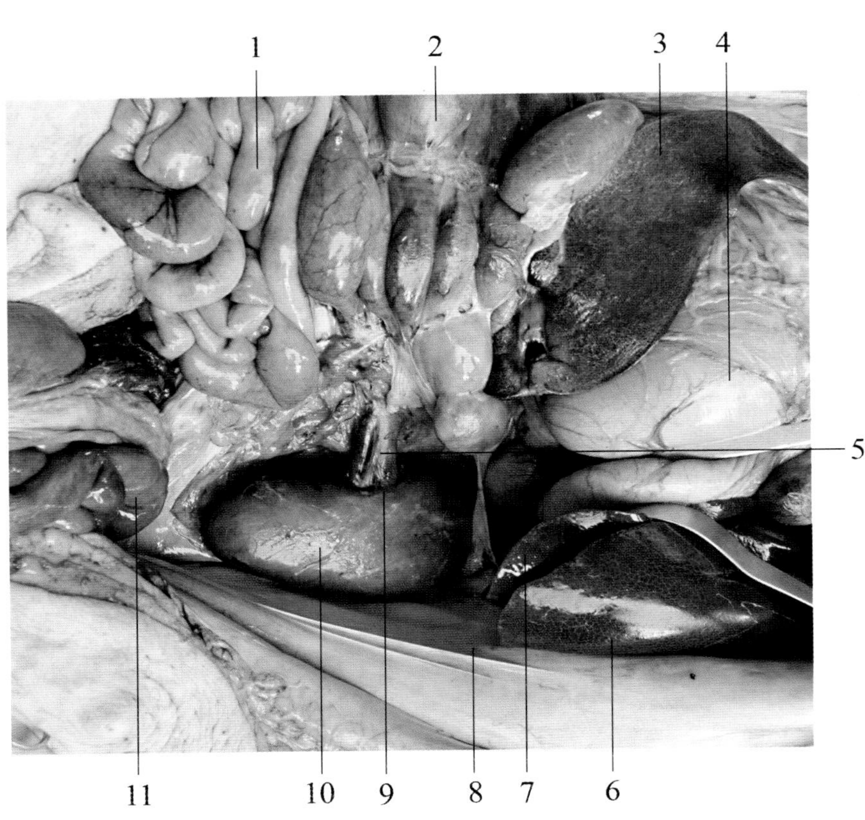

ᠵᠢᠷᠤᠭ 6-1 ᠭᠠᠬᠠᠢ ᠶᠢᠨ ᠵᠡᠭᠦᠨ ᠪᠦᠭᠡᠷᠡ ᠶᠢᠨ ᠬᠠᠷᠢᠴᠠᠩᠭᠤᠢ ᠪᠠᠢᠷᠢ

1.回肠　2.结肠　3.脾　4.胃　5.肾静脉　6.肝左外叶　7.肝左内叶
8.腹膜（腹左侧内壁）　9.肾门　10.左肾　11.子宫角

11.ᠰᠢᠭᠤ ᠶᠢᠨ ᠡᠪᠡᠷ
10.ᠵᠡᠭᠦᠨ ᠪᠦᠭᠡᠷᠡ
9.ᠪᠦᠭᠡᠷᠡᠢᠨ ᠡᠭᠦᠳᠡ
8.ᠬᠡᠪᠯᠢ ᠶᠢᠨ ᠪᠦᠷᠬᠦᠪᠴᠢ（ᠬᠡᠪᠯᠢ ᠶᠢᠨ ᠵᠡᠭᠦᠨ ᠬᠠᠨ᠎ᠠ）
7.ᠡᠯᠢᠭᠡᠨ ᠦ ᠵᠡᠭᠦᠨ ᠳᠣᠲᠣᠭᠠᠳᠤ ᠬᠡᠰᠡᠭ
6.ᠡᠯᠢᠭᠡᠨ ᠦ ᠵᠡᠭᠦᠨ ᠭᠠᠳᠠᠭᠠᠳᠤ ᠬᠡᠰᠡᠭ
5.ᠪᠦᠭᠡᠷᠡᠢᠨ ᠰᠤᠳᠠᠯ
4.ᠬᠣᠳᠣᠭᠣᠳ
3.ᠳᠡᠯᠢᠭᠦᠦ
2.ᠬᠣᠯᠪᠣᠭᠳᠠᠭᠴᠢ（ᠪᠦᠳᠦᠭᠦᠨ）ᠭᠡᠳᠡᠰᠦ
1.ᠡᠷᠴᠢᠭ ᠭᠡᠳᠡᠰᠦ

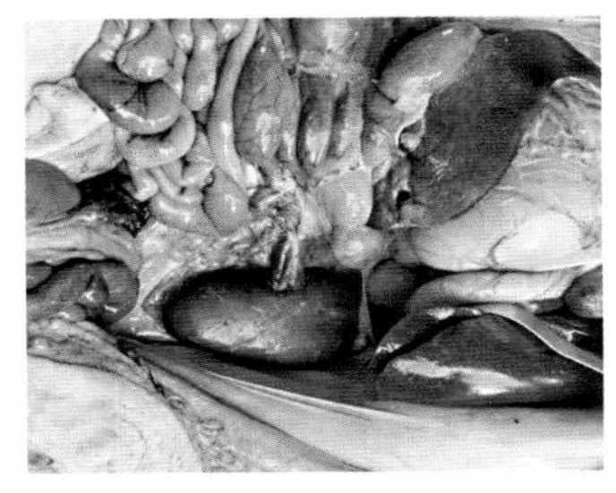

图6-1　猪左肾相对位置

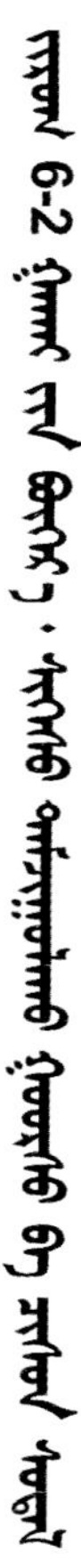

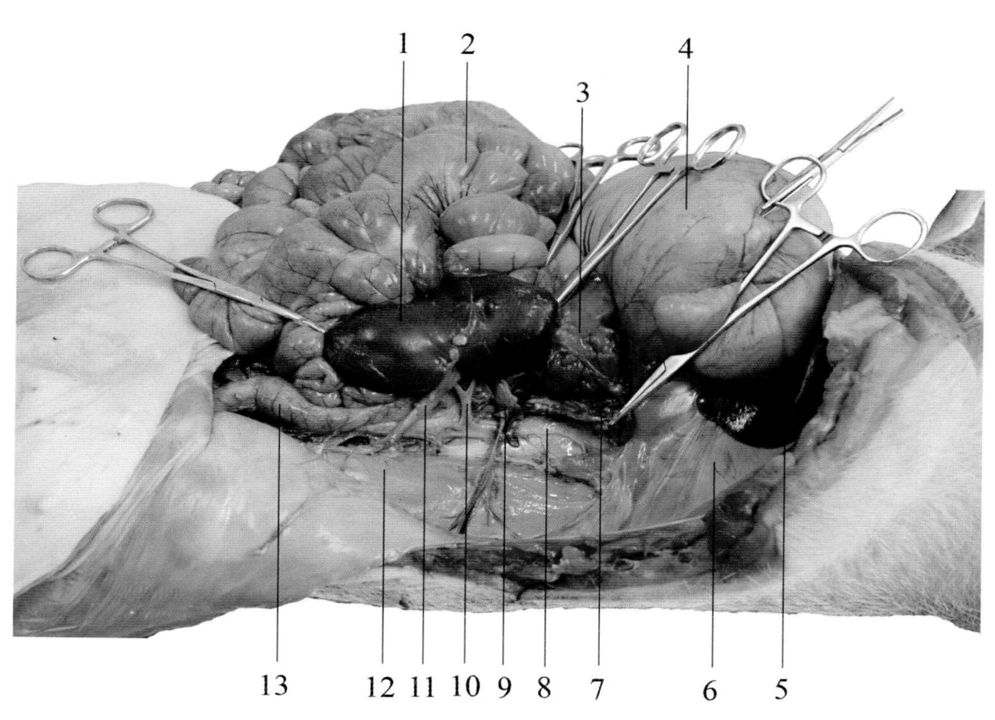

1.左肾　2.结肠　3.胰　4.胃　5.肝　6.膈　7.肾上腺　8.腹主动脉　9.肾静脉　10.肾动脉　11.输尿管　12.腰大肌　13.直肠

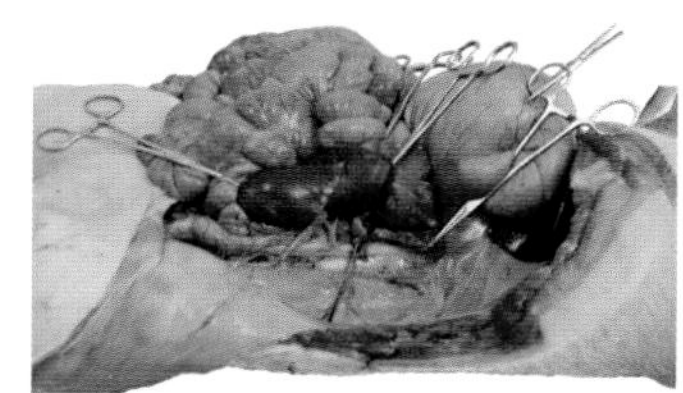

图6-2　猪肾、输尿管及血管

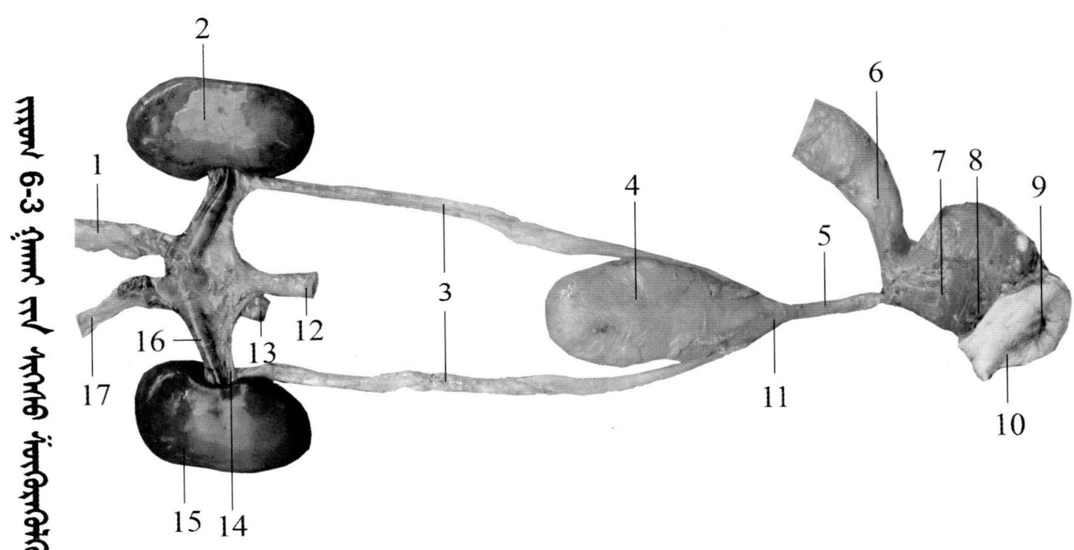

1.腹主动脉　2.右肾　3.输尿管　4.膀胱　5.尿道　6.直肠　7.阴道
8.尿生殖前庭　9.肛门　10.阴门　11.膀胱颈　12.腹主动脉
13.后腔静脉　14.肾动脉　15.左肾　16.肾静脉　17.后腔静脉

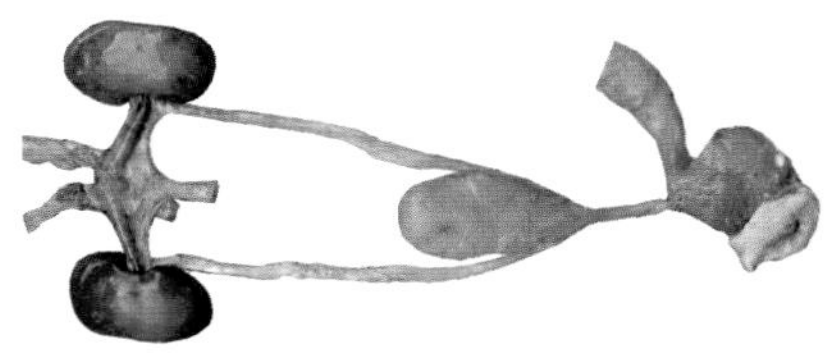

图6-3　猪泌尿系统器官

ᠵᠢᠷᠤᠭ 6-4 ᠭᠠᠬᠠᠢ ᠶᠢᠨ ᠬᠣᠣᠰ ᠪᠦᠭᠡᠷᠡ

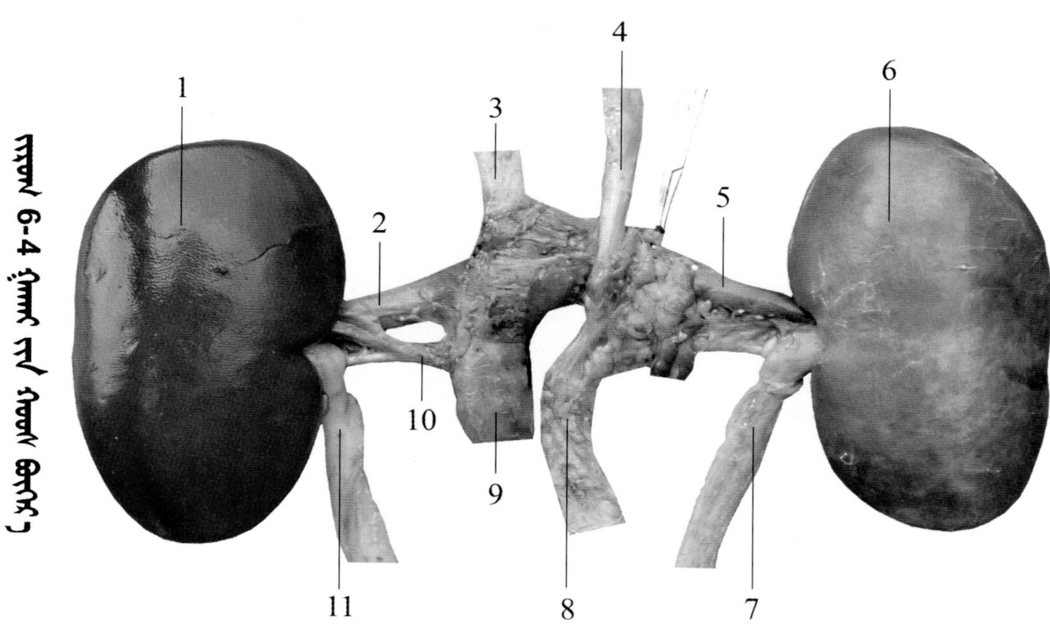

1.左肾　2.左肾静脉　3.后腔静脉　4.腹主动脉　5.右肾静脉　6.右肾
7.右输尿管　8.腹主动脉　9.后腔静脉　10.左肾动脉　11.左输尿管

1.ᠵᠡᠭᠦᠨ ᠪᠦᠭᠡᠷᠡ
2.ᠵᠡᠭᠦᠨ ᠪᠦᠭᠡᠷᠡ ᠶᠢᠨ ᠸᠧᠨ
3.ᠠᠷᠤᠭᠤ ᠬᠥᠨᠳᠡᠢ ᠶᠢᠨ ᠸᠧᠨ
4.ᠬᠡᠪᠡᠯ ᠦᠨ ᠭᠣᠣᠯ ᠠᠷᠲᠸᠷᠢ
5.ᠪᠠᠷᠠᠭᠤᠨ ᠪᠦᠭᠡᠷᠡ ᠶᠢᠨ ᠸᠧᠨ
6.ᠪᠠᠷᠠᠭᠤᠨ ᠪᠦᠭᠡᠷᠡ
7.ᠪᠠᠷᠠᠭᠤᠨ ᠱᠡᠭᠡᠰᠦ ᠳᠠᠮᠵᠢᠭᠤᠯᠬᠤ ᠭᠣᠶᠣᠰᠤ
8.ᠬᠡᠪᠡᠯ ᠦᠨ ᠭᠣᠣᠯ ᠠᠷᠲᠸᠷᠢ
9.ᠠᠷᠤᠭᠤ ᠬᠥᠨᠳᠡᠢ ᠶᠢᠨ ᠸᠧᠨ
10.ᠵᠡᠭᠦᠨ ᠪᠦᠭᠡᠷᠡ ᠶᠢᠨ ᠠᠷᠲᠸᠷᠢ
11.ᠵᠡᠭᠦᠨ ᠱᠡᠭᠡᠰᠦ ᠳᠠᠮᠵᠢᠭᠤᠯᠬᠤ ᠭᠣᠶᠣᠰᠤ

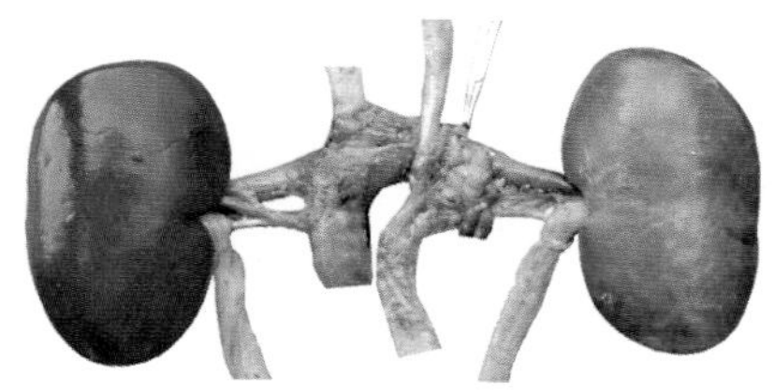

图6-4　猪双肾

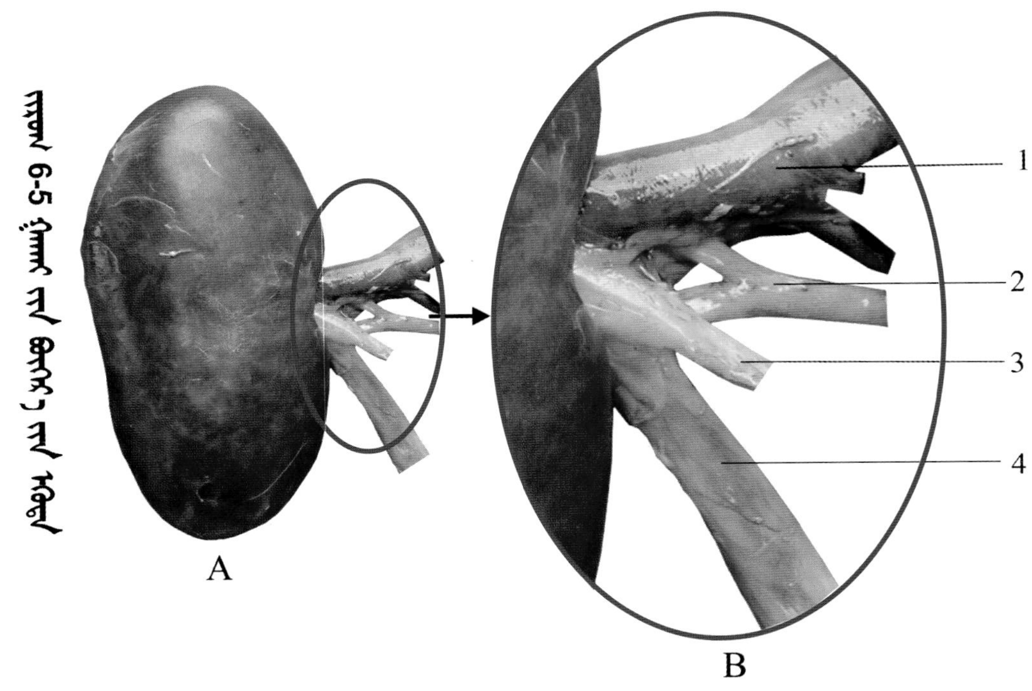

A.肾　B.肾门
1.肾静脉　2.肾动脉　3.肾神经　4.输尿管

4.ᠰᠢᠭᠡᠰᠦ ᠳᠠᠮᠵᠢᠭᠤᠯᠬᠤ ᠰᠤᠪᠠᠭ
3.ᠪᠦᠭᠡᠷᠡ ᠶᠢᠨ ᠮᠡᠳᠡᠷᠡᠯ
2.ᠪᠦᠭᠡᠷᠡ ᠶᠢᠨ ᠠᠷᠲᠸᠷᠢ
1.ᠪᠦᠭᠡᠷᠡ ᠶᠢᠨ ᠸᠧᠨ
B.ᠪᠦᠭᠡᠷᠡ ᠶᠢᠨ ᠡᠭᠦᠳᠡ
A.ᠪᠦᠭᠡᠷᠡ

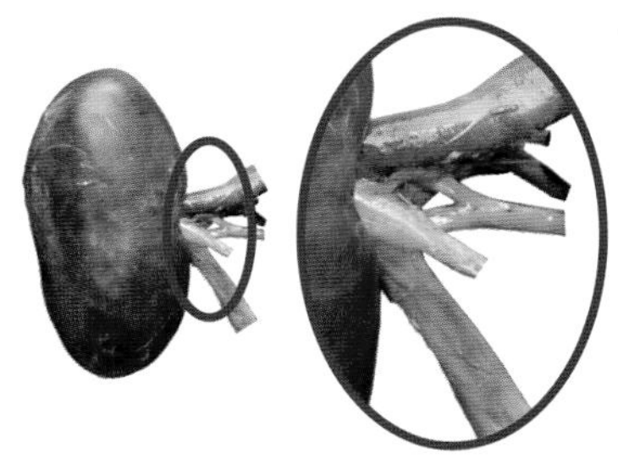

图6-5　猪肾门

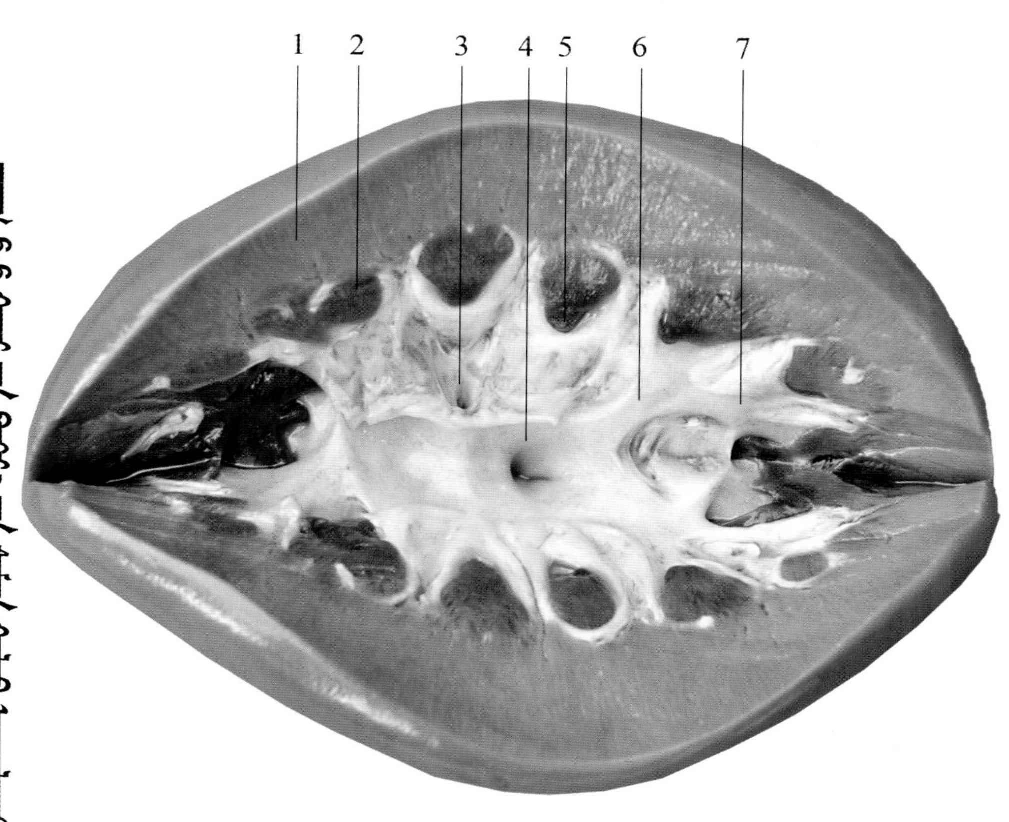

1.皮质层　2.髓质层　3.肾静脉　4.肾盂　5.肾乳头　6.肾大盏　7.肾小盏

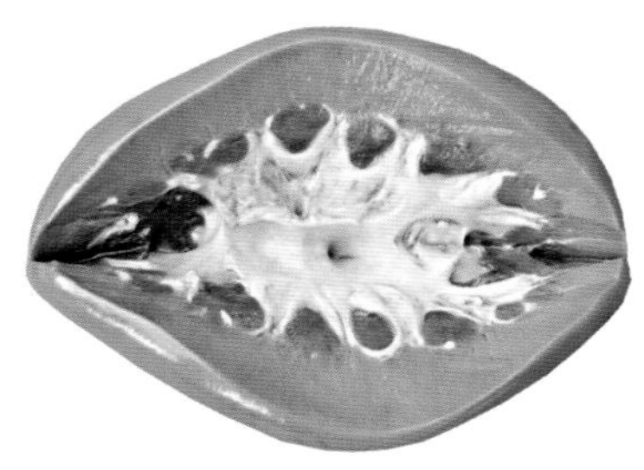

图6-6　猪肾正中纵切面-1

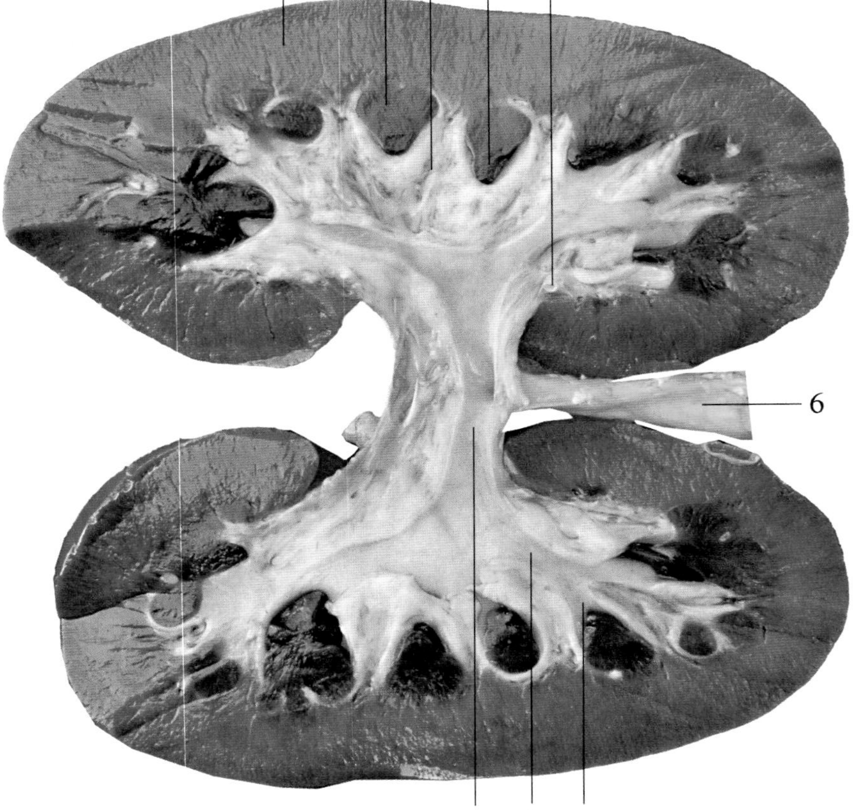

1.皮质层 2.髓质层 3.肾静脉 4.肾乳头 5.肾动脉 6.输尿管
7.肾小盏 8.肾大盏 9.肾盂

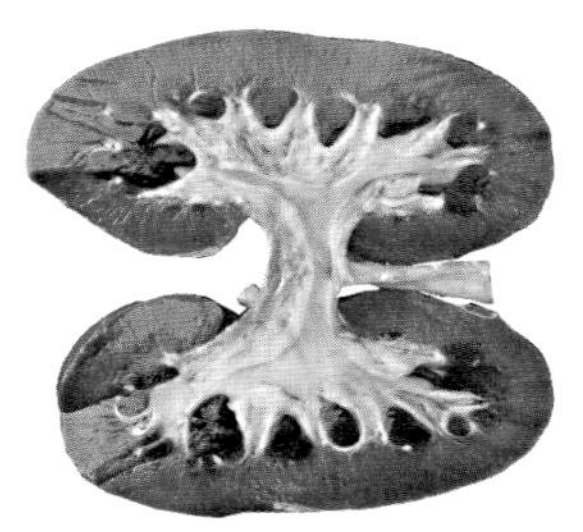

图6-7 猪肾正中纵切面-2

ᠵᠢᠷᠤᠭ 6-8 ᠭᠠᠬᠠᠢ ᠶᠢᠨ ᠪᠦᠭᠡᠷᠡ ᠶᠢᠨ ᠬᠥᠨᠳᠡᠯᠡᠨ ᠣᠭᠲᠠᠯᠣᠯᠲᠠ

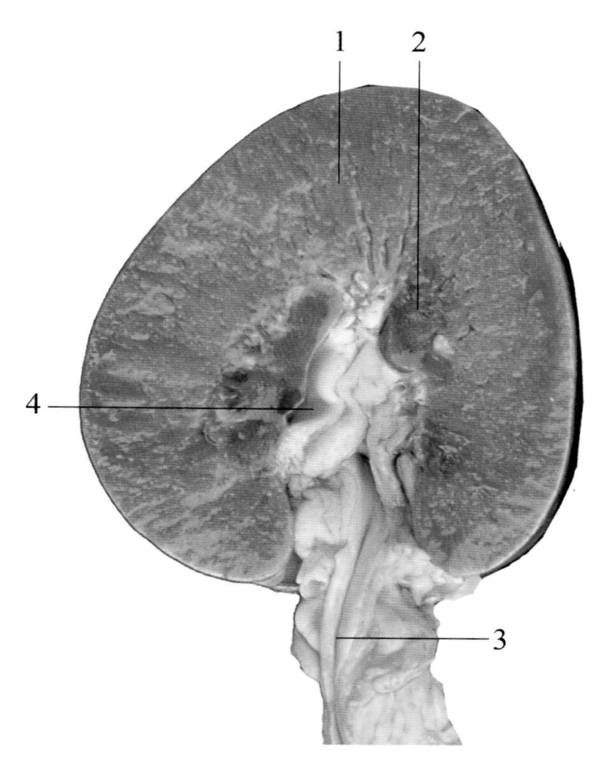

1.皮质层　2.髓质层　3.输尿管　4.肾盂

1.ᠬᠠᠯᠢᠰᠤᠨ ᠳᠠᠪᠬᠤᠷᠭ᠎ᠠ
2.ᠴᠦᠮᠦᠭᠡᠨ ᠳᠠᠪᠬᠤᠷᠭ᠎ᠠ
3.ᠱᠢᠭᠡᠰᠦ ᠳᠠᠮᠵᠢᠭᠤᠯᠤᠭᠴᠢ ᠰᠤᠪᠠᠭ
4.ᠪᠦᠭᠡᠷᠡᠨ ᠠᠶᠠᠭ᠎ᠠ

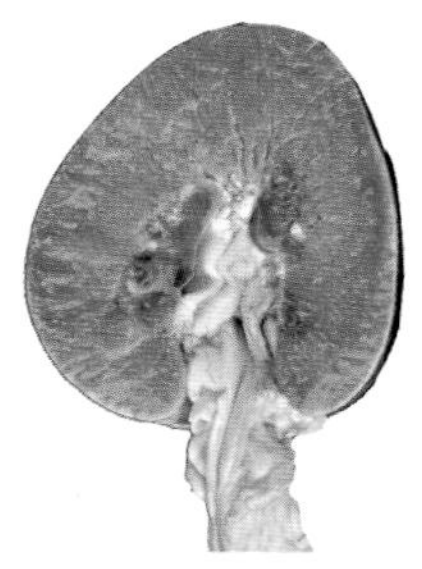

图6-8　猪肾横切面

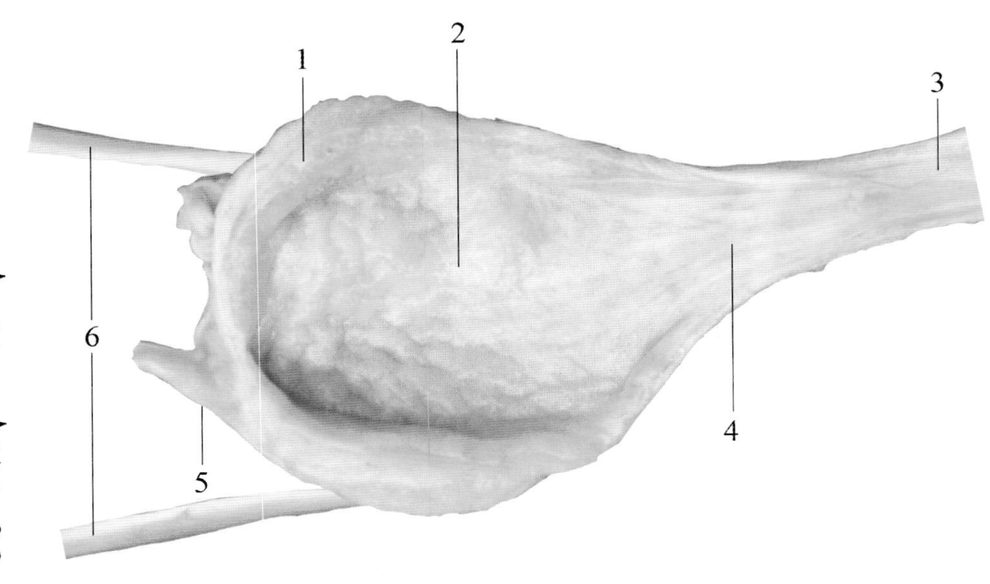

1.膀胱壁切面　2.膀胱黏膜　3.尿道黏膜　4.膀胱颈黏膜
5.膀胱圆韧带　6.输尿管

图6-9　猪膀胱黏膜（生长猪）

七、猪神经系统与感觉器官

猪神经系统包括中枢神经和周围神经两大部分。中枢神经包括脑和脊髓。脑位于颅腔内，分为大脑、小脑和脑干三部分；脊髓位于椎管中，分颈、胸、腰、荐 、尾五段。周围神经由脑神经、脊神经和植物性神经（交感神经和副交感神经）三部分组成。

猪感觉器官也可视为神经系统的一部分，主要包括眼、耳两大器官。眼是视觉器官，由眼球（眼球壁、内含物）和辅助器官（眼睑、泪器、眼球肌、眶骨膜）组成。耳是听觉感受和平衡感受器官，分为外耳、中耳、内耳三部分。

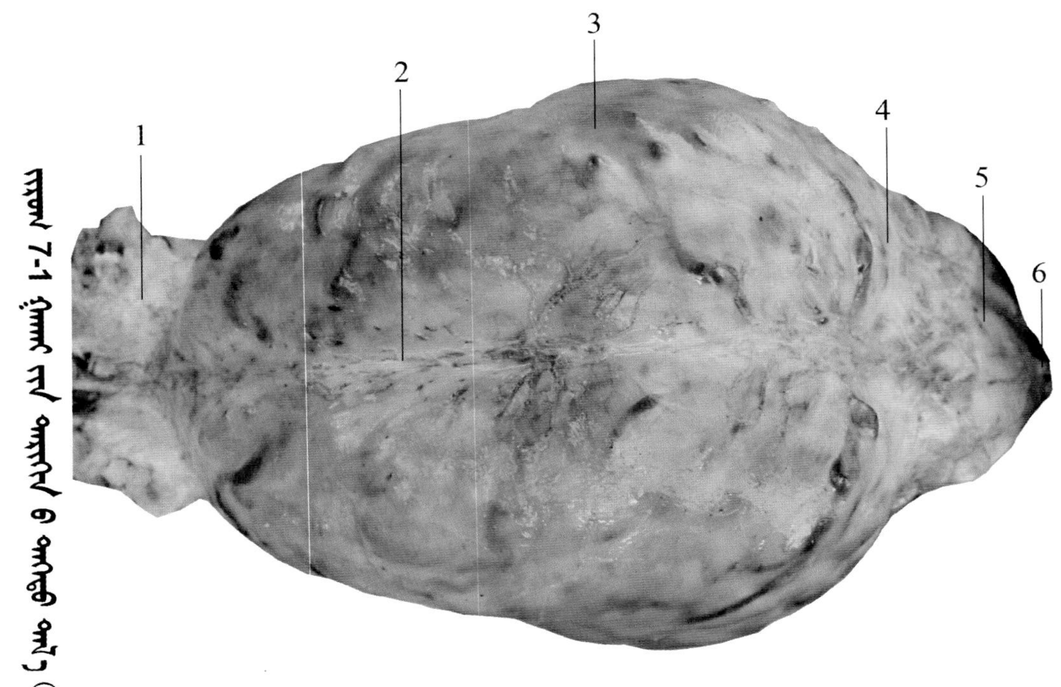

1.嗅球　2.大脑镰　3.大脑半球　4.小脑幕　5.小脑　6.延髓

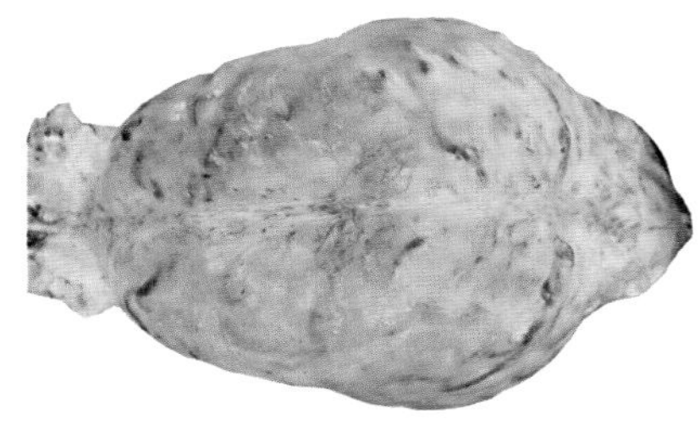

图 7-1　猪脑部背侧观（在脑硬膜内）

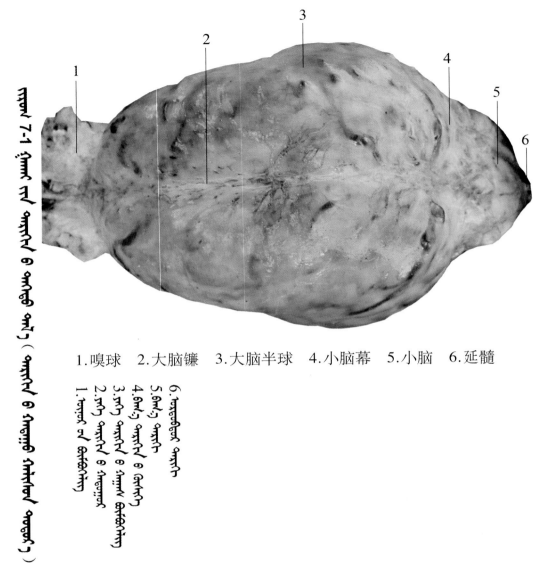

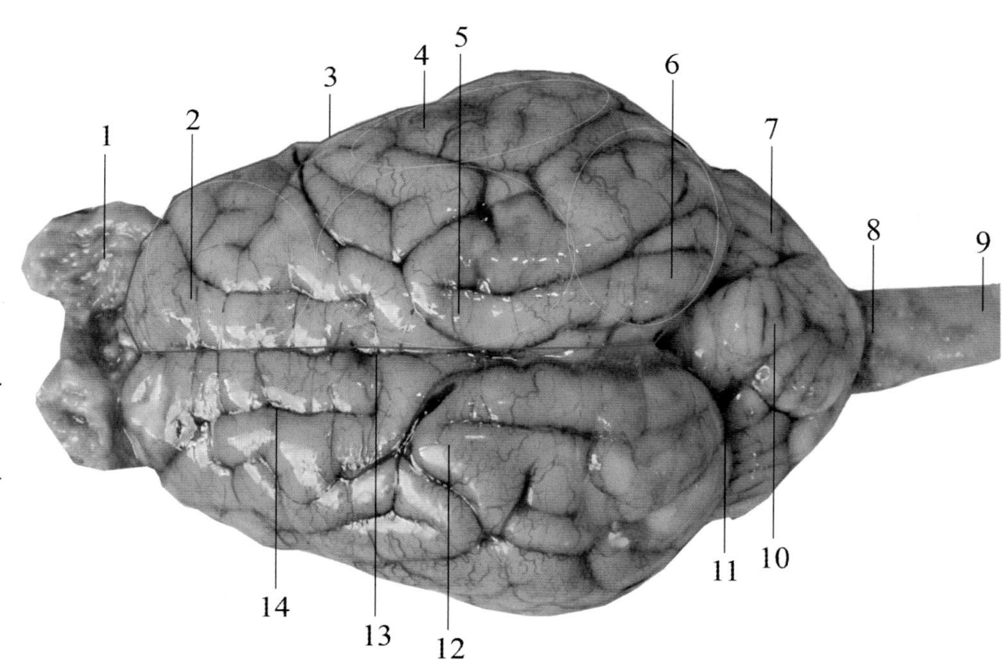

1.嗅球　2.额叶　3.大脑半球　4.颞叶　5.顶叶　6.枕叶　7.小脑半球　8.延髓　9.脊髓　10.小脑蚓部　11.大脑横裂　12.脑回　13.大脑纵裂　14.脑沟

14.ᠲᠠᠷᠢᠬᠢ ᠶᠢᠨ ᠬᠣᠳᠤᠭ
13.ᠶᠡᠬᠡ ᠲᠠᠷᠢᠬᠢ ᠶᠢᠨ ᠭᠣᠯᠳᠠᠭ ᠠᠩᠭᠠᠷᠬᠠᠢ
12.ᠲᠠᠷᠢᠬᠢ ᠶᠢᠨ ᠡᠷᠴᠢᠭ
11.ᠶᠡᠬᠡ ᠲᠠᠷᠢᠬᠢ ᠶᠢᠨ ᠬᠥᠨᠳᠡᠯᠡᠩ ᠠᠩᠭᠠᠷᠬᠠᠢ
10.ᠪᠠᠭ᠎ᠠ ᠲᠠᠷᠢᠬᠢ ᠶᠢᠨ ᠰᠤᠨᠠᠭᠠᠯᠵᠢᠨ ᠬᠡᠰᠡᠭ
9.ᠨᠤᠭᠤᠰᠤ
8.ᠰᠤᠨᠠᠭᠠᠳᠠᠰᠤ ᠲᠠᠷᠢᠬᠢ
7.ᠪᠠᠭ᠎ᠠ ᠲᠠᠷᠢᠬᠢ ᠶᠢᠨ ᠬᠠᠭᠠᠰ ᠪᠥᠮᠪᠥᠯᠢᠭ
6.ᠳᠠᠯᠠ ᠶᠢᠨ ᠬᠡᠰᠡᠭ
5.ᠣᠷᠤᠢ ᠶᠢᠨ ᠬᠡᠰᠡᠭ
4.ᠰᠡᠭᠡᠯ ᠦᠨ ᠬᠡᠰᠡᠭ
3.ᠶᠡᠬᠡ ᠲᠠᠷᠢᠬᠢ ᠶᠢᠨ ᠬᠠᠭᠠᠰ ᠪᠥᠮᠪᠥᠯᠢᠭ
2.ᠮᠠᠩᠨᠠᠢ ᠶᠢᠨ ᠬᠡᠰᠡᠭ
1.ᠦᠨᠦᠰᠦᠷ ᠦᠨ ᠪᠥᠮᠪᠥᠯᠢᠭ

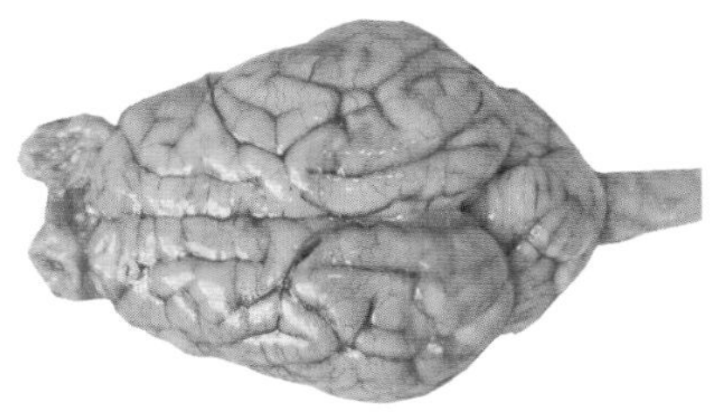

图 7-2　猪脑部背侧观

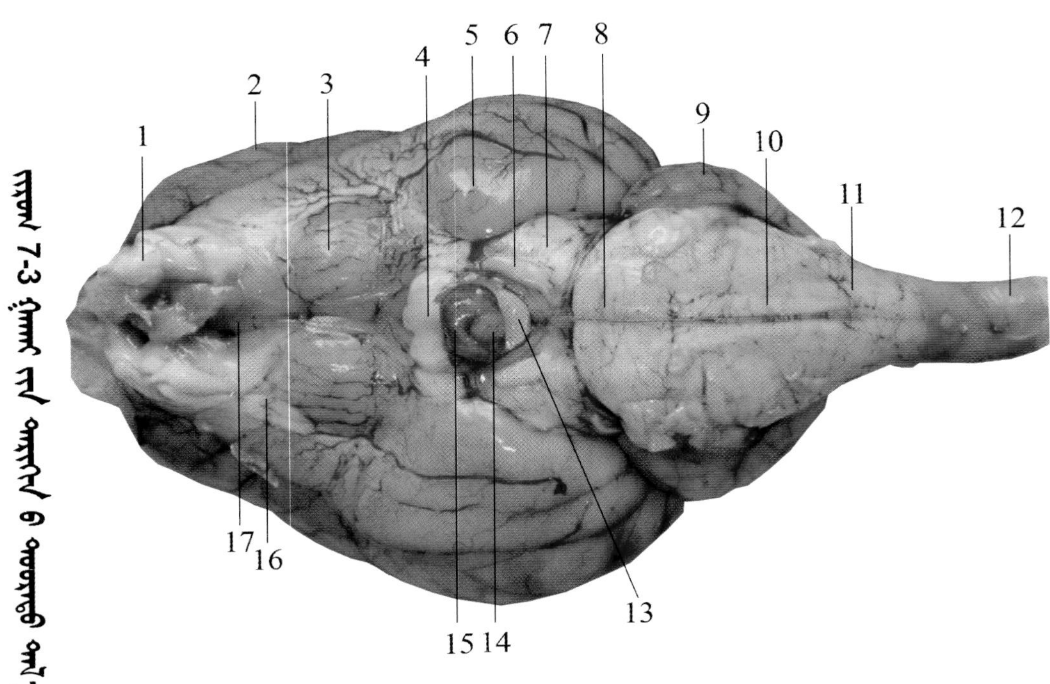

1.嗅球　2.大脑半球　3.嗅结节　4.视交叉　5.梨状叶　6.动眼神经
7.大脑脚　8.脑桥　9.小脑半球　10.延髓锥体　11.延髓　12.脊髓
13.乳头体　14.神经垂体　15.腺垂体　16.嗅脚　17.嗅沟

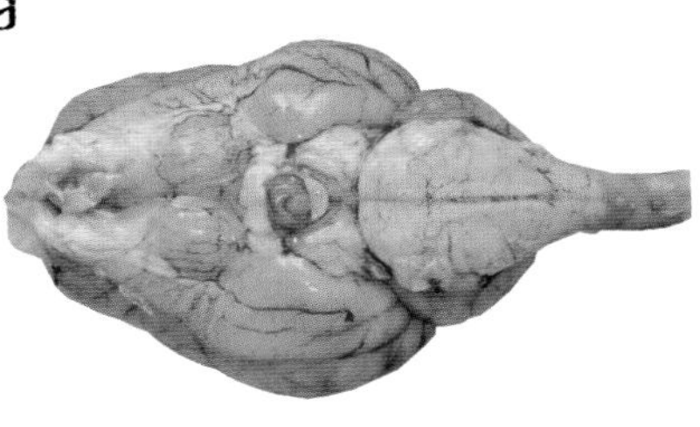

图7-3　猪脑部腹面观

ᠵᠢᠷᠤᠭ 7-4 ᠭᠠᠬᠠᠢ ᠶᠢᠨ ᠲᠠᠷᠢᠬᠢ ᠶᠢᠨ ᠬᠠᠵᠠᠭᠤ ᠲᠠᠯ᠎ᠠ

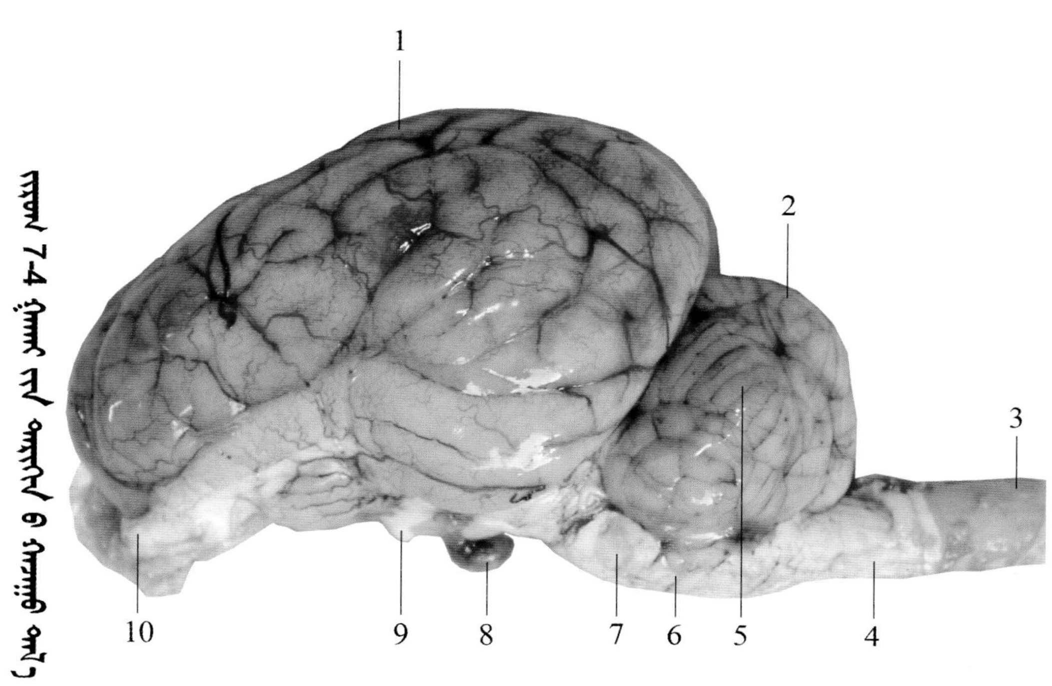

1.大脑　2.小脑　3.脊髓　4.延髓　5.小脑蚓部　6.脑桥　7.三叉神经根　8.脑垂体　9.视交叉　10.嗅球

1.ᠶᠡᠬᠡ ᠲᠠᠷᠢᠬᠢ
2.ᠪᠠᠭ᠎ᠠ ᠲᠠᠷᠢᠬᠢ
3.ᠨᠤᠭᠤᠰᠤ
4.ᠤᠷᠲᠠᠰᠬᠠᠯ ᠲᠠᠷᠢᠬᠢ
5.ᠪᠠᠭ᠎ᠠ ᠲᠠᠷᠢᠬᠢ ᠶᠢᠨ ᠤᠲᠠᠯᠢᠭᠠᠨ ᠬᠡᠰᠡᠭ
6.ᠭᠡᠭᠦᠷ ᠲᠠᠷᠢᠬᠢ
7.ᠭᠤᠷᠪᠠᠯ ᠰᠠᠯᠠᠭᠠᠲᠤ ᠮᠡᠳᠡᠷᠡᠯ ᠦᠨ ᠤᠶ᠎ᠠ
8.ᠤᠨᠵᠢᠯᠭᠤᠷ ᠲᠠᠷᠢᠬᠢ
9.ᠬᠠᠷᠠᠭᠠᠨ ᠤ ᠮᠡᠳᠡᠷᠡᠯ ᠦᠨ ᠰᠠᠯᠠᠯᠲᠠ
10.ᠦᠨᠡᠷ ᠦᠨ ᠪᠥᠮᠪᠥᠯᠭᠡ

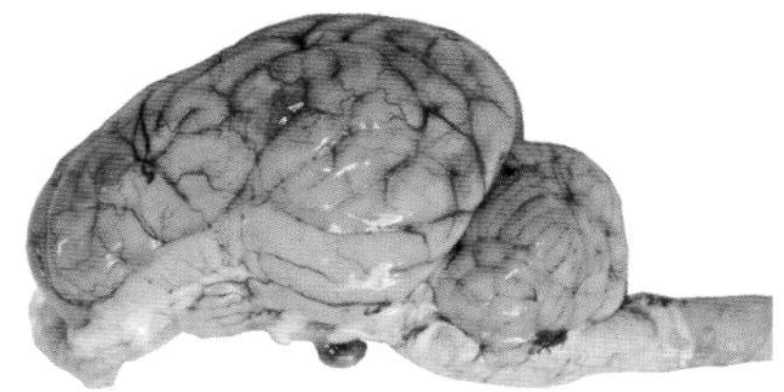

图 7-4　猪脑部侧面观

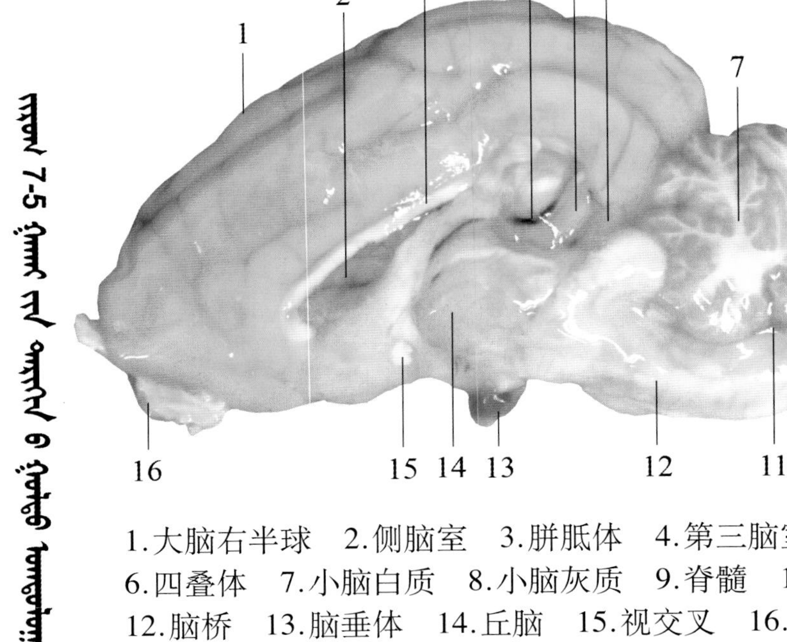

1.大脑右半球　2.侧脑室　3.胼胝体　4.第三脑室脉络丛　5.松果体　6.四叠体　7.小脑白质　8.小脑灰质　9.脊髓　10.延髓　11.第四脑室　12.脑桥　13.脑垂体　14.丘脑　15.视交叉　16.嗅球

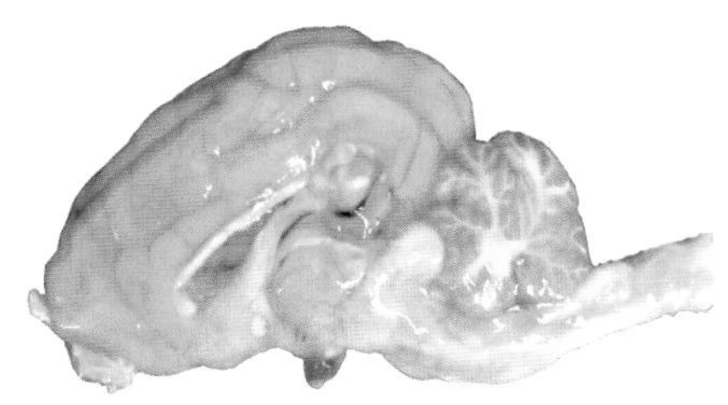

图 7-5　猪脑纵切面观

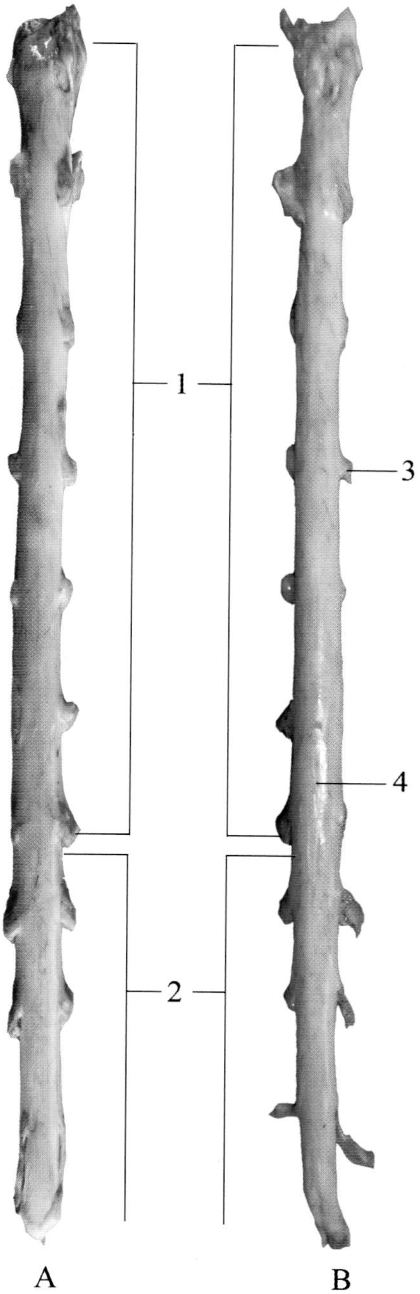

A.背侧　B.腹侧
1.颈部脊髓　2.胸部脊髓
3.颈神经根　4.颈膨大部

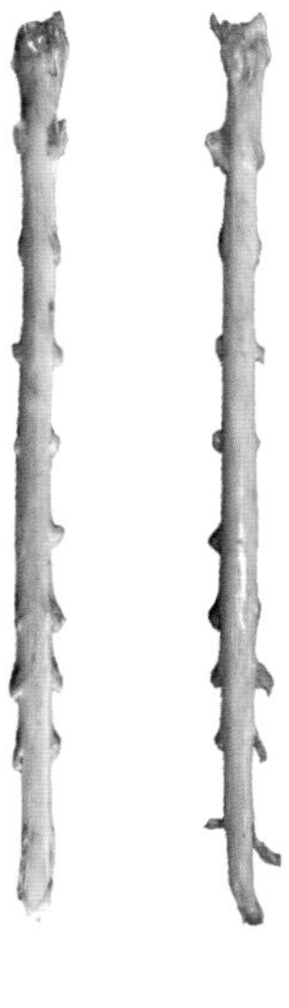

图 7-6　猪颈胸部脊髓

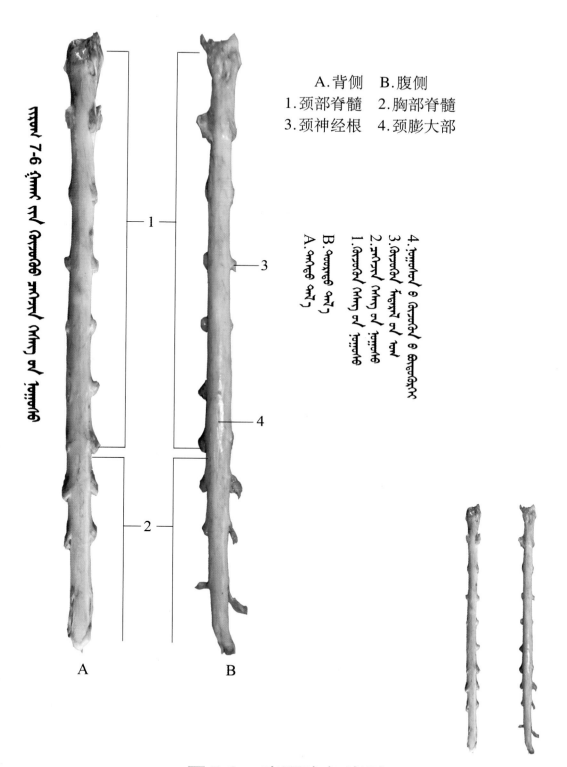

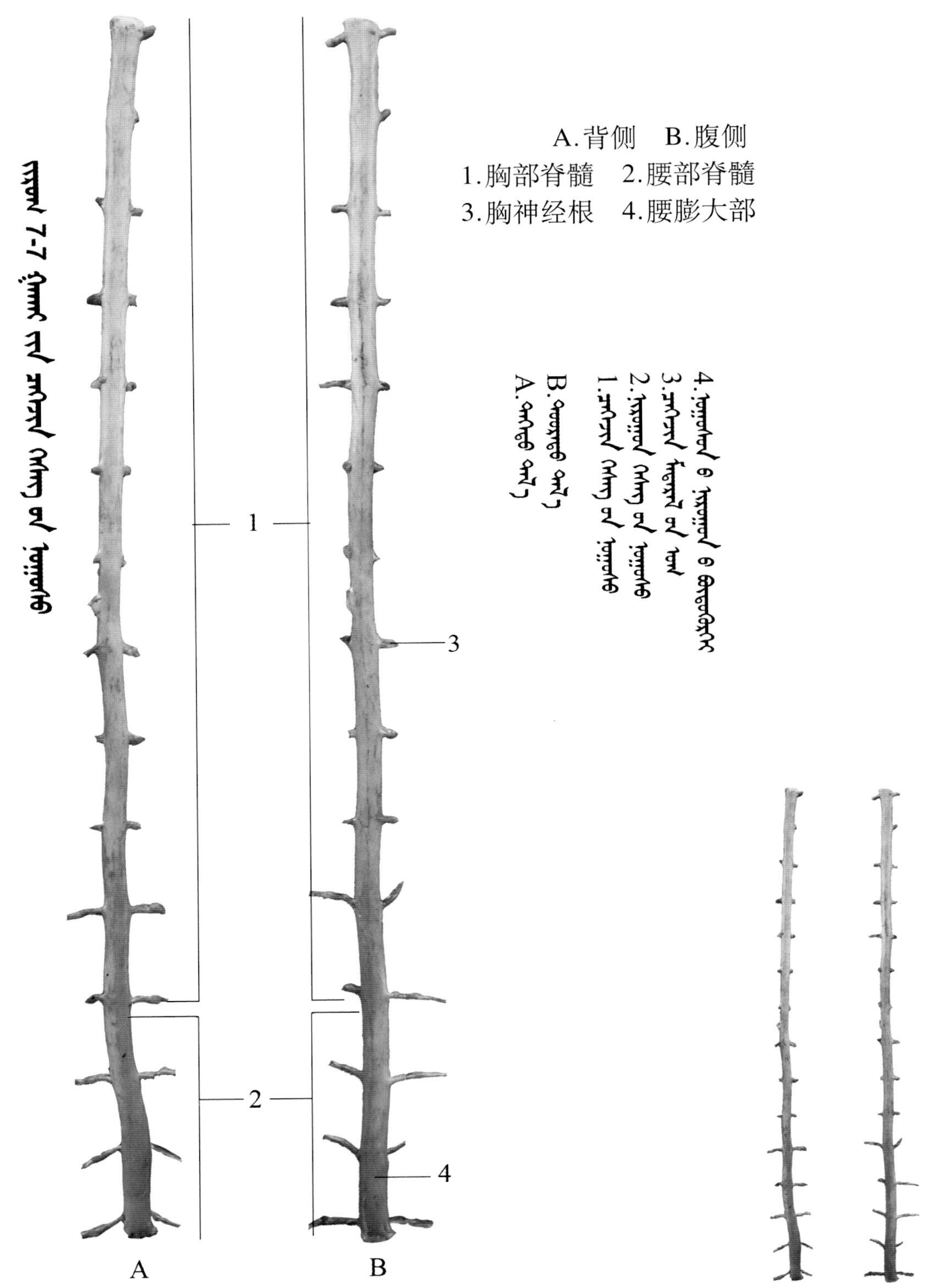

图 7-7 猪胸部脊髓

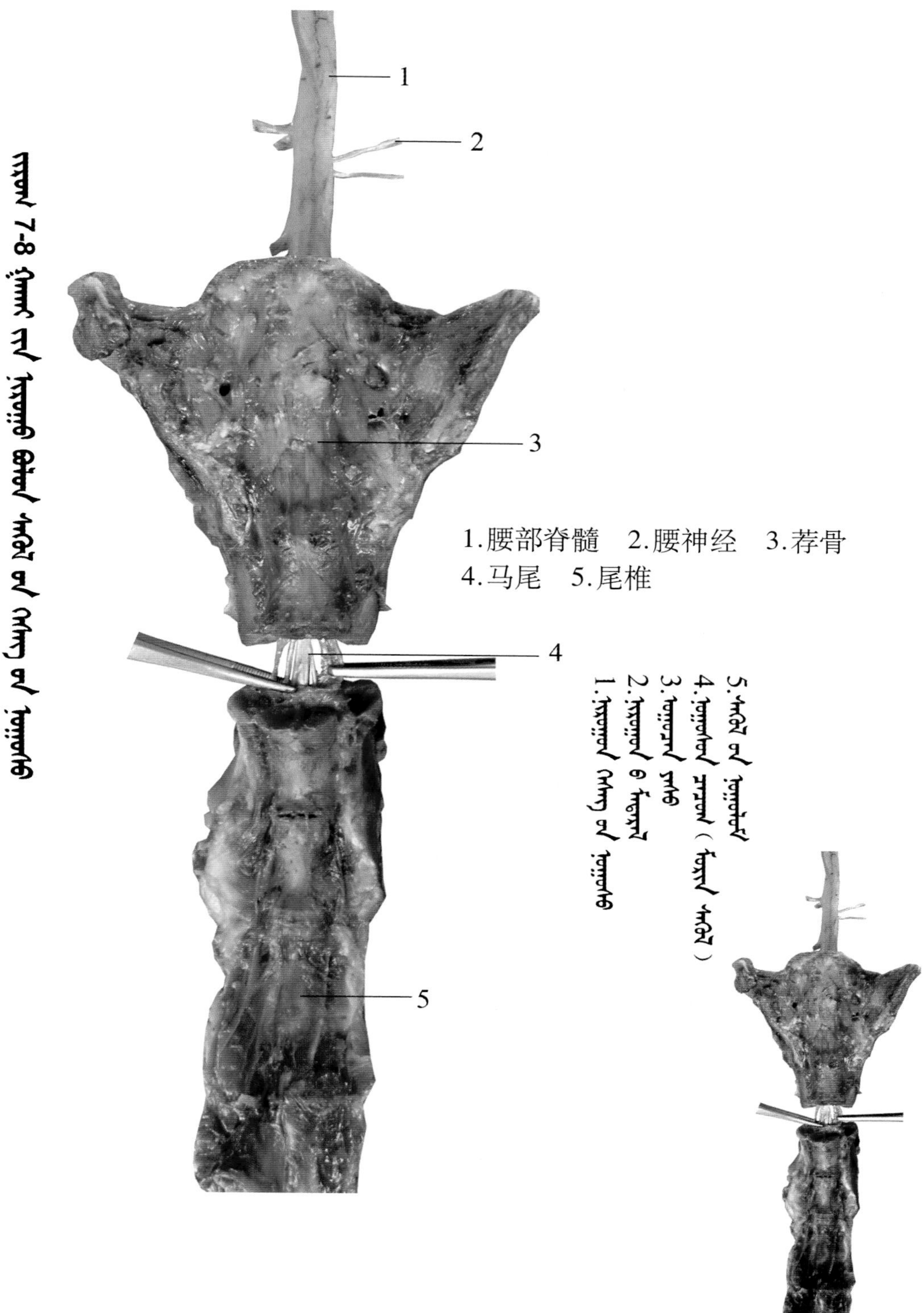

图7-8　猪腰部和尾部脊髓

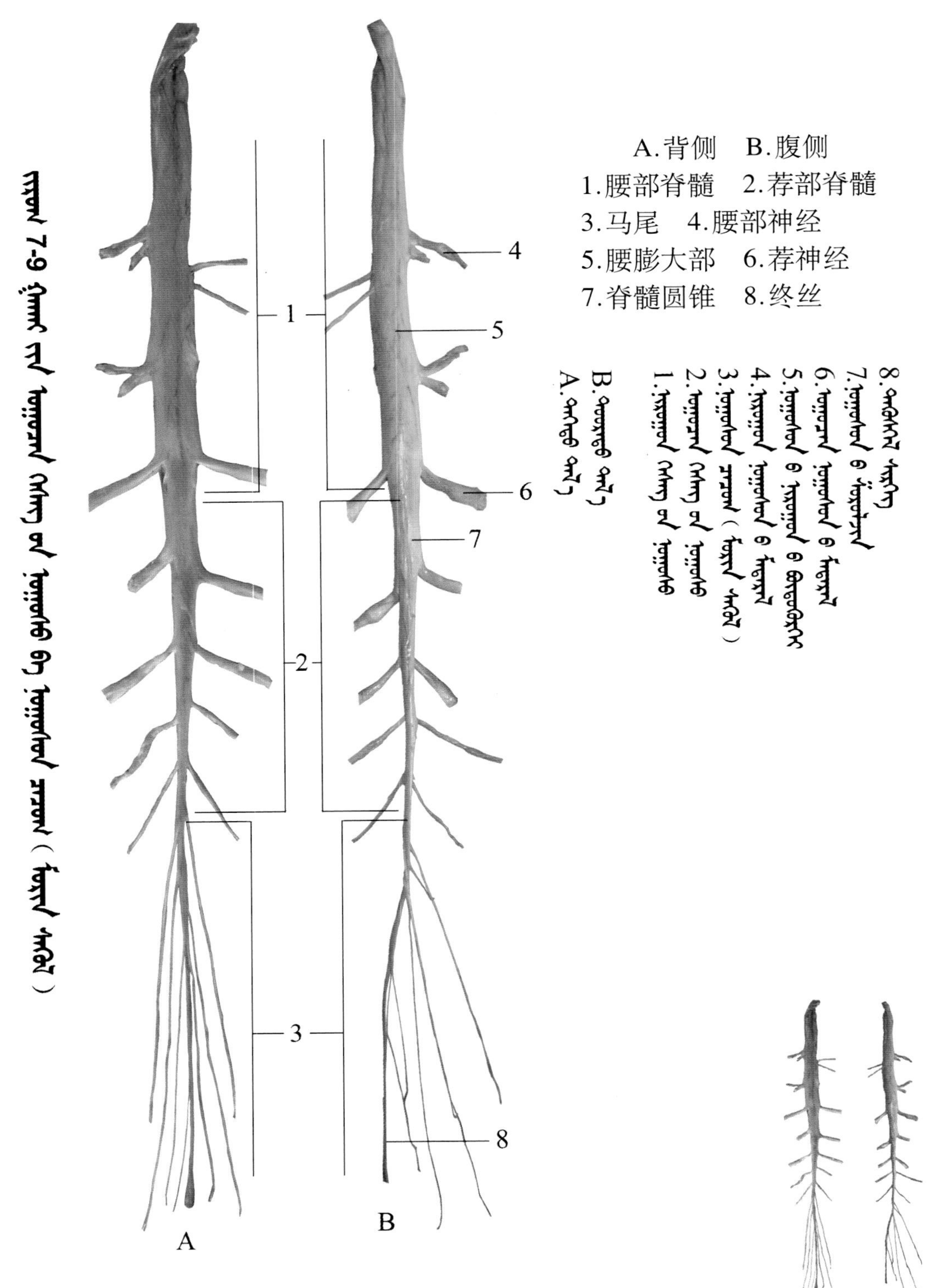

图7-9　猪荐部脊髓及马尾

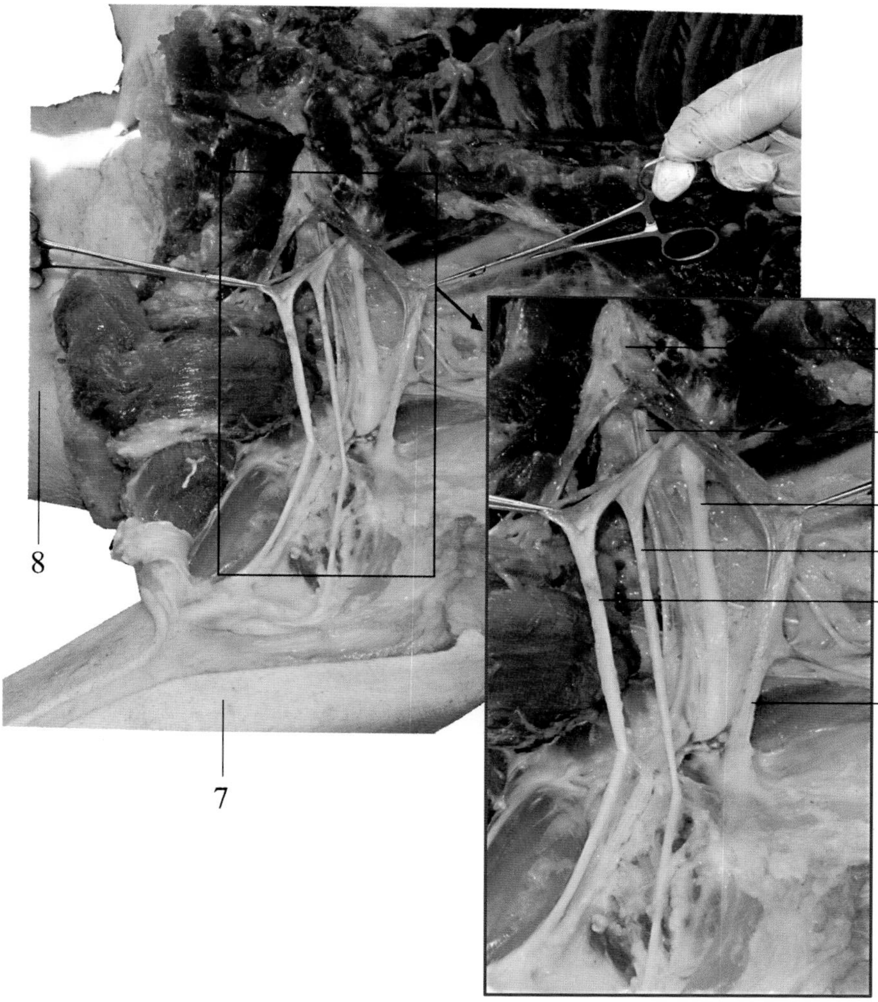

1.腋静脉　2.腋动脉　3.桡神经　4.尺神经　5.正中神经
6.臂静脉　7.右前肢　8.颈部

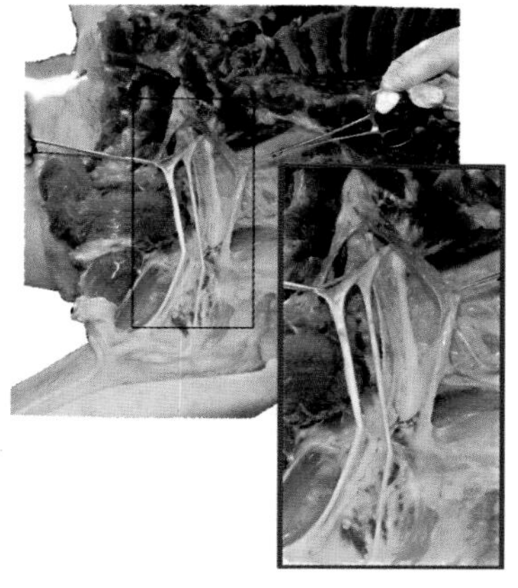

图 7-10　猪前肢神经及血管-1

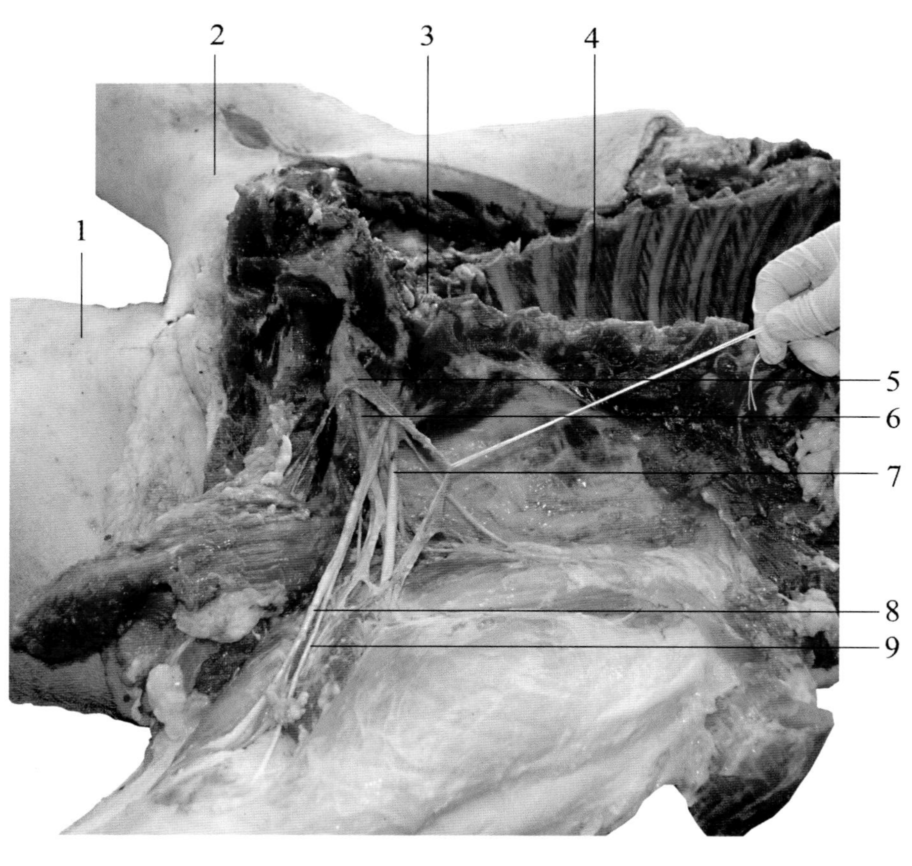

1.颈部　2.左前肢　3.胸腔前口　4.胸腔　5.腋静脉　6.腋动脉
7.桡神经　8.正中神经　9.尺神经

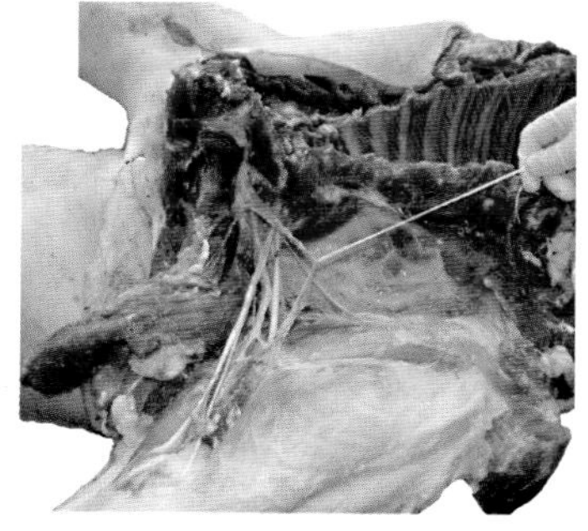

图7-11　猪前肢神经及血管-2

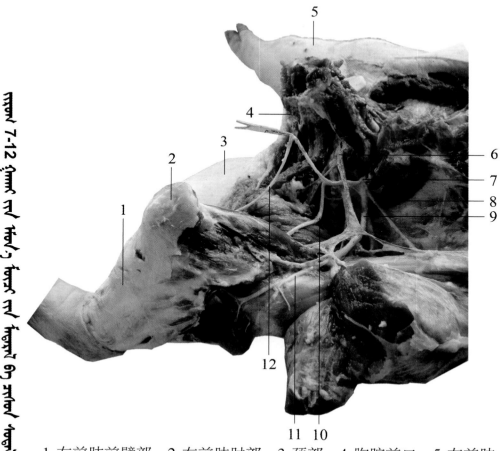

1.右前肢前臂部　2.右前肢肘部　3.颈部　4.胸腔前口　5.左前肢
6.腋动脉和腋静脉　7.臂神经丛　8.胸肌后神经　9.桡神经
10.正中神经　11.桡神经浅支　12.尺神经

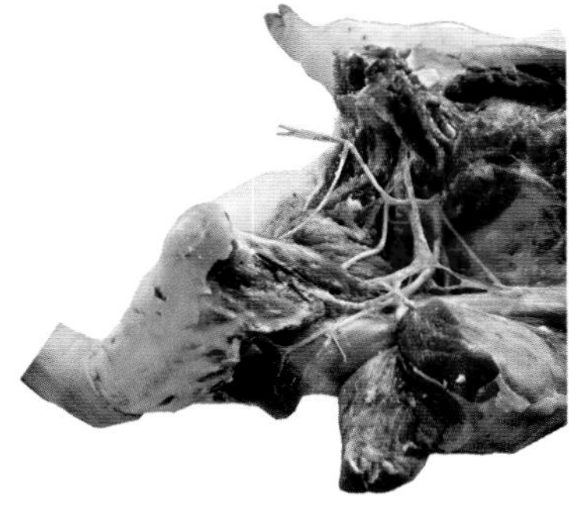

图7-12　猪前肢神经及血管-3

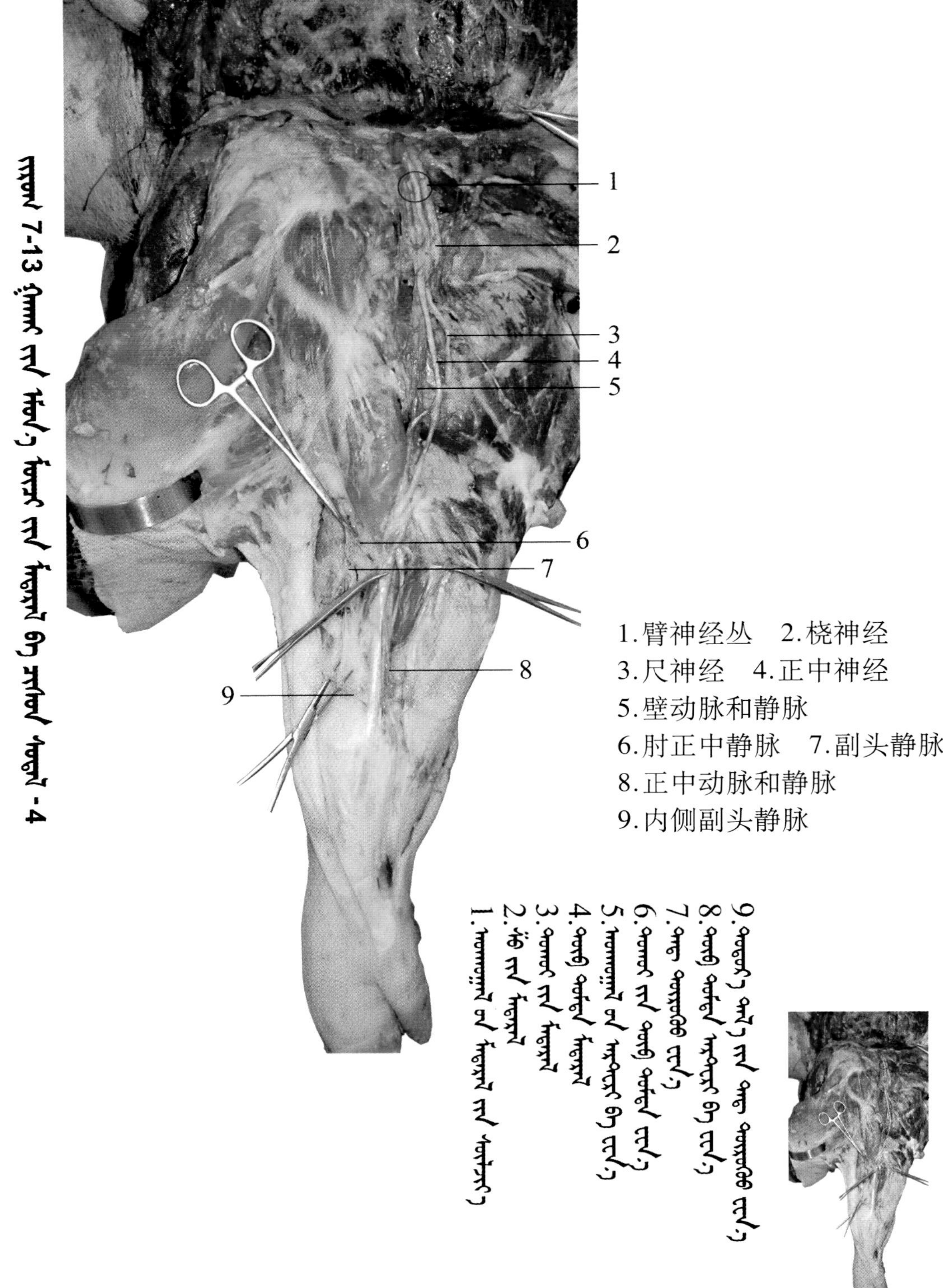

图 7-13　猪前肢神经及血管-4

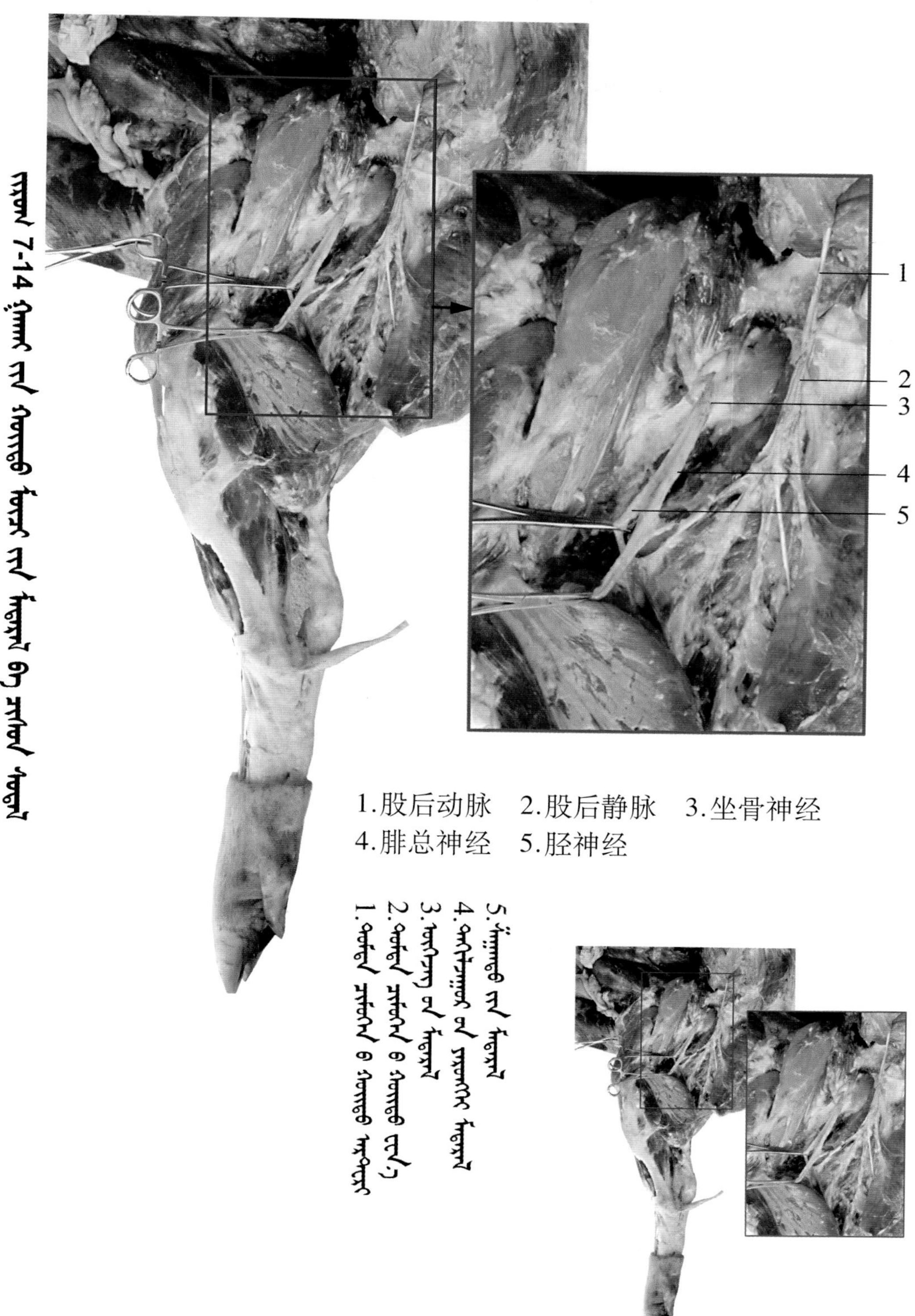

1.股后动脉　2.股后静脉　3.坐骨神经
4.腓总神经　5.胫神经

图7-14　猪后肢神经及血管

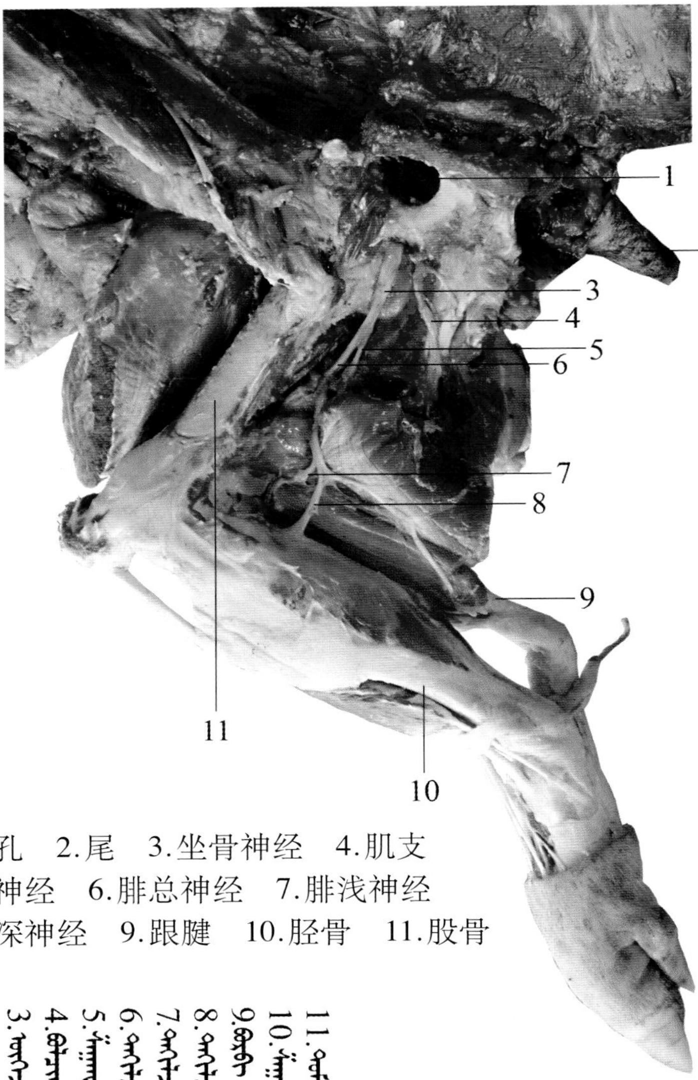

1.闭孔　2.尾　3.坐骨神经　4.肌支
5.胫神经　6.腓总神经　7.腓浅神经
8.腓深神经　9.跟腱　10.胫骨　11.股骨

图7-15　猪后肢神经

ᠵᠢᠷᠤᠭ 7-16 ᠭᠠᠬᠠᠢ ᠶᠢᠨ ᠨᠢᠳᠦ

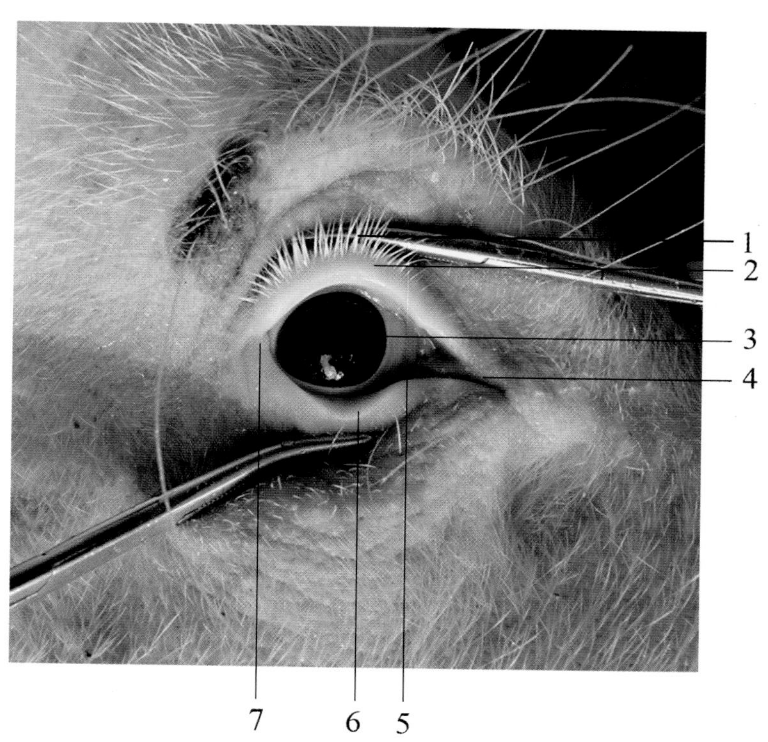

1.睫毛　2.上眼睑　3.瞳孔　4.内眼角（内眦）　5.第三眼睑　6.下眼睑　7.外眼角（外眦）

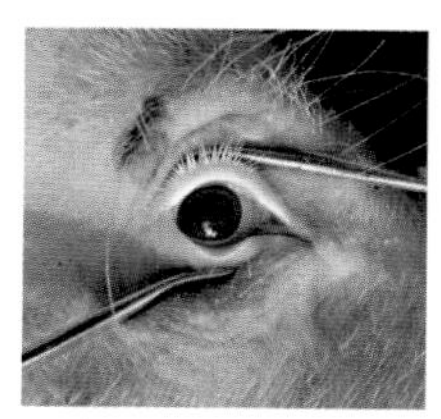

图 7-16　猪眼睛

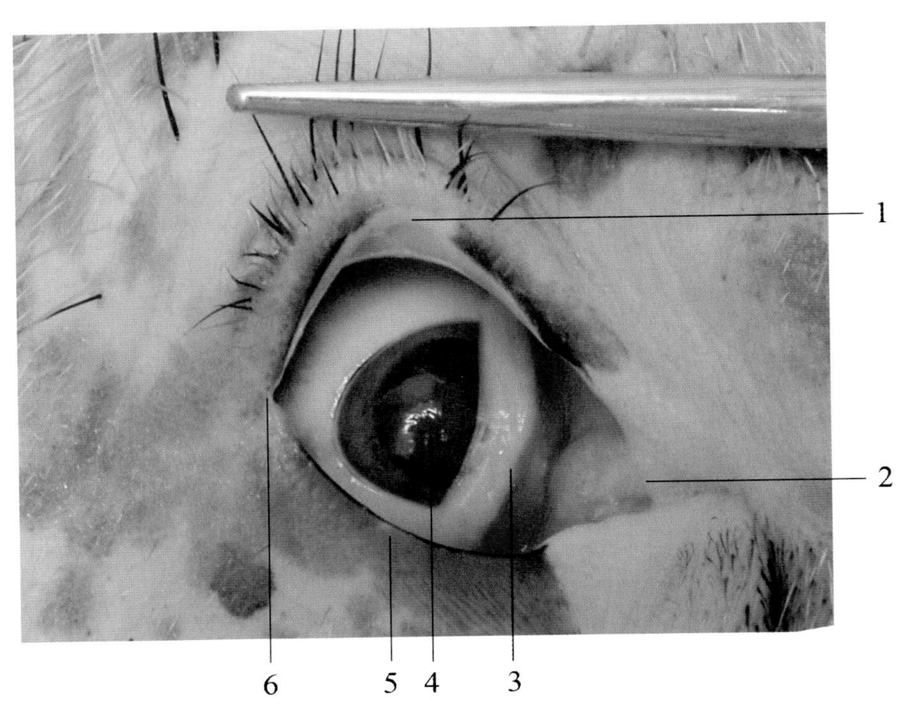

1.上眼睑　2.内眼角（内眦）　3.第三眼睑　4.瞳孔　5.下眼睑
6.外眼角（外眦）

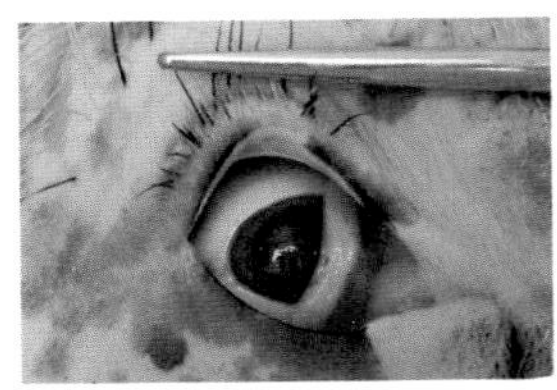

图 7-17　猪眼睛第三眼睑

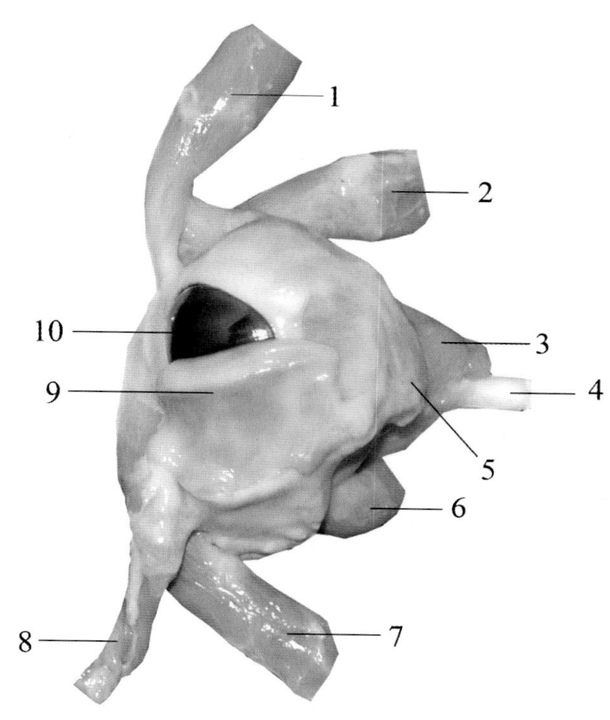

1.眼球上直肌 2.眼球外直肌 3.眼球退缩肌 4.视神经
5.眼球上斜肌 6.眼球下直肌 7.眼球下斜肌 8.眼球内直肌
9.第三眼睑 10.角膜及瞳孔

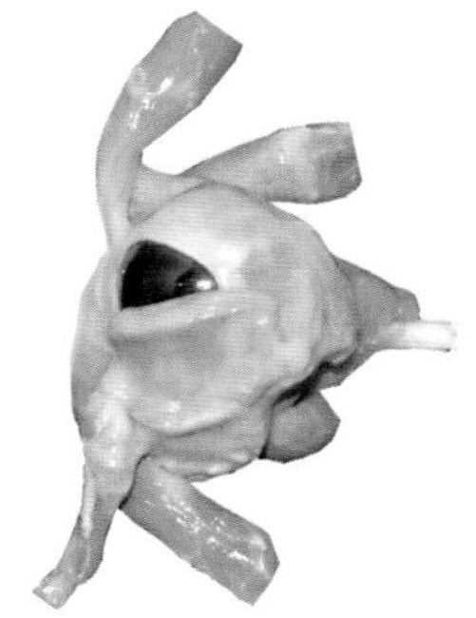

图 7-18 猪眼球肌

ᠵᠢᠷᠤᠭ 7-19 ᠭᠠᠬᠠᠢ ᠶᠢᠨ ᠨᠢᠳᠦ ᠪᠥᠮᠪᠥᠯᠢᠭ ᠤᠨ ᠪᠦᠲᠦᠴᠡ

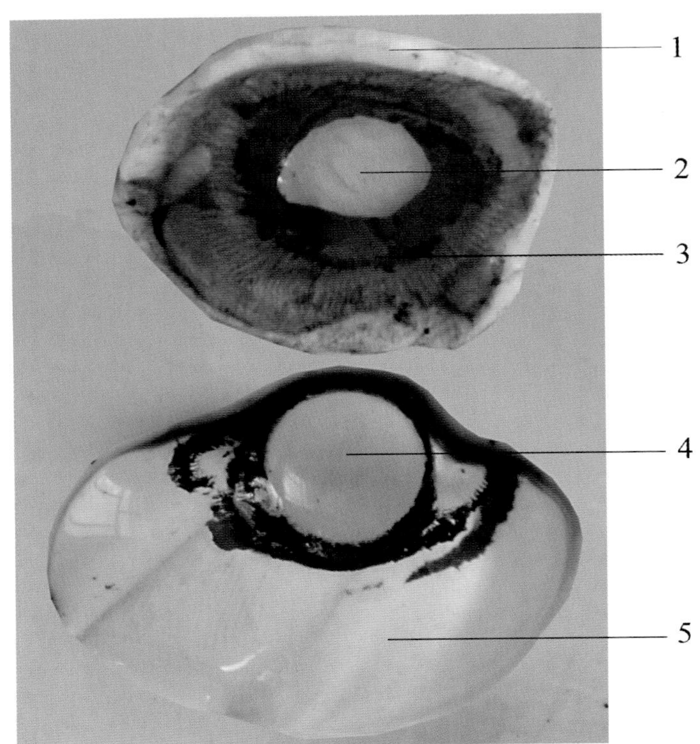

1.巩膜　2.角膜　3.虹膜　4.晶状体　5.玻璃体

1.ᠬᠠᠲᠠᠭᠤ ᠪᠦᠷᠬᠦᠪᠴᠢ
2.ᠡᠪᠡᠷ ᠪᠦᠷᠬᠦᠪᠴᠢ
3.ᠰᠣᠯᠣᠩᠭ᠎ᠠ ᠪᠦᠷᠬᠦᠪᠴᠢ
4.ᠪᠣᠯᠣᠷ ᠪᠡᠶ᠎ᠡ
5.ᠰᠢᠯ ᠪᠡᠶ᠎ᠡ

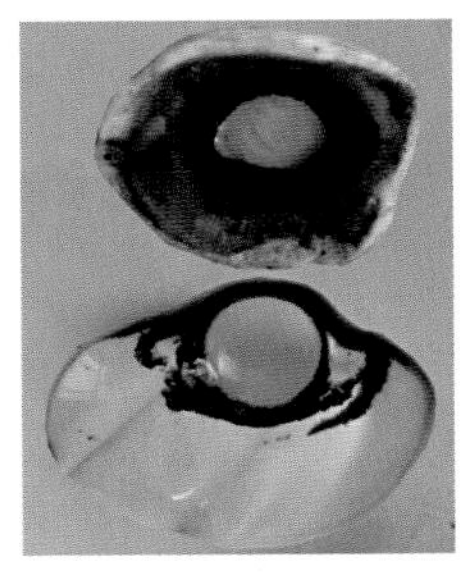

图 7-19　猪眼球结构

ᠵᠢᠷᠤᠭ 7-20 ᠭᠠᠬᠠᠢ ᠶᠢᠨ ᠨᠢᠳᠦᠨ ᠦ ᠪᠣᠯᠣᠷ ᠪᠡᠶ᠎ᠡ

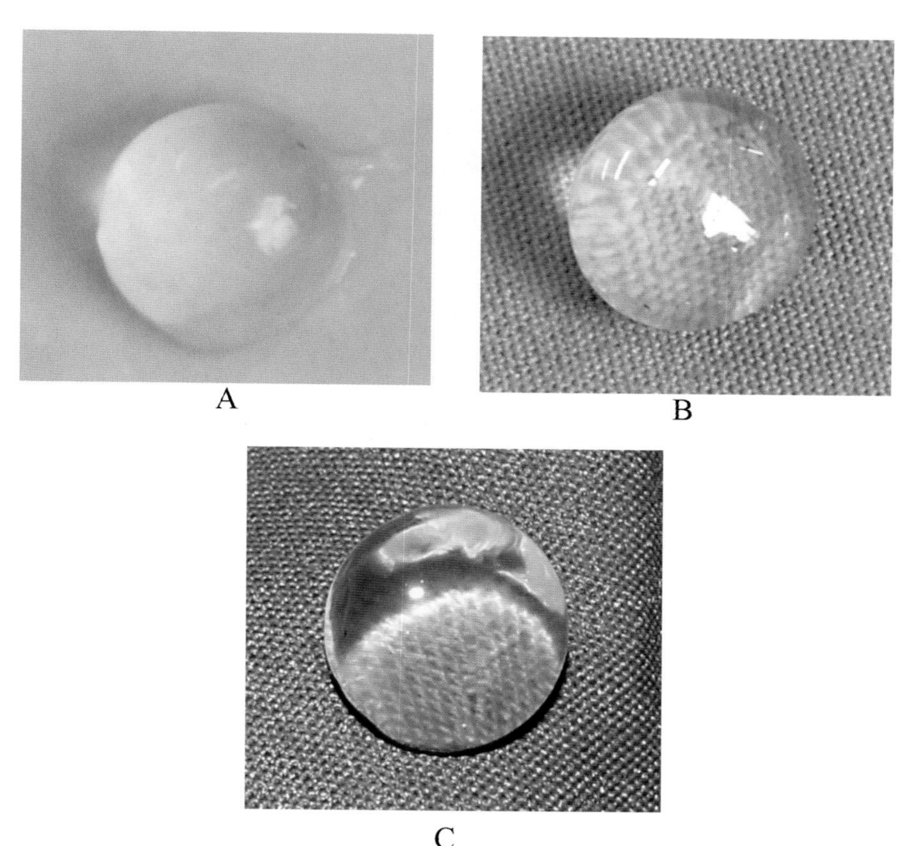

A.晶状体（在白底上） B.晶状体（在灰底上）
C.晶状体（在蓝底上）

A.ᠪᠣᠯᠣᠷ ᠪᠡᠶ᠎ᠡ（ᠴᠠᠭᠠᠨ ᠳᠡᠪᠢᠰᠬᠡᠷ ᠲᠡᠭᠡᠷᠡ）
B.ᠪᠣᠯᠣᠷ ᠪᠡᠶ᠎ᠡ（ᠰᠠᠭᠠᠷᠠᠯ ᠳᠡᠪᠢᠰᠬᠡᠷ ᠲᠡᠭᠡᠷᠡ）
C.ᠪᠣᠯᠣᠷ ᠪᠡᠶ᠎ᠡ（ᠬᠥᠬᠡ ᠳᠡᠪᠢᠰᠬᠡᠷ ᠲᠡᠭᠡᠷᠡ）

图 7-20 猪眼晶状体

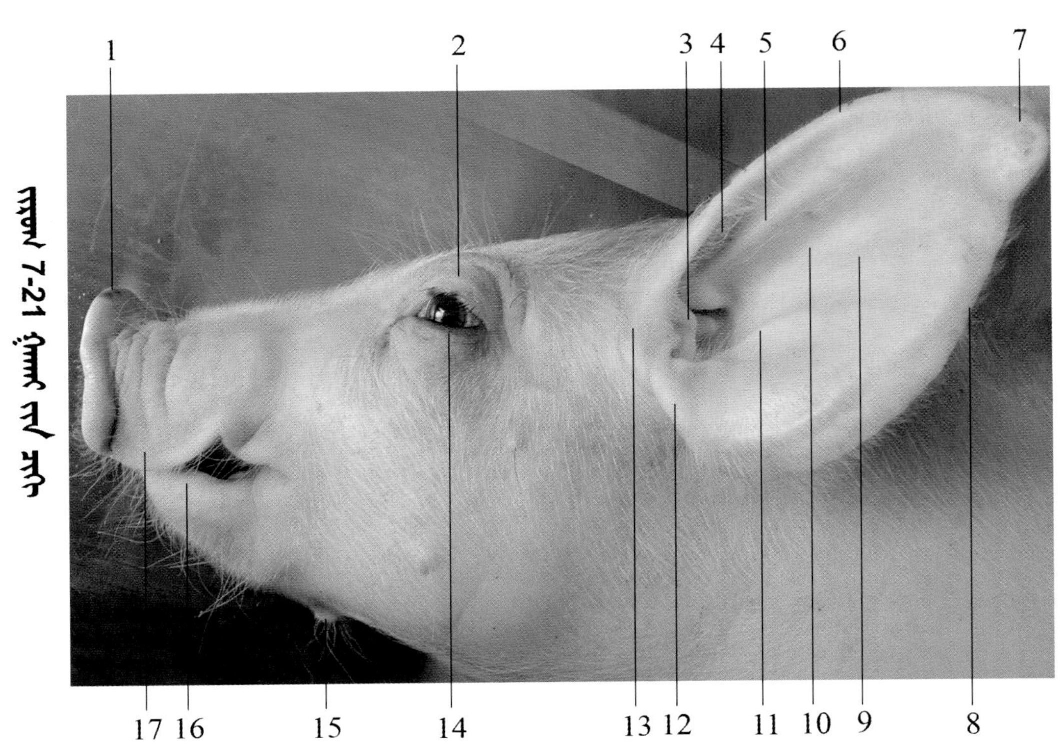

1.吻突　2.上眼睑　3.总耳褶　4.舟状窝　5.副耳褶　6.耳郭前缘
7.耳郭尖　8.耳郭后缘　9.前耳褶　10.褶间沟　11.后耳褶　12.耳垂
13.耳郭基　14.下眼睑　15.颏器　16.下唇　17.上唇

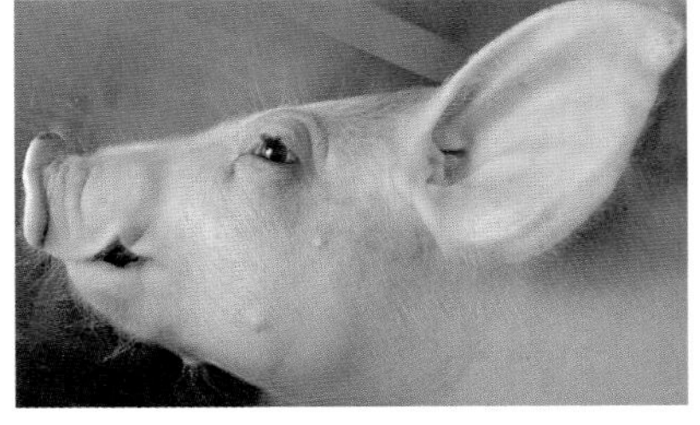

图 7-21　猪外耳

八、母猪生殖系统

母猪生殖系统由卵巢、输卵管、子宫、阴道、尿生殖前庭和阴门组成。卵巢一对，其形状、大小、位置和内部结构，因发育程度和机能状态不同存在明显差异，其功能是产生卵子和分泌雌性激素；输卵管是输送卵子的管道，也是受精场所，包括输卵管伞、壶腹部和峡部三部分；子宫为双角子宫，包括子宫角、子宫体、子宫颈三部分，子宫角特别长，子宫体很短，子宫颈长，其长度是子宫体的3倍，子宫是胎儿发育和娩出器官；阴道、尿生殖前庭、阴门属于产道和交配器官。

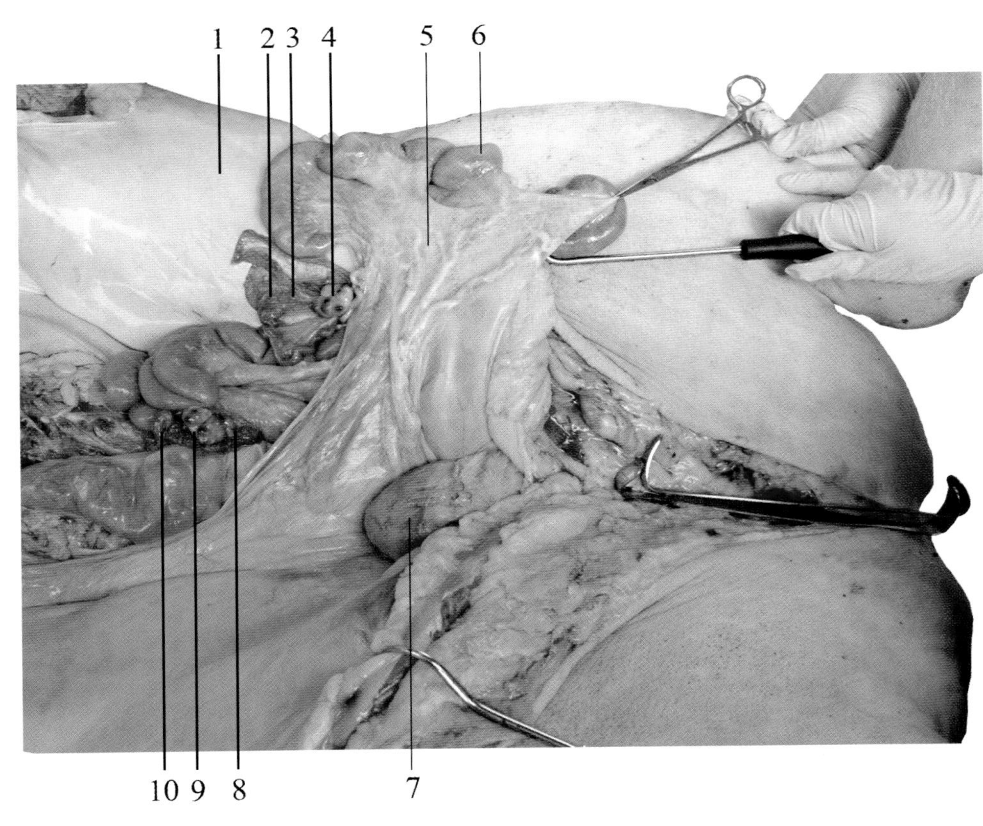

1.腹壁　2.左侧输卵管伞　3.左侧输卵管　4.左侧卵巢　5.子宫阔韧带
6.左侧子宫角　7.膀胱　8.右侧输卵管伞　9.右侧卵巢　10.右侧子宫角

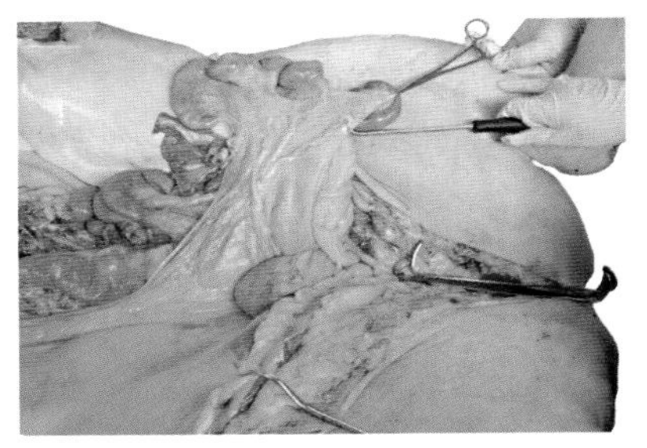

图8-1　母猪子宫阔韧带（经产）

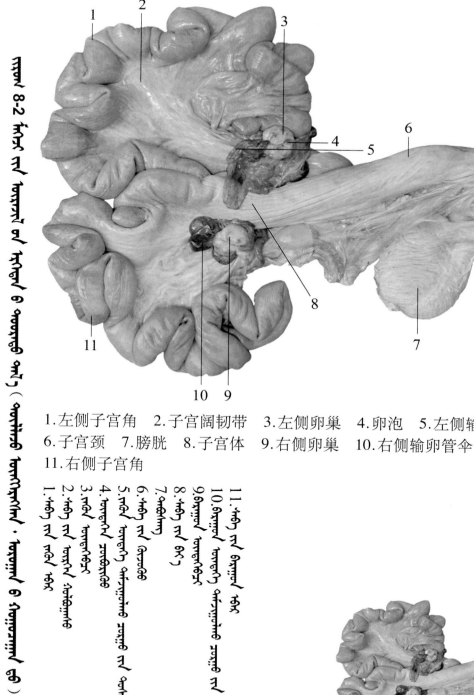

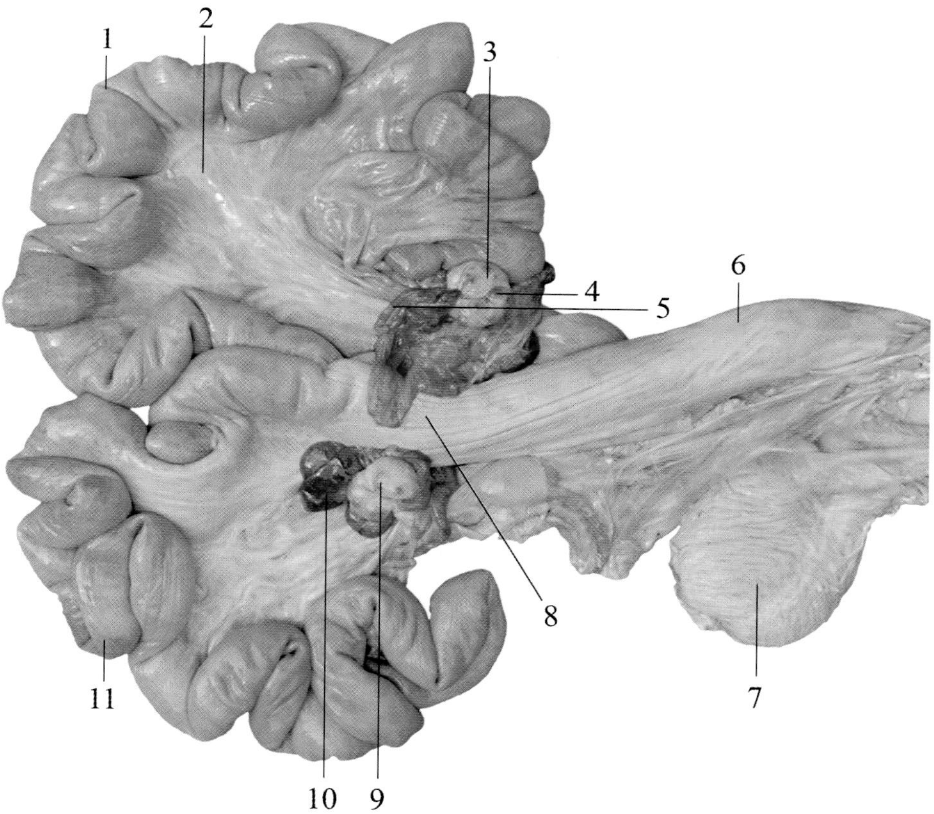

1.左侧子宫角　2.子宫阔韧带　3.左侧卵巢　4.卵泡　5.左侧输卵管伞
6.子宫颈　7.膀胱　8.子宫体　9.右侧卵巢　10.右侧输卵管伞
11.右侧子宫角

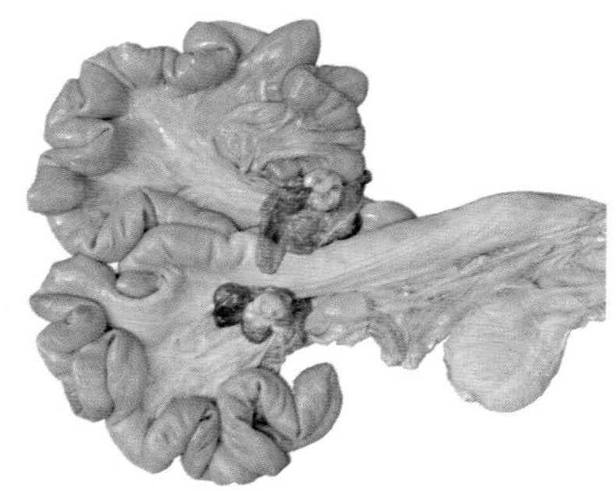

图8-2　母猪生殖器官腹面观（经产，发情期）

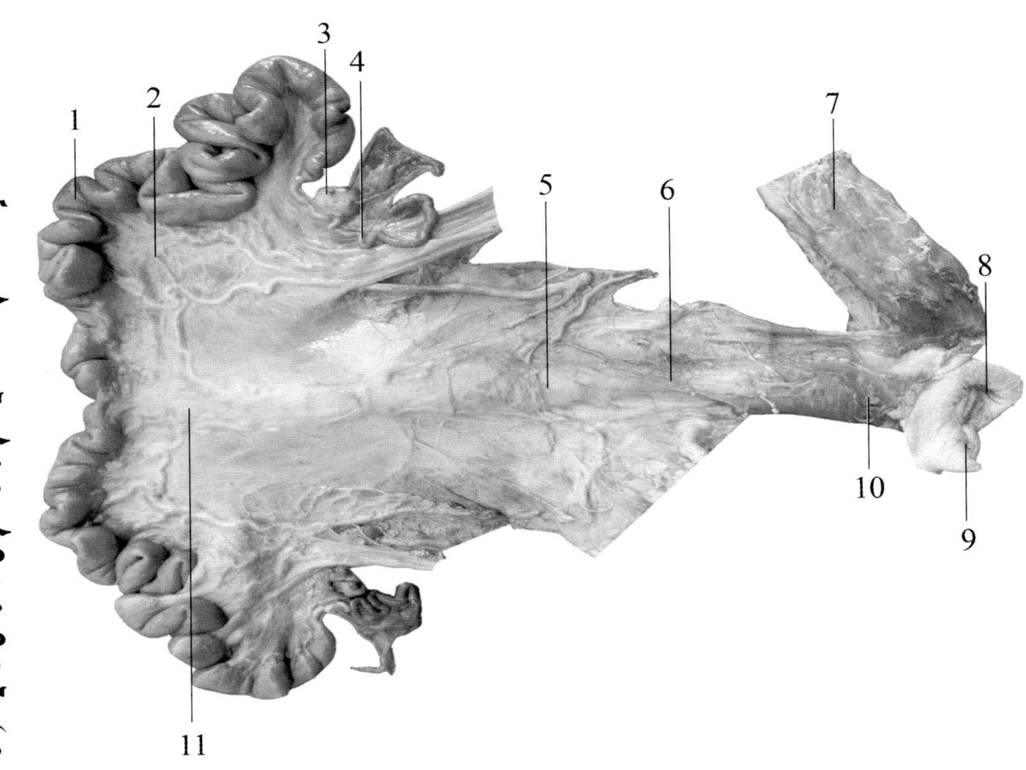

1.子宫角　2.子宫阔韧带　3.卵巢　4.输卵管　5.子宫颈　6.阴道
7.直肠　8.肛门　9.阴门　10.尿生殖前庭　11.子宫体

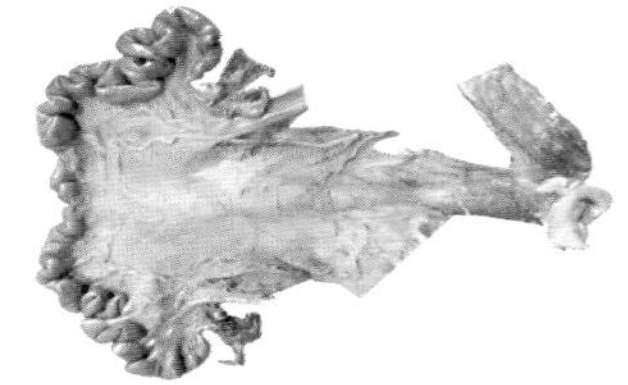

图8-3　母猪生殖器官背面观（经产，红体期）

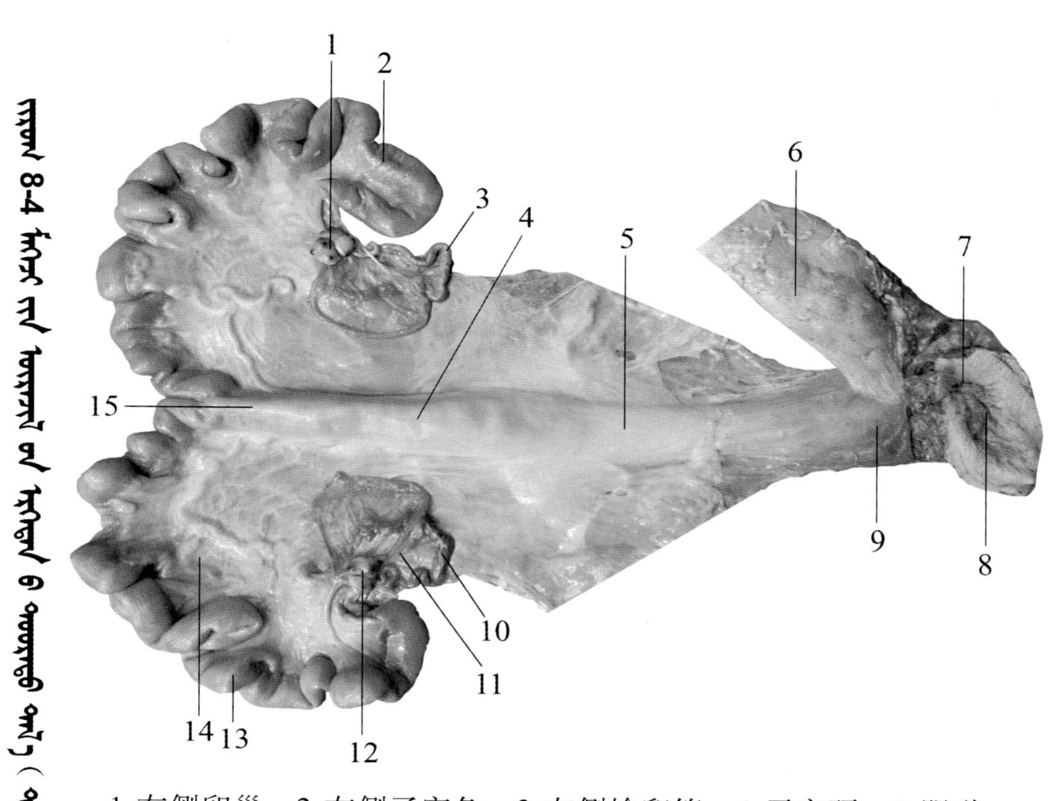

1.左侧卵巢 2.左侧子宫角 3.左侧输卵管 4.子宫颈 5.阴道
6.直肠 7.肛门 8.阴门 9.尿生殖前庭 10.右侧输卵管
11.右侧输卵管伞 12.右侧卵巢 13.右侧子宫角 14.子宫阔韧带
15.子宫体

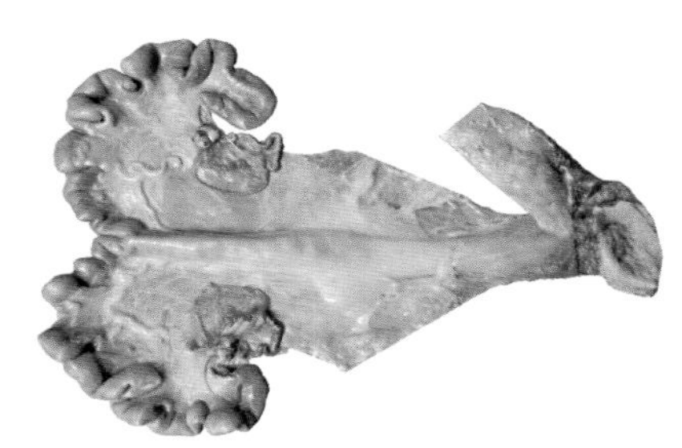

图8-4 母猪生殖器官腹面观（经产，红体期）

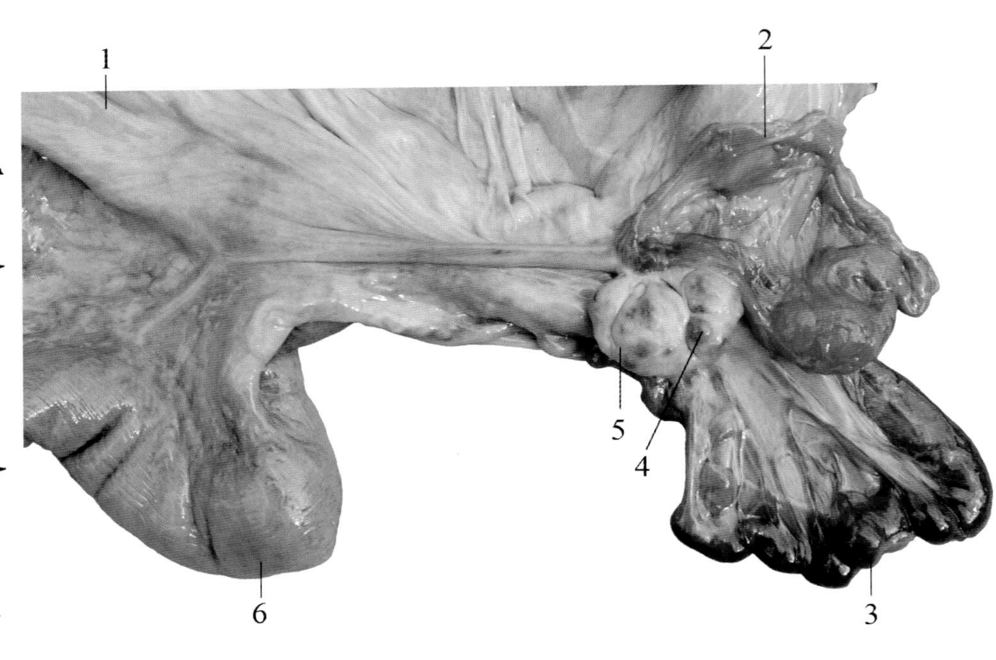

1.子宫阔韧带　2.输卵管伞　3.输卵管　4.卵泡　5.卵巢　6.子宫角

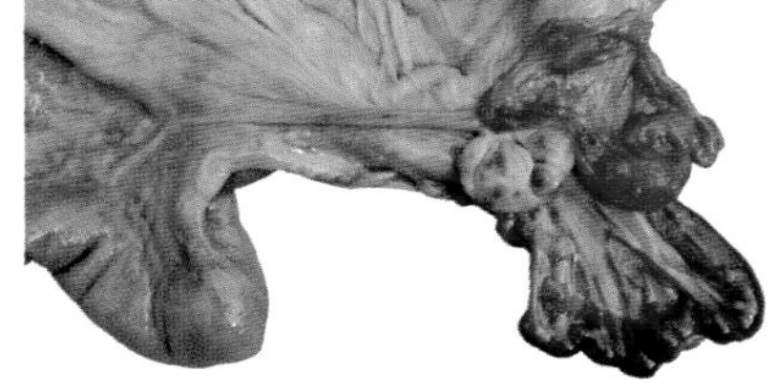

图8-5　母猪卵巢和输卵管（经产，发情期）

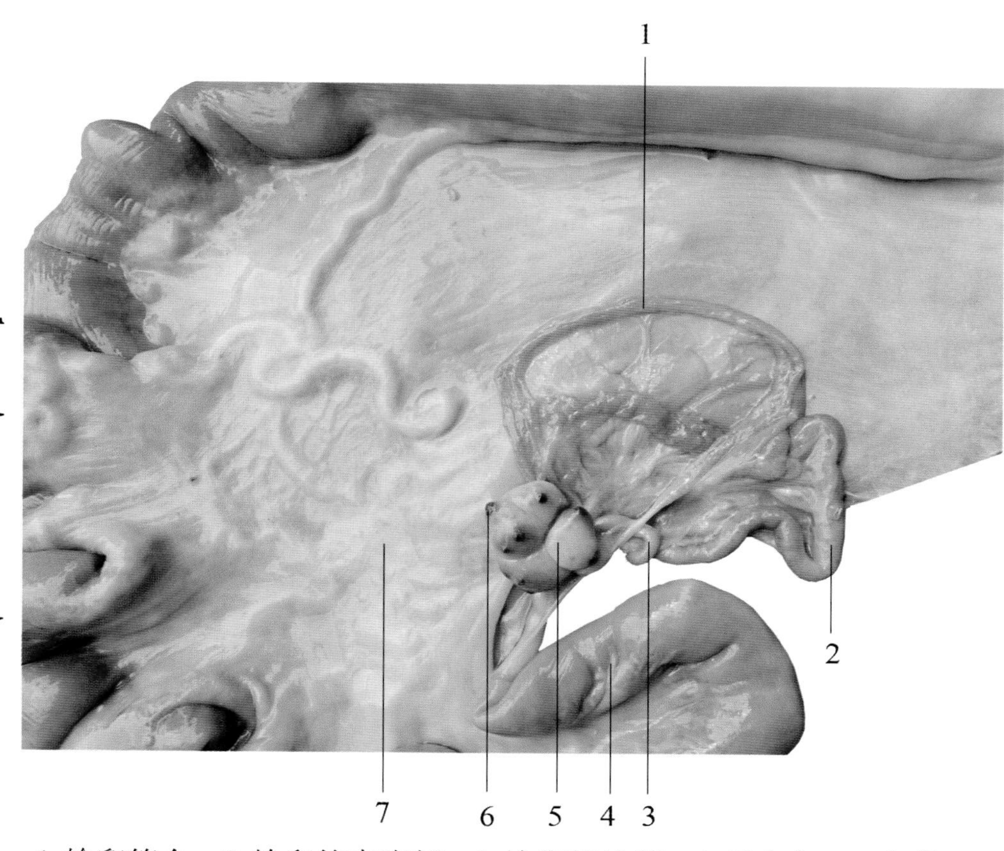

1.输卵管伞　2.输卵管壶腹部　3.输卵管峡部　4.子宫角　5.卵巢
6.卵巢红体　7.子宫阔韧带

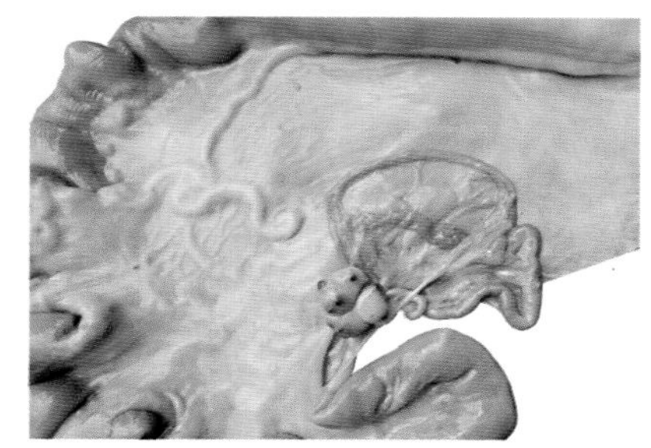

图8-6　母猪卵巢和输卵管（红体期）

1.子宫角　2.子宫体　3.卵巢　4.输卵管伞　5.卵泡　6.输卵管
7.子宫阔韧带

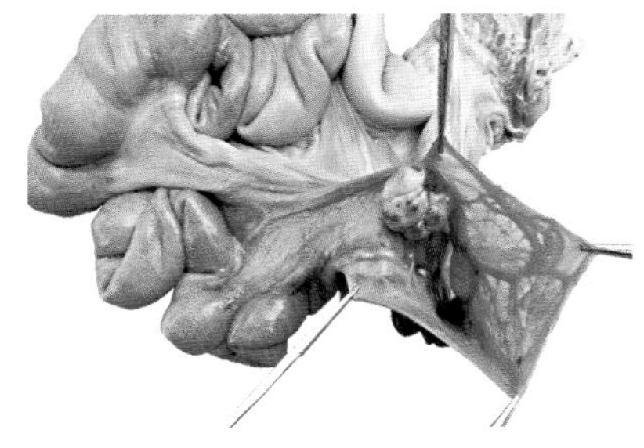

图8-7　母猪卵巢和输卵管伞（经产，发情期）

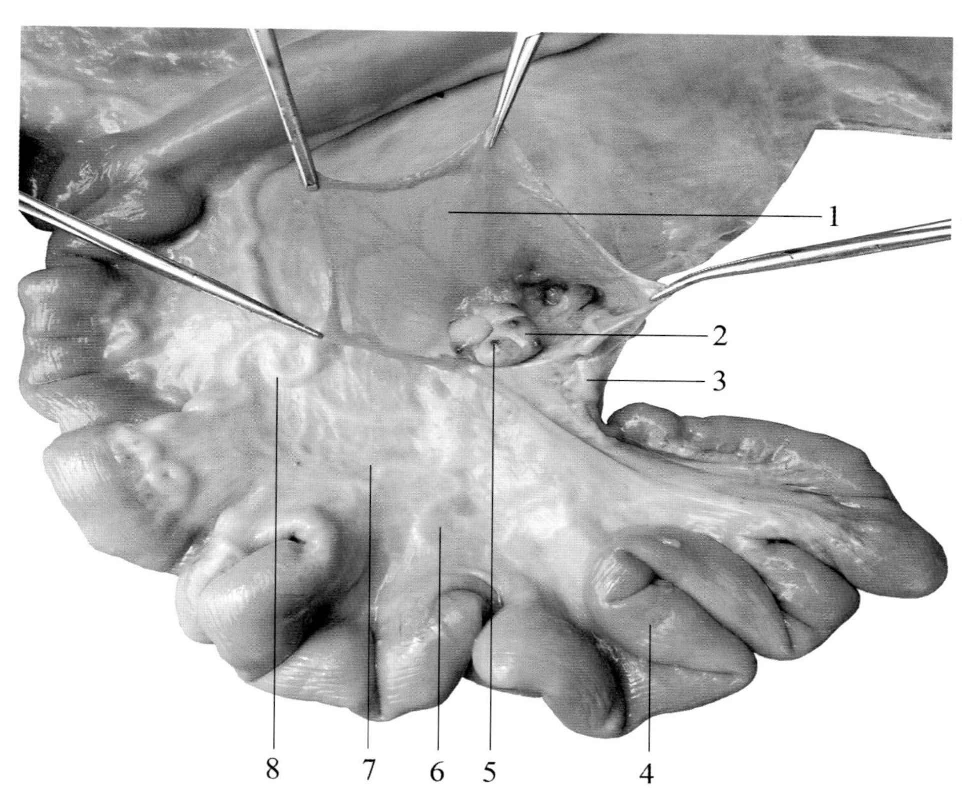

1.输卵管伞　2.卵巢　3.输卵管　4.子宫角　5.红体　6.子宫阔韧带
7.子宫阔韧带静脉　8.子宫动脉

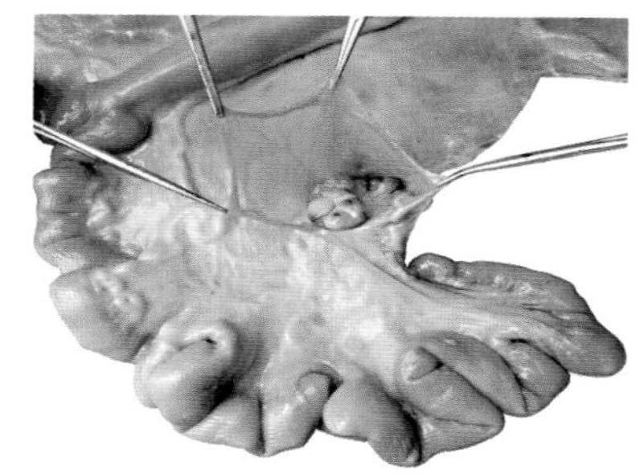

图8-8　母猪卵巢和输卵管伞（红体期）

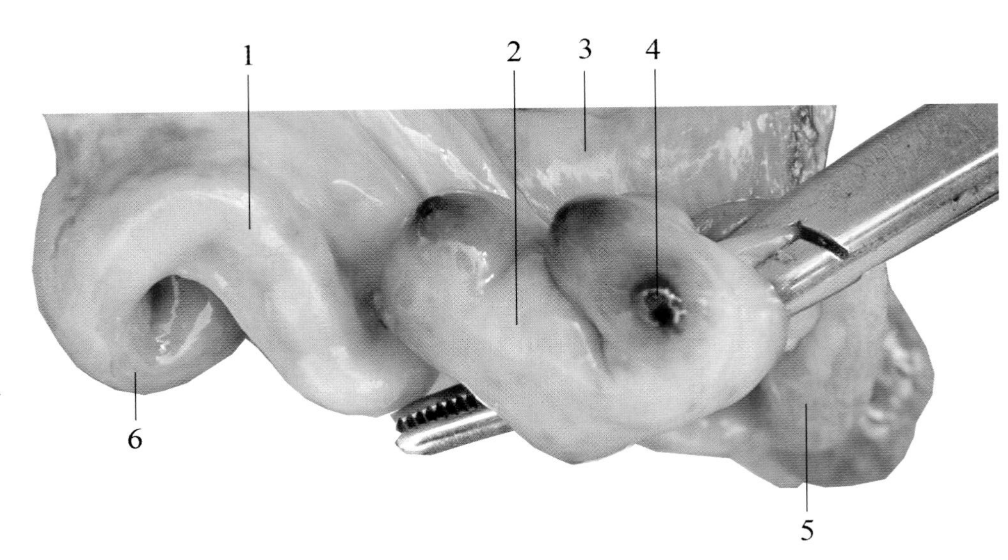

1.输卵管　2.卵巢　3.输卵管系膜　4.红体　5.输卵管伞　6.子宫角

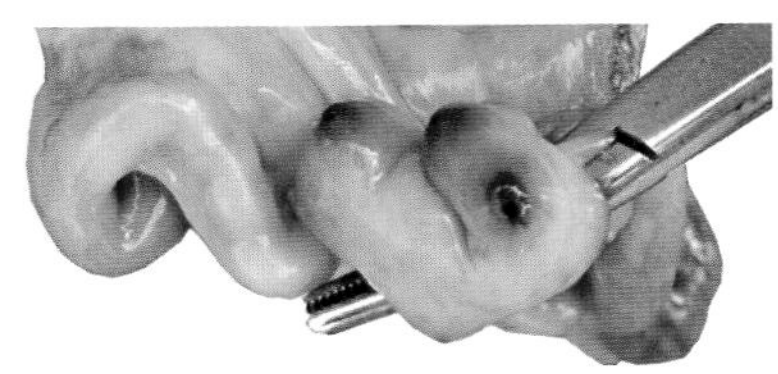

图8-9　母猪卵巢及红体

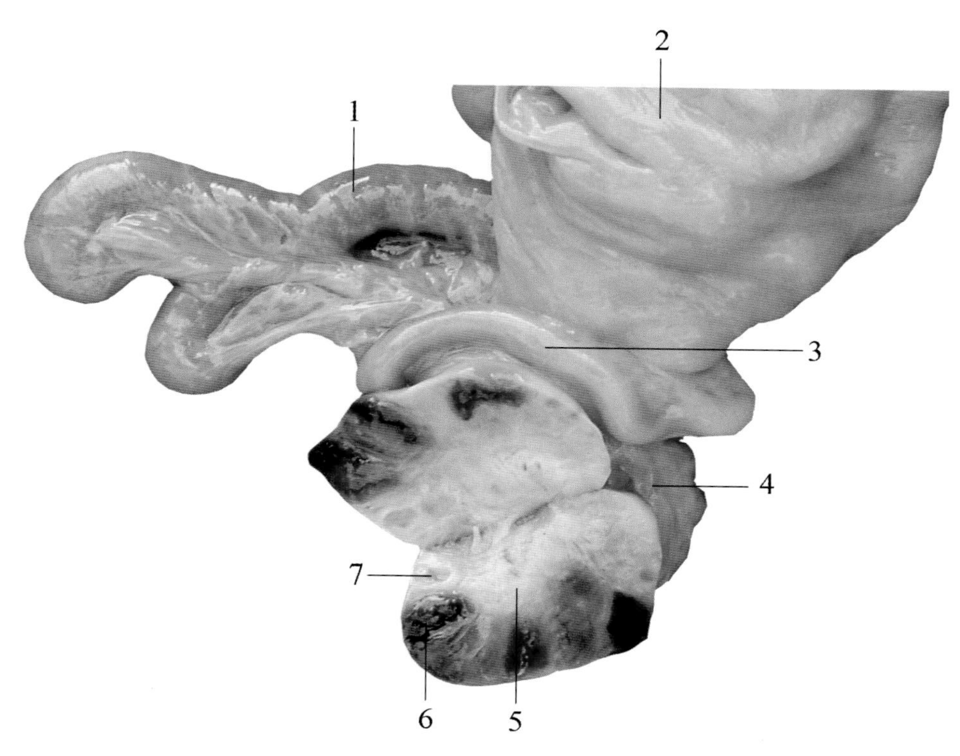

1.输卵管壶腹部　2.子宫角　3.输卵管峡部　4.输卵管伞　5.卵巢切面
6.红体切面　7.白体切面

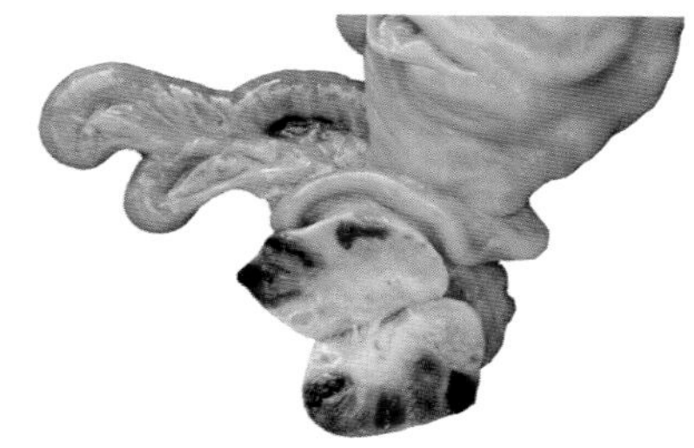

图8-10　母猪卵巢纵切面（红体期）

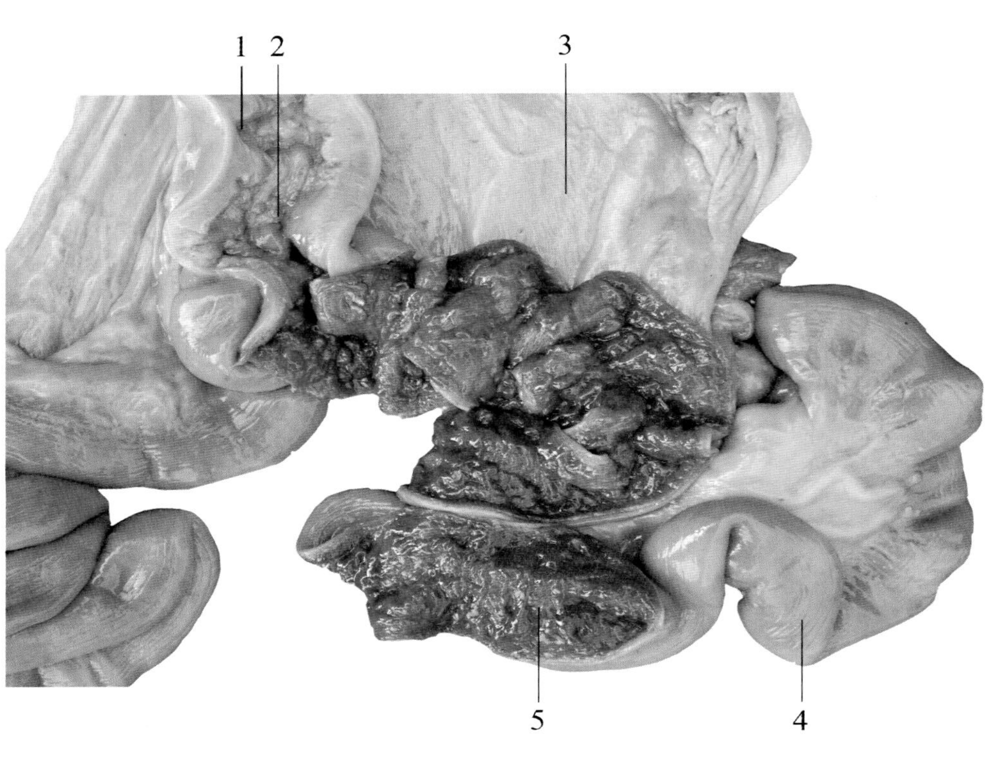

1. 子宫颈切面　2. 子宫体黏膜　3. 子宫阔韧带　4. 子宫角
5. 子宫角黏膜

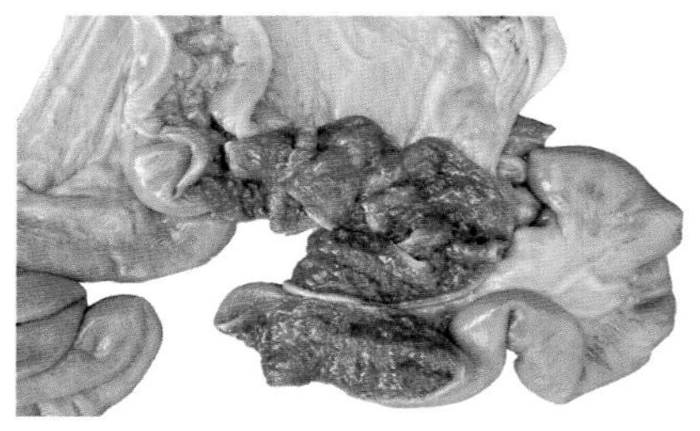

图8-11　母猪子宫黏膜（红体期）

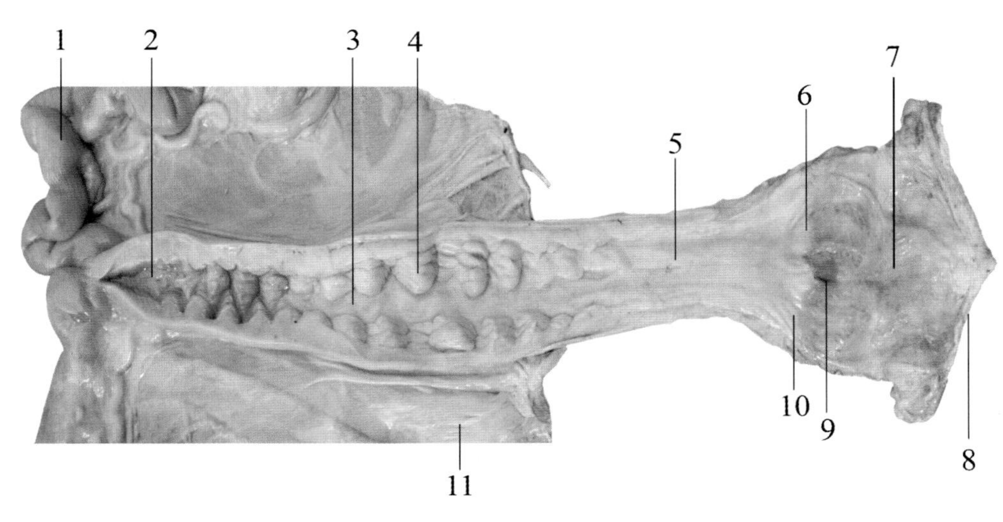

1.子宫角　2.子宫体黏膜　3.子宫颈黏膜　4.子宫颈圆枕　5.阴道黏膜　6.阴道外口　7.尿生殖前庭黏膜　8.阴唇　9.尿道外口　10.阴道黏膜皱　11.子宫阔韧带

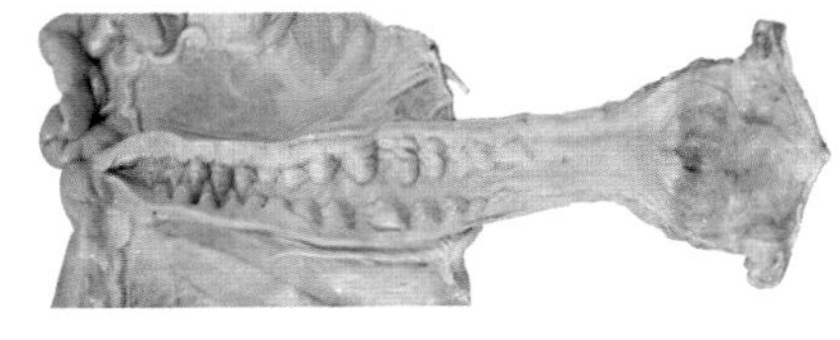

图8-12　母猪阴道和子宫颈黏膜（经产）

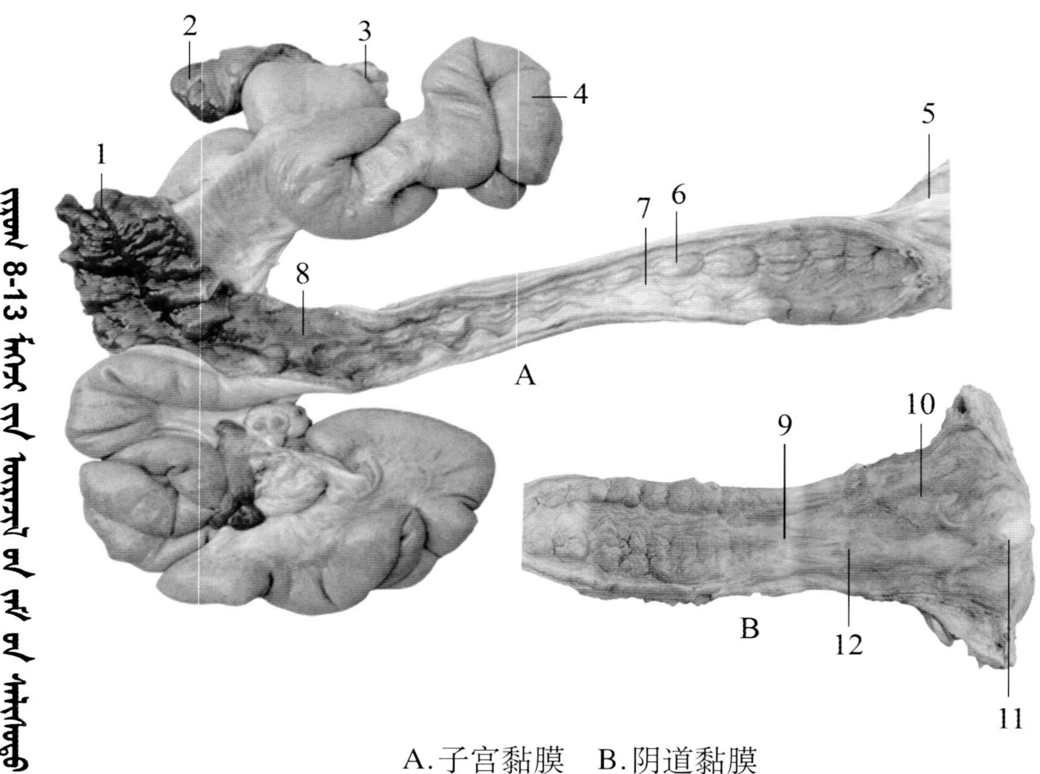

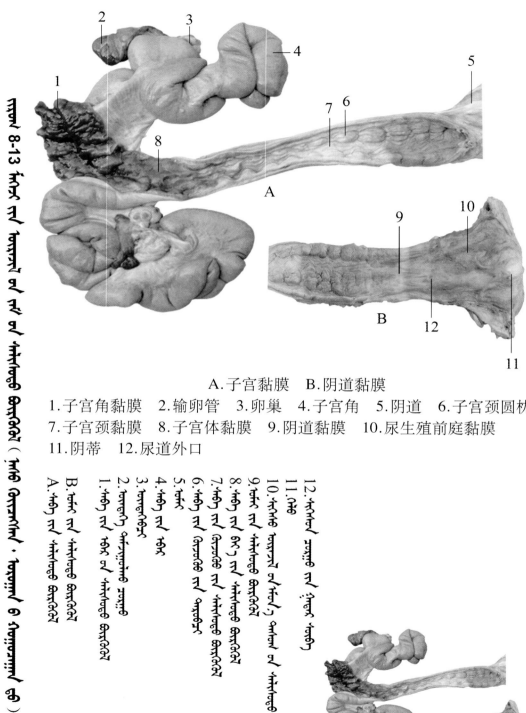

A.子宫黏膜　B.阴道黏膜

1.子宫角黏膜　2.输卵管　3.卵巢　4.子宫角　5.阴道　6.子宫颈圆枕　7.子宫颈黏膜　8.子宫体黏膜　9.阴道黏膜　10.尿生殖前庭黏膜　11.阴蒂　12.尿道外口

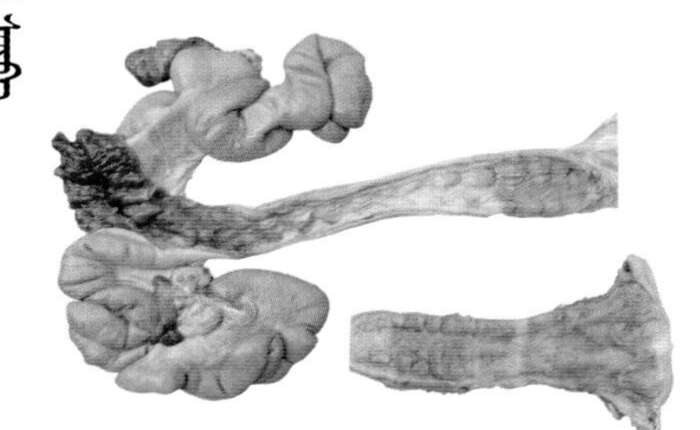

图8-13　母猪生殖道黏膜（成年，发情期）

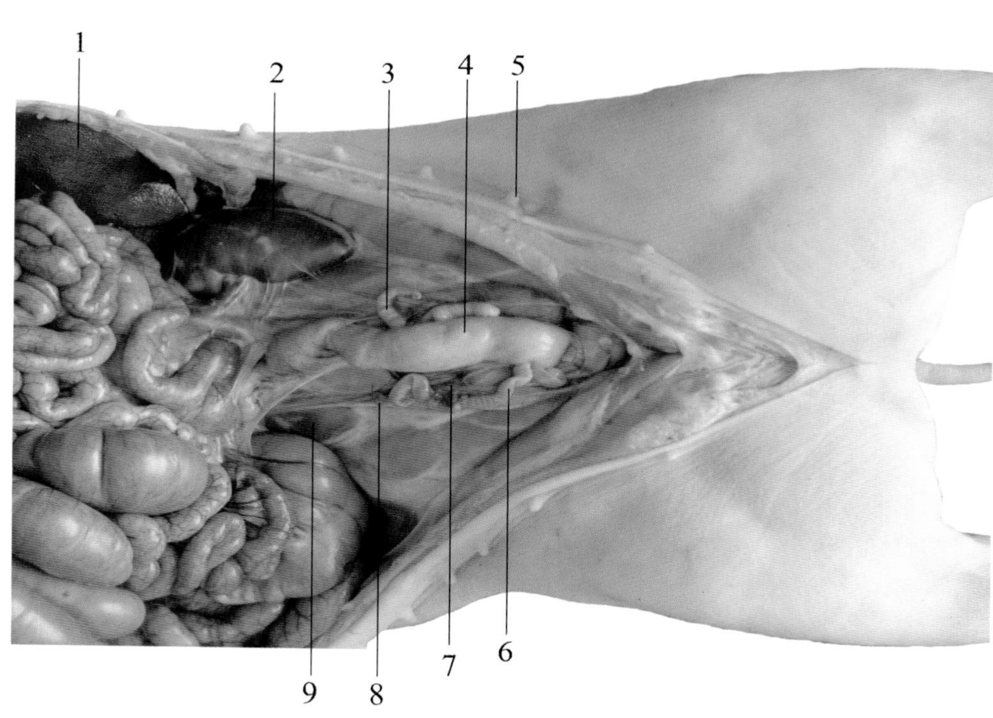

1.肝　2.左肾　3.左侧子宫角　4.直肠　5.乳头　6.右侧子宫角
7.子宫阔韧带　8.右侧卵巢　9.右肾

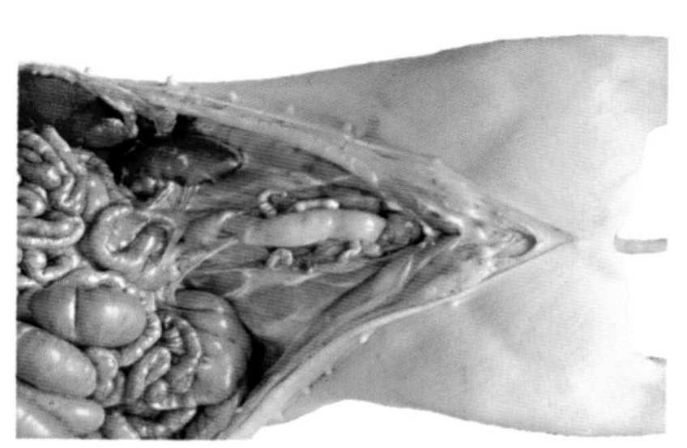

图8-14　生长母猪生殖器官腹面观-1（腹腔内）

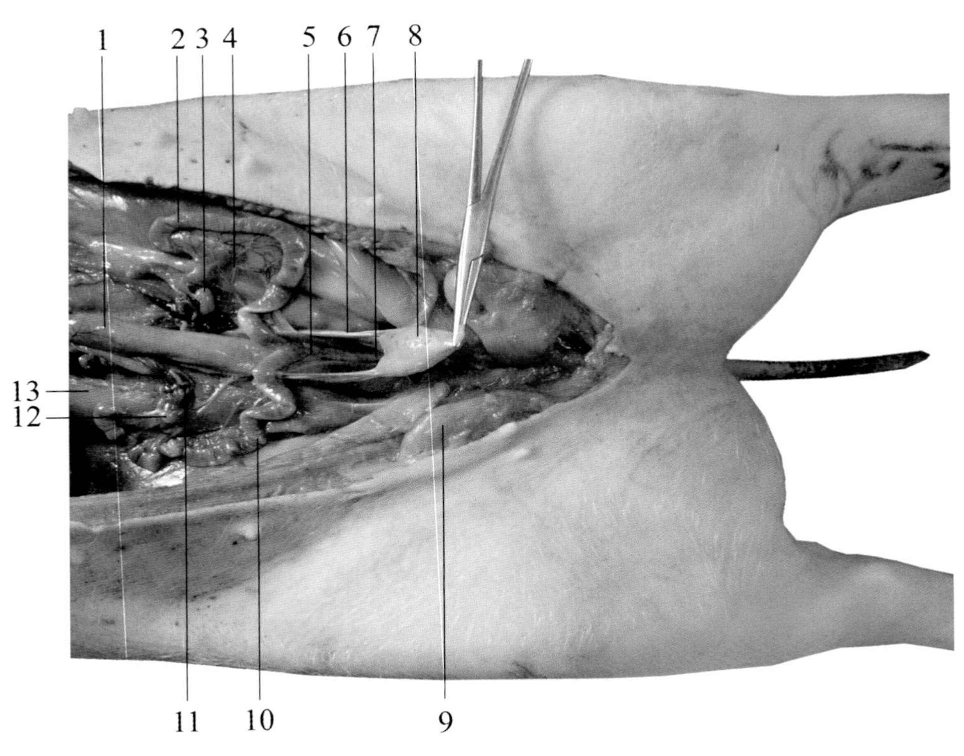

1.直肠　2.左侧子宫角　3.左侧卵巢　4.子宫阔韧带　5.子宫体
6.膀胱侧韧带　7.子宫颈　8.膀胱　9.腹股沟浅淋巴结　10.右侧子宫角
11.右侧输卵管　12.右侧卵巢　13.腰大肌

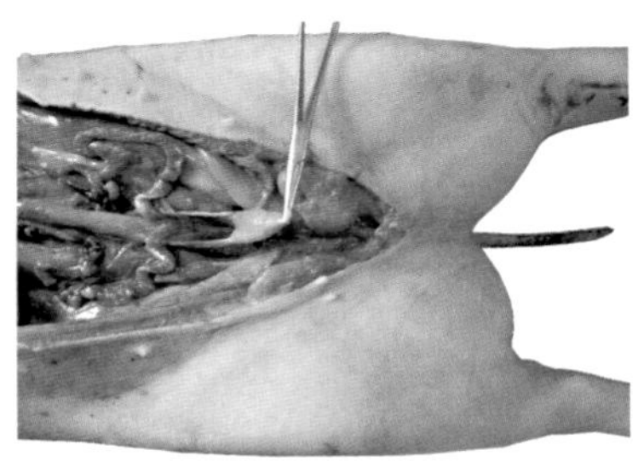

图8-15　生长母猪生殖器官腹面观-2（腹腔内）

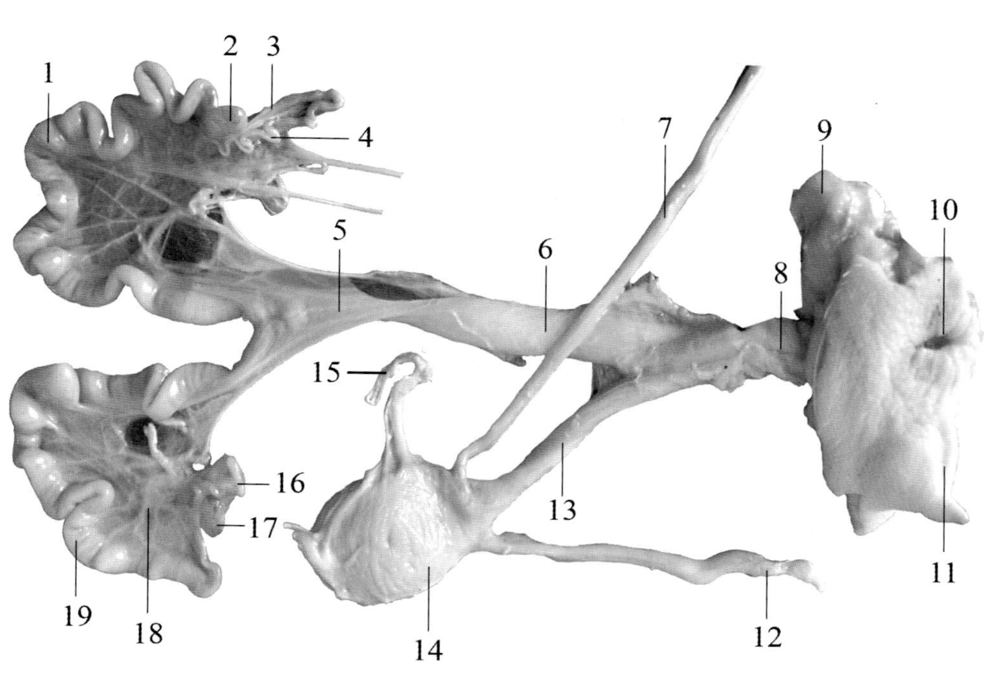

1.右侧子宫角　2.右侧卵巢　3.右侧输卵管伞　4.右侧输卵管
5.子宫体　6.子宫颈　7.右侧输尿管　8.阴道　9.直肠　10.肛门
11.阴门　12.左侧输尿管　13.尿道　14.膀胱　15.膀胱韧带
16.左侧输卵管　17.左侧卵巢　18.子宫阔韧带　19.左侧子宫角

图8-16　生长母猪生殖器官

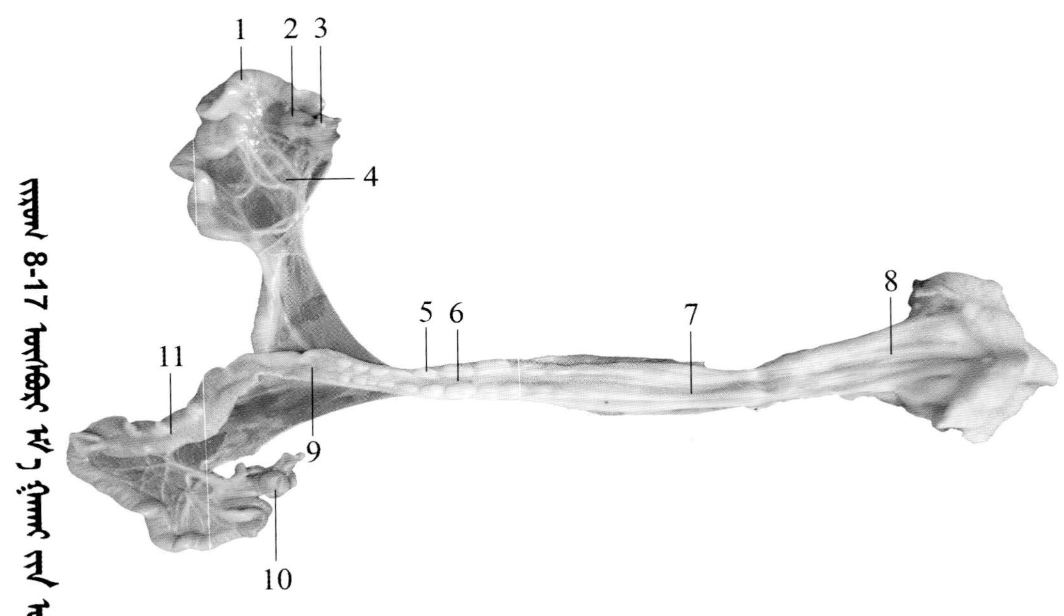

1.子宫角　2.左侧卵巢　3.输卵管　4.子宫阔韧带　5.子宫颈圆枕　6.子宫颈黏膜　7.阴道黏膜　8.尿生殖前庭黏膜　9.子宫体黏膜　10.右侧卵巢　11.子宫角黏膜

图8-17　生长母猪生殖道黏膜

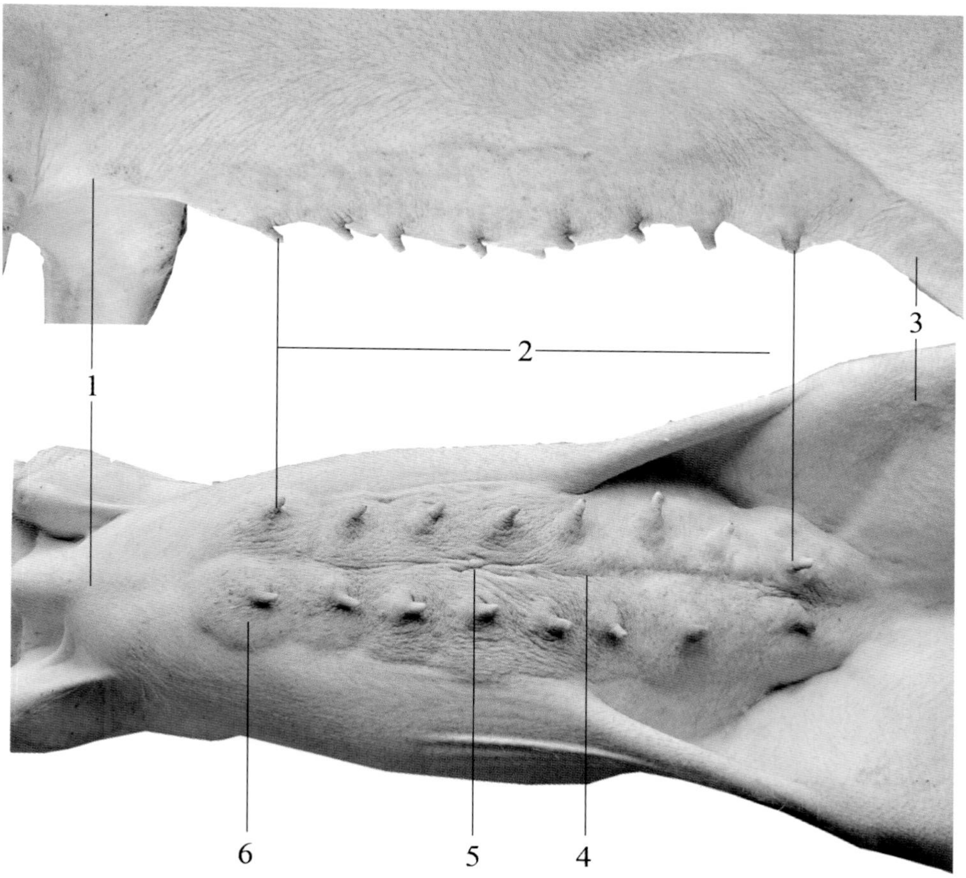

ᠵᠢᠷᠤᠭ 8-18 ᠡᠮ ᠭᠠᠬᠠᠢ ᠶᠢᠨ ᠬᠥᠬᠡᠨ

1.胸骨部　2.第一至第八对乳头　3.后肢　4.腹白线　5.脐　6.乳房

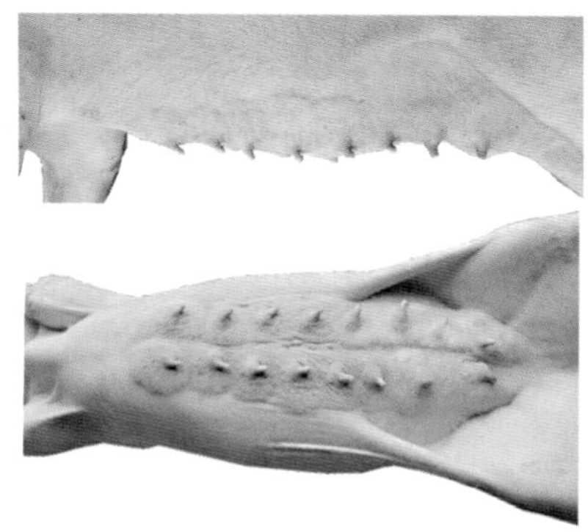

图8-18　母猪乳房

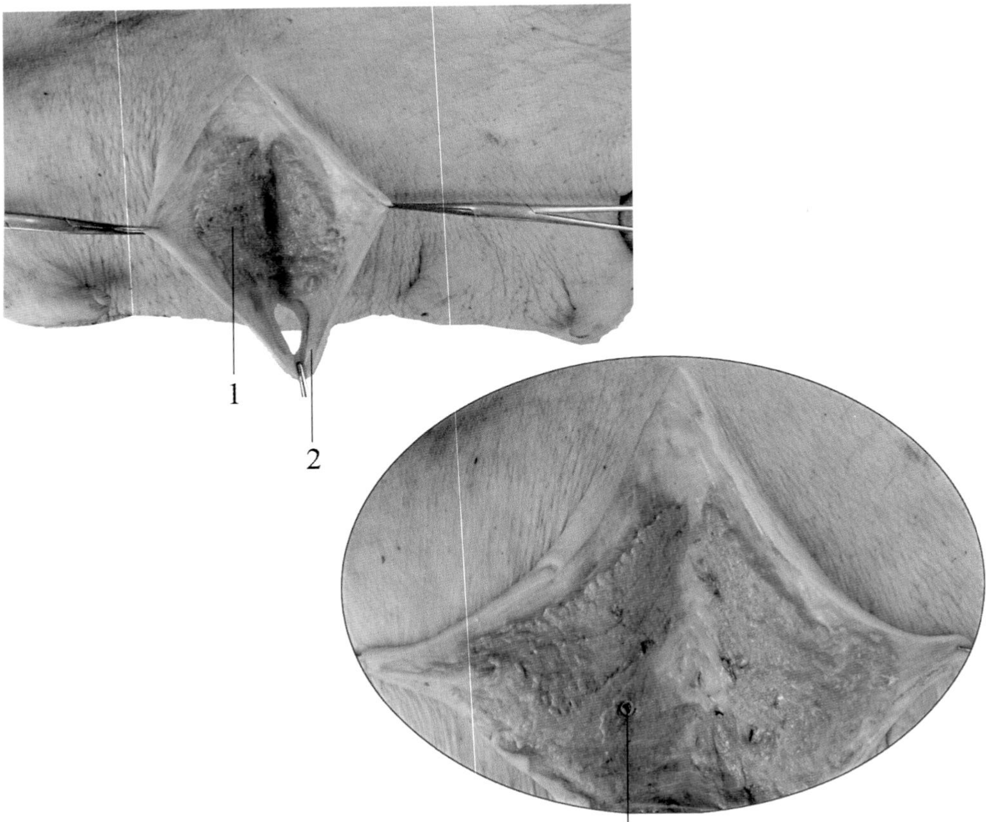

1.乳腺切面　2.乳头切面　3.乳腺血管横断面

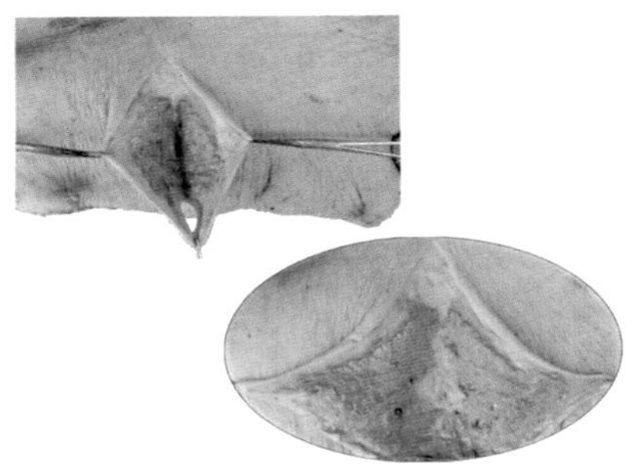

图8-19　母猪乳腺切面

九、公猪生殖系统

公猪生殖系统由睾丸、附睾、输精管、尿生殖道、副性腺、阴茎及其附属器官（精索、阴囊、包皮）组成。猪睾丸位于阴囊内，体积较大，是产生精子和分泌雄激素的器官；附睾位于睾丸背内侧，是贮存精子并使精子进一步成熟的场所；输精管起于附睾尾，是输送精子的管道；尿生殖道分为骨盆部和阴茎部；副性腺包括精囊腺、前列腺和尿道球腺三种腺体，其分泌物统称为精清，主要起营养精子的作用；阴茎包括阴茎头、阴茎体（有乙状弯曲），是排尿、排精和交配的器官。

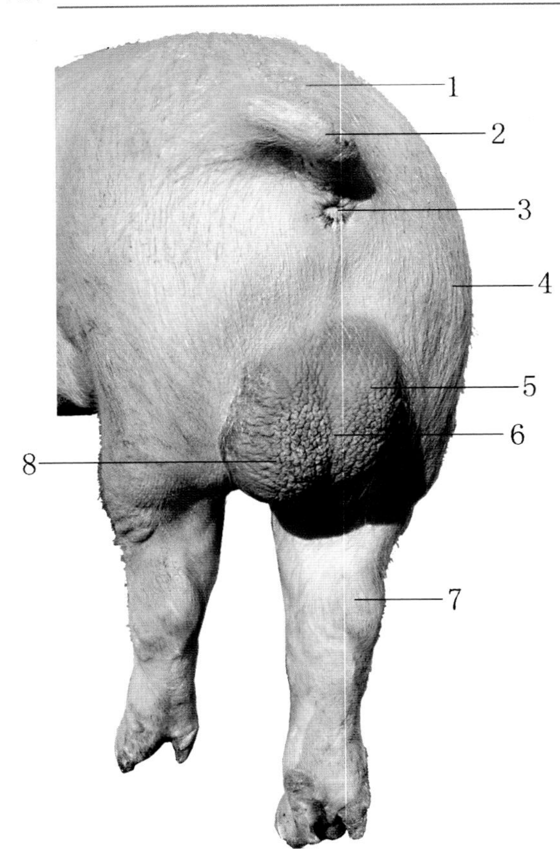

1. 荐部　2. 尾　3. 肛门　4. 臀部　5. 阴囊及右侧睾丸　6. 阴囊缝
7. 右腿跗部　8. 阴囊及左侧睾丸

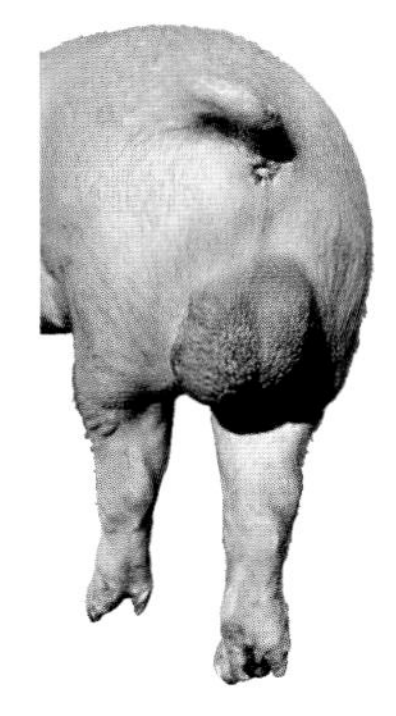

图 9-1　公猪阴囊

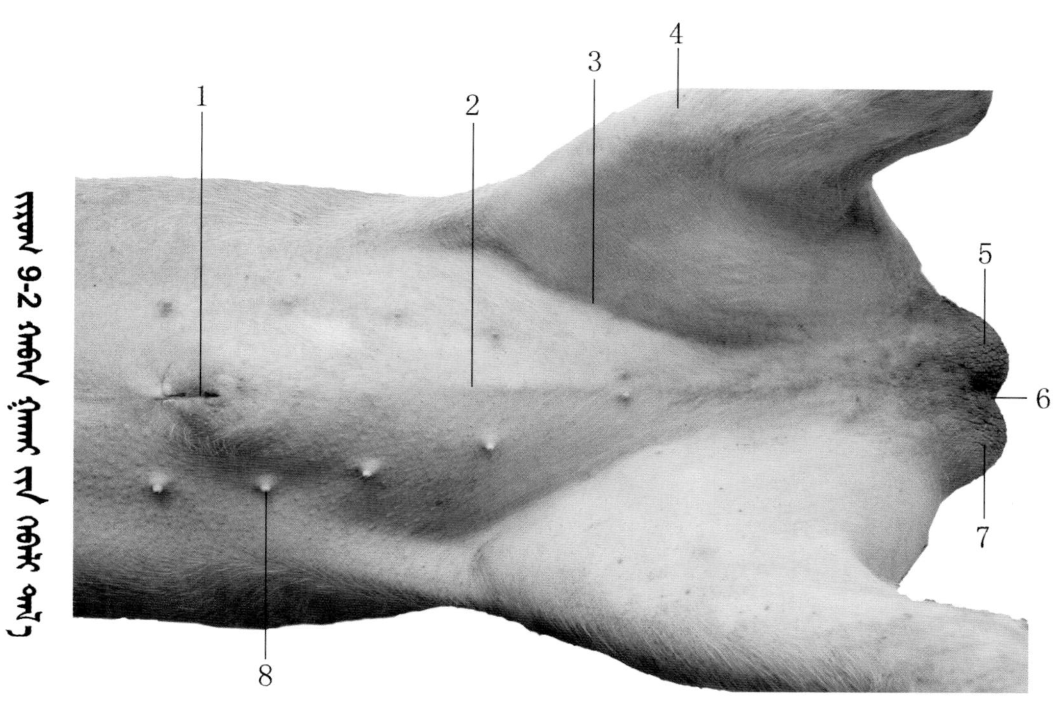

1.包皮口　2.腹白线　3.左腹股沟（肷部）　4.左腿膝部
5.阴囊及左侧睾丸　6.阴囊缝　7.阴囊及右侧睾丸　8.乳头

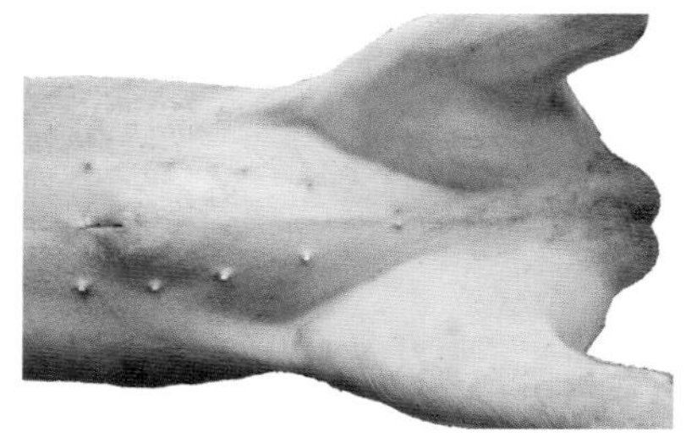

图 9-2　公猪腹面

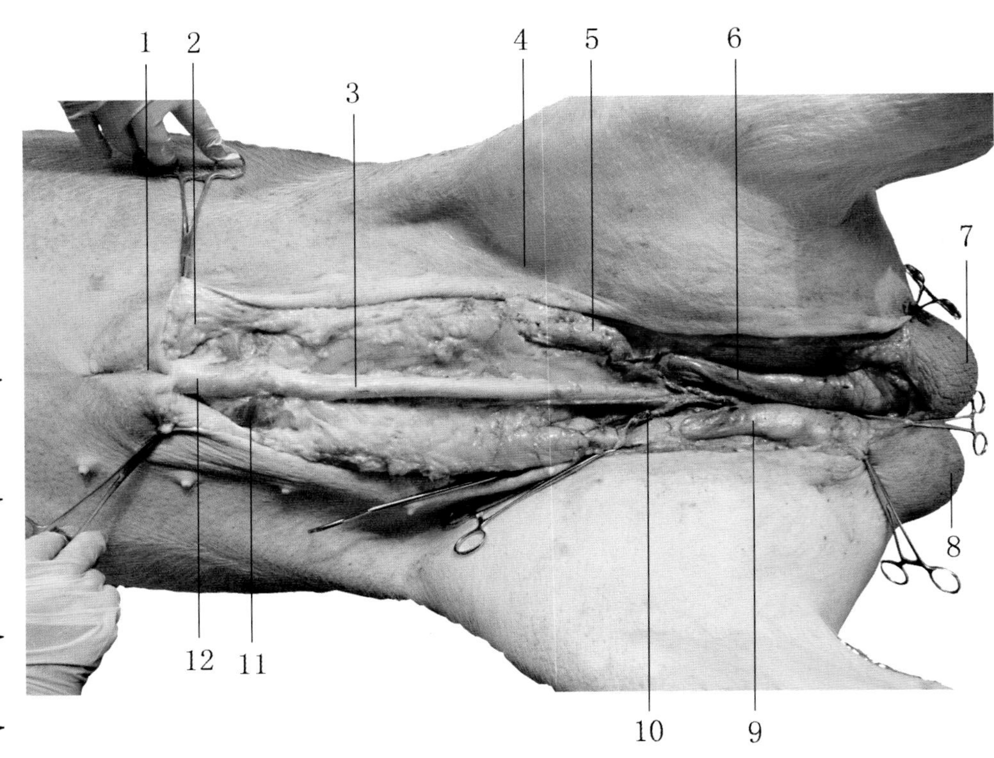

1.包皮口　2.包皮盲囊（包皮憩室）　3.阴茎鞘及阴茎
4.左腹股沟（肷部）　5.左腹股沟浅淋巴结　6.左侧精索
7.阴囊及左侧睾丸　8.阴囊及右侧睾丸　9.右侧精索
10.阴部外静脉　11.包皮前肌　12.包皮

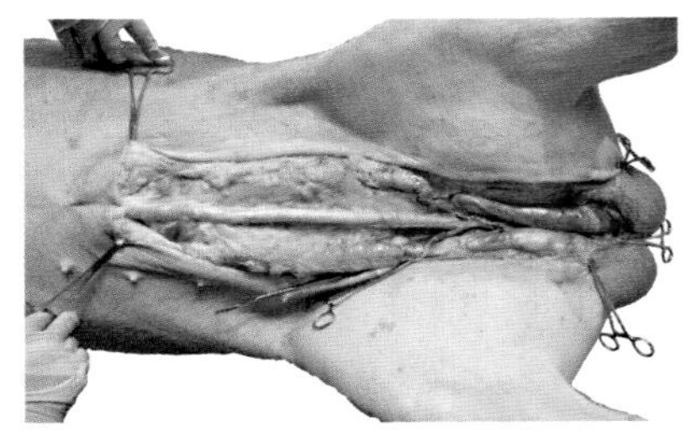

图9-3　公猪生殖器官腹面观-1

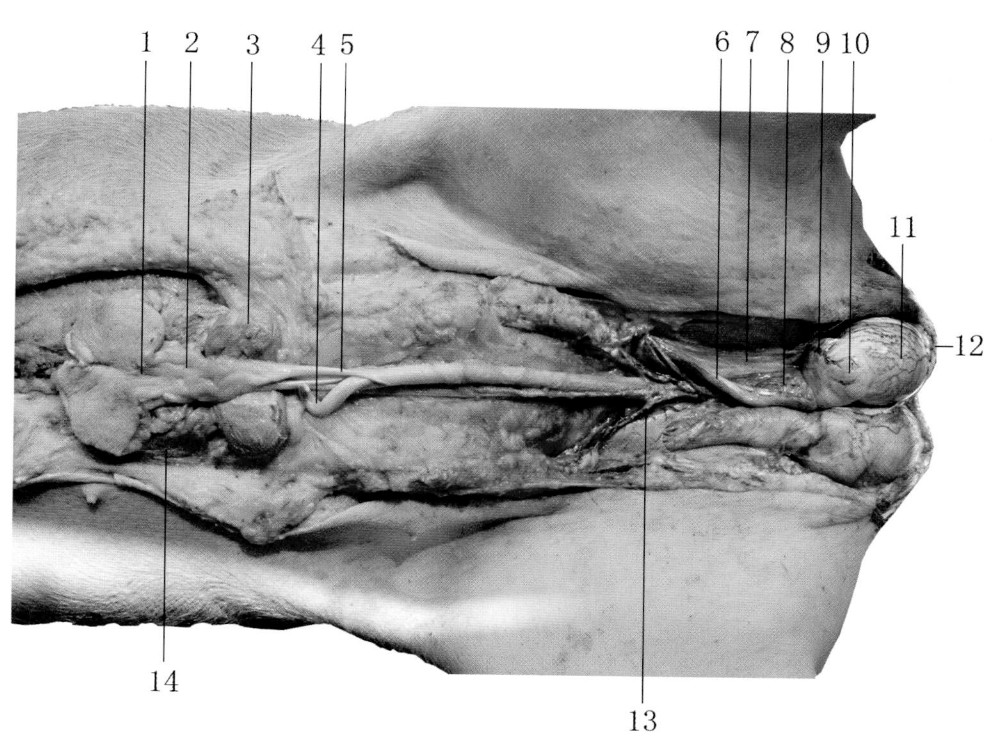

1.包皮口　2.包皮　3.包皮盲囊（包皮憩室）　4.阴茎头螺旋部
5.阴茎鞘　6.左侧精索　7.总鞘膜　8.精索血管丛　9.附睾头血管
10.附睾头　11.左侧睾丸　12.阴囊　13.阴部外静脉　14.包皮前肌

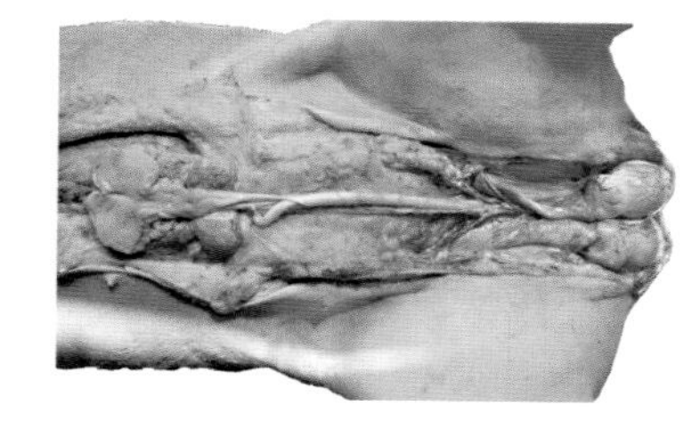

图9-4　公猪生殖器官腹面观-2

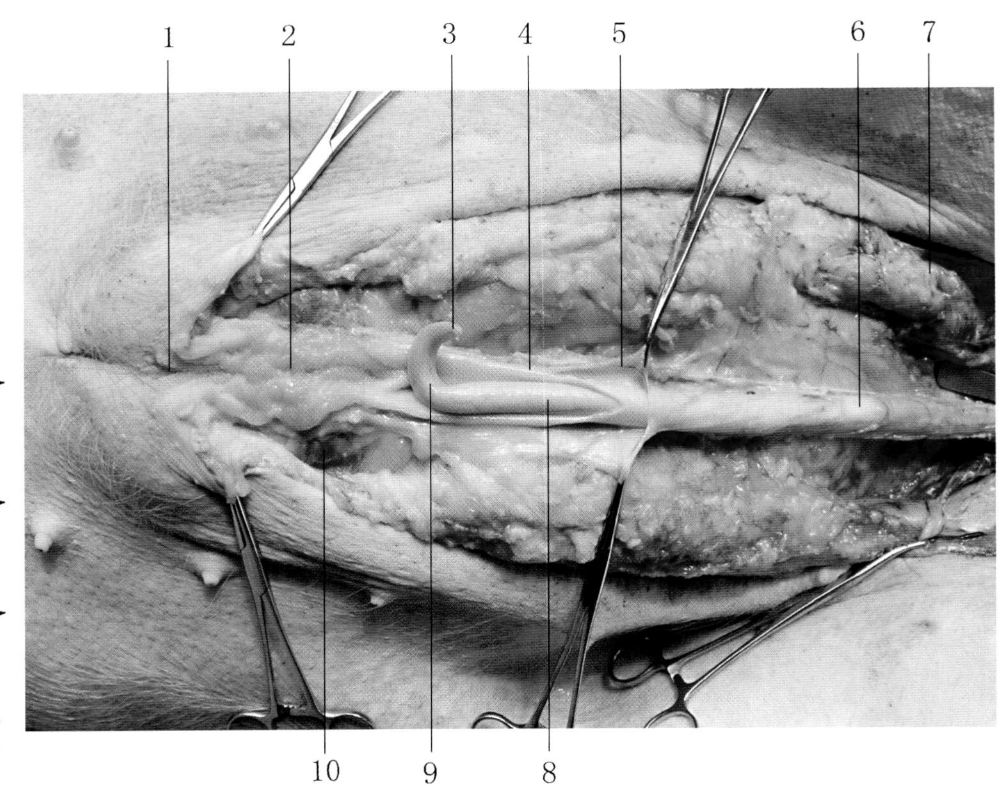

1.包皮口　2.包皮前部　3.尿道外口　4.包皮后部内层
5.包皮后部外层　6.阴茎鞘　7.腹股沟浅淋巴结　8.阴茎头
9.阴茎头螺旋部　10.包皮前肌

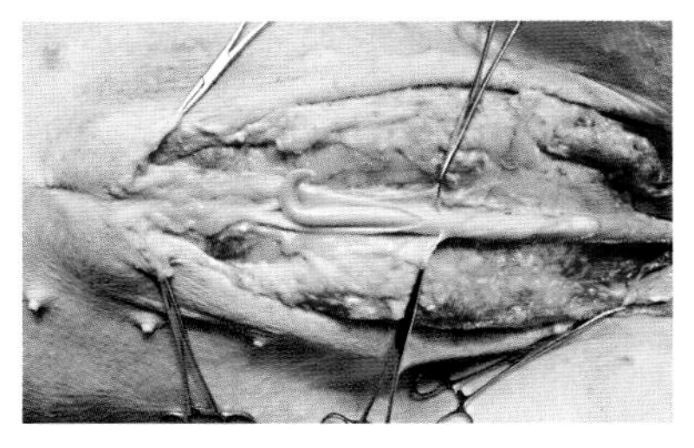

图9-5　公猪阴茎头

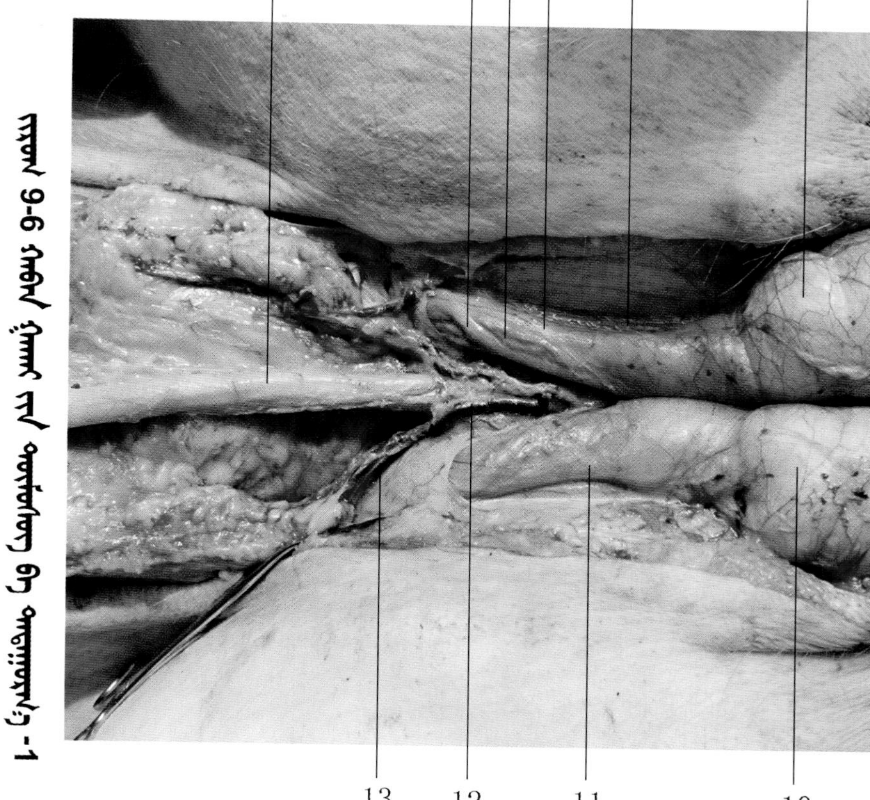

1.阴茎　2.精索动脉　3.精索静脉　4.输精管　5.提睾肌　6.左侧附睾头　7.左侧睾丸　8.阴囊皮　9.右侧睾丸　10.右侧附睾头　11.右侧精索　12.阴部外静脉　13.阴部外动脉

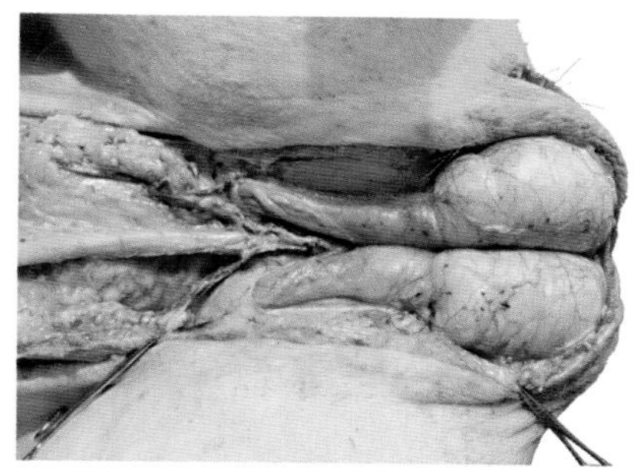

图9-6　公猪睾丸及精索-1

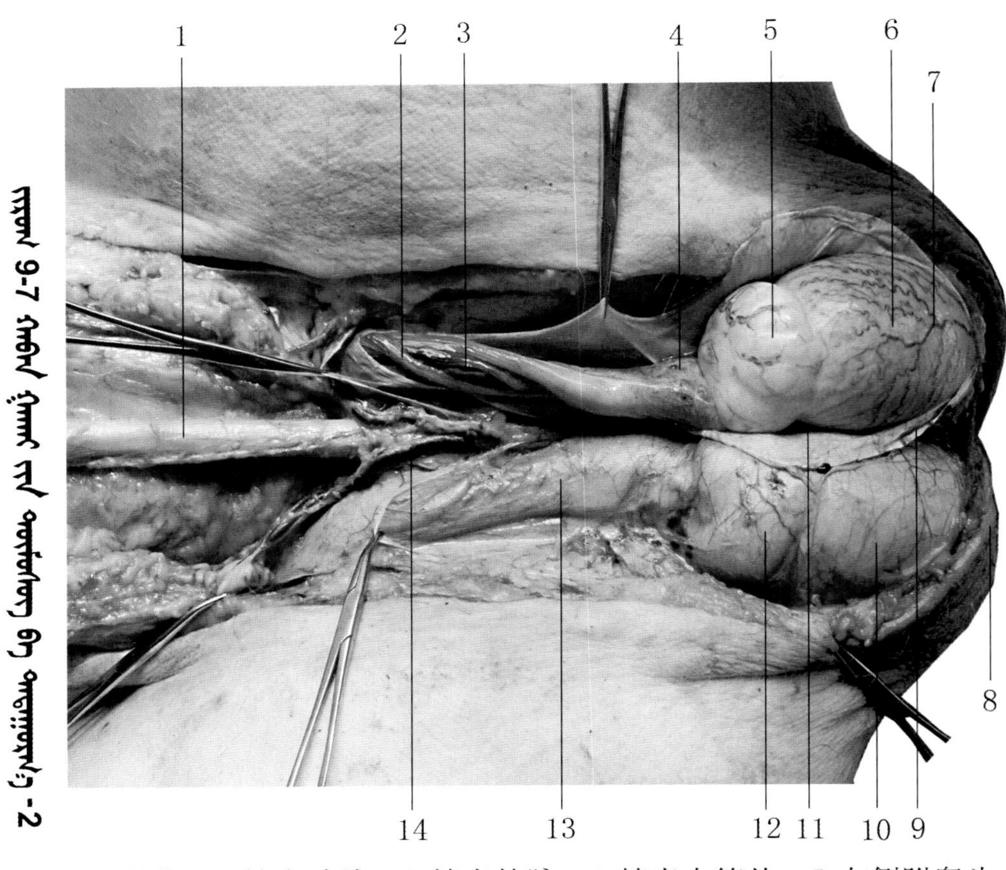

1.阴茎　2.精索动脉　3.精索静脉　4.精索血管丛　5.左侧附睾头　6.左侧睾丸　7.睾丸血管　8.阴囊　9.总鞘膜　10.右侧睾丸　11.鞘膜腔　12.右侧附睾头　13.右侧精索　14.阴部外静脉

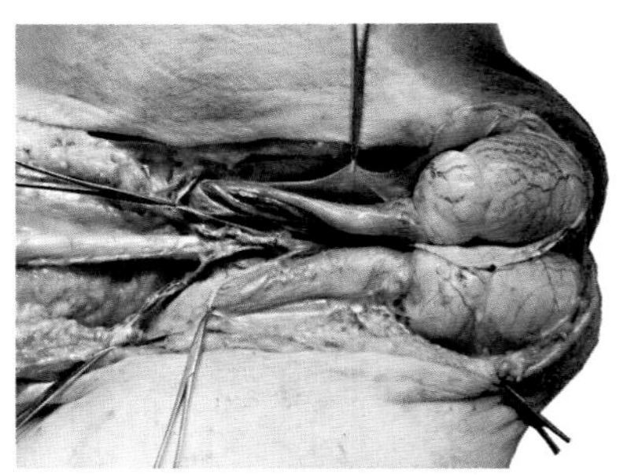

图 9-7　公猪睾丸及精索-2

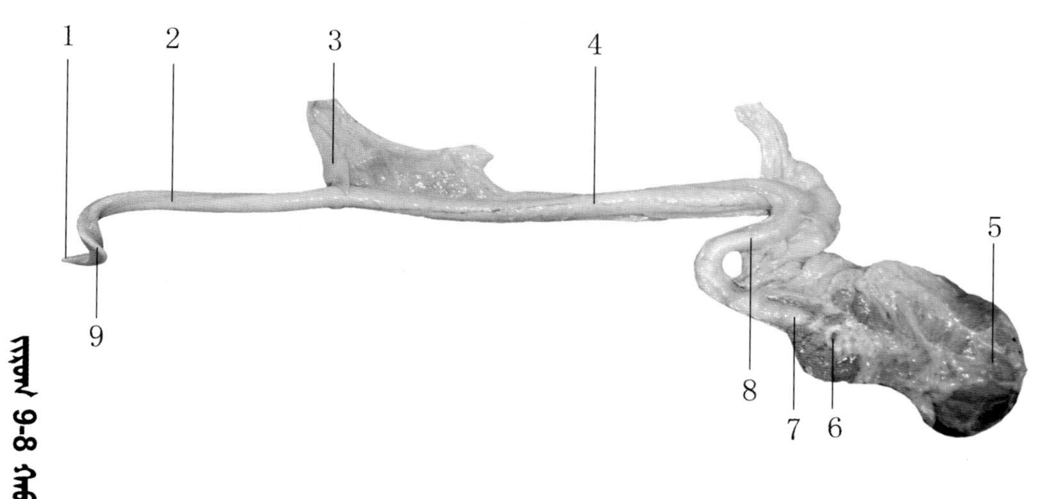

1.尿道外口　2.阴茎头　3.包皮后部　4.阴茎体　5.球海绵体肌
6.阴茎根断端　7.阴茎根　8.阴茎乙状弯曲　9.阴茎头螺旋部

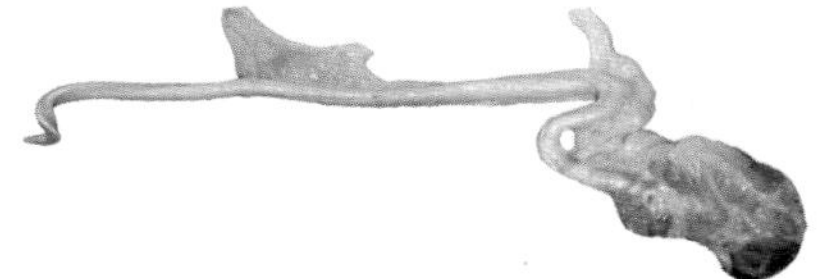

图9-8　公猪阴茎

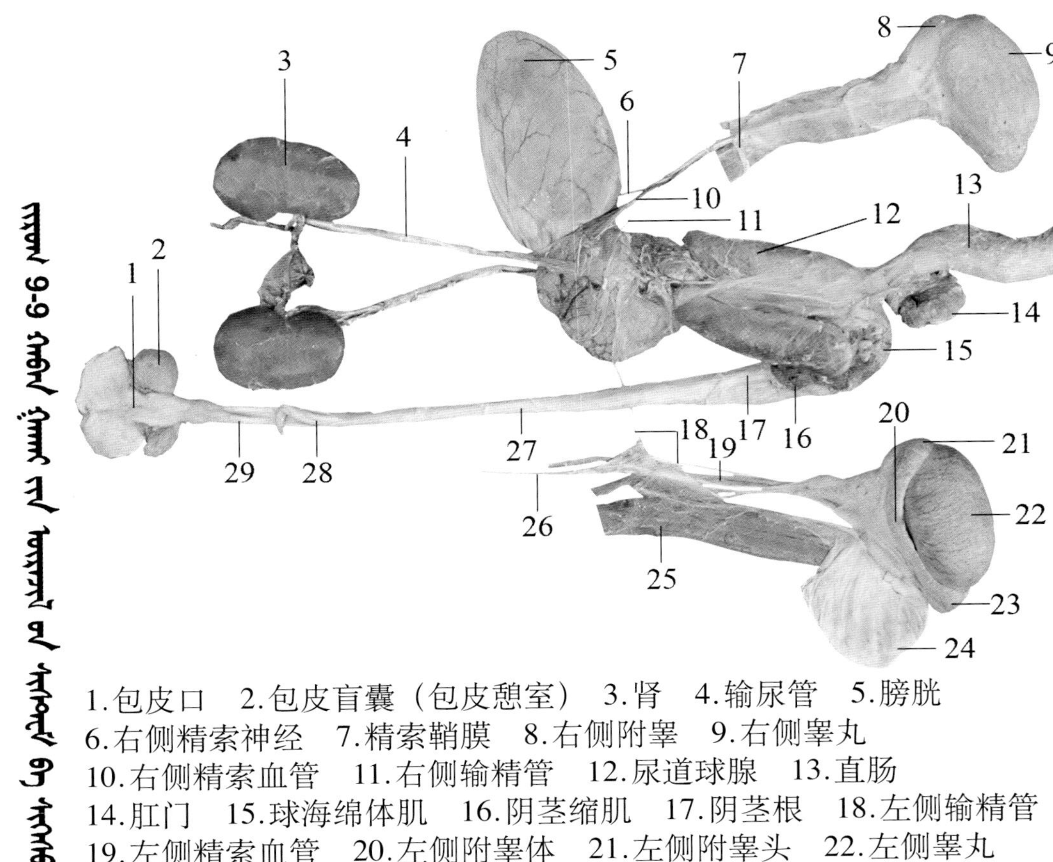

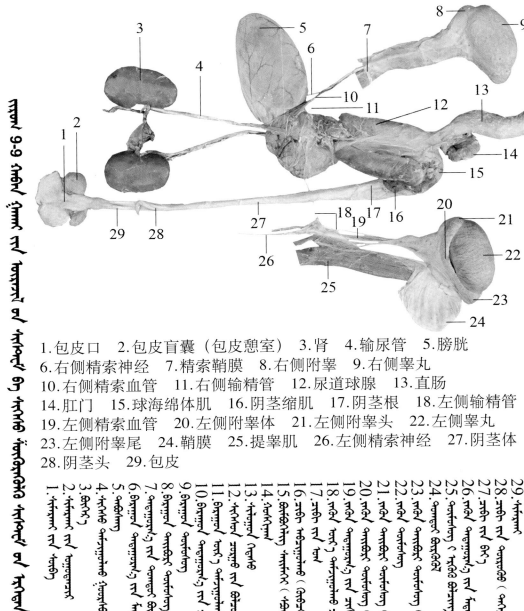

1.包皮口　2.包皮盲囊（包皮憩室）　3.肾　4.输尿管　5.膀胱　6.右侧精索神经　7.精索鞘膜　8.右侧附睾　9.右侧睾丸　10.右侧精索血管　11.右侧输精管　12.尿道球腺　13.直肠　14.肛门　15.球海绵体肌　16.阴茎缩肌　17.阴茎根　18.左侧输精管　19.左侧精索血管　20.左侧附睾体　21.左侧附睾头　22.左侧睾丸　23.左侧附睾尾　24.鞘膜　25.提睾肌　26.左侧精索神经　27.阴茎体　28.阴茎头　29.包皮

图 9-9　公猪生殖系统和泌尿系统器官

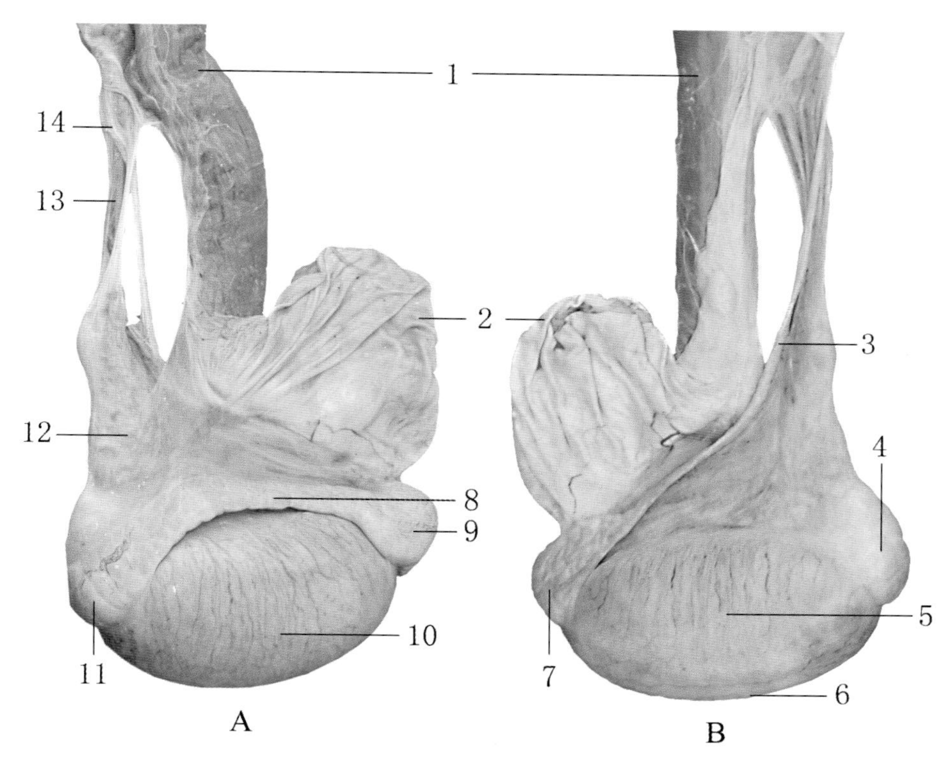

A.左侧睾丸内侧　B.左侧睾丸外侧

1.提睾肌　2.鞘膜　3.输精管　4.附睾头外侧　5.睾丸外侧　6.睾丸游离缘

7.附睾尾外侧　8.附睾体内侧　9.附睾尾内侧　10.睾丸内侧

11.附睾头内侧　12.血管丛（蔓状丛）　13.精索血管　14.精索神经

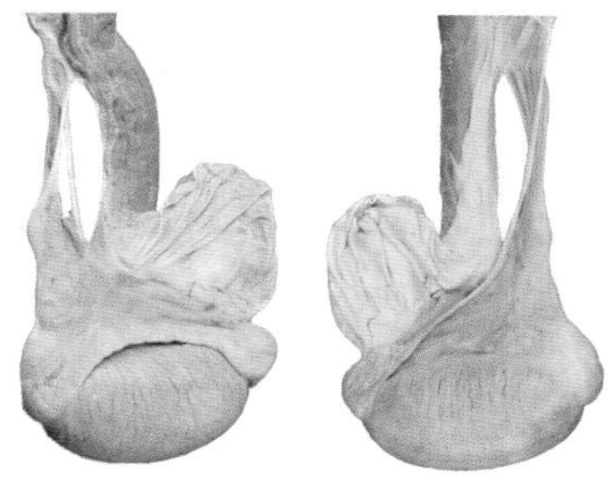

图 9-10　公猪睾丸结构

ᠵᠢᠷᠤᠭ 9-11 ᠪᠣᠷᠣ ᠭᠠᠬᠠᠢ ᠶᠢᠨ ᠥᠨᠳᠡᠭᠡᠨ ᠪᠠ ᠬᠠᠪᠰᠤᠷᠭ᠎ᠠ ᠥᠨᠳᠡᠭᠡᠨ (ᠪᠡᠯᠡᠭ)

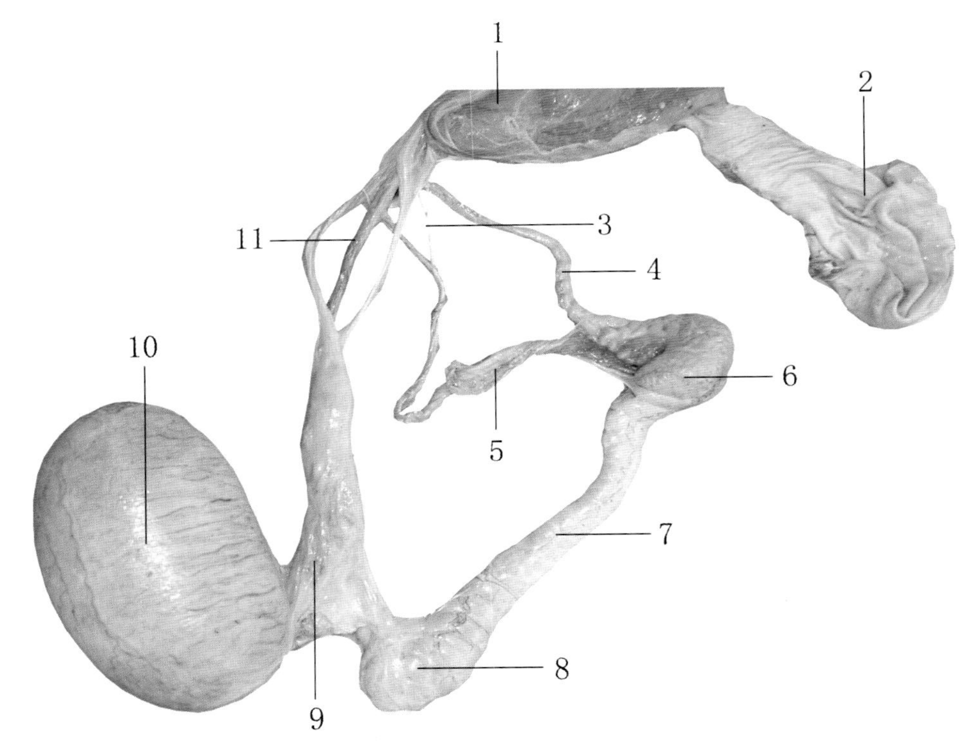

1.提睾肌 2.鞘膜 3.精索神经 4.输精管 5.附睾韧带 6.附睾尾 7.附睾体 8.附睾头 9.血管丛（蔓状丛） 10.睾丸 11.精索血管

11.ᠡᠰᠡᠷᠭᠦᠯᠡᠭᠴᠢ ᠶᠢᠨ ᠴᠤᠰᠤᠨ ᠰᠤᠳᠠᠯ
10.ᠥᠨᠳᠡᠭᠡᠨ
9.ᠴᠤᠰᠤᠨ ᠰᠤᠳᠠᠯ ᠤᠨ ᠰᠦᠯᠵᠢᠶ᠎ᠡ
8.ᠬᠠᠪᠰᠤᠷᠭ᠎ᠠ ᠥᠨᠳᠡᠭᠡᠨ (ᠪᠡᠯᠡᠭ) ᠦᠨ ᠲᠣᠯᠣᠭᠠᠢ
7.ᠬᠠᠪᠰᠤᠷᠭ᠎ᠠ ᠥᠨᠳᠡᠭᠡᠨ (ᠪᠡᠯᠡᠭ) ᠦᠨ ᠪᠡᠶ᠎ᠡ
6.ᠬᠠᠪᠰᠤᠷᠭ᠎ᠠ ᠥᠨᠳᠡᠭᠡᠨ (ᠪᠡᠯᠡᠭ) ᠦᠨ ᠰᠡᠭᠦᠯ
5.ᠬᠠᠪᠰᠤᠷᠭ᠎ᠠ ᠥᠨᠳᠡᠭᠡᠨ (ᠪᠡᠯᠡᠭ) ᠦᠨ ᠰᠢᠨᠳᠦᠯᠭᠡ
4.ᠦᠷ᠎ᠡ ᠳᠠᠮᠵᠢᠭᠤᠯᠬᠤ ᠰᠤᠪᠠᠭ
3.ᠡᠰᠡᠷᠭᠦᠯᠡᠭᠴᠢ ᠶᠢᠨ ᠮᠡᠳᠡᠷᠡᠯ
2.ᠬᠠᠪᠬᠠᠭ ᠪᠦᠷᠬᠦᠪᠴᠢ
1.ᠥᠨᠳᠡᠭᠡᠨ ᠢ ᠲᠠᠲᠠᠬᠤ ᠪᠤᠯᠴᠢᠩ

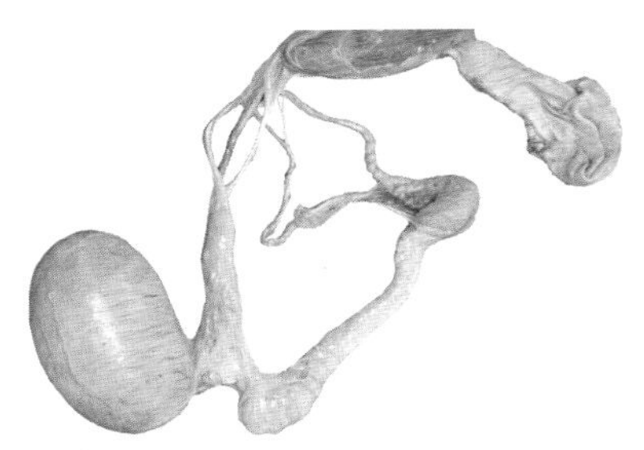

图9-11 公猪睾丸和附睾

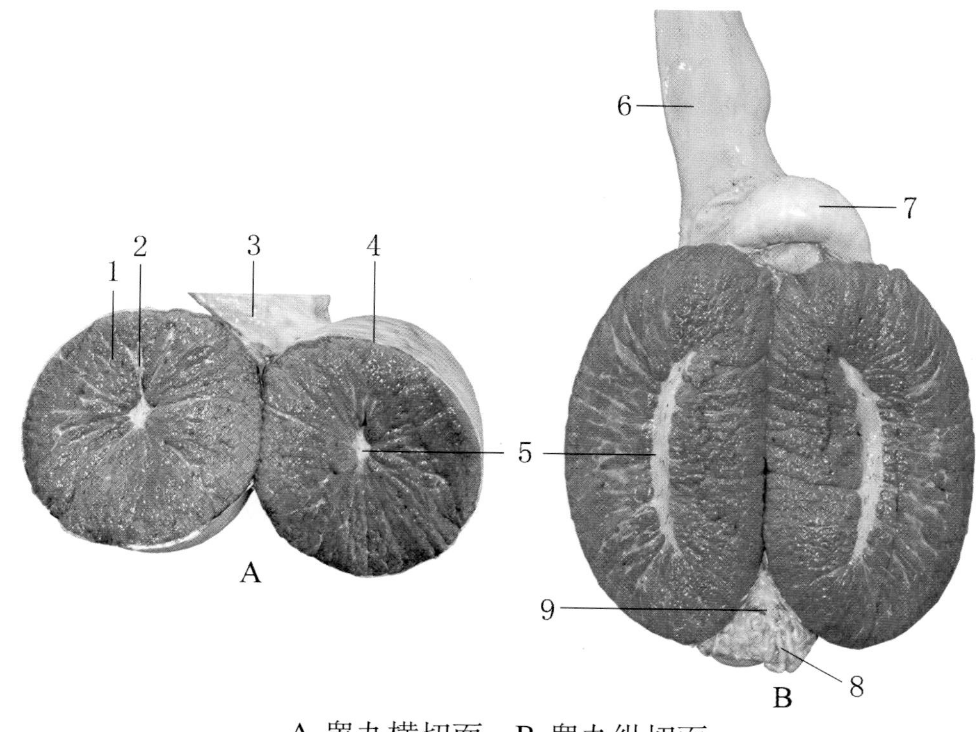

A.睾丸横切面　B.睾丸纵切面

1.睾丸小叶　2.睾丸小隔　3.血管丛（蔓状丛）　4.睾丸白膜

5.睾丸纵隔和睾丸网　6.精索　7.附睾头　8.附睾管　9.附睾尾

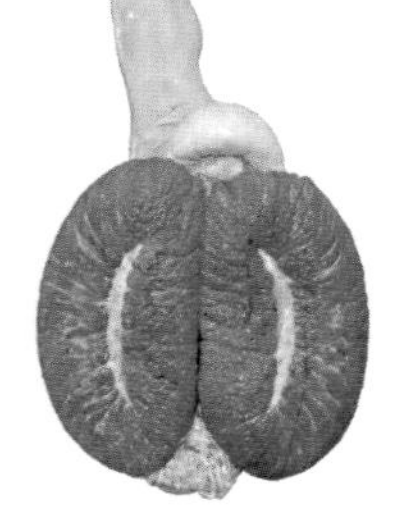

图 9-12　公猪睾丸纵切面和横切面

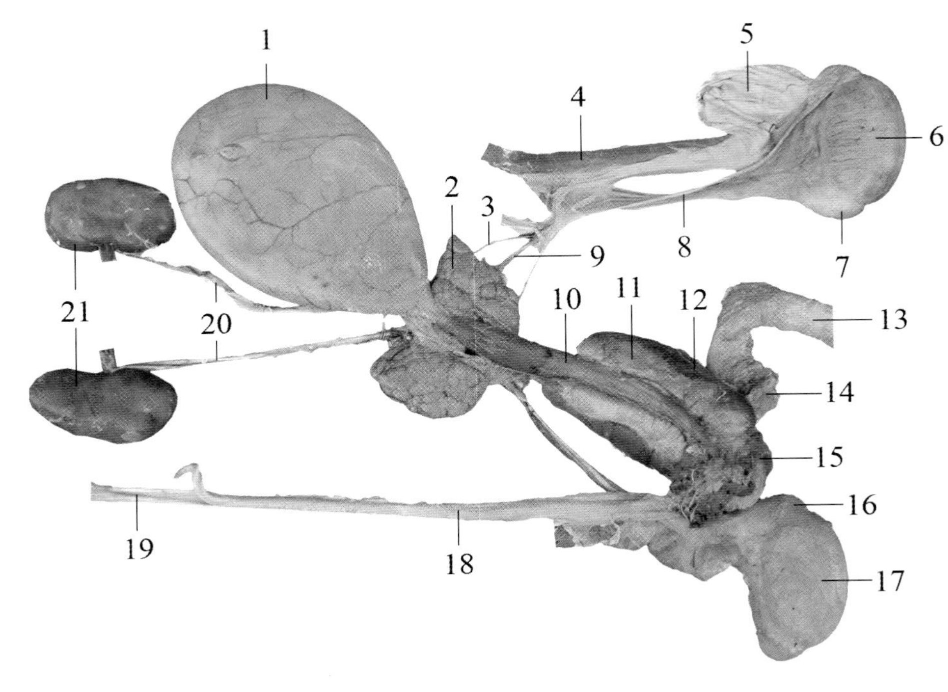

1.膀胱　2.精囊腺　3.精索神经　4.提睾肌　5.鞘膜　6.左侧睾丸　7.附睾头　8.输精管　9.精索血管　10.尿生殖道骨盆部及尿道肌　11.尿道球腺　12.尿道球腺肌　13.直肠　14.肛门　15.球海绵体肌　16.附睾尾　17.右侧睾丸　18.阴茎　19.包皮　20.输尿管　21.肾

图 9-13　公猪副性腺腹面观

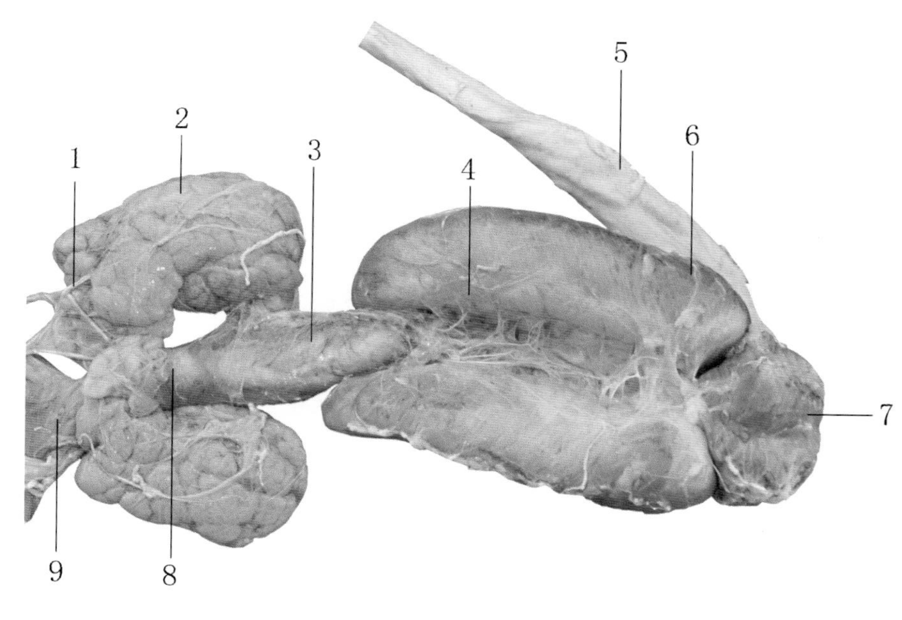

1.精囊腺排泄管　2.精囊腺　3.尿道肌　4.尿道球腺　5.阴茎根
6.尿道球腺肌　7.球海绵体肌　8.前列腺　9.膀胱颈

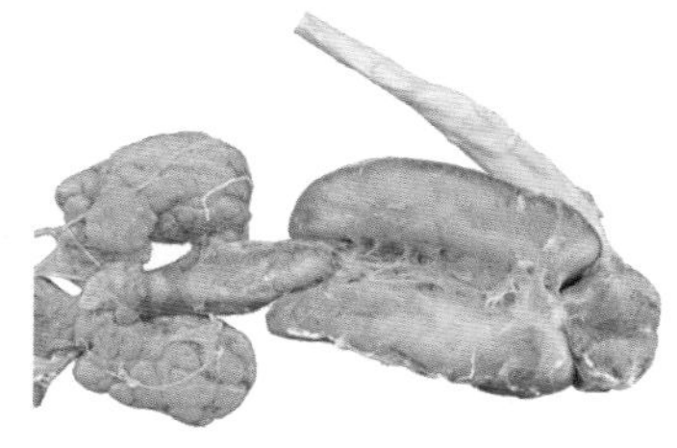

图 9-14　公猪副性腺背面观

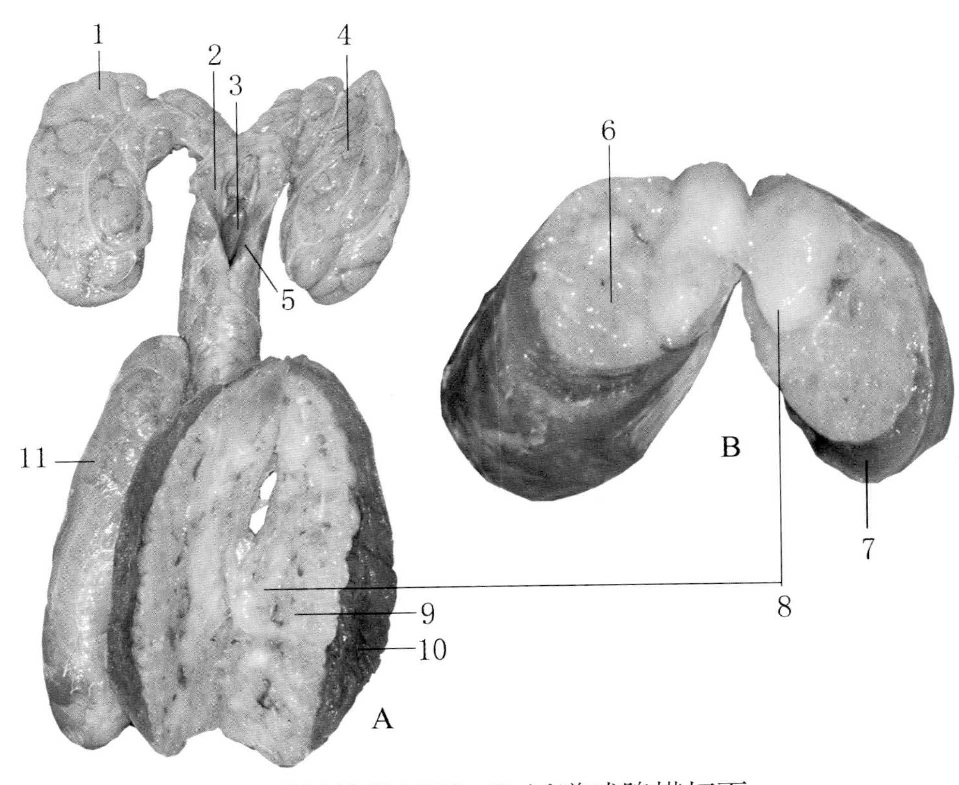

A.副性腺纵切面　B.尿道球腺横切面

1.左侧精囊腺　2.前列腺纵切面　3.尿道　4.右侧精囊腺纵切面　5.尿道肌纵切面　6.尿道球腺横切面　7.尿道球腺肌横切面　8.尿道球腺分泌物　9.尿道球腺纵切面　10.尿道球腺肌纵切面　11.左侧尿道球腺

图9-15　公猪副性腺切面

十、猪内分泌系统

猪内分泌系统由分布于全身的内分泌腺、内分泌组织和细胞群组成。内分泌腺包括脑垂体、甲状腺、甲状旁腺、肾上腺和松果体等，内分泌组织和细胞群包括胰岛、睾丸的间质细胞，卵巢的卵泡内膜细胞和黄体细胞等。内分泌系统的主要功能是分泌激素，直接进入血液和体液循环调节各器官系统的功能活动。

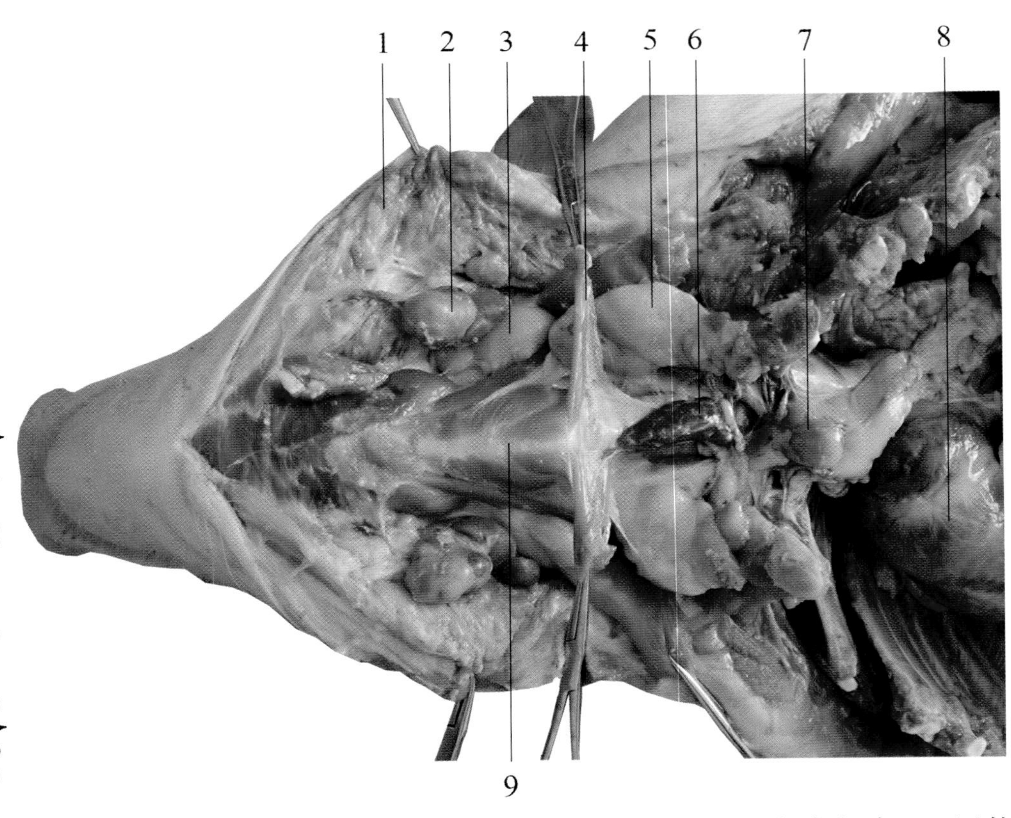

1.腮腺　2.颌下腺　3.胸腺颈叶　4.环甲腹侧肌　5.胸腺中叶　6.甲状腺
7.胸腺胸叶　8.心　9.喉部

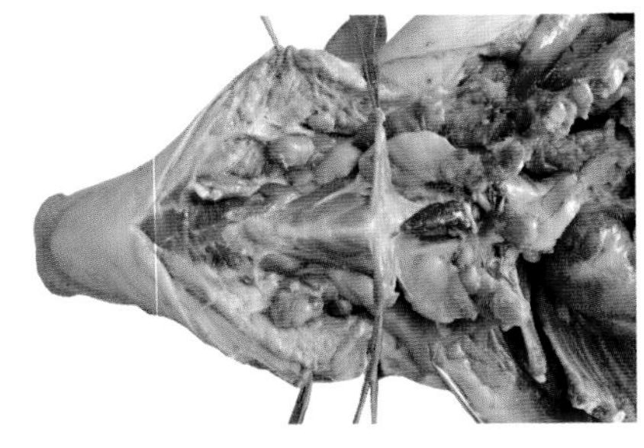

图10-1　猪甲状腺及其位置（生长猪）

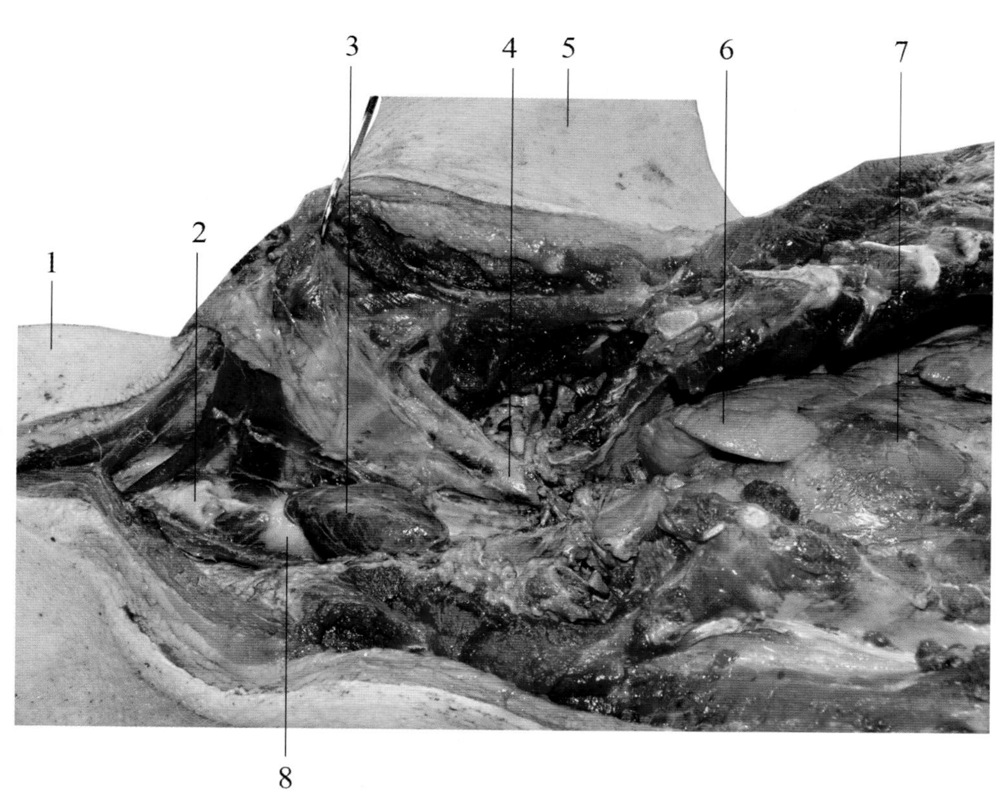

1.下颌　2.喉部　3.甲状腺　4.颈静脉　5.左前肢　6.左肺尖叶
7.心包、心　8.气管

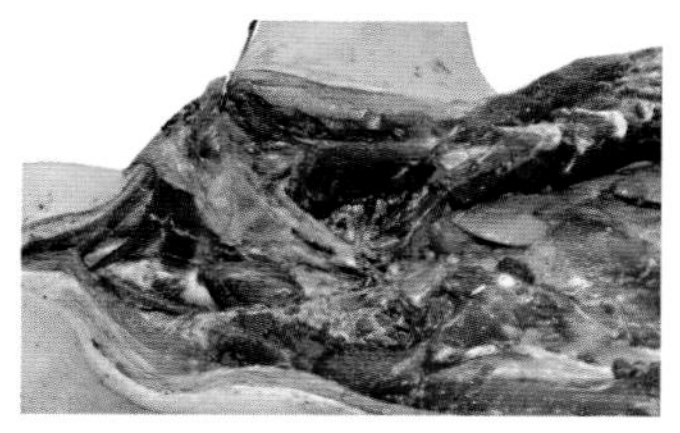

图10-2　猪甲状腺及其位置（成年猪）

ᠵᠢᠷᠤᠭ 10-3 ᠭᠠᠬᠠᠢ ᠶᠢᠨ ᠪᠠᠮᠪᠠᠢ ᠪᠤᠯᠴᠢᠷᠬᠠᠢ

A. 甲状腺背面观　B. 甲状腺腹面观

A.ᠪᠠᠮᠪᠠᠢ ᠪᠤᠯᠴᠢᠷᠬᠠᠢ ᠶᠢᠨ ᠨᠢᠷᠤᠭᠤ ᠲᠠᠯ

B.ᠪᠠᠮᠪᠠᠢ ᠪᠤᠯᠴᠢᠷᠬᠠᠢ ᠶᠢᠨ ᠬᠡᠪᠯᠢ ᠲᠠᠯ

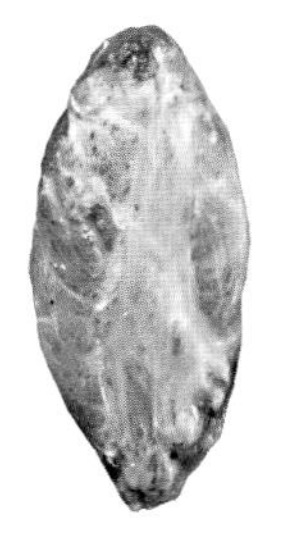

图10-3　猪甲状腺

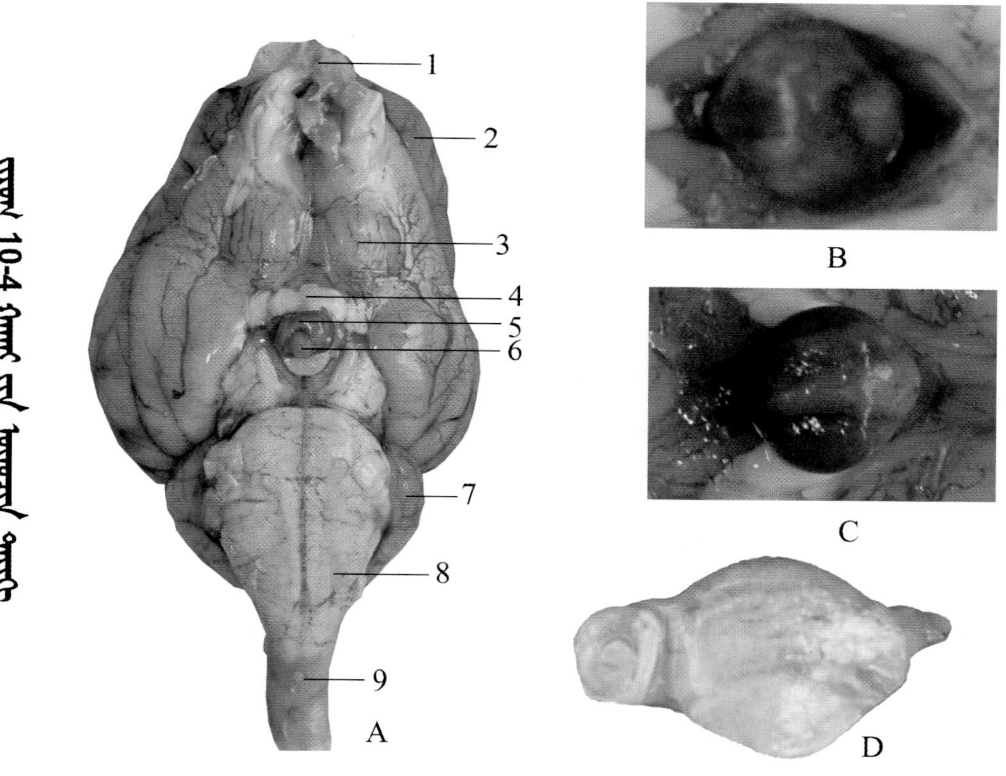

A.脑腹面观　B.脑垂体腹面观　C.脑垂体背面观　D.脑垂体纵切面
1.嗅球　2.大脑半球　3.嗅结节　4.视交叉　5.腺垂体　6.神经垂体
7.小脑　8.延髓　9.脊髓

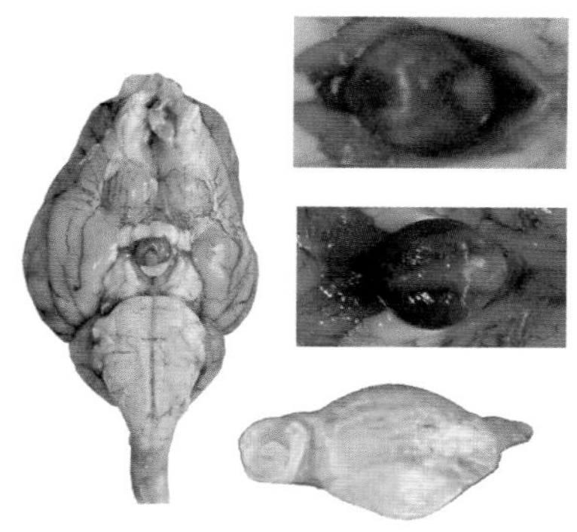

图10-4　猪脑垂体

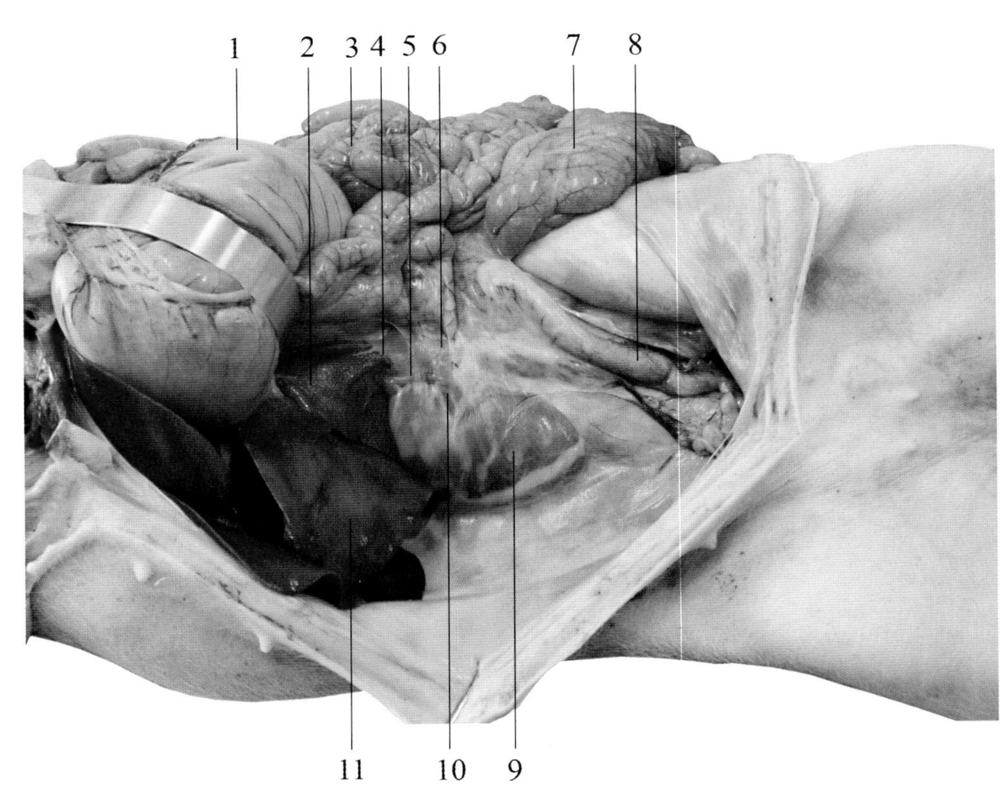

1.胃　2.肝尾状叶　3.空肠　4.门静脉　5.右肾上腺　6.后腔静脉
7.结肠　8.大肠　9.右肾　10.肾静脉　11.肝

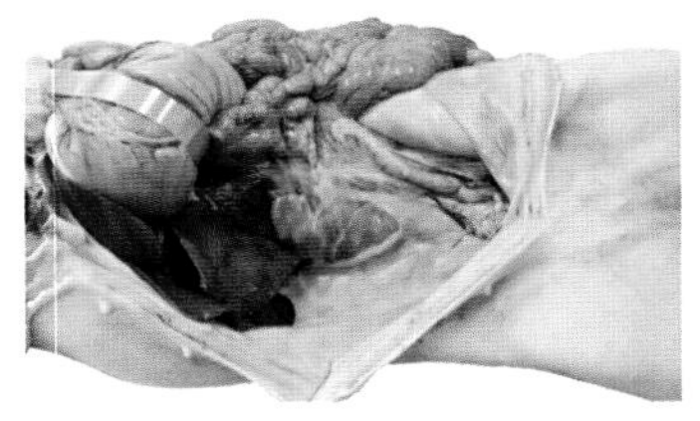

图10-5　猪右侧肾上腺的相对位置

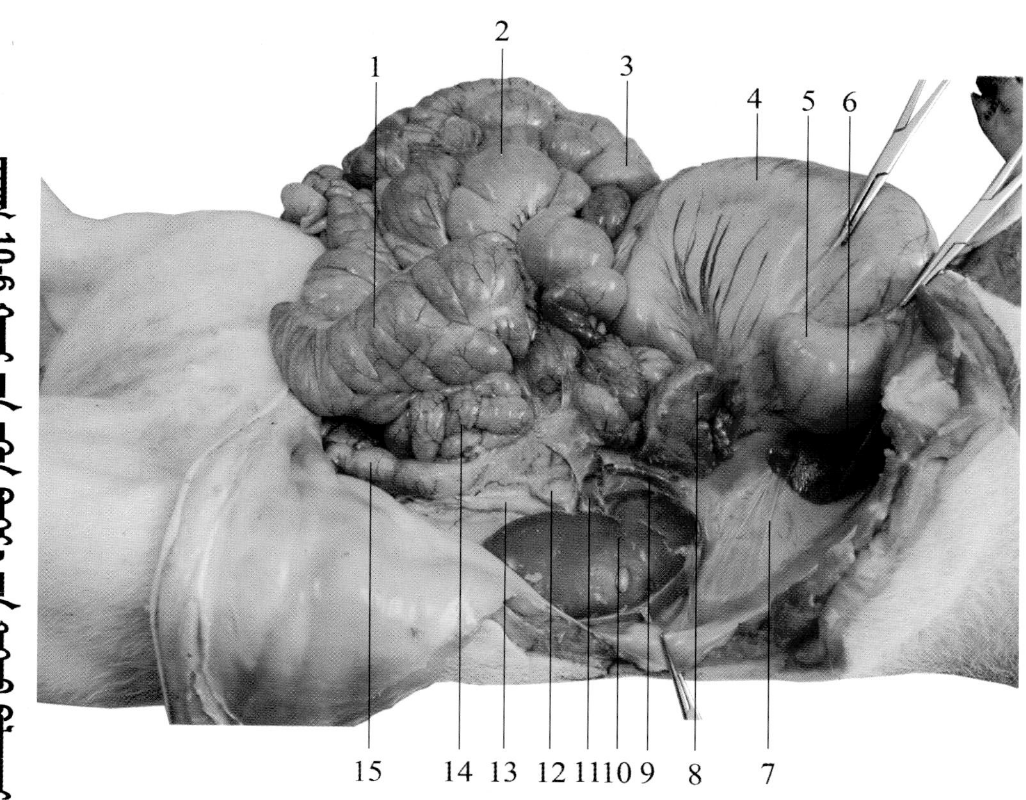

1.盲肠 2.结肠 3.空肠 4.胃 5.胃憩室 6.肝左外叶 7.膈 8.胰 9.左肾上腺 10.左肾 11.肾静脉 12.肾淋巴结 13.输尿管 14.回肠 15.直肠

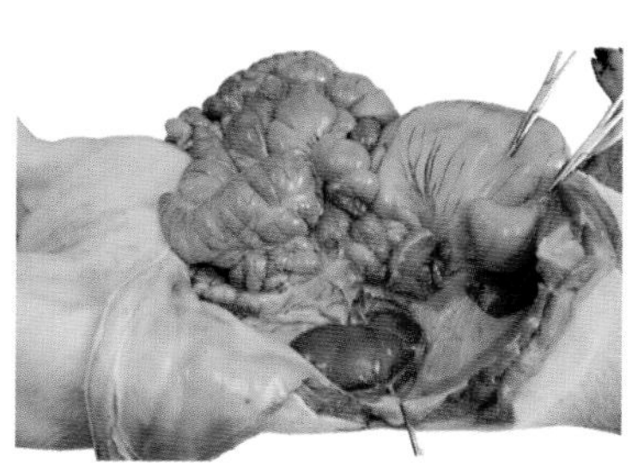

图10-6 猪左侧肾上腺的相对位置

十一、猪免疫系统

猪免疫系统由免疫器官、免疫组织和免疫细胞组成。免疫器官又可分为中枢免疫器官（骨髓和胸腺）和周围免疫器官（淋巴结、脾脏）。骨髓位于骨髓腔内，是主要的造血器官；胸腺既是免疫器官又兼有内分泌功能，在幼猪较为发达，性成熟后逐渐退化；淋巴结主要有下颌淋巴结、颈浅背侧淋巴结、髂内淋巴结、腹股沟浅淋巴结、腹股沟深淋巴结、髂下淋巴结、腘淋巴结、肝淋巴结、纵隔淋巴结、肠系膜淋巴结等；脾脏位于胃大弯的左侧，是体内最大的免疫器官。

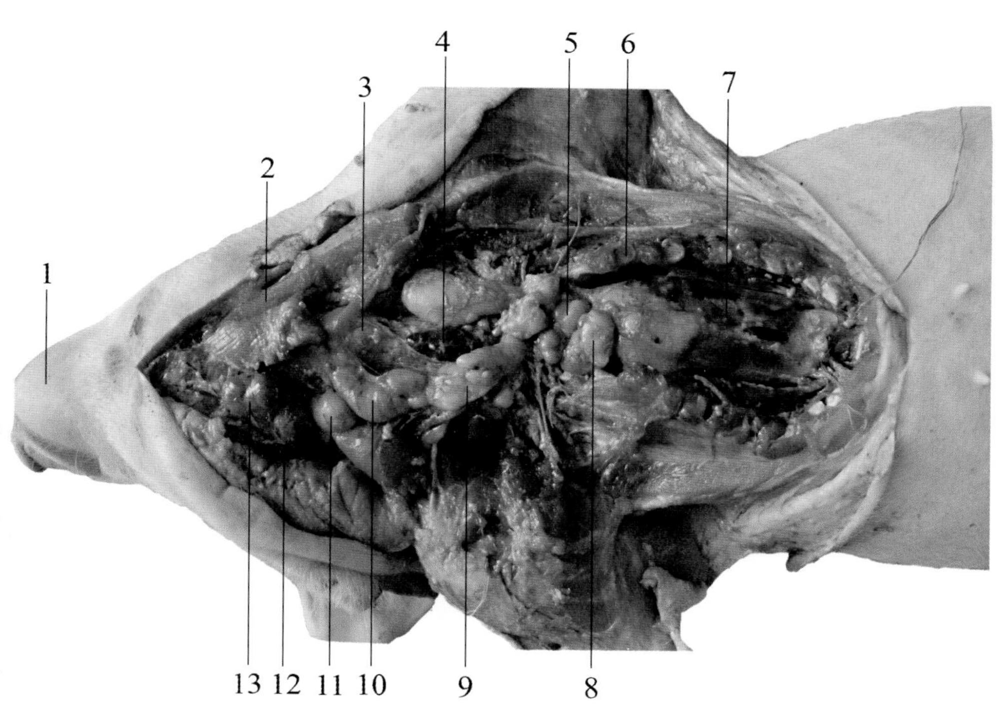

1. 下颌　2. 胸骨舌骨肌　3. 喉部　4. 甲状腺　5. 胸骨前淋巴结　6. 肋骨　7. 心包、心　8. 胸腺胸叶　9. 胸腺中叶　10. 胸腺颈叶　11. 下颌淋巴结　12. 舌面静脉　13. 颌下腺

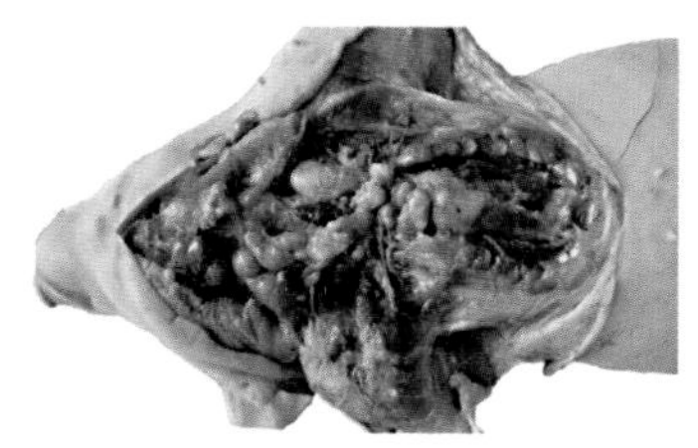

图 11-1　猪胸腺相对位置（腹面观）

ᠵᠢᠷᠤᠭ 11-2 ᠭᠠᠬᠠᠢ ᠶᠢᠨ ᠳᠡᠯᠪᠡᠭᠦ ᠶᠢᠨ ᠬᠡᠪᠡᠯ ᠦᠨ ᠬᠥᠨᠳᠡᠢ ᠳᠡᠬᠢ ᠪᠠᠢᠷᠢ

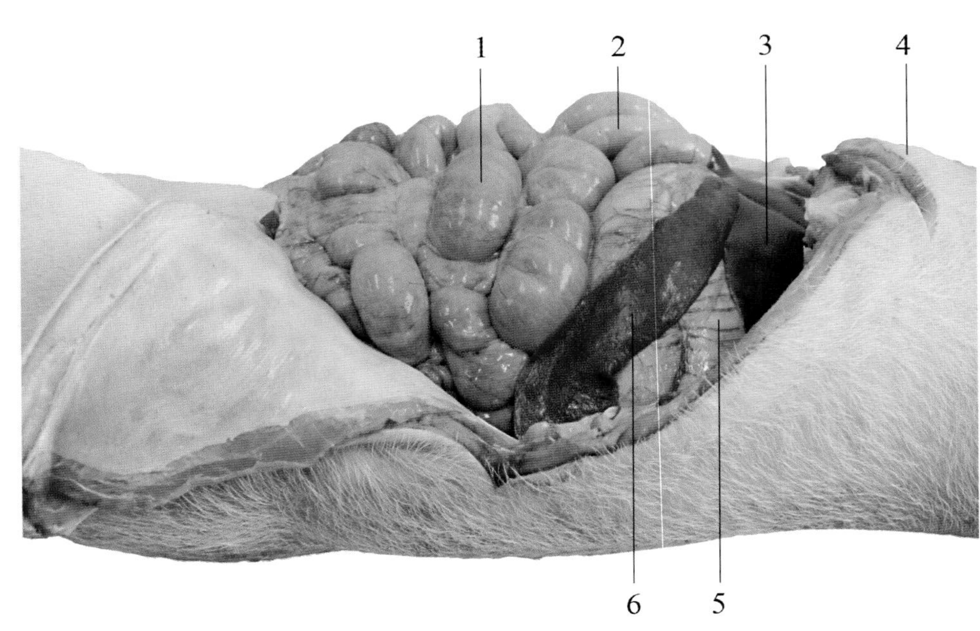

1.结肠 2.小肠 3.肝脏 4.胸部 5.胃 6.脾脏

1.ᠪᠦᠳᠦᠭᠦᠨ (ᠰᠣᠯᠣᠩᠭᠠ) ᠭᠡᠳᠡᠰᠦ
2.ᠨᠠᠷᠢᠨ ᠭᠡᠳᠡᠰᠦ
3.ᠡᠯᠢᠭᠡ
4.ᠴᠡᠭᠡᠵᠢ ᠬᠡᠰᠡᠭ
5.ᠬᠣᠳᠣᠭᠣᠳᠣ
6.ᠳᠡᠯᠪᠡᠭᠦ

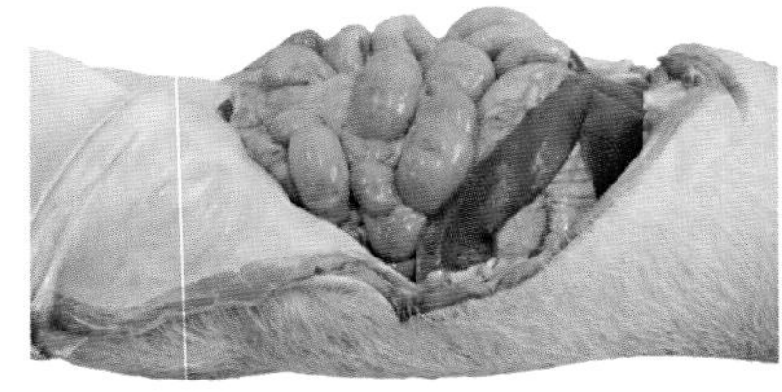

图11-2 猪脾脏在腹腔内相对位置

ᠵᠢᠷᠤᠭ 11-3 ᠭᠠᠬᠠᠢ ᠶᠢᠨ ᠳᠡᠯᠢᠭᠦᠦ

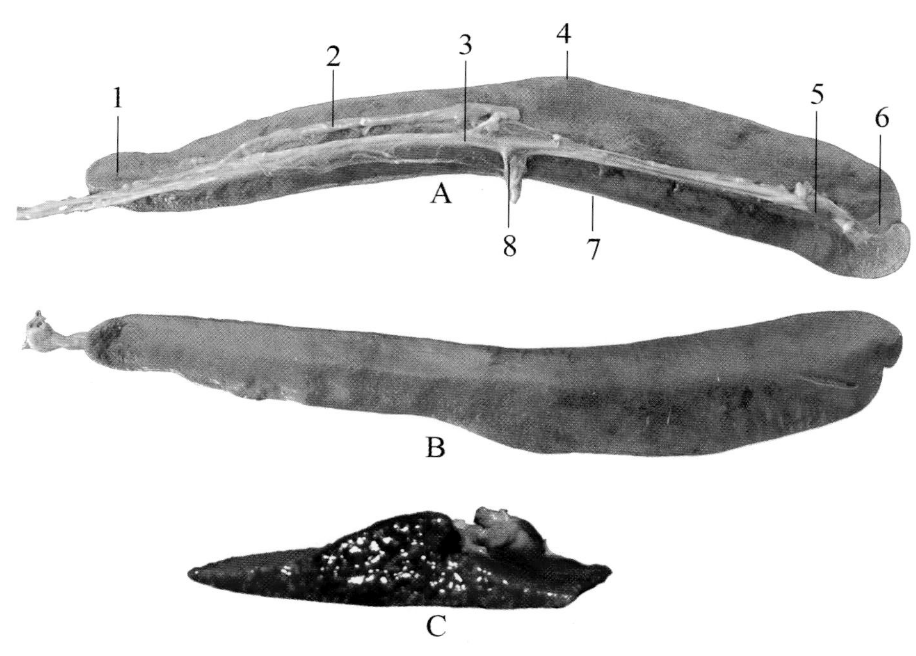

A.脾脏脏面　B.脾脏壁面　C.脾脏横切面

1.脾背侧端　2.脾网膜　3.脾静脉　4.脾后缘　5.脾门　6.脾腹侧端

7.脾前缘　8.脾网膜静脉

8.ᠳᠡᠯᠢᠭᠦᠦ ᠰᠡᠮᠵᠢ ᠶᠢᠨ ᠰᠤᠳᠠᠯ

7.ᠳᠡᠯᠢᠭᠦᠦ ᠶᠢᠨ ᠡᠮᠦᠨᠡ ᠬᠢᠵᠠᠭᠠᠷ

6.ᠳᠡᠯᠢᠭᠦᠦ ᠶᠢᠨ ᠬᠡᠪᠡᠯᠢᠢ ᠦᠵᠦᠭᠦᠷ

5.ᠳᠡᠯᠢᠭᠦᠦ ᠶᠢᠨ ᠡᠭᠦᠳᠡ

4.ᠳᠡᠯᠢᠭᠦᠦ ᠶᠢᠨ ᠬᠣᠶᠢᠨᠠ ᠬᠢᠵᠠᠭᠠᠷ

3.ᠳᠡᠯᠢᠭᠦᠦ ᠶᠢᠨ ᠰᠤᠳᠠᠯ

2.ᠳᠡᠯᠢᠭᠦᠦ ᠶᠢᠨ ᠰᠡᠮᠵᠢ

1.ᠳᠡᠯᠢᠭᠦᠦ ᠶᠢᠨ ᠨᠤᠷᠤᠭᠤ ᠦᠵᠦᠭᠦᠷ

C.ᠳᠡᠯᠢᠭᠦᠦ ᠶᠢᠨ ᠬᠥᠨᠳᠡᠯᠡᠨ ᠣᠭᠲᠠᠯᠤᠯᠲᠠ

B.ᠳᠡᠯᠢᠭᠦᠦ ᠶᠢᠨ ᠬᠠᠨ᠎ᠠ ᠶᠢᠨ ᠲᠠᠯ᠎ᠠ ᠶᠢᠨ ᠭᠠᠳᠠᠷ

A.ᠳᠡᠯᠢᠭᠦᠦ ᠶᠢᠨ ᠳᠣᠲᠣᠷ ᠭᠠᠳᠠᠷ

图11-3　猪脾脏

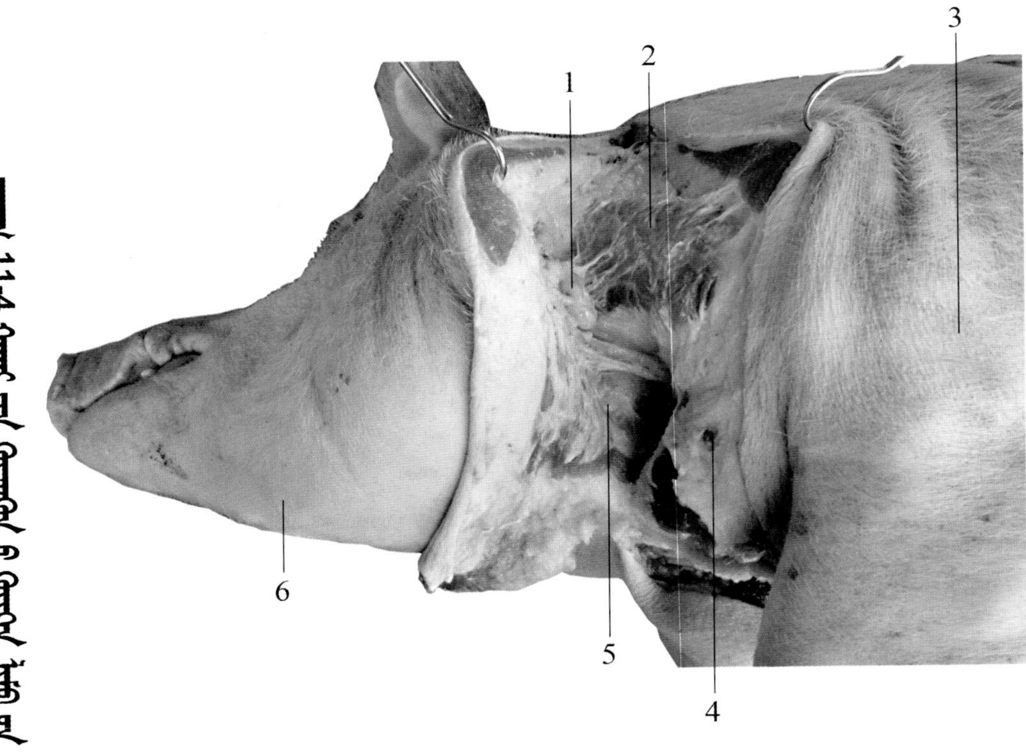

1.腮腺淋巴结　2.臂头肌　3.肩胛部　4.颈浅（肩前）淋巴结
5.颌下腺　6.下颌

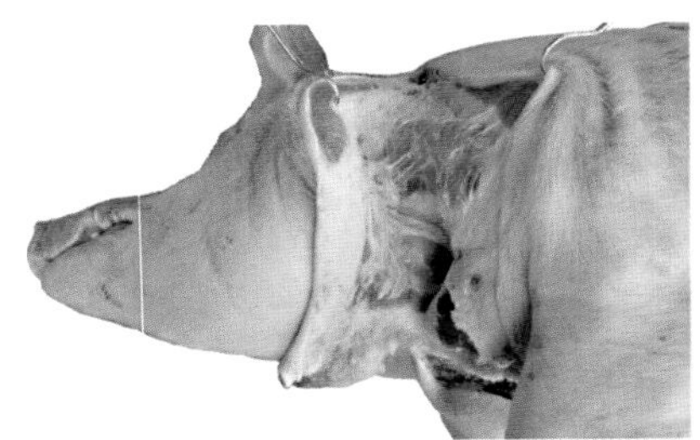

图11-4　猪颈浅淋巴结

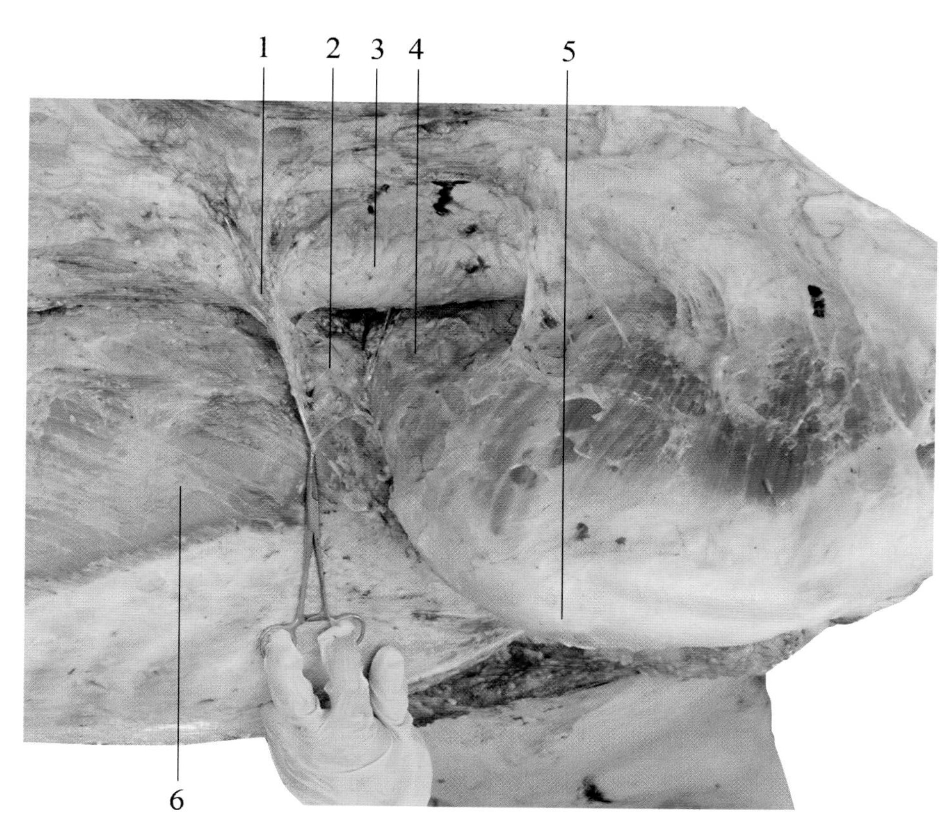

1.皮下组织　2.髂下淋巴结(股前淋巴结)　3.皮肤　4.阔筋膜张肌
5.膝部　6.腹外斜肌

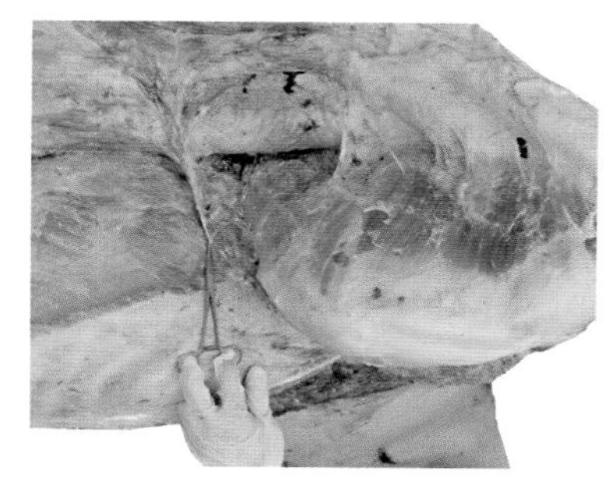

图11-5　猪髂下淋巴结

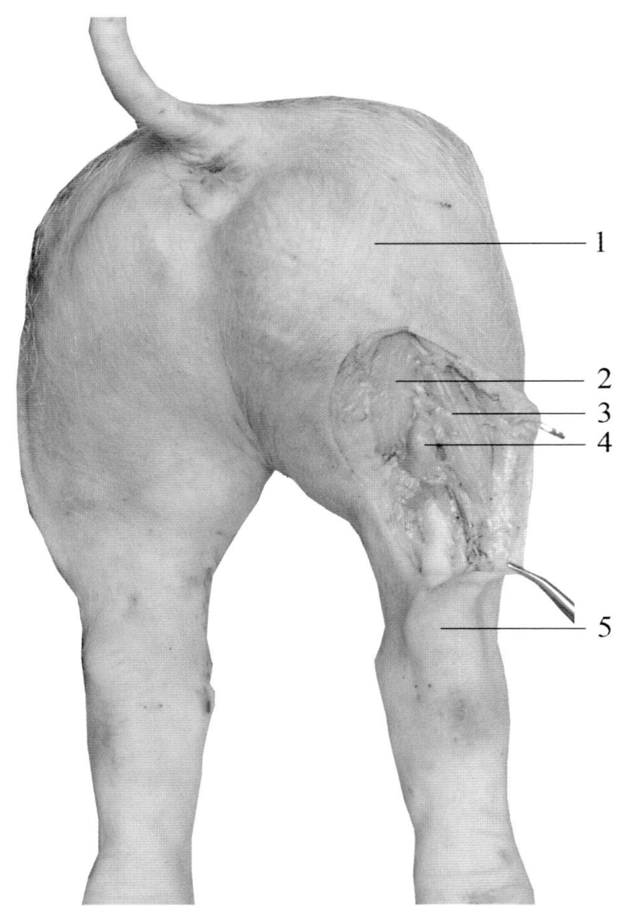

1.臀部 2.股二头肌 3.半腱肌 4.腘淋巴结 5.跗部

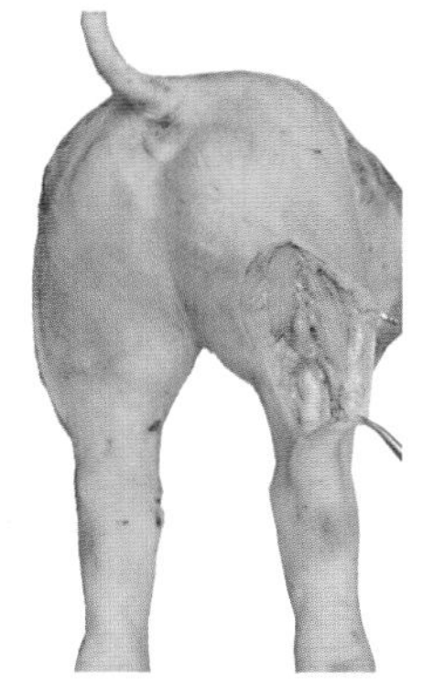

图11-6 猪腘淋巴结

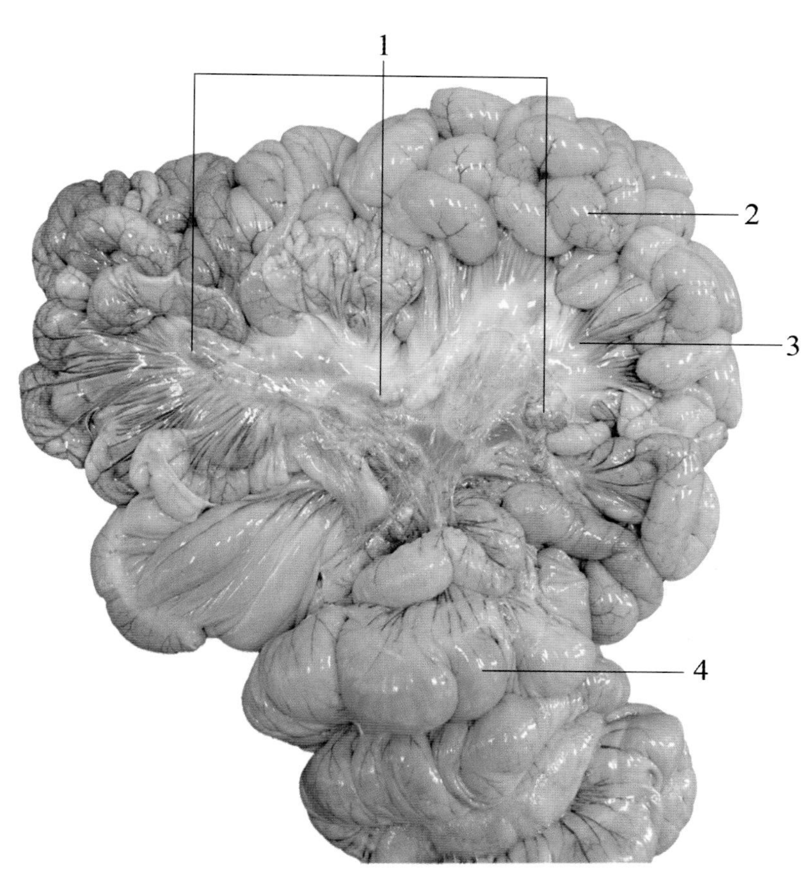

1.肠系膜淋巴结　2.小肠　3.肠系膜　4.结肠

图11-7　猪肠系膜淋巴结

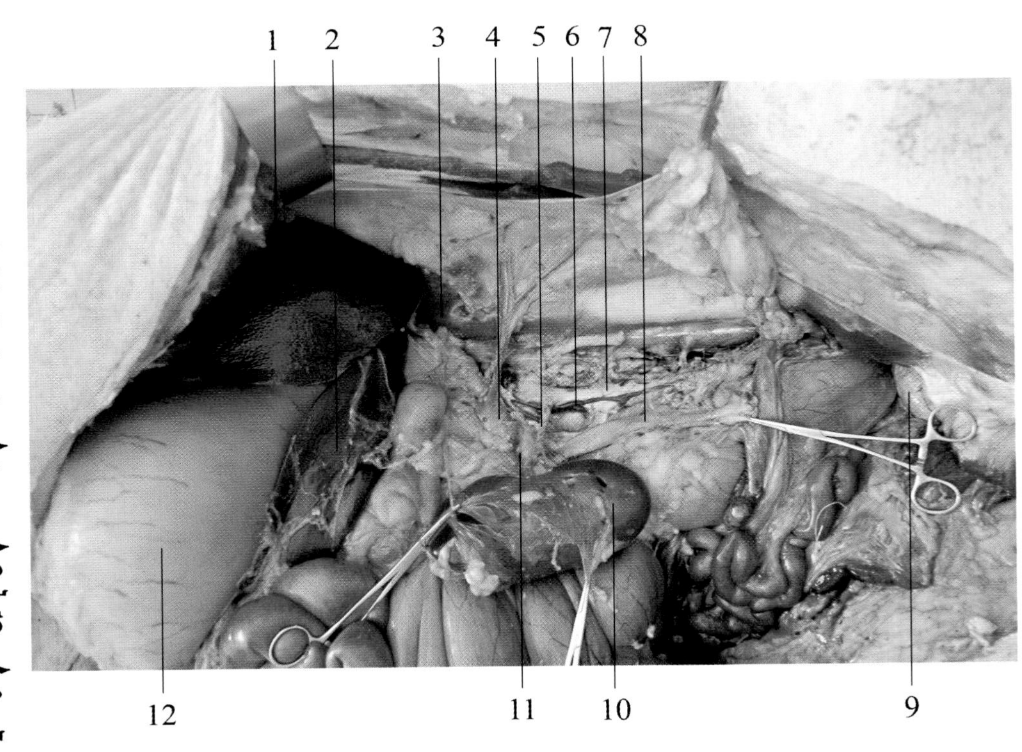

1.肝脏　2.脾脏　3.腰大肌　4.后腔静脉　5.肾动脉　6.腰淋巴干
7.腹主动脉　8.输尿管　9.膀胱　10.左肾　11.肾静脉　12.胃

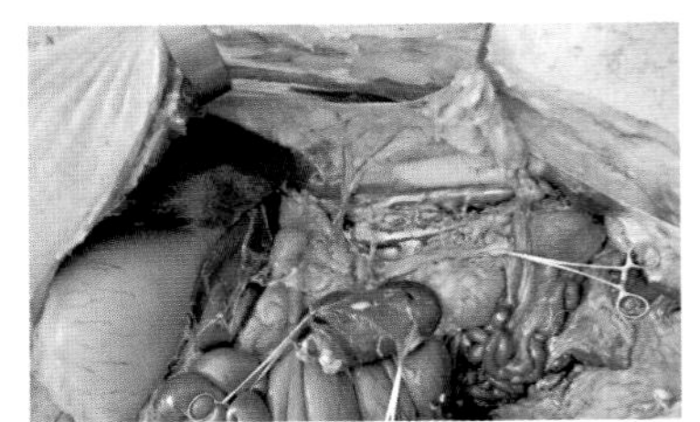

图11-8　猪腰淋巴干

十二、猪运动系统

猪的运动系统包括骨骼和肌肉两大部。

骨骼由骨与骨连接构成,包括头骨、躯干骨和四肢骨。头骨近似楔形，鼻骨尖端有特殊的吻骨；躯干骨由50 ～ 58枚椎骨、肋骨和胸骨组成，胸廓略成圆锥形，较长；前肢的腕骨和后肢的跗骨及以下各骨数目较其他家畜要多。

肌肉由皮肌（颈皮肌发达）、头部肌、躯干肌、四肢肌四部分组成。

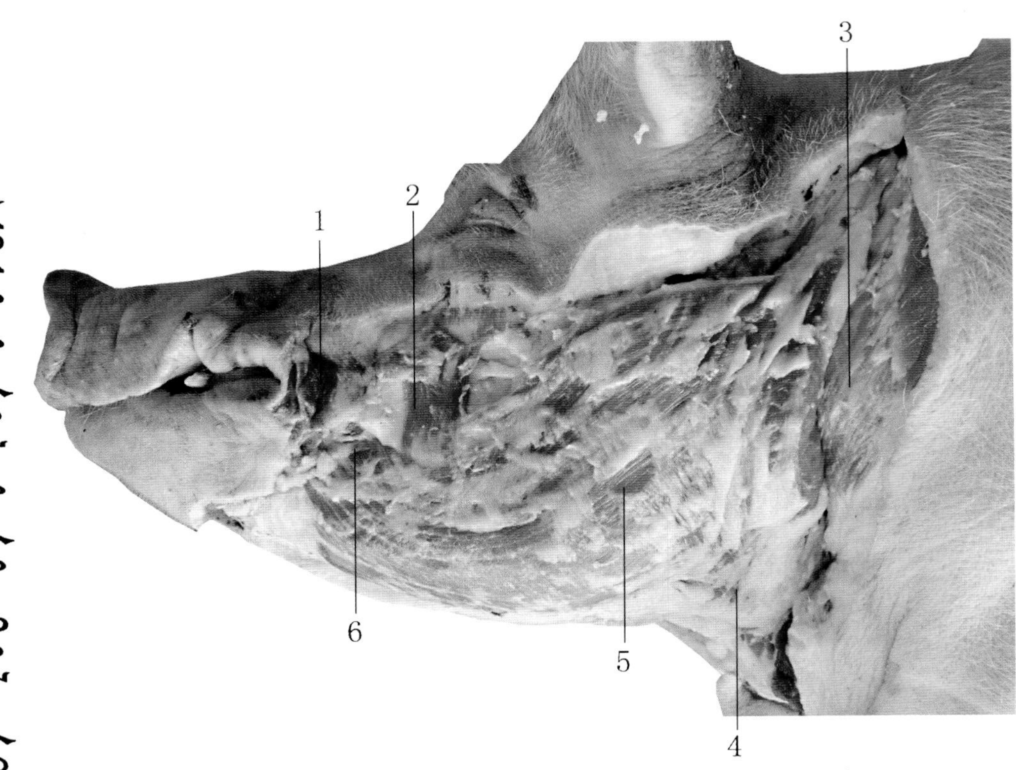

1.口轮匝肌　2.颧骨肌　3.臂头肌　4.颈皮肌　5.面皮肌　6.唇皮肌

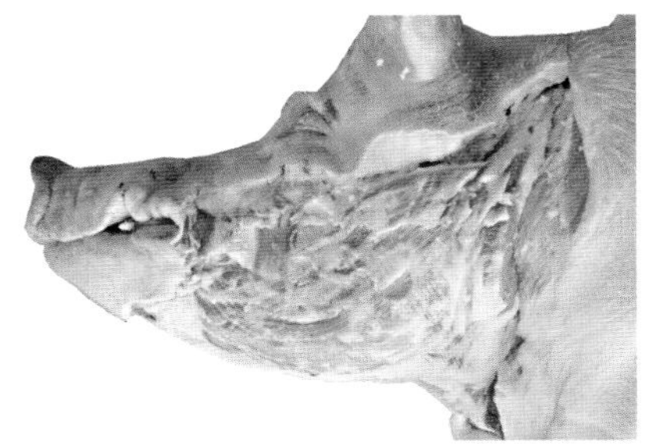

图12-1　猪头部外侧浅层肌

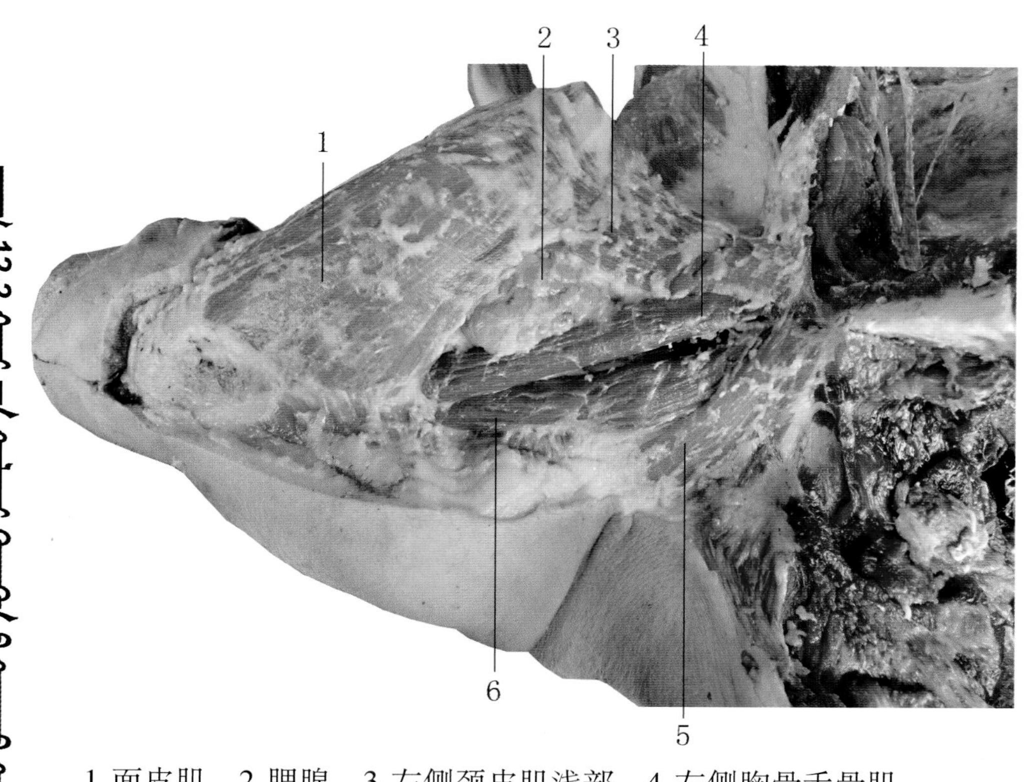

1.面皮肌　2.腮腺　3.左侧颈皮肌浅部　4.左侧胸骨舌骨肌
5.右侧颈皮肌浅部　6.右侧胸骨舌骨肌

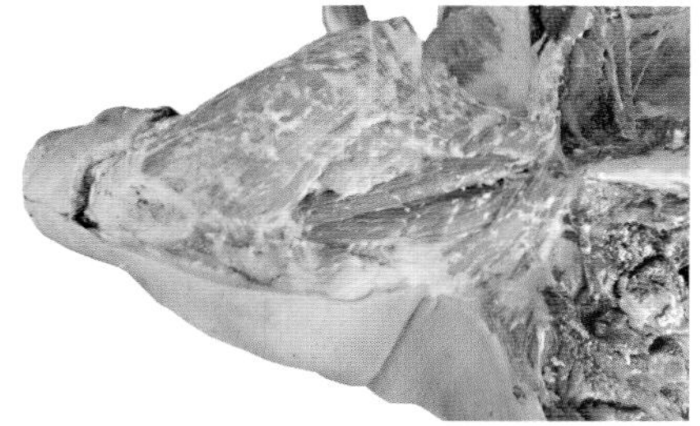

图12-2　猪头颈部腹侧浅层肌

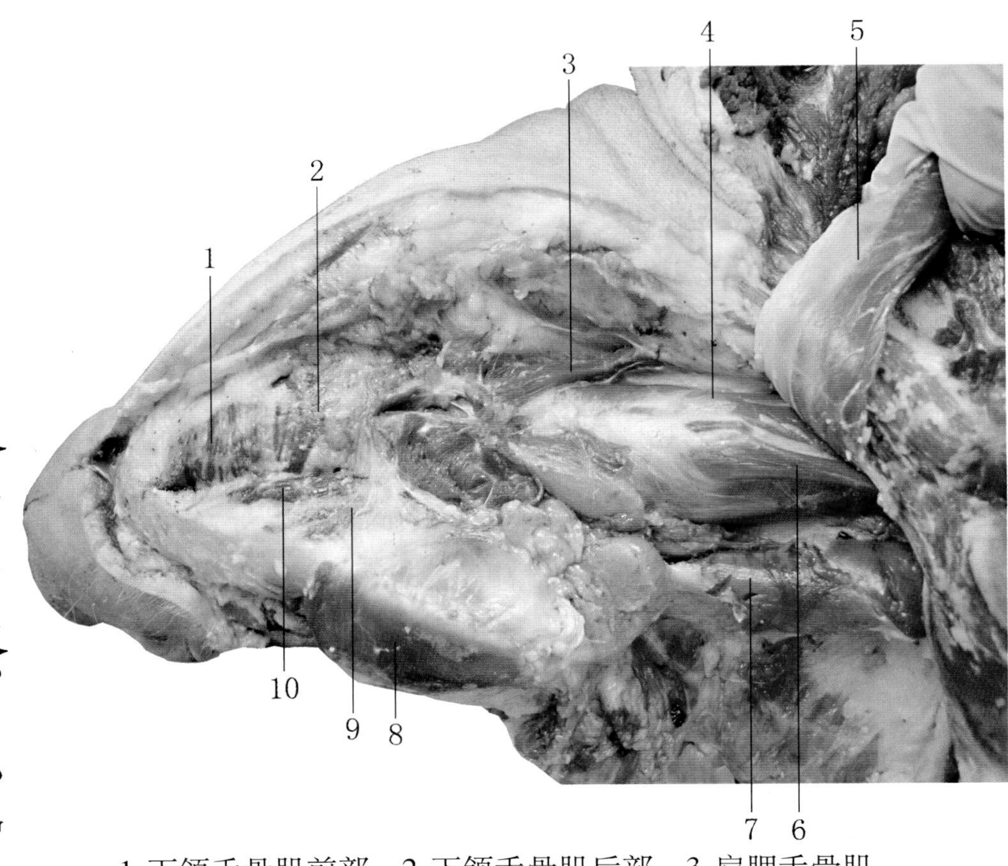

1.下颌舌骨肌前部　2.下颌舌骨肌后部　3.肩胛舌骨肌
4.胸骨甲状肌　5.胸骨舌骨肌　6.环甲腹侧肌　7.胸下颌肌
8.咬肌　9.翼内肌　10.二腹肌

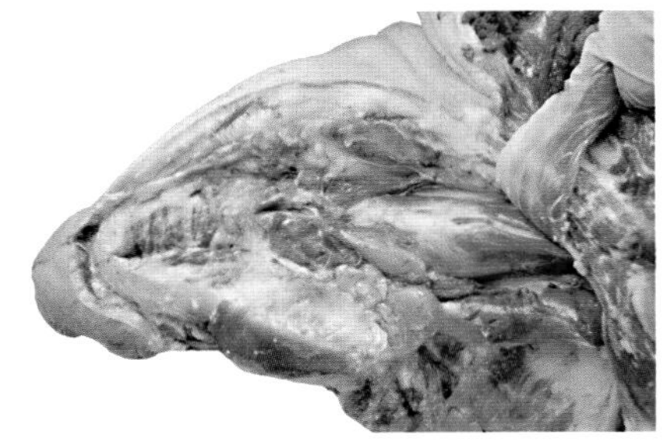

图12-3　猪头颈部腹侧深层肌

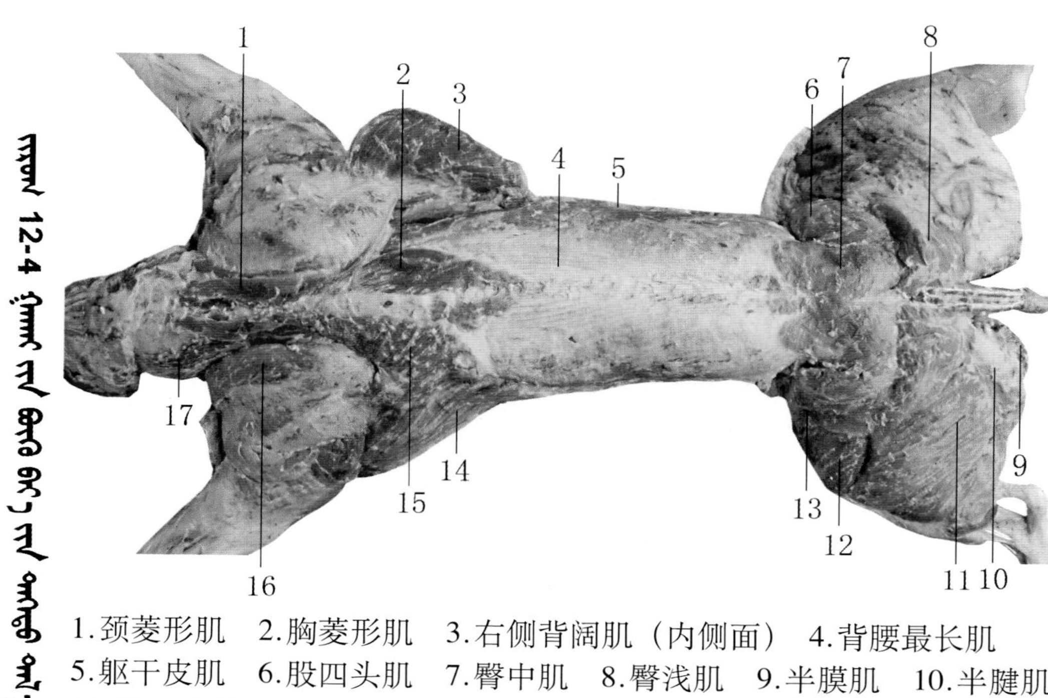

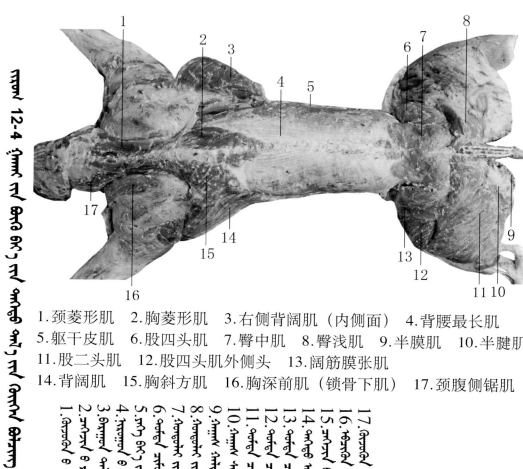

1.颈菱形肌 2.胸菱形肌 3.右侧背阔肌（内侧面） 4.背腰最长肌 5.躯干皮肌 6.股四头肌 7.臀中肌 8.臀浅肌 9.半膜肌 10.半腱肌 11.股二头肌 12.股四头肌外侧头 13.阔筋膜张肌 14.背阔肌 15.胸斜方肌 16.胸深前肌（锁骨下肌） 17.颈腹侧锯肌

图12-4 猪全身背侧浅层肌

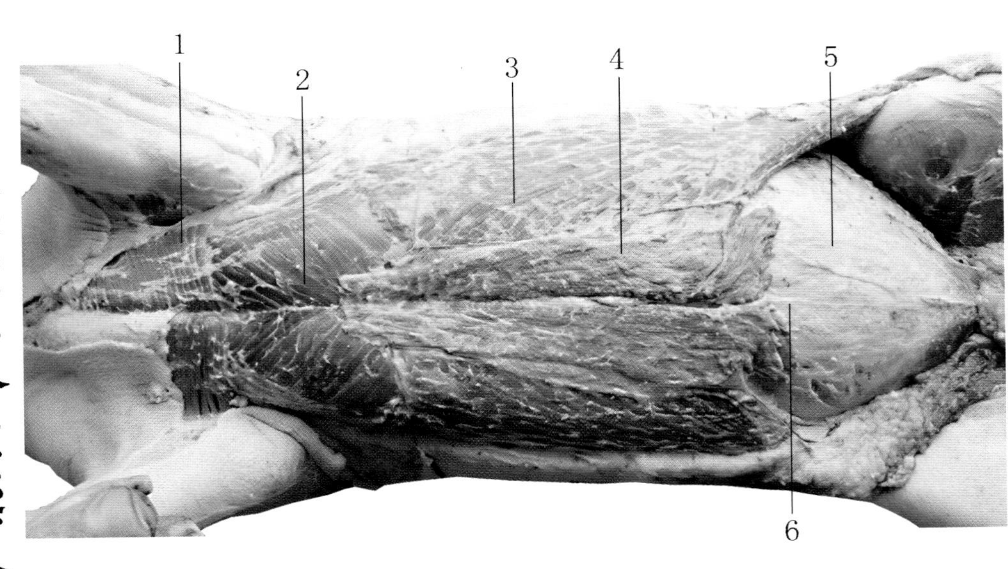

ᠵᠢᠷᠤᠭ 12-5 ᠭᠠᠬᠠᠢ ᠶᠢᠨ ᠴᠡᠭᠡᠵᠢ ᠬᠡᠪᠡᠯ ᠦᠨ ᠬᠡᠰᠡᠭ ᠦᠨ ᠬᠡᠪᠡᠯ ᠦᠨ ᠬᠠᠵᠠᠭᠤ ᠶᠢᠨ ᠦᠩᠭᠡᠨ ᠪᠤᠯᠴᠢᠩᠭ᠎ᠠ

1.胸浅后肌（胸横肌） 2.胸深后肌（胸升肌） 3.躯干皮肌
4.包皮前肌 5.腹外斜肌腱膜 6.腹白线

6.ᠬᠡᠪᠡᠯ ᠦᠨ ᠴᠠᠭᠠᠨ ᠱᠤᠭᠤᠮ
5.ᠬᠡᠪᠡᠯ ᠦᠨ ᠭᠠᠳᠠᠨ ᠬᠠᠵᠠᠭᠤ ᠪᠤᠯᠴᠢᠩᠭ᠎ᠠ ᠶᠢᠨ ᠰᠢᠷᠥᠪᠰᠢ ᠬᠠᠯᠢᠰᠤ
4.ᠰᠣᠷᠣᠭᠤᠨ ᠤ ᠡᠮᠦᠨᠡᠬᠢ ᠪᠤᠯᠴᠢᠩᠭ᠎ᠠ
3.ᠪᠡᠶ᠎ᠡ ᠶᠢᠨ ᠠᠷᠢᠰᠤᠨ ᠪᠤᠯᠴᠢᠩᠭ᠎ᠠ
2.ᠬᠥᠬᠡᠨ ᠦ ᠭᠦᠨ ᠬᠣᠶᠢᠨᠠᠬᠢ ᠪᠤᠯᠴᠢᠩᠭ᠎ᠠ
1.ᠬᠥᠬᠡᠨ ᠦ ᠦᠩᠭᠡᠨ ᠬᠣᠶᠢᠨᠠᠬᠢ ᠪᠤᠯᠴᠢᠩᠭ᠎ᠠ

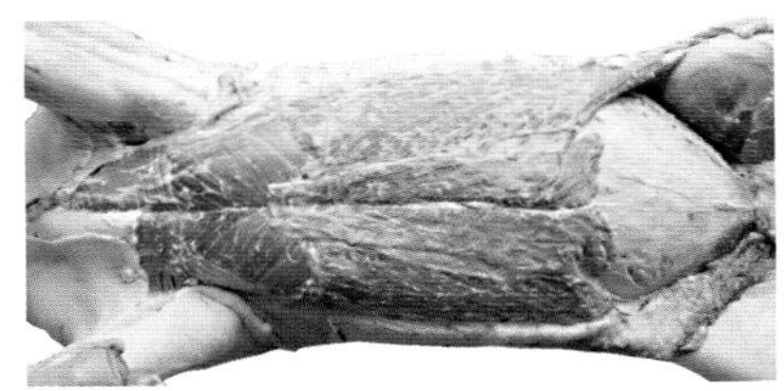

图12-5 猪胸腹部腹侧浅层肌

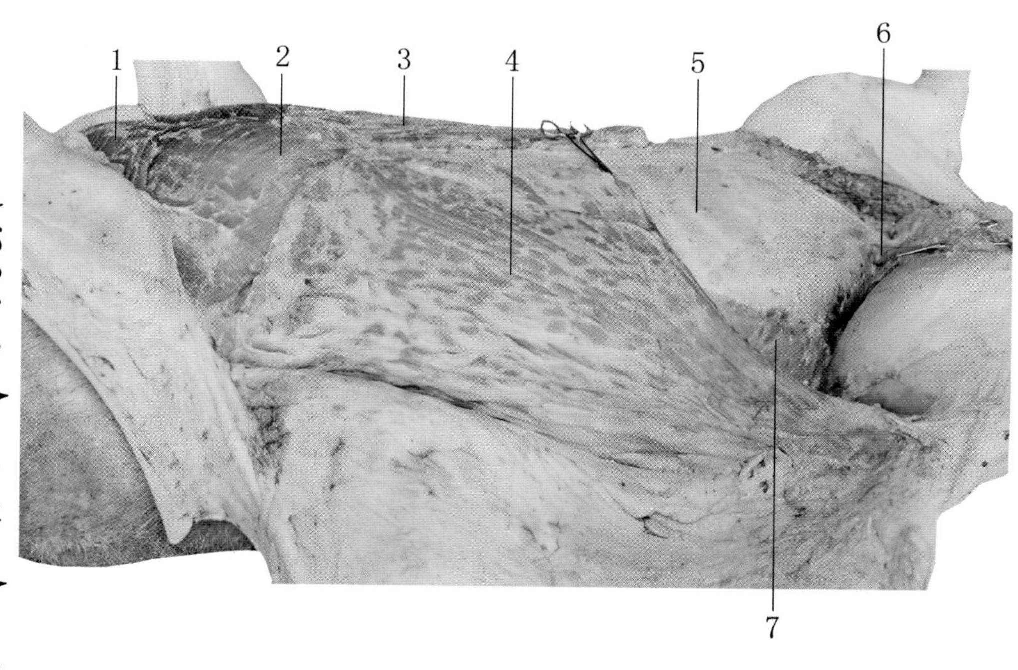

1.胸浅后肌（胸横肌） 2.胸深后肌（胸升肌） 3.包皮前肌
4.躯干皮肌 5.腹外斜肌腱膜 6.腹股沟管 7.腹外斜肌

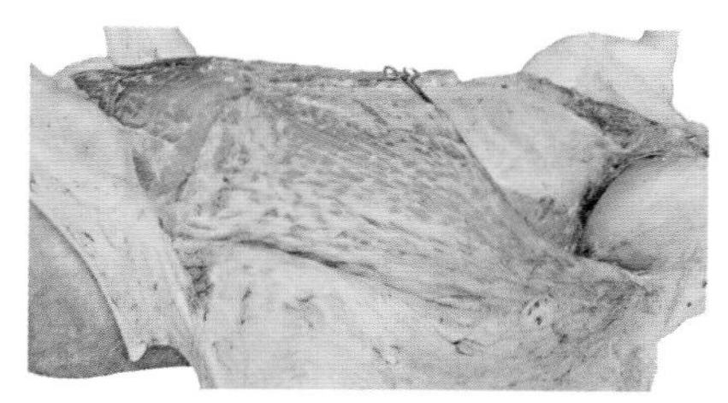

图12-6 猪胸腹部外侧浅层肌

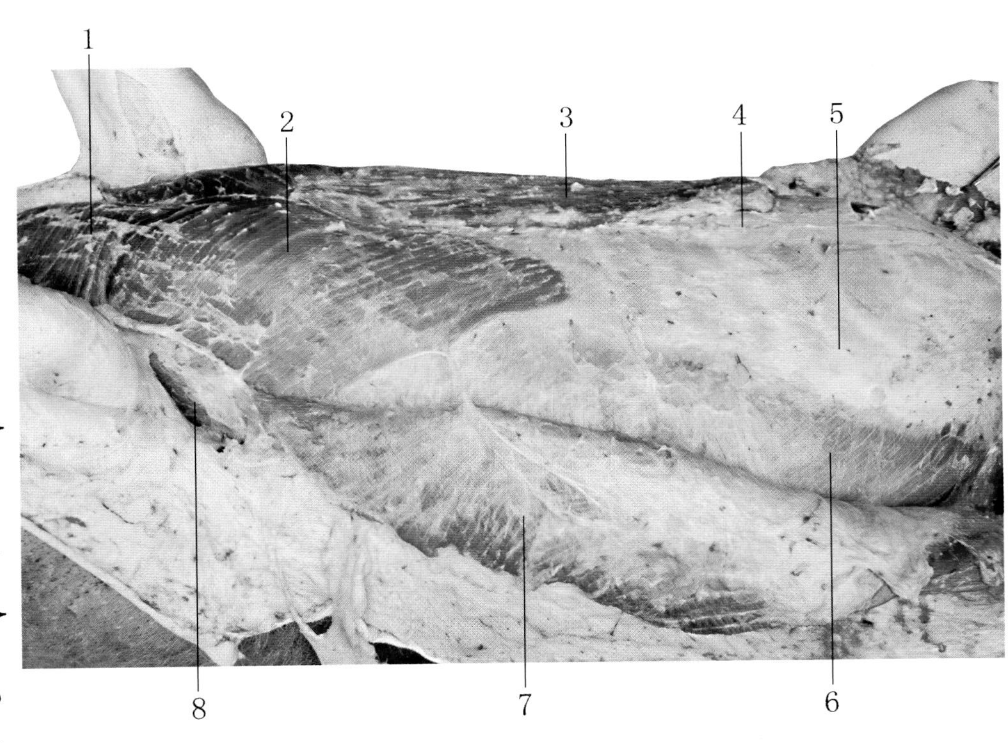

1.胸浅后肌（胸横肌） 2.胸深后肌（胸升肌） 3.包皮前肌
4.腹白线 5.腹外斜肌腱膜 6.腹外斜肌 7.躯干皮肌（内侧面）
8.背阔肌

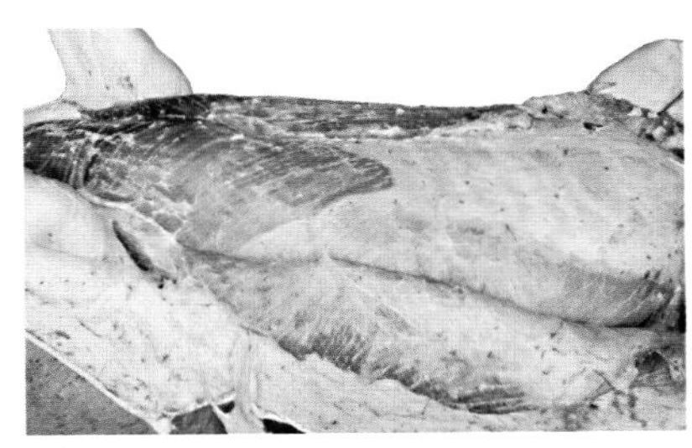

图12-7 猪胸腹部外侧深层肌-1

ᠵᠢᠷᠤᠭ 12-8 ᠭᠠᠬᠠᠢ ᠶᠢᠨ ᠴᠡᠭᠡᠵᠢ ᠬᠡᠪᠡᠯ ᠦᠨ ᠭᠠᠳᠠᠭᠰᠢ ᠲᠠᠯ᠎ᠠ ᠶᠢᠨ ᠭᠦᠨ ᠳᠠᠪᠬᠤᠷᠭ᠎ᠠ ᠶᠢᠨ ᠪᠤᠯᠴᠢᠩ -2

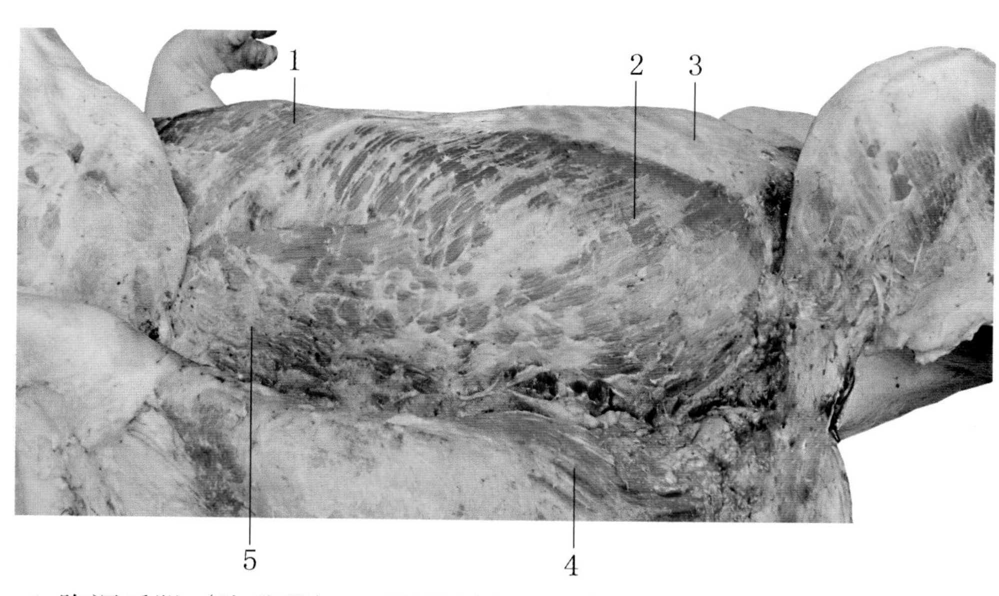

1.胸深后肌（胸升肌） 2.腹外斜肌 3.腹外斜肌腱膜 4.躯干皮肌（内侧面） 5.背阔肌

1.ᠴᠡᠭᠡᠵᠢ ᠶᠢᠨ ᠭᠦᠨ ᠬᠣᠶᠢᠲᠤ ᠪᠤᠯᠴᠢᠩ
2.ᠬᠡᠪᠡᠯ ᠦᠨ ᠭᠠᠳᠠᠨ ᠬᠠᠵᠠᠭᠤ ᠪᠤᠯᠴᠢᠩ
3.ᠬᠡᠪᠡᠯ ᠦᠨ ᠭᠠᠳᠠᠨ ᠬᠠᠵᠠᠭᠤ ᠪᠤᠯᠴᠢᠩ ᠤᠨ ᠰᠢᠨᠳᠠᠰᠤᠨ ᠪᠦᠷᠬᠦᠭ
4.ᠭᠣᠣᠯ ᠪᠡᠶ᠎ᠡ ᠶᠢᠨ ᠠᠷᠠᠰᠤᠨ ᠪᠤᠯᠴᠢᠩ（ᠳᠣᠲᠤᠭᠠᠳᠤ ᠲᠠᠯ᠎ᠠ）
5.ᠨᠢᠷᠤᠭᠤ ᠥᠷᠭᠡᠨ ᠪᠤᠯᠴᠢᠩ

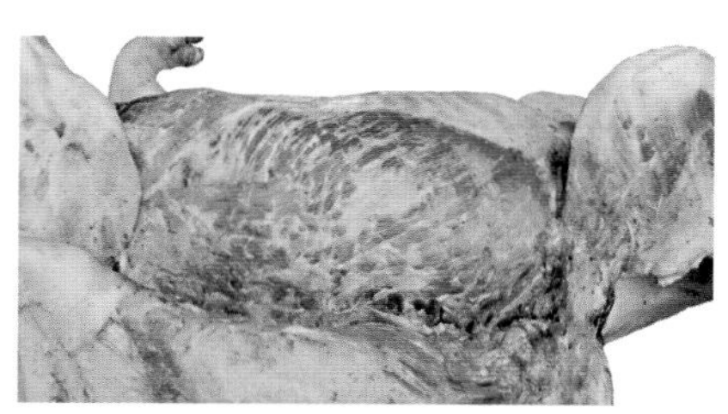

图12-8 猪胸腹部外侧深层肌-2

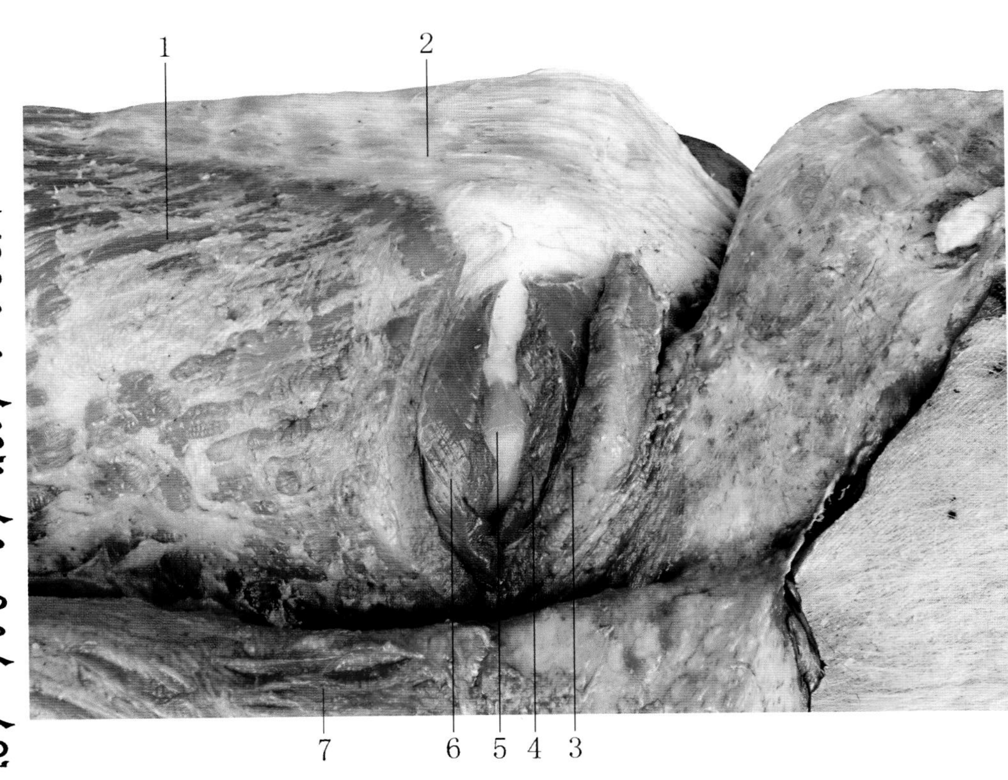

1.腹外斜肌　2.腹外斜肌腱膜　3.腹外斜肌切面　4.腹内斜肌切面
5.腹横肌　6.腹内斜肌　7.躯干皮肌（内侧面）

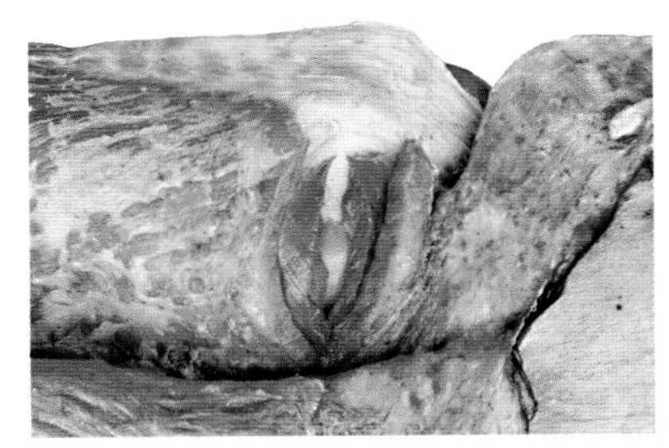

图12-9　猪腹侧壁肌肉层次-1

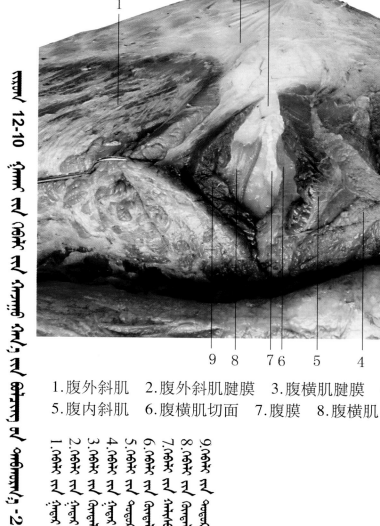

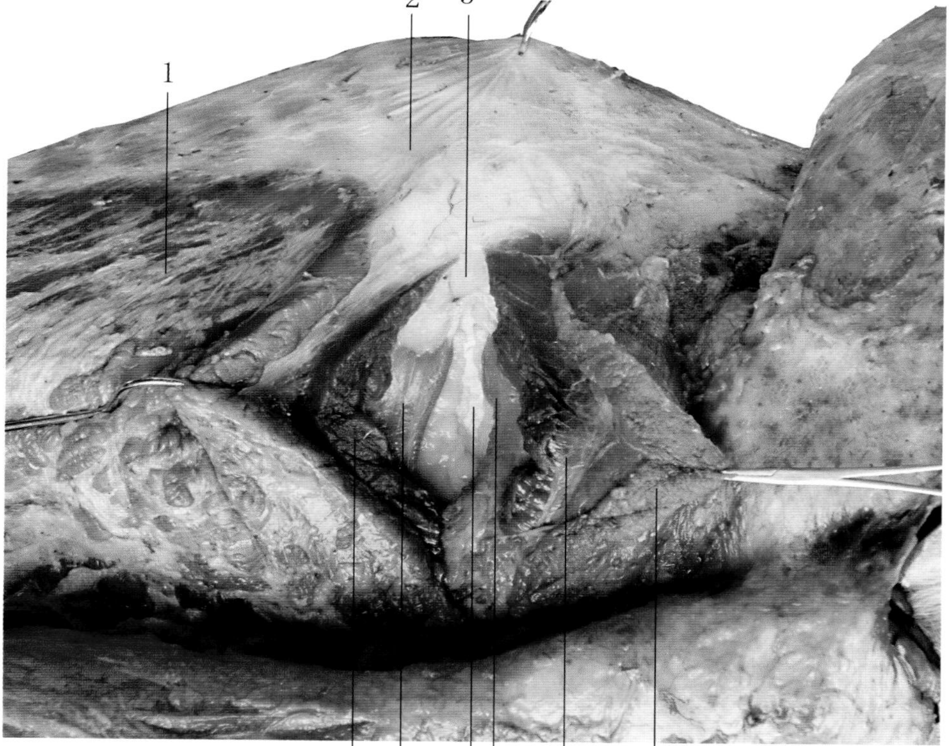

1.腹外斜肌　2.腹外斜肌腱膜　3.腹横肌腱膜　4.腹外斜肌切面
5.腹内斜肌　6.腹横肌切面　7.腹膜　8.腹横肌　9.腹内斜肌切面

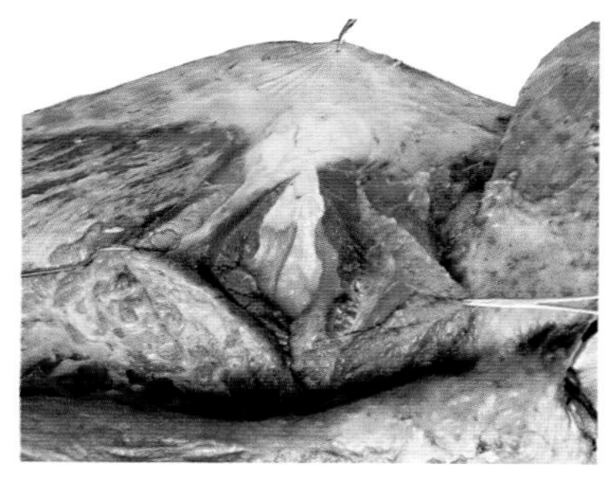

图12-10　猪腹侧壁肌肉层次-2

ᠵᠢᠷᠤᠭ 12-11 ᠭᠠᠬᠠᠢ ᠶᠢᠨ ᠬᠡᠪᠡᠯ ᠦᠨ ᠬᠠᠵᠠᠭᠤ ᠬᠠᠨ᠎ᠠ ᠶᠢᠨ ᠪᠤᠯᠴᠢᠩ ᠤᠨ ᠳᠠᠪᠬᠤᠷᠭ᠎ᠠ -3

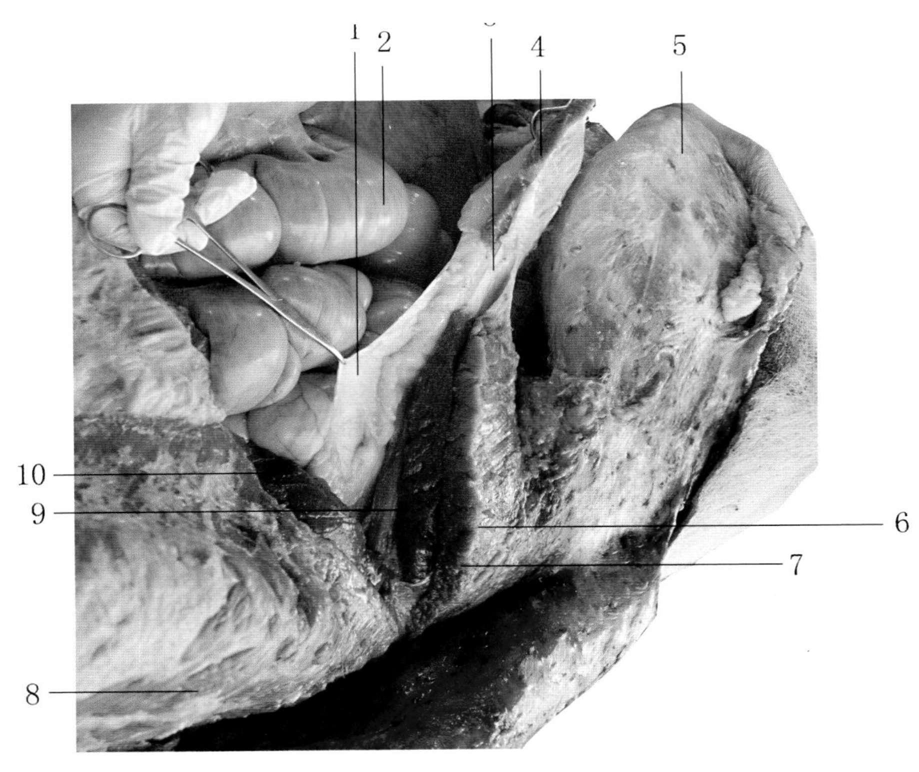

1.腹膜壁层　2.结肠　3.腹内斜肌腱膜　4.腹直肌　5.右后肢
6.腹内斜肌切面　7.腹外斜肌切面　8.腹外斜肌　9.腹横肌
10.腹内斜肌

10.ᠬᠡᠪᠡᠯ ᠦᠨ ᠳᠣᠲᠣᠭᠠᠳᠤ ᠬᠠᠵᠠᠭᠤ ᠪᠤᠯᠴᠢᠩ
9.ᠬᠡᠪᠡᠯ ᠦᠨ ᠬᠥᠨᠳᠡᠯᠡᠨ ᠪᠤᠯᠴᠢᠩ
8.ᠬᠡᠪᠡᠯ ᠦᠨ ᠭᠠᠳᠠᠭᠠᠳᠤ ᠬᠠᠵᠠᠭᠤ ᠪᠤᠯᠴᠢᠩ
7.ᠬᠡᠪᠡᠯ ᠦᠨ ᠭᠠᠳᠠᠭᠠᠳᠤ ᠬᠠᠵᠠᠭᠤ ᠪᠤᠯᠴᠢᠩ ᠤᠨ ᠵᠦᠰᠦᠮᠡᠯ
6.ᠬᠡᠪᠡᠯ ᠦᠨ ᠳᠣᠲᠣᠭᠠᠳᠤ ᠬᠠᠵᠠᠭᠤ ᠪᠤᠯᠴᠢᠩ ᠤᠨ ᠵᠦᠰᠦᠮᠡᠯ
5.ᠪᠠᠷᠠᠭᠤᠨ ᠬᠣᠶᠢᠲᠤ ᠮᠥᠴᠢ
4.ᠬᠡᠪᠡᠯ ᠦᠨ ᠰᠢᠯᠤᠭᠤᠨ ᠪᠤᠯᠴᠢᠩ
3.ᠬᠡᠪᠡᠯ ᠦᠨ ᠳᠣᠲᠣᠭᠠᠳᠤ ᠬᠠᠵᠠᠭᠤ ᠪᠤᠯᠴᠢᠩ ᠤᠨ ᠰᠢᠨᠳᠠᠰᠤᠨ ᠪᠦᠷᠬᠦᠪᠴᠢ
2.ᠲᠣᠭᠣᠷᠢᠭᠯᠠᠭᠰᠠᠨ (ᠪᠦᠳᠦᠭᠦᠨ) ᠭᠡᠳᠡᠰᠦ
1.ᠬᠡᠪᠡᠯ ᠦᠨ ᠭᠢᠯᠠᠭᠠᠷ ᠤ ᠬᠠᠨ᠎ᠠ ᠶᠢᠨ ᠳᠠᠪᠬᠤᠷᠭ᠎ᠠ

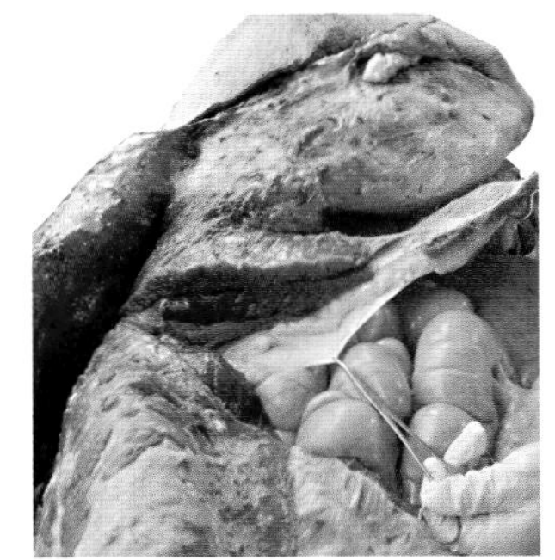

图12-11　猪腹侧壁肌肉层次-3

1.腹外斜肌　2.腹内斜肌　3.腹直肌腱划　4.腹直肌
5.腹内斜肌腱膜　6.腹横肌

ᠵᠢᠷᠤᠭ 12-12 ᠭᠠᠬᠠᠢ ᠶᠢᠨ ᠬᠡᠪᠡᠯ ᠦᠨ ᠬᠠᠵᠠᠭᠤ ᠬᠠᠨ᠎ᠠ ᠶᠢᠨ ᠪᠤᠯᠴᠢᠩᠬᠤ ᠶᠢᠨ ᠳᠠᠪᠬᠤᠷᠭ᠎ᠠ -4

1.ᠬᠡᠪᠡᠯ ᠦᠨ ᠭᠠᠳᠠᠭᠠᠳᠤ ᠰᠢᠷᠦᠭᠦ ᠪᠤᠯᠴᠢᠩᠬᠤ
2.ᠬᠡᠪᠡᠯ ᠦᠨ ᠳᠣᠲᠣᠭᠠᠳᠤ ᠰᠢᠷᠦᠭᠦ ᠪᠤᠯᠴᠢᠩᠬᠤ
3.ᠬᠡᠪᠡᠯ ᠦᠨ ᠰᠢᠯᠤᠭᠤᠨ ᠪᠤᠯᠴᠢᠩᠬᠤ ᠶᠢᠨ ᠰᠢᠷᠪᠡᠰᠦᠨ ᠵᠠᠭᠠᠭᠠᠷ
4.ᠬᠡᠪᠡᠯ ᠦᠨ ᠰᠢᠯᠤᠭᠤᠨ ᠪᠤᠯᠴᠢᠩᠬᠤ
5.ᠬᠡᠪᠡᠯ ᠦᠨ ᠳᠣᠲᠣᠭᠠᠳᠤ ᠰᠢᠷᠦᠭᠦ ᠪᠤᠯᠴᠢᠩᠬᠤ ᠶᠢᠨ ᠰᠢᠷᠪᠡᠰᠦᠨ ᠪᠦᠷᠬᠦᠪᠴᠢ
6.ᠬᠡᠪᠡᠯ ᠦᠨ ᠬᠥᠨᠳᠡᠯᠡᠨ ᠪᠤᠯᠴᠢᠩᠬᠤ

图12-12　猪腹侧壁肌肉层次-4

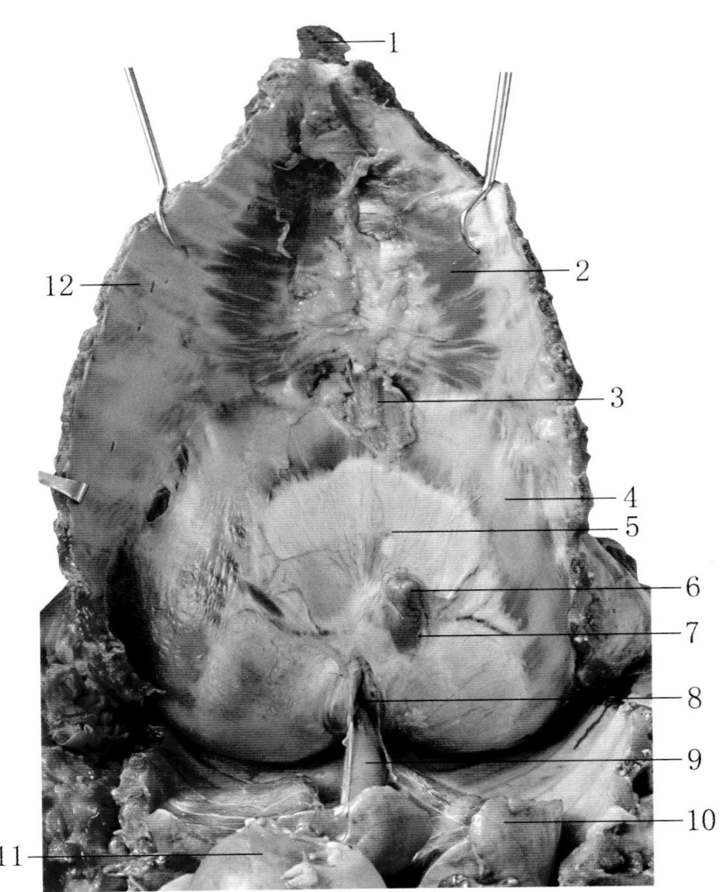

1.胸骨柄　2.胸横肌　3.膈肌胸骨部　4.膈肌肋部　5.膈中心腱
6.后腔静脉　7.后腔静脉裂孔　8.食管裂孔　9.食管　10.肺
11.心包、心　12.肋间内肌

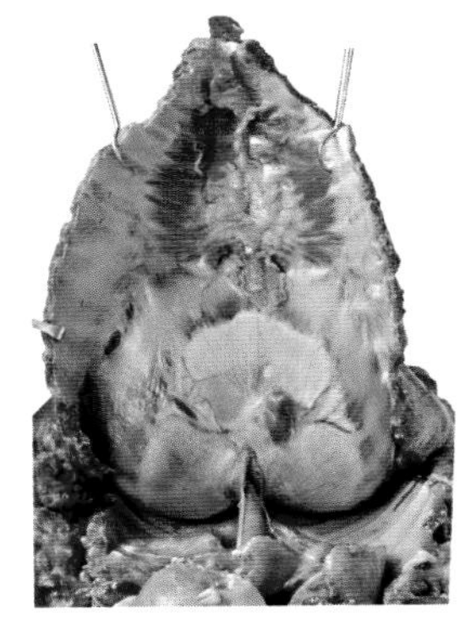

图12-13　猪膈肌（胸腔面）

ᠵᠢᠷᠤᠭ 12-14 ᠭᠠᠬᠠᠢ ᠶᠢᠨ ᠬᠠᠪᠢᠰᠤᠨ ᠵᠠᠭᠤᠷ ᠤᠨ ᠪᠤᠯᠴᠢᠩᠭ᠎ᠠ

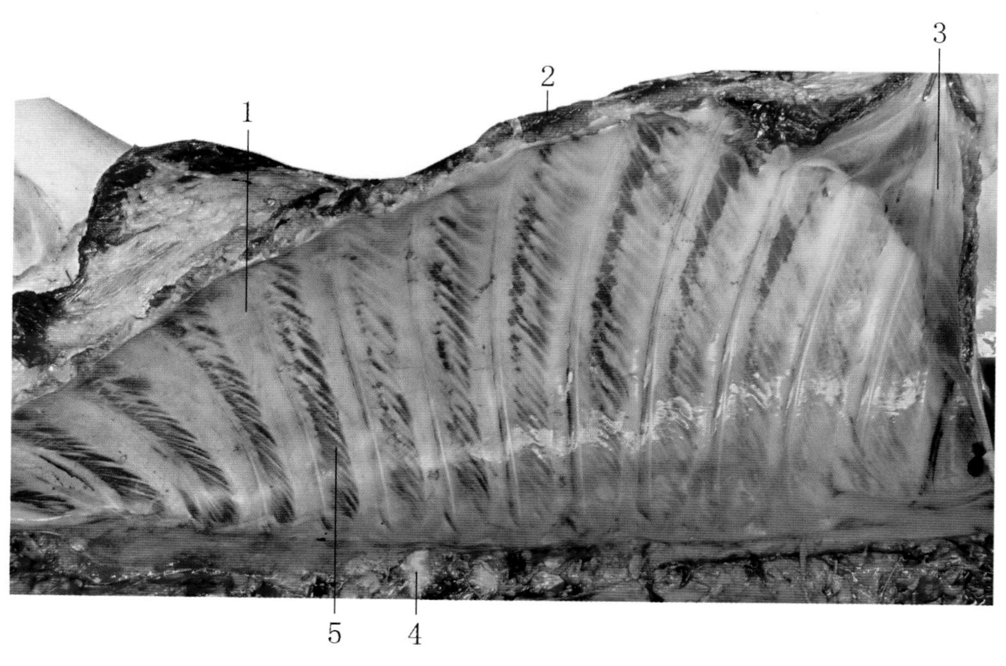

1.肋骨　2.肋间外肌　3.膈　4.胸椎　5.肋间内肌

5.ᠬᠠᠪᠢᠰᠤᠨ ᠵᠠᠭᠤᠷ ᠤᠨ ᠳᠣᠲᠣᠭᠠᠳᠤ ᠪᠤᠯᠴᠢᠩᠭ᠎ᠠ
4.[illegible]
3.[illegible]
2.ᠬᠠᠪᠢᠰᠤᠨ ᠵᠠᠭᠤᠷ ᠤᠨ ᠭᠠᠳᠠᠭᠠᠳᠤ ᠪᠤᠯᠴᠢᠩᠭ᠎ᠠ
1.ᠬᠠᠪᠢᠰᠤᠨ᠎ᠤ ᠶᠠᠰᠤ

图12-14　猪肋间肌

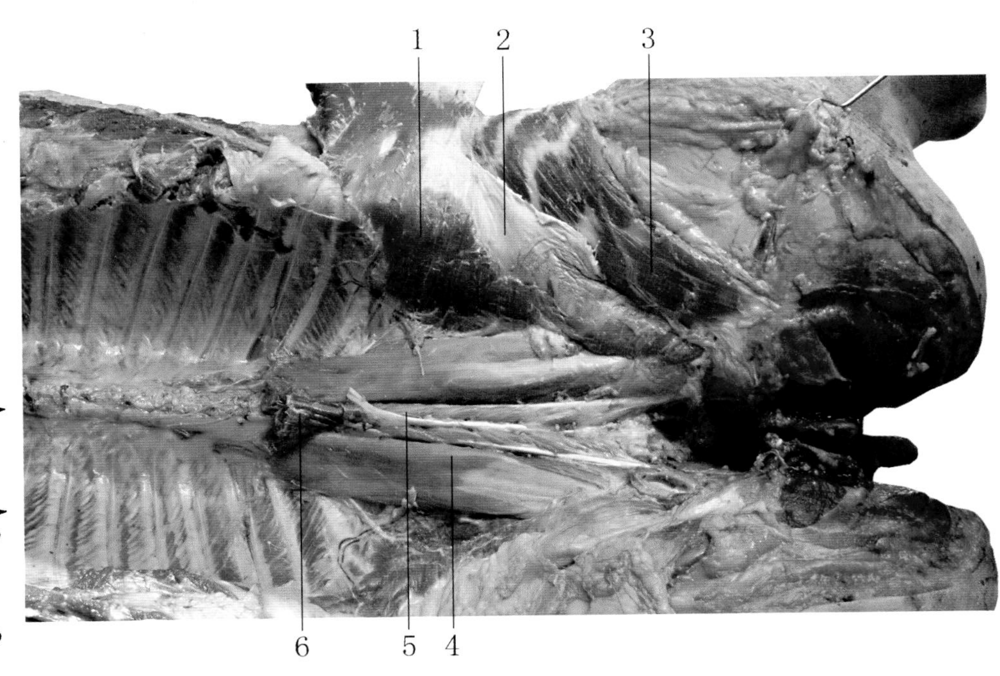

1.腹横肌　2.腹横肌腱膜　3.腹直肌　4.髂腰肌　5.腰小肌
6.膈右脚

图12-15　猪腰部腹侧肌-1

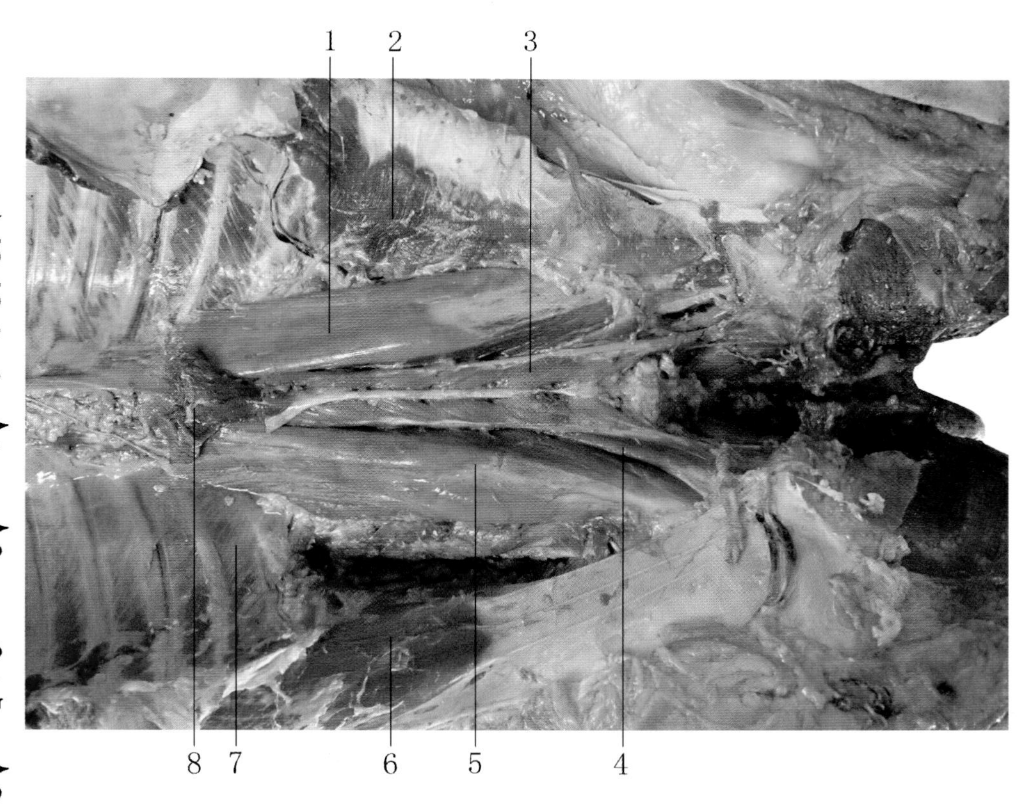

1.左腰大肌　2.腹横肌　3.腰小肌　4.髂肌（内侧部）　5.右腰大肌
6.腹外斜肌　7.肋间内肌　8.膈脚

图12-16　猪腰部腹侧肌-2

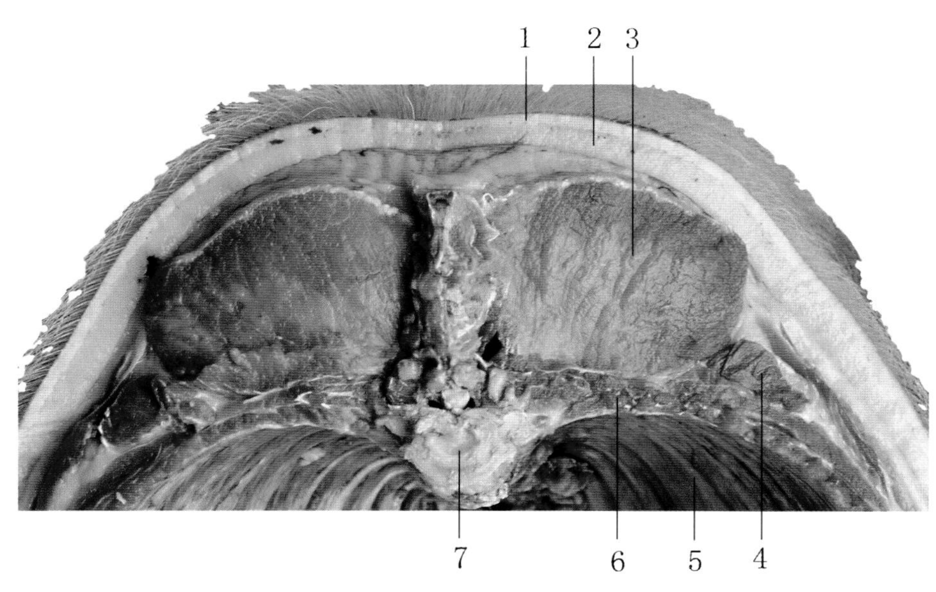

1.腰背侧皮肤　2.皮下脂肪　3.背腰最长肌　4.髂肋肌　5.肋骨　6.肋间肌　7.胸椎

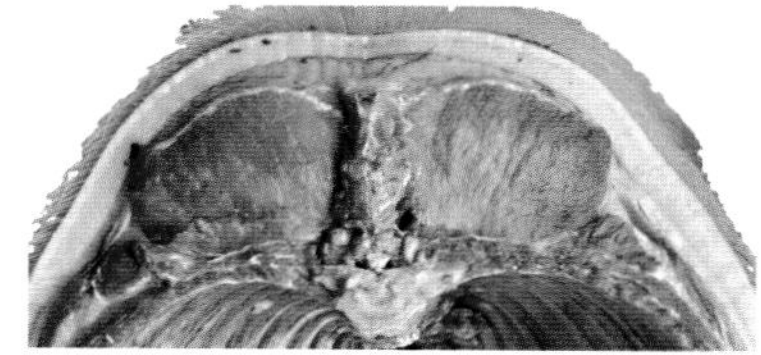

图12-17　猪腰最长肌横断面

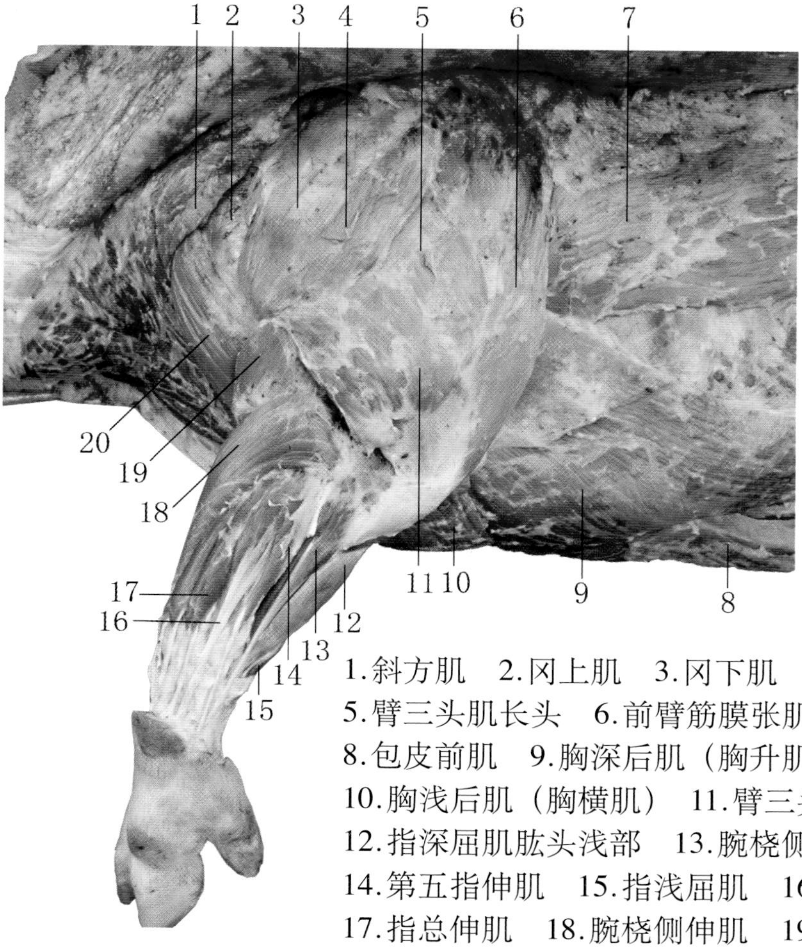

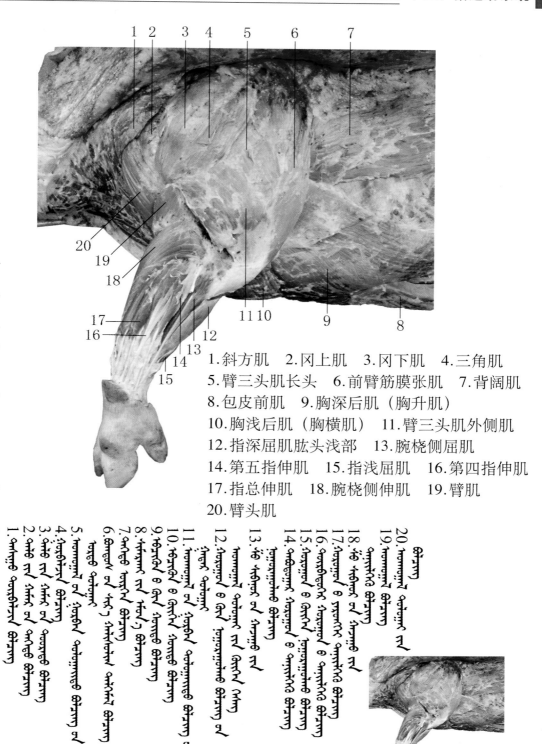

1.斜方肌　2.冈上肌　3.冈下肌　4.三角肌
5.臂三头肌长头　6.前臂筋膜张肌　7.背阔肌
8.包皮前肌　9.胸深后肌（胸升肌）
10.胸浅后肌（胸横肌）　11.臂三头肌外侧肌
12.指深屈肌肱头浅部　13.腕桡侧屈肌
14.第五指伸肌　15.指浅屈肌　16.第四指伸肌
17.指总伸肌　18.腕桡侧伸肌　19.臂肌
20.臂头肌

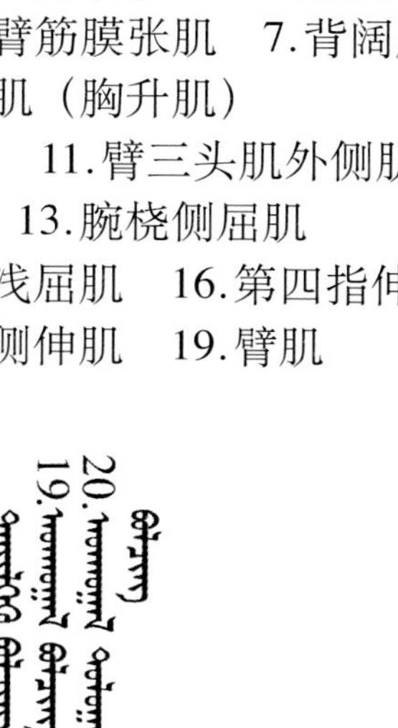

图12-18　猪左前肢外侧浅层肌-1

1.胸深前肌（锁骨下肌） 2.冈上肌 3.颈腹侧锯肌
4.冈下肌 5.臂三头肌长头 6.背阔肌
7.前臂筋膜张肌 8.三角肌 9.臂三头肌外侧头
10.指深屈肌肱头浅部 11.腕尺侧伸肌
12.第五指伸肌 13.第四指伸肌 14.腕尺侧屈肌
15.指总伸肌（外头、中头、内头）腱
16.指总伸肌 17.腕桡侧伸肌 18.臂肌 19.臂头肌

图12-19 猪左前肢外侧浅层肌-2

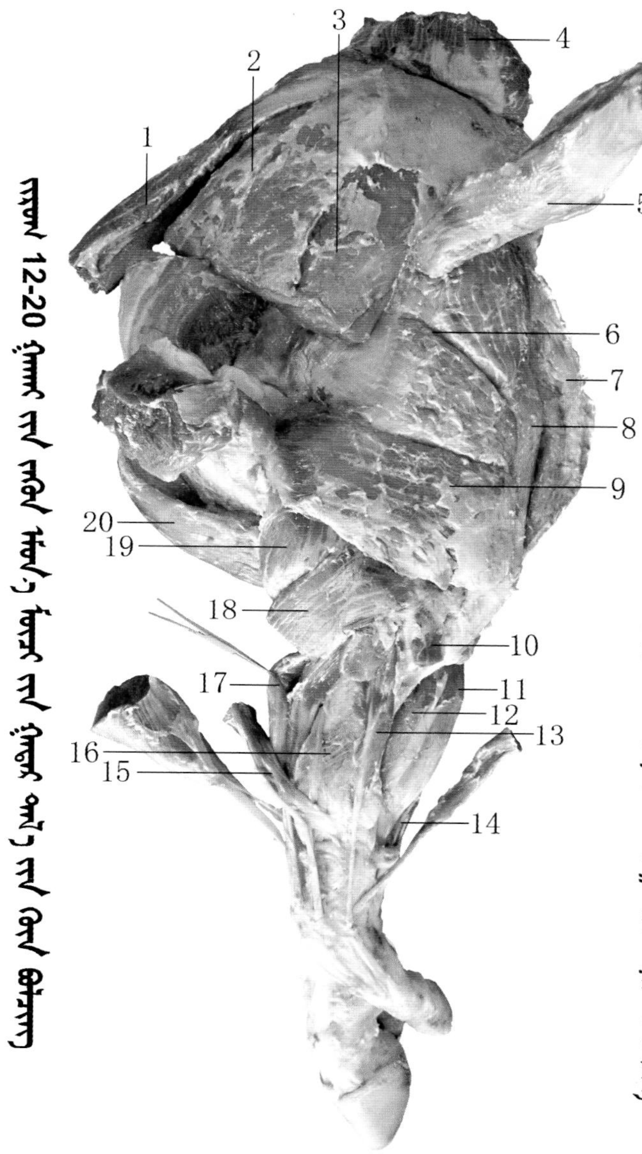

1.胸深前肌（锁骨下肌） 2.冈上肌
3.冈下肌 4.斜方肌 5.三角肌（内侧面）
6.臂三头肌长头 7.背阔肌 8.前臂筋膜张肌
9.臂三头肌外侧头 10.腕尺侧伸肌
11.指深屈肌 12.指浅屈肌 13.第五指伸肌
14.腕尺侧屈肌 15.指总伸肌
16.拇长外展肌（腕斜伸肌） 17.腕桡侧屈肌
18.腕桡侧伸肌 19.臂肌 20.臂头肌

图12-20 猪左前肢外侧深层肌

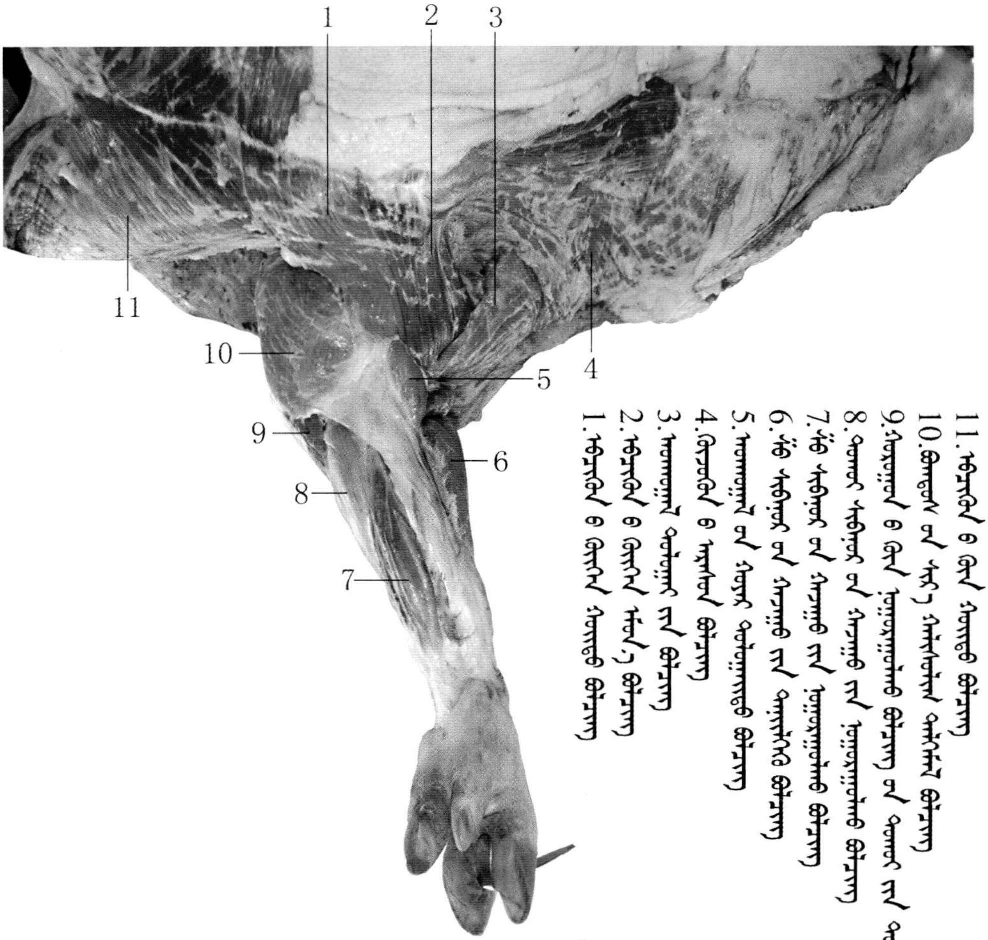

1.胸浅后肌（胸横肌） 2.胸浅前肌（胸降肌）
3.臂头肌 4.颈皮肌 5.臂二头肌 6.腕桡侧伸肌
7.腕桡侧屈肌 8.腕尺侧屈肌 9.指深屈肌尺头
10.前臂筋膜张肌 11.胸深后肌（胸升肌）

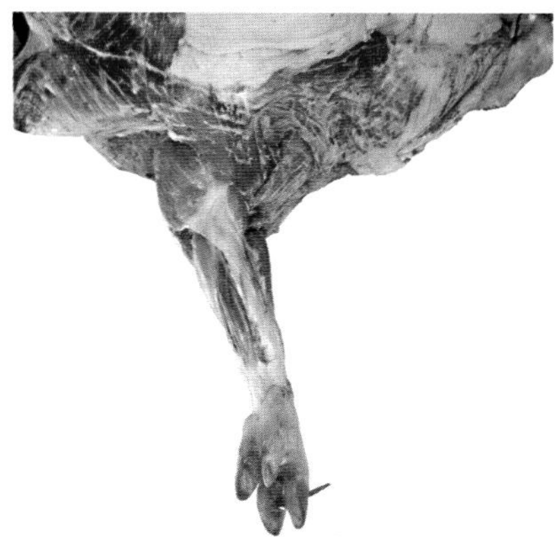

图12-21 猪前肢内侧浅层肌-1（左前肢）

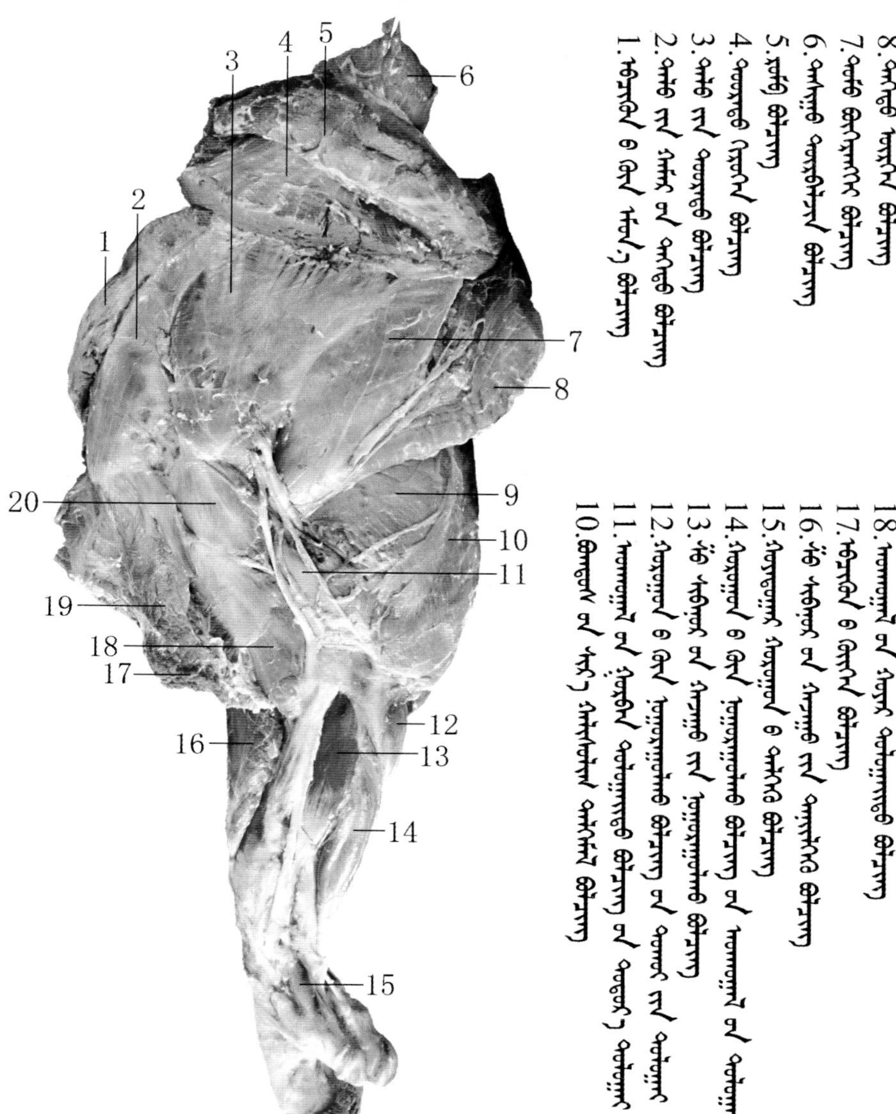

1.胸深前肌（锁骨下肌） 2.冈上肌 3.肩胛下肌
4.腹侧锯肌 5.菱形肌 6.斜方肌 7.大圆肌 8.背阔肌
9.臂三头肌长头 10.前臂筋膜张肌 11.臂三头肌内侧头
12.指深屈肌尺头 13.腕桡侧屈肌 14.指深屈肌臂头
15.第二指展肌 16.腕桡侧伸肌 17.胸浅肌
18.臂二头肌 19.胸深后肌（胸升肌） 20.喙臂肌

图12-22 猪前肢内侧浅层肌-2（右前肢）

1.背阔肌　2.大圆肌　3.菱形肌　4.颈腹侧锯肌　5.胸深前肌（锁骨下肌）　6.冈上肌　7.肩胛下肌　8.喙臂肌　9.胸深后肌（胸升肌）　10.臂头肌　11.臂二头肌　12.胸浅肌　13.腕桡侧伸肌　14.指浅屈肌浅肌腹　15.腕桡侧屈肌　16.指深屈肌肱头浅部　17.指深屈肌尺头　18.臂三头肌内侧头　19.前臂筋膜张肌　20.臂三头肌长头

图12-23　猪左前肢内侧深层肌-1

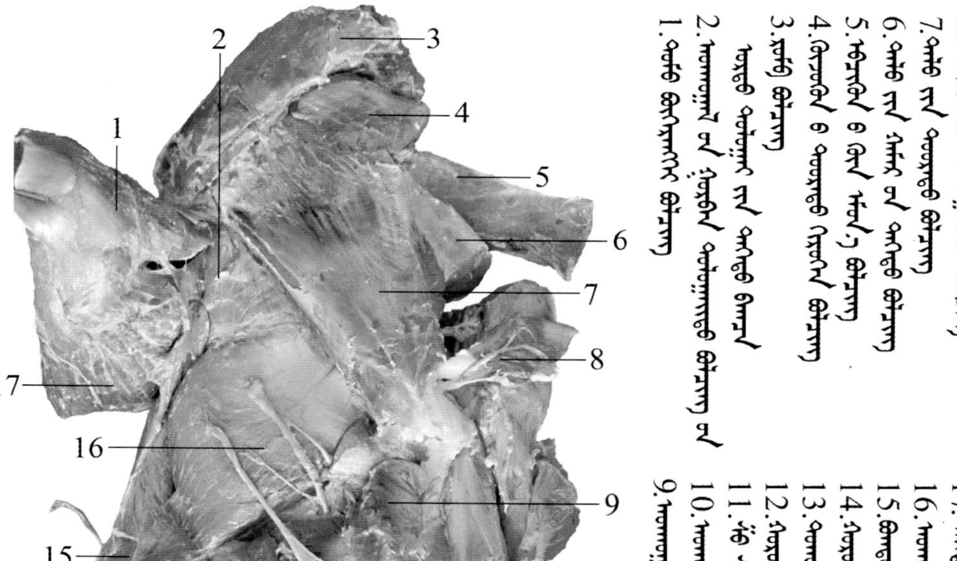

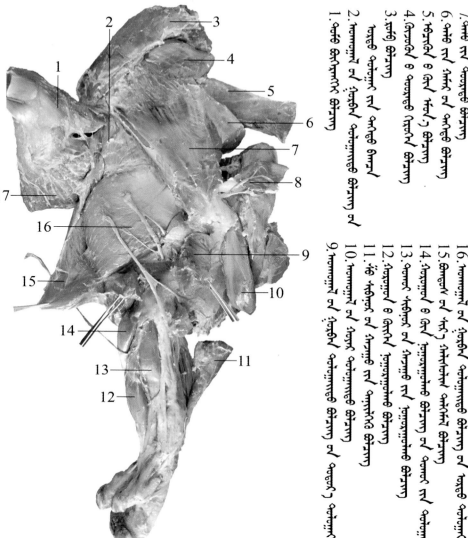

1.大圆肌　2.臂三头肌长头上束　3.菱形肌
4.颈腹侧锯肌　5.胸深前肌（锁骨下肌）
6.冈上肌　7.肩胛下肌　8.喙臂肌
9.臂三头肌内侧头　10.臂二头肌
11.腕桡侧伸肌　12.指浅屈肌
13.腕尺侧屈肌　14.指深屈肌尺头
15.前臂筋膜张肌　16.臂三头肌长头
17.背阔肌

图12-24　猪左前肢内侧深层肌-2

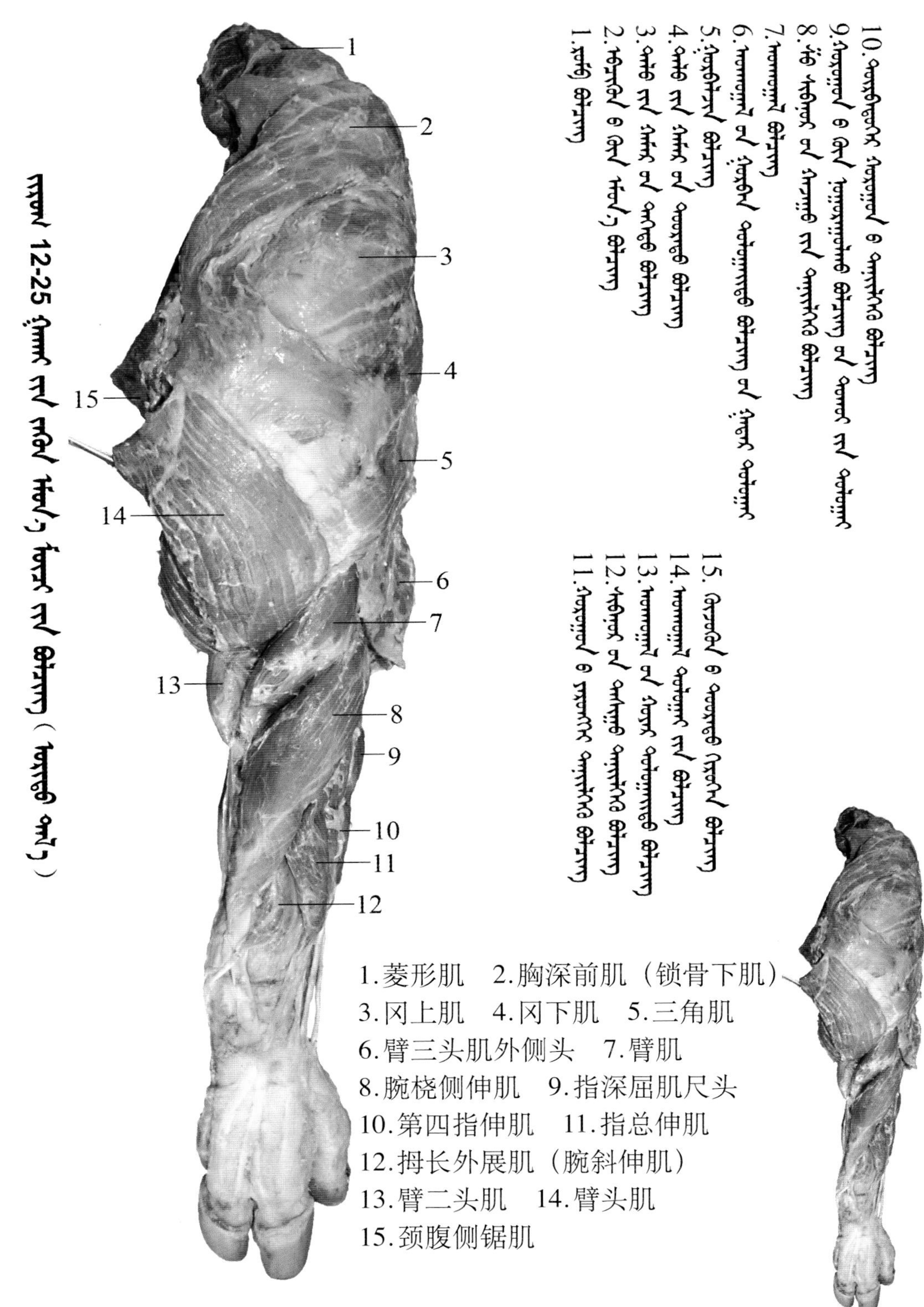

1.菱形肌　2.胸深前肌（锁骨下肌）
3.冈上肌　4.冈下肌　5.三角肌
6.臂三头肌外侧头　7.臂肌
8.腕桡侧伸肌　9.指深屈肌尺头
10.第四指伸肌　11.指总伸肌
12.拇长外展肌（腕斜伸肌）
13.臂二头肌　14.臂头肌
15.颈腹侧锯肌

图12-25　猪左前肢肌（背侧）

ᠵᠢᠷᠤᠭ 12-26 ᠭᠠᠬᠠᠢ ᠶᠢᠨ ᠵᠡᠭᠦᠨ ᠡᠮᠦᠨᠡᠬᠢ ᠭᠡᠰᠢᠭᠦᠨ ᠦ ᠪᠤᠯᠴᠢᠩ（ᠠᠯᠠᠭᠠᠨ ᠲᠠᠯ᠎ᠠ）

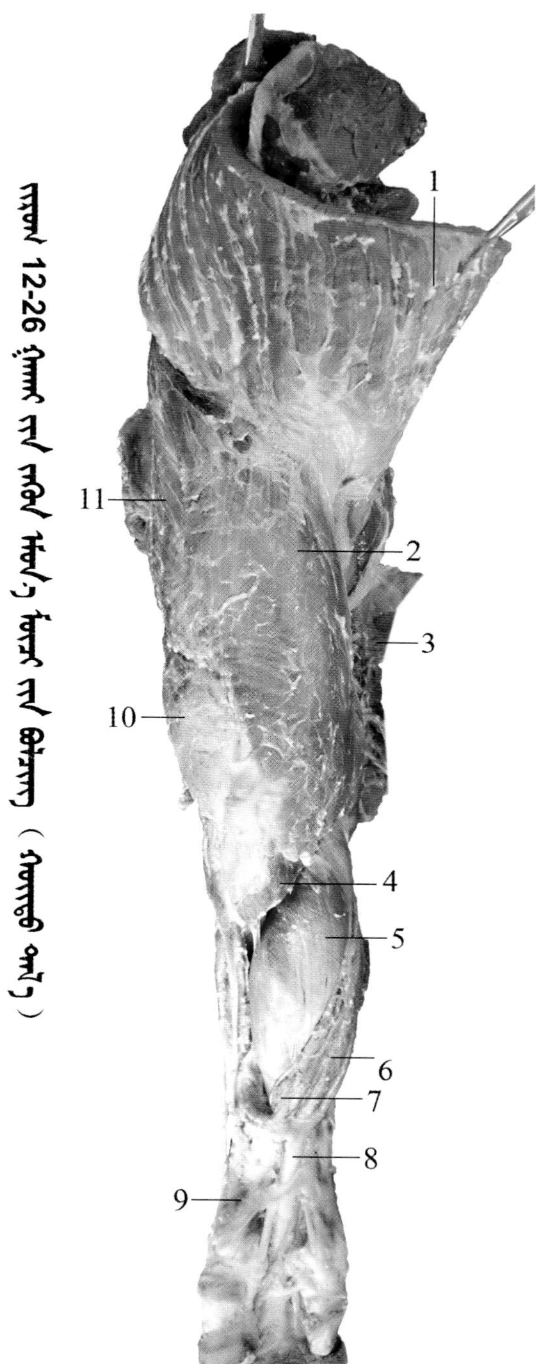

1. 背阔肌　2. 前臂筋膜张肌
3. 胸浅肌　4. 指深屈肌尺头
5. 指深屈肌肱头浅部
6. 指浅屈肌浅部　7. 腕尺侧屈肌
8. 指浅屈肌腱　9. 第五指展肌
10. 臂三头肌外侧头
11. 臂三头肌长头

1.ᠨᠢᠷᠤᠭᠤᠨ ᠥᠷᠭᠡᠨ ᠪᠤᠯᠴᠢᠩ
2.ᠪᠠᠯᠴᠢᠷ ᠤᠨ ᠰᠢᠨᠳᠠᠰᠤᠨ ᠳᠠᠷᠤᠭᠤᠯᠬᠤ ᠪᠤᠯᠴᠢᠩ
3.ᠴᠡᠭᠡᠵᠢ ᠶᠢᠨ ᠥᠩᠭᠡᠨ ᠪᠤᠯᠴᠢᠩ
4.ᠬᠤᠷᠤᠭᠤᠨ ᠤ ᠭᠦᠨ ᠨᠤᠭᠤᠯᠤᠭᠴᠢ ᠪᠤᠯᠴᠢᠩ ᠤᠨ ᠪᠢᠯᠡᠴᠡᠭ ᠦᠨ ᠲᠣᠯᠣᠭᠠᠢ
5.ᠬᠤᠷᠤᠭᠤᠨ ᠤ ᠭᠦᠨ ᠨᠤᠭᠤᠯᠤᠭᠴᠢ ᠪᠤᠯᠴᠢᠩ ᠤᠨ ᠮᠥᠷᠥᠨ ᠲᠣᠯᠣᠭᠠᠢ ᠶᠢᠨ ᠥᠩᠭᠡᠨ ᠬᠡᠰᠡᠭ
6.ᠬᠤᠷᠤᠭᠤᠨ ᠤ ᠥᠩᠭᠡᠨ ᠨᠤᠭᠤᠯᠤᠭᠴᠢ ᠪᠤᠯᠴᠢᠩ ᠤᠨ ᠥᠩᠭᠡᠨ ᠬᠡᠰᠡᠭ
7.ᠪᠢᠯᠡᠴᠡᠭ ᠦᠨ ᠬᠠᠵᠠᠭᠤ ᠶᠢᠨ ᠨᠤᠭᠤᠯᠤᠭᠴᠢ ᠪᠤᠯᠴᠢᠩ
8.ᠬᠤᠷᠤᠭᠤᠨ ᠤ ᠥᠩᠭᠡᠨ ᠨᠤᠭᠤᠯᠤᠭᠴᠢ ᠪᠤᠯᠴᠢᠩ ᠤᠨ ᠰᠢᠪᠡᠷᠭᠡ
9.ᠲᠠᠪᠤᠳᠤᠭᠠᠷ ᠬᠤᠷᠤᠭᠤᠨ ᠤ ᠳᠡᠯᠭᠡᠬᠦ ᠪᠤᠯᠴᠢᠩ
10.ᠮᠥᠷᠥᠨ ᠦ ᠭᠤᠷᠪᠠᠯᠵᠢᠨ ᠲᠣᠯᠣᠭᠠᠢᠲᠤ ᠪᠤᠯᠴᠢᠩ ᠤᠨ ᠭᠠᠳᠠᠨ ᠲᠠᠯ᠎ᠠ ᠶᠢᠨ ᠲᠣᠯᠣᠭᠠᠢ
11.ᠮᠥᠷᠥᠨ ᠦ ᠭᠤᠷᠪᠠᠯᠵᠢᠨ ᠲᠣᠯᠣᠭᠠᠢᠲᠤ ᠪᠤᠯᠴᠢᠩ ᠤᠨ ᠤᠷᠲᠤ ᠲᠣᠯᠣᠭᠠᠢ

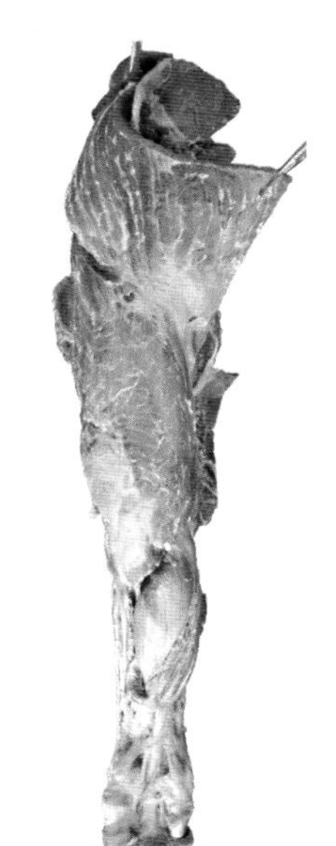

图12-26　猪左前肢肌（掌侧）

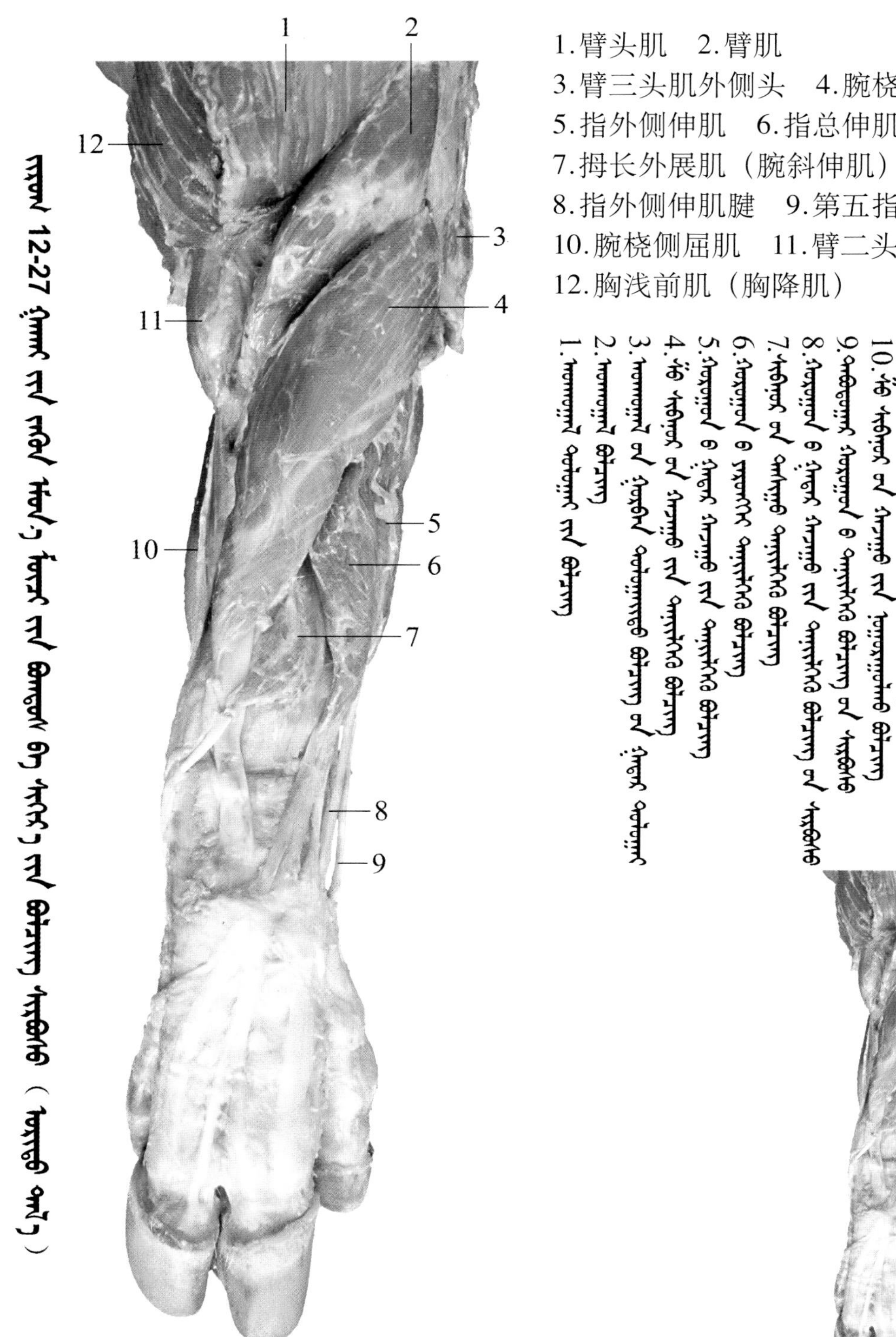

1.臂头肌　2.臂肌
3.臂三头肌外侧头　4.腕桡侧伸肌
5.指外侧伸肌　6.指总伸肌
7.拇长外展肌（腕斜伸肌）
8.指外侧伸肌腱　9.第五指伸肌腱
10.腕桡侧屈肌　11.臂二头肌
12.胸浅前肌（胸降肌）

图12-27　猪左前肢前臂和前脚部肌腱（背侧）

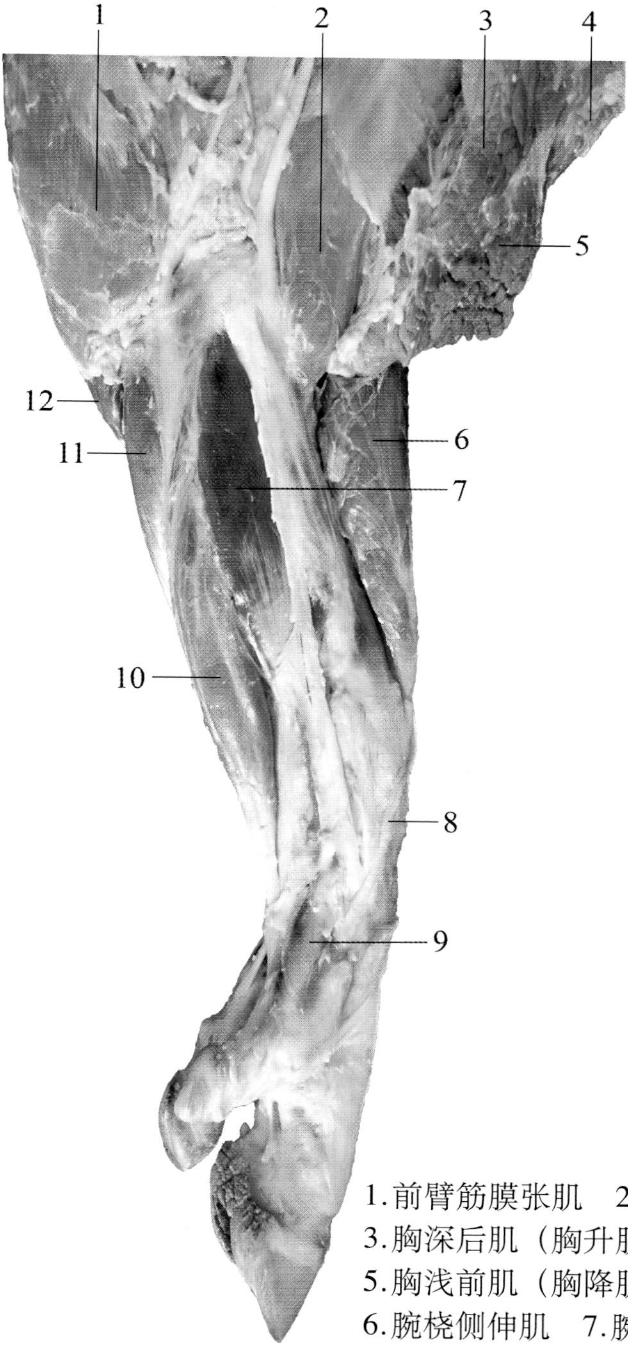

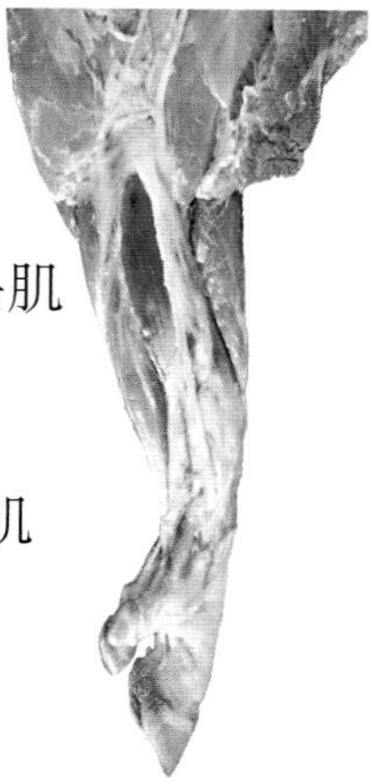

1.前臂筋膜张肌　2.臂二头肌
3.胸深后肌（胸升肌）　4.臂头肌
5.胸浅前肌（胸降肌）
6.腕桡侧伸肌　7.腕桡侧屈肌
8.腕斜伸肌腱　9.第二指外展肌
10.指浅屈肌浅肌腹
11.腕尺侧屈肌　12.指深屈肌

图12-28　猪左前肢前臂及前脚部肌（内侧）

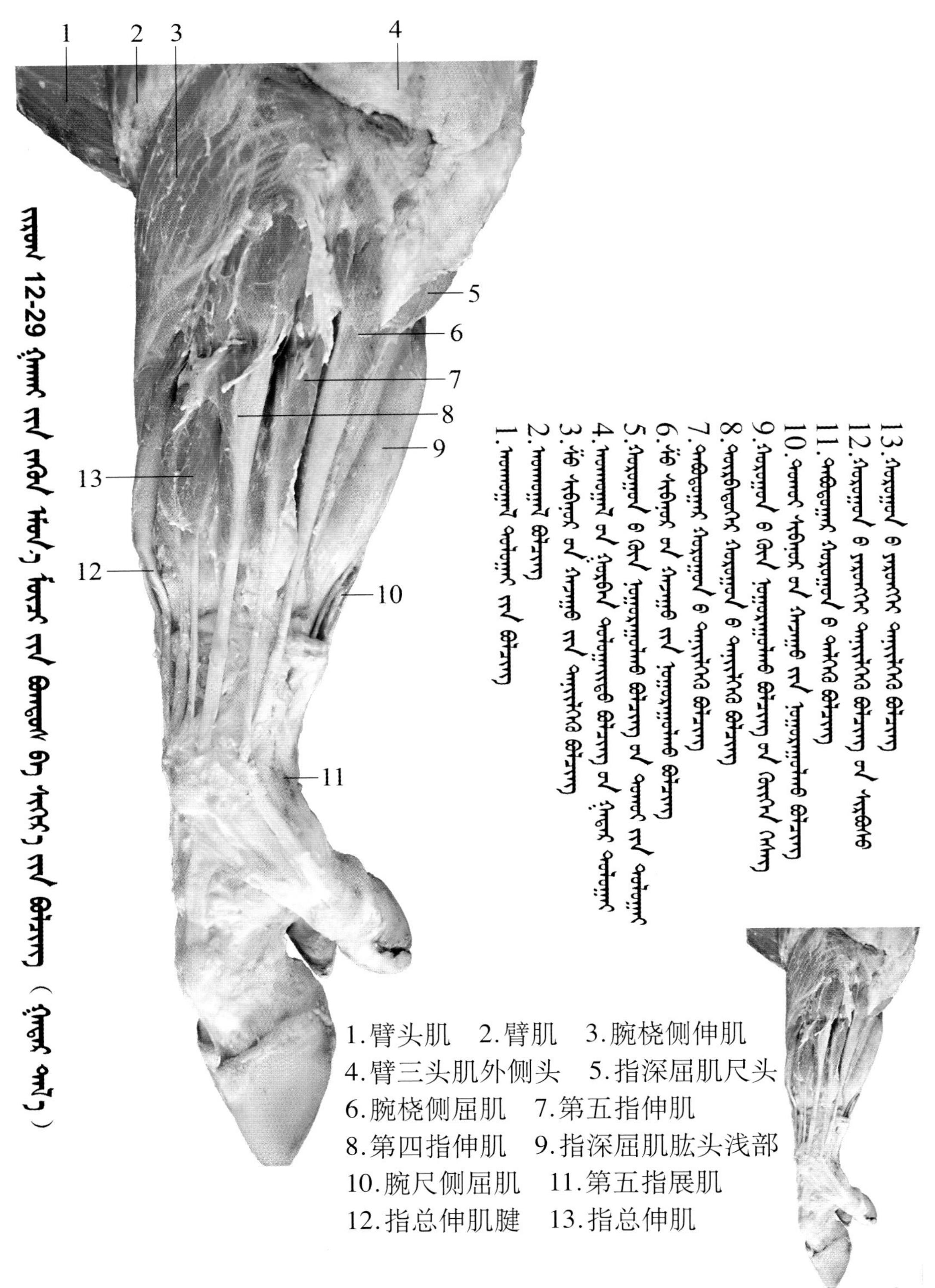

1.臂头肌　2.臂肌　3.腕桡侧伸肌
4.臂三头肌外侧头　5.指深屈肌尺头
6.腕桡侧屈肌　7.第五指伸肌
8.第四指伸肌　9.指深屈肌肱头浅部
10.腕尺侧屈肌　11.第五指展肌
12.指总伸肌腱　13.指总伸肌

图12-29　猪左前肢前臂及前脚部肌（外侧）

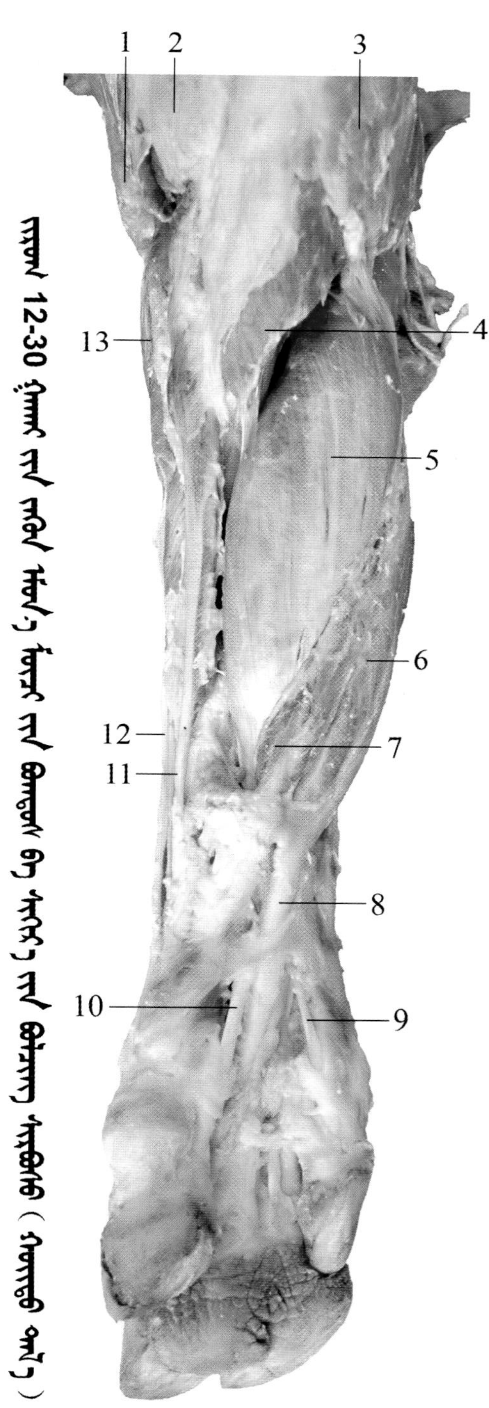

1.臂头肌　2.臂三头肌外侧头
3.前臂筋膜张肌　4.指深屈肌尺头
5.指深屈肌肱头浅部
6.指浅屈肌浅肌腹　7.腕尺侧屈肌
8.指浅屈肌腱　9.指深屈肌第二指腱
10.指深屈肌第五指腱　11.腕桡侧屈肌
12.第五指伸肌　13.腕桡侧伸肌

图12-30　猪左前肢前臂及前脚部肌腱（掌侧）

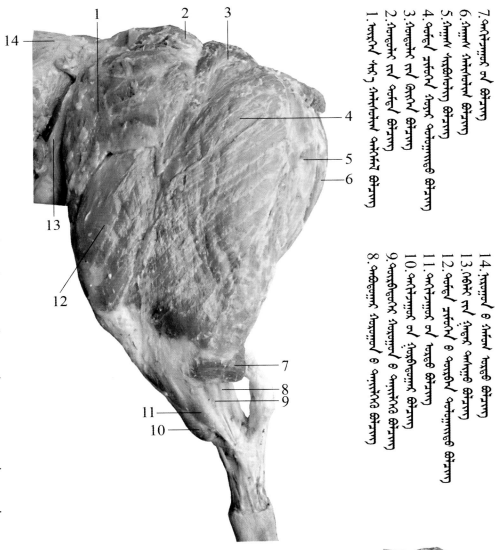

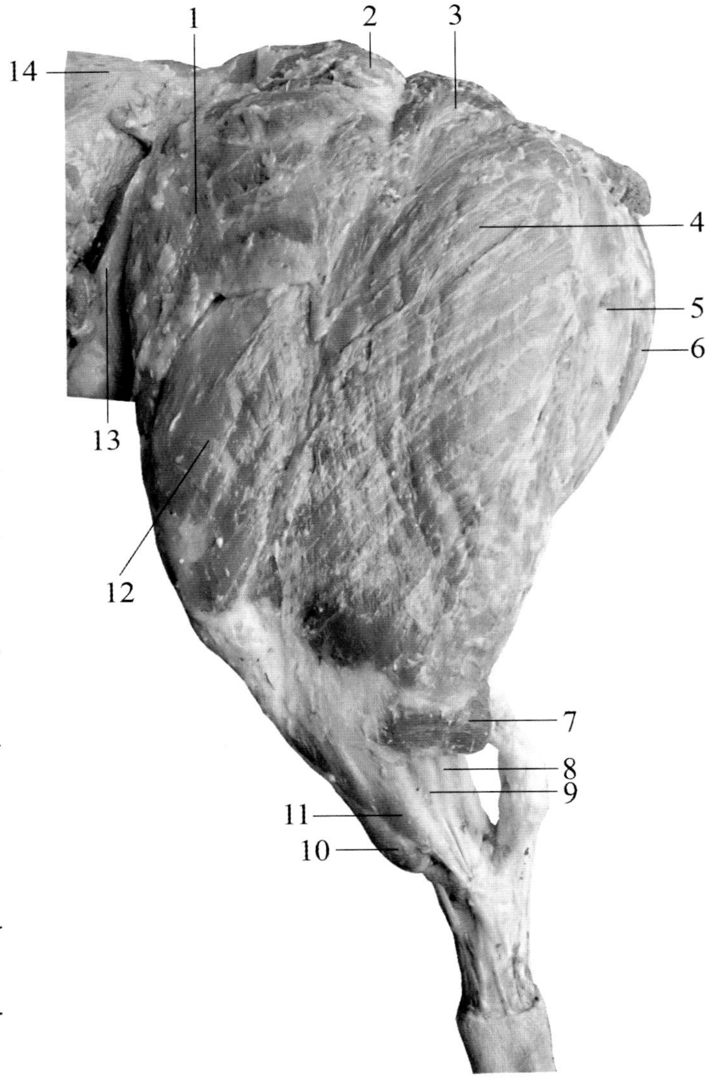

1.阔筋膜张肌　2.臀中肌　3.臀浅肌　4.股二头肌
5.半腱肌　6.半膜肌　7.腓肠肌　8.第五趾伸肌
9.第四趾伸肌（趾外侧伸肌）
10.腓骨第三肌　11.腓骨长肌　12.股四头肌
13.腹外斜肌　14.背腰最长肌

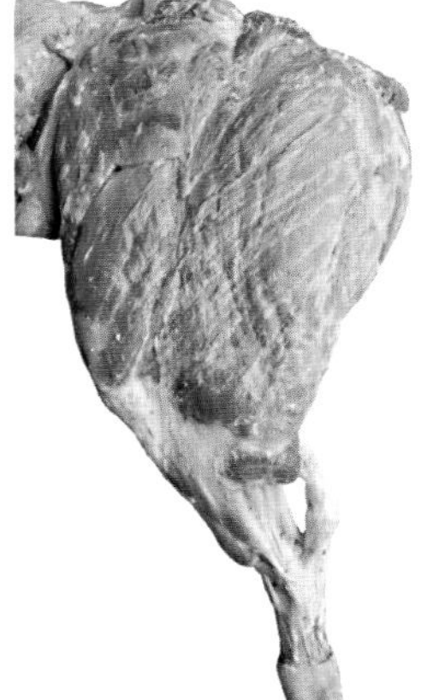

图12-31　猪左后肢外侧浅层肌-1

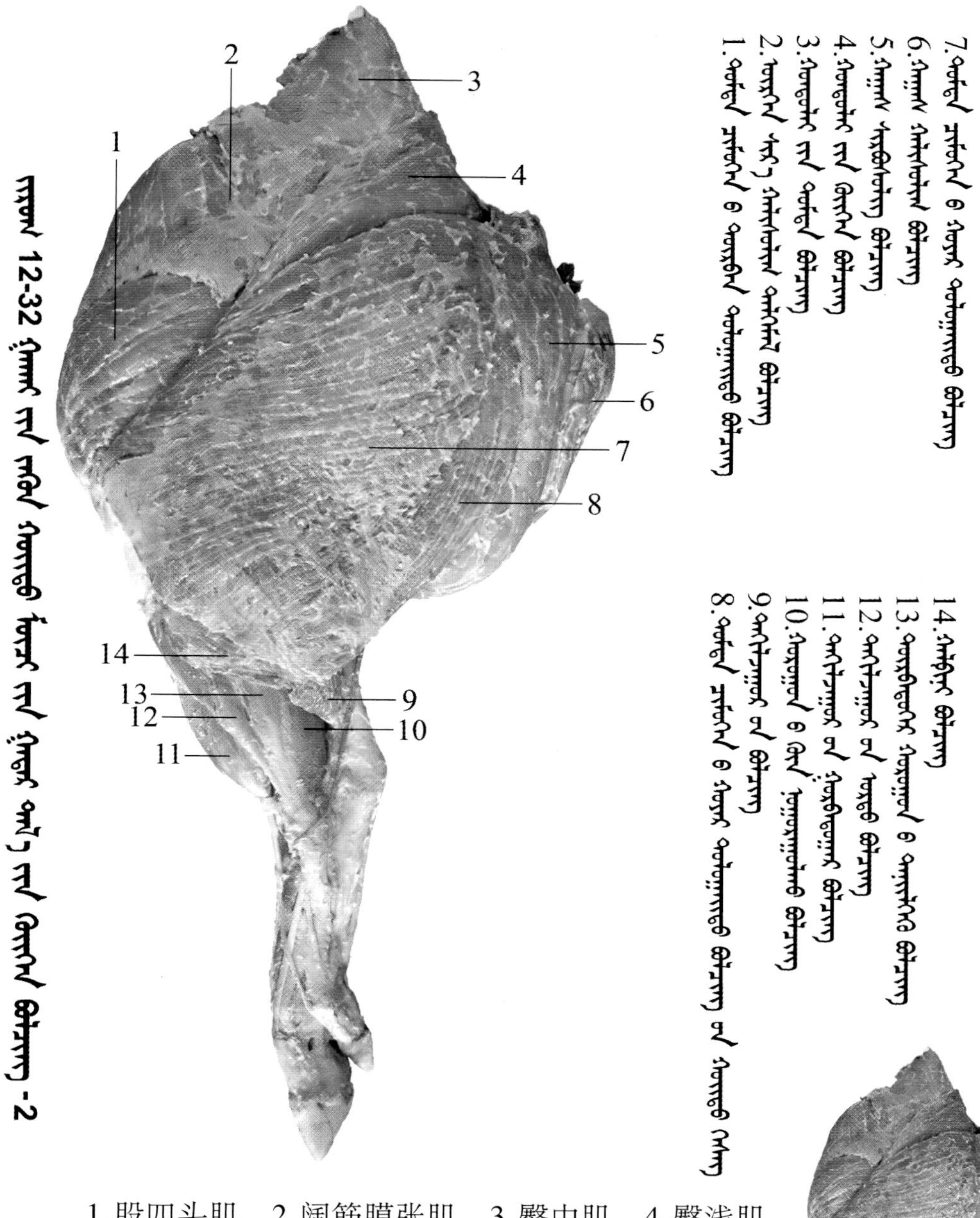

1.股四头肌　2.阔筋膜张肌　3.臀中肌　4.臀浅肌
5.半腱肌　6.半膜肌　7.股二头肌　8.股二头肌后部
9.腓肠肌　10.趾深屈肌（拇长屈肌）
11.腓骨第三肌　12.腓骨长肌
13.第四趾伸肌（趾外侧伸肌）　14.比目鱼肌

图12-32　猪左后肢外侧浅层肌-2

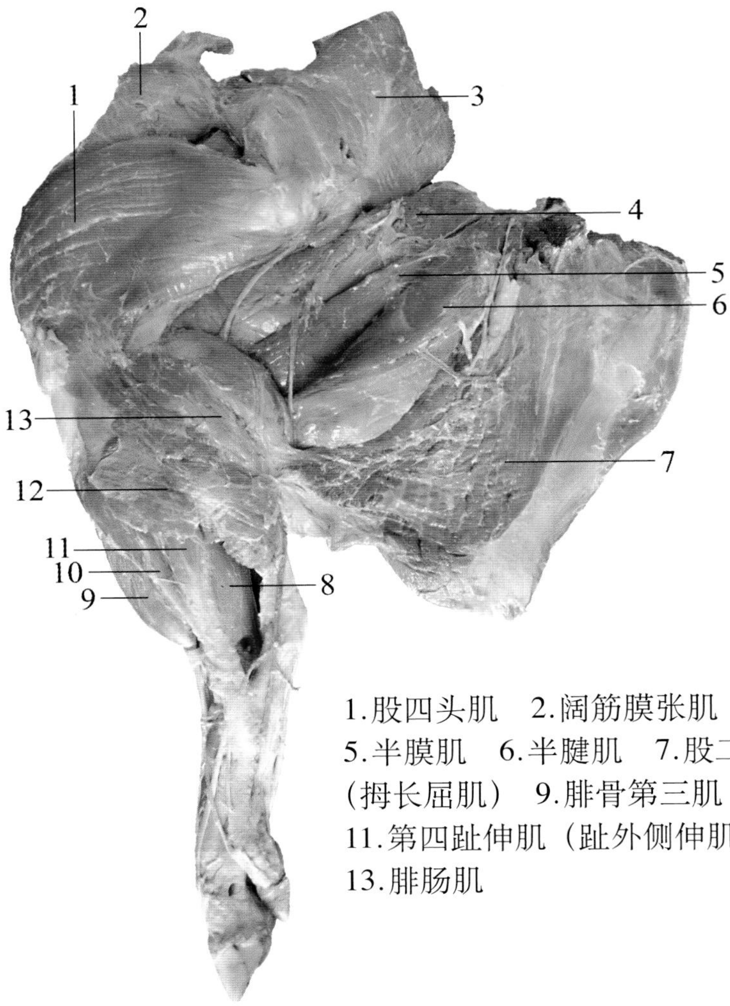

1.股四头肌　2.阔筋膜张肌　3.臀肌　4.内收肌　5.半膜肌　6.半腱肌　7.股二头肌　8.趾深屈肌（拇长屈肌）　9.腓骨第三肌　10.腓骨长肌　11.第四趾伸肌（趾外侧伸肌）　12.比目鱼肌　13.腓肠肌

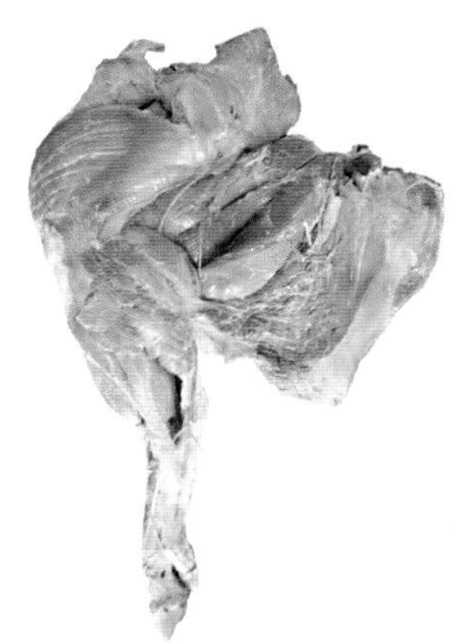

图12-33　猪左后肢外侧深层肌-1

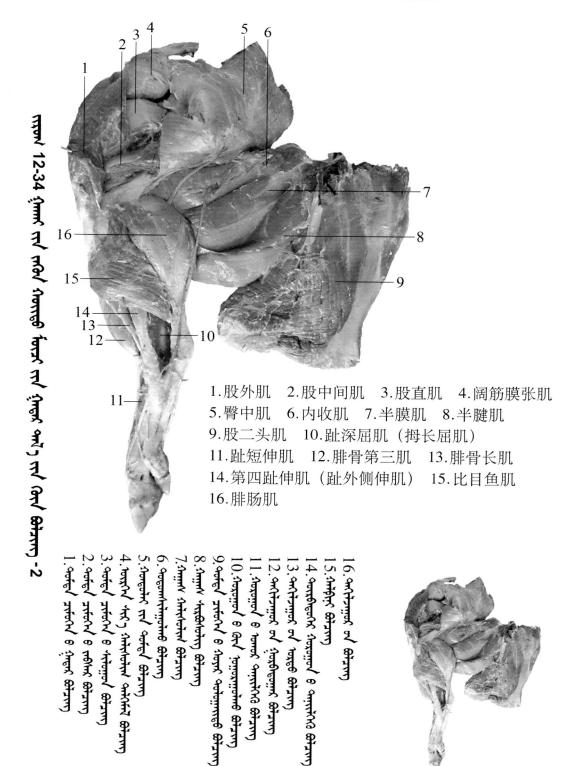

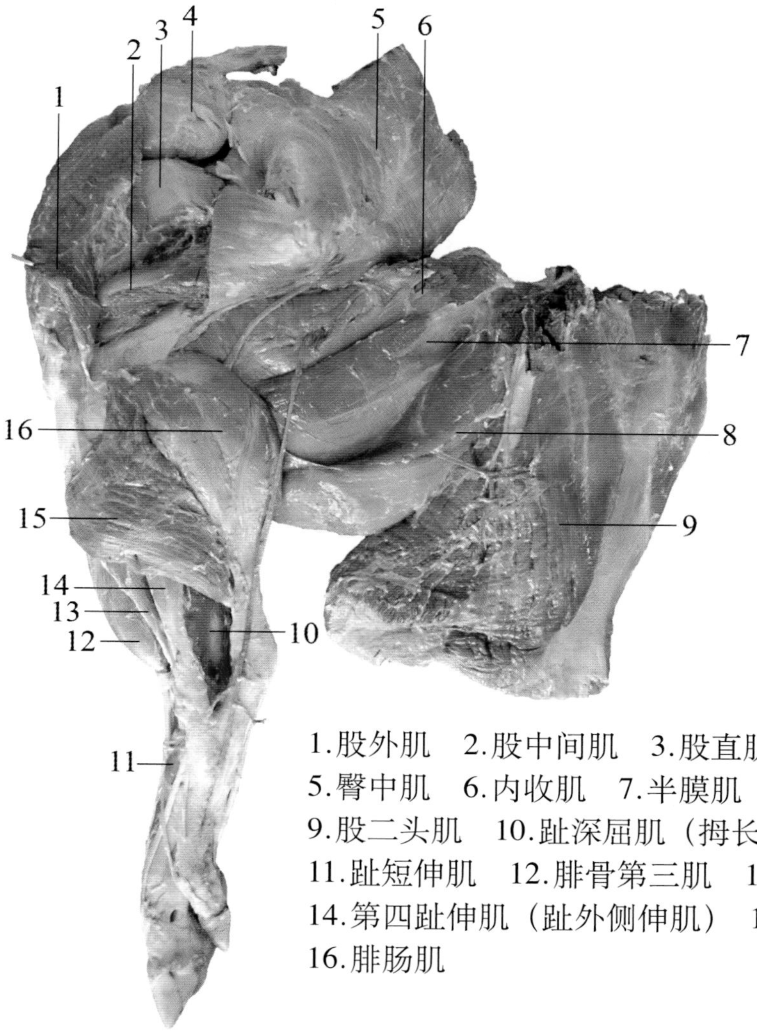

1.股外肌　2.股中间肌　3.股直肌　4.阔筋膜张肌
5.臀中肌　6.内收肌　7.半膜肌　8.半腱肌
9.股二头肌　10.趾深屈肌（拇长屈肌）
11.趾短伸肌　12.腓骨第三肌　13.腓骨长肌
14.第四趾伸肌（趾外侧伸肌）　15.比目鱼肌
16.腓肠肌

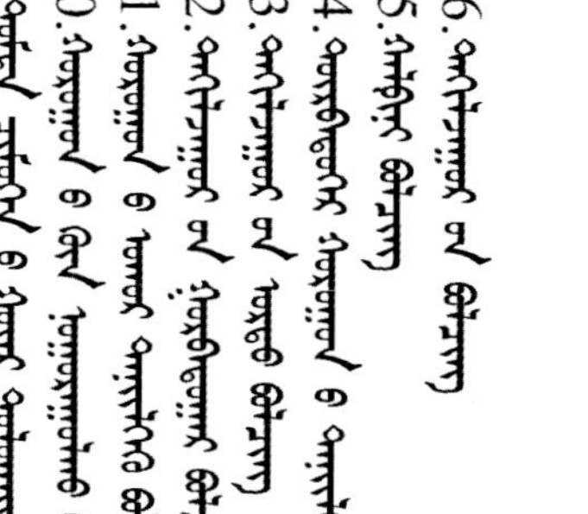

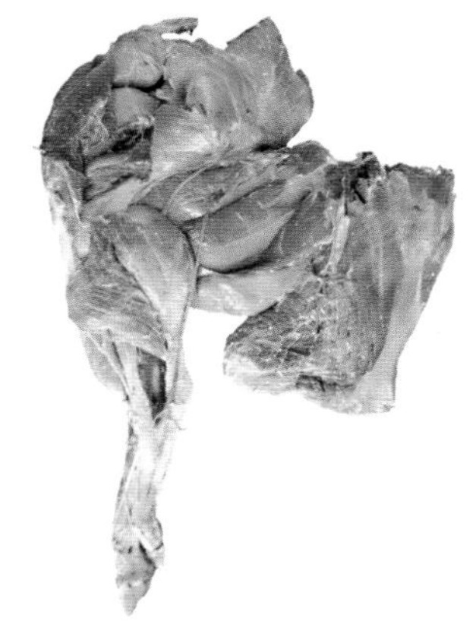

图12-34　猪左后肢外侧深层肌-2

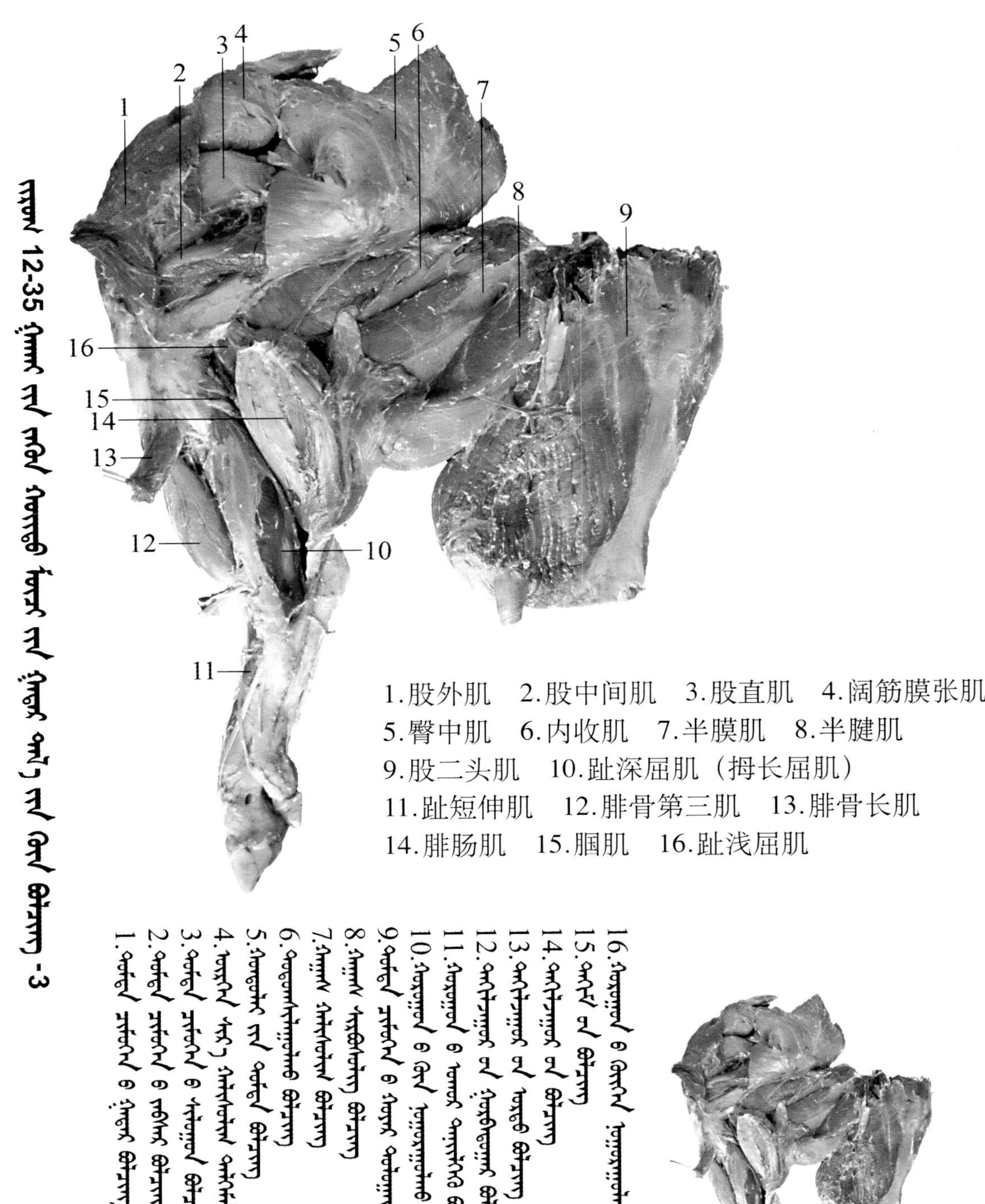

1.股外肌　2.股中间肌　3.股直肌　4.阔筋膜张肌
5.臀中肌　6.内收肌　7.半膜肌　8.半腱肌
9.股二头肌　10.趾深屈肌（拇长屈肌）
11.趾短伸肌　12.腓骨第三肌　13.腓骨长肌
14.腓肠肌　15.腘肌　16.趾浅屈肌

图12-35　猪左后肢外侧深层肌-3

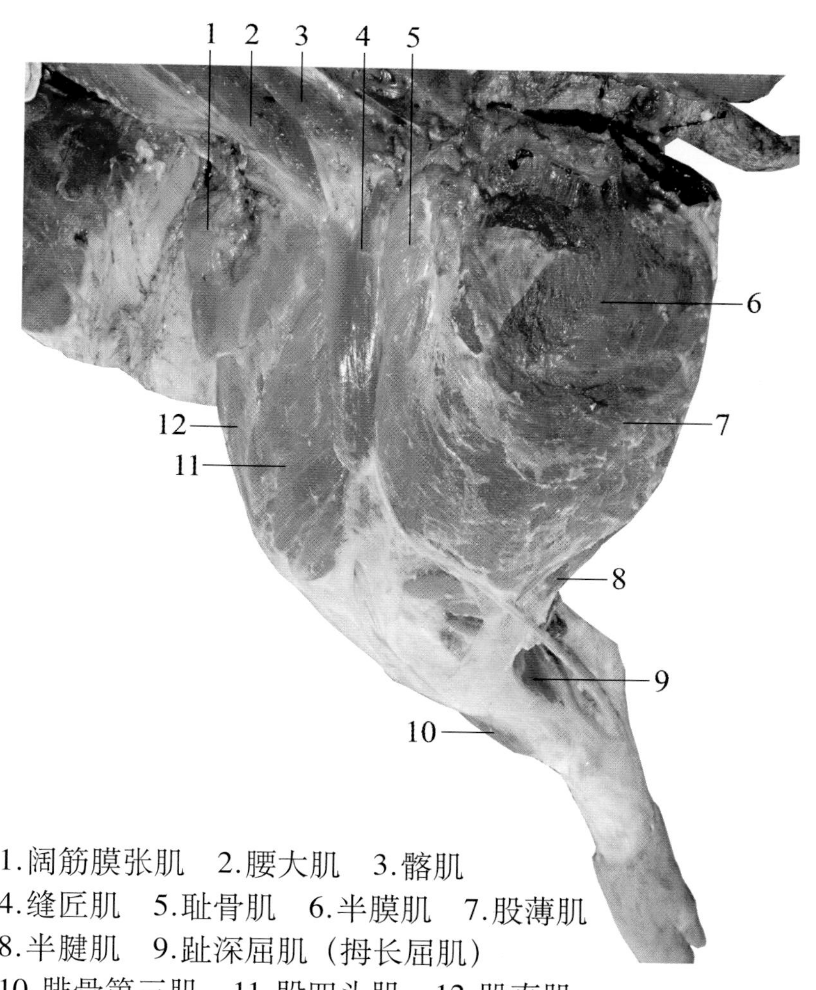

1.阔筋膜张肌　2.腰大肌　3.髂肌
4.缝匠肌　5.耻骨肌　6.半膜肌　7.股薄肌
8.半腱肌　9.趾深屈肌（拇长屈肌）
10.腓骨第三肌　11.股四头肌　12.股直肌

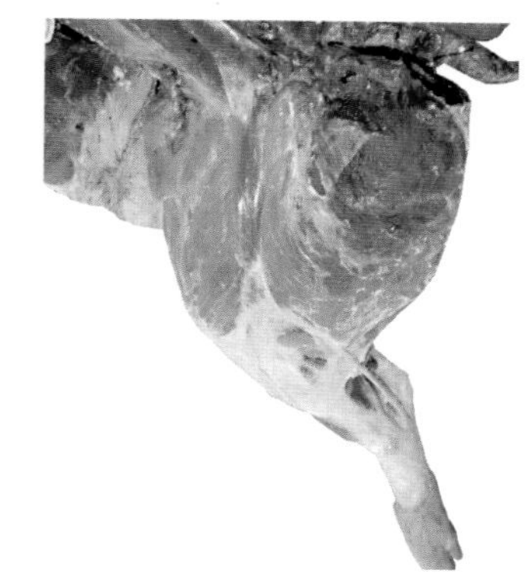

图12-36　猪右后肢内侧浅层肌-1

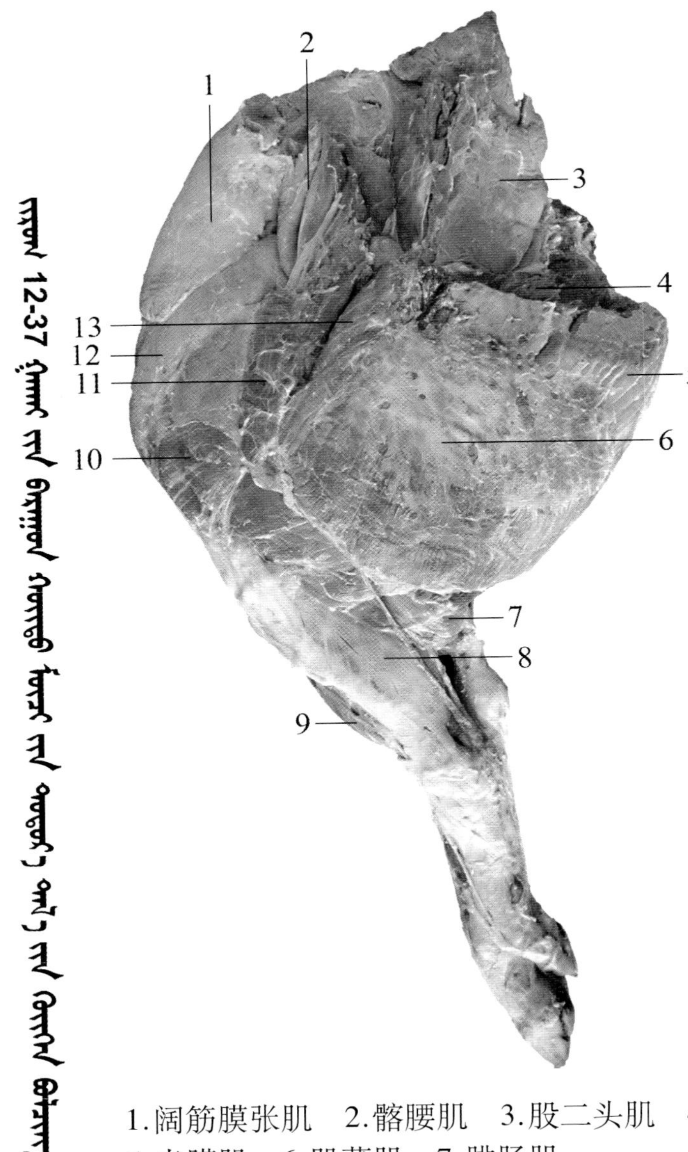

1.阔筋膜张肌　2.髂腰肌　3.股二头肌　4.内收肌
5.半膜肌　6.股薄肌　7.腓肠肌
8.趾深屈肌（拇长屈肌）　9.腓骨第三肌
10.股四头肌　11.缝匠肌　12.股直肌　13.耻骨肌

图12-37　猪右后肢内侧浅层肌-2

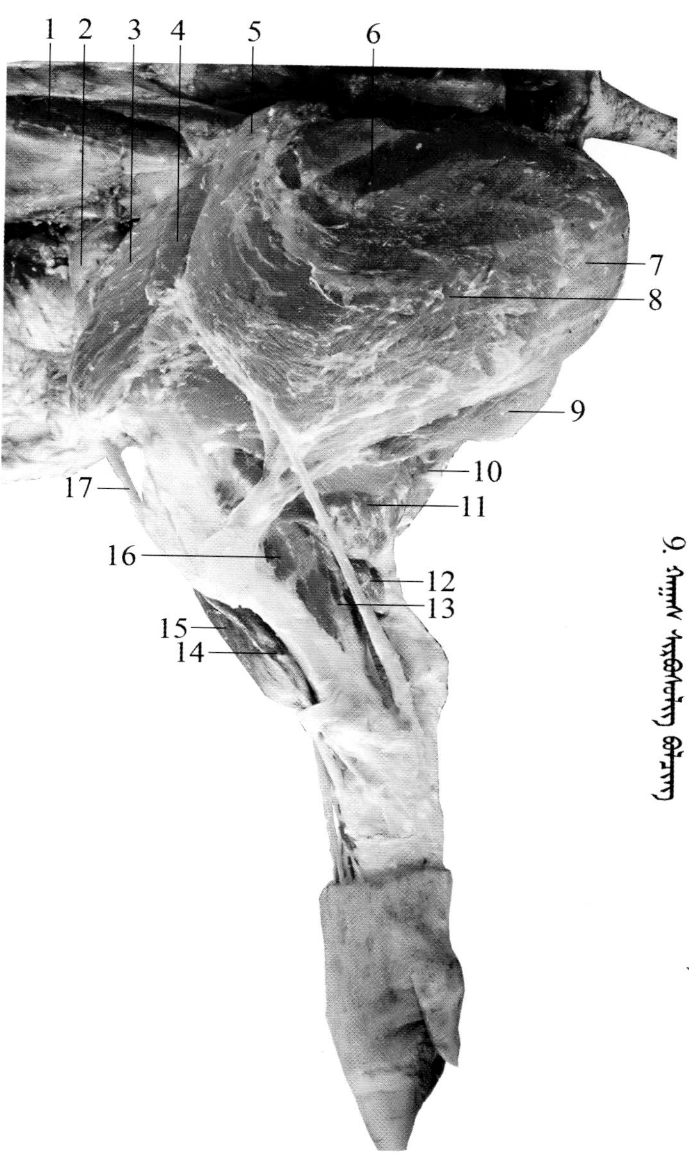

1.腰大肌　2.阔筋膜张肌　3.股四头肌
4.缝匠肌　5.耻骨肌　6.内收肌　7.半膜肌
8.股薄肌　9.半腱肌　10.股二头肌　11.腓肠肌
12.趾浅屈肌　13.趾深屈肌（拇长屈肌）
14.胫骨前肌　15.腓骨第三肌　16.腘肌
17.膝直韧带

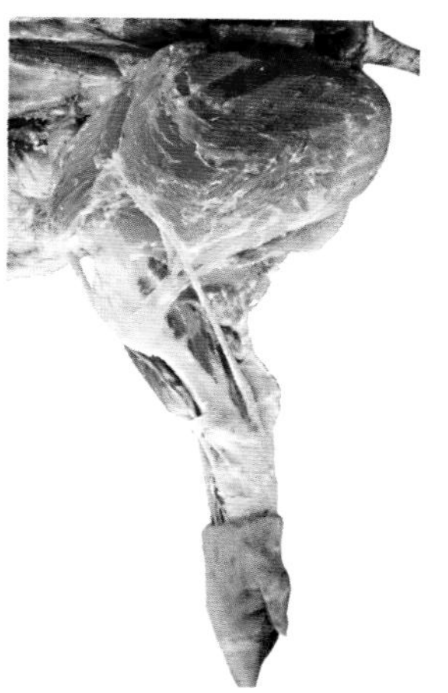

图12-38　猪右后肢内侧浅层肌-3

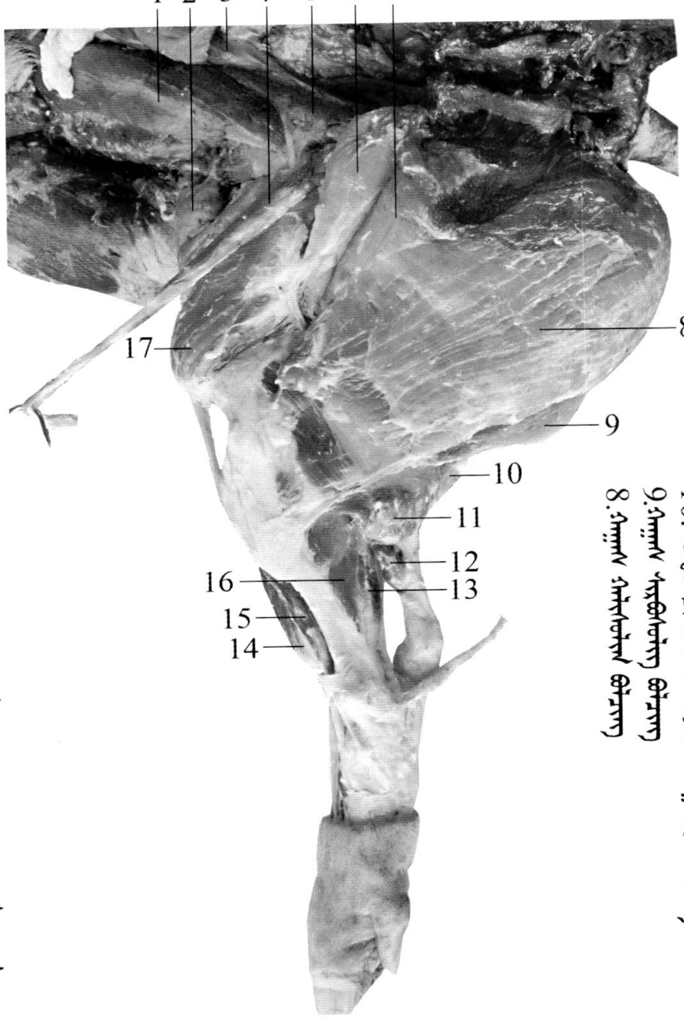

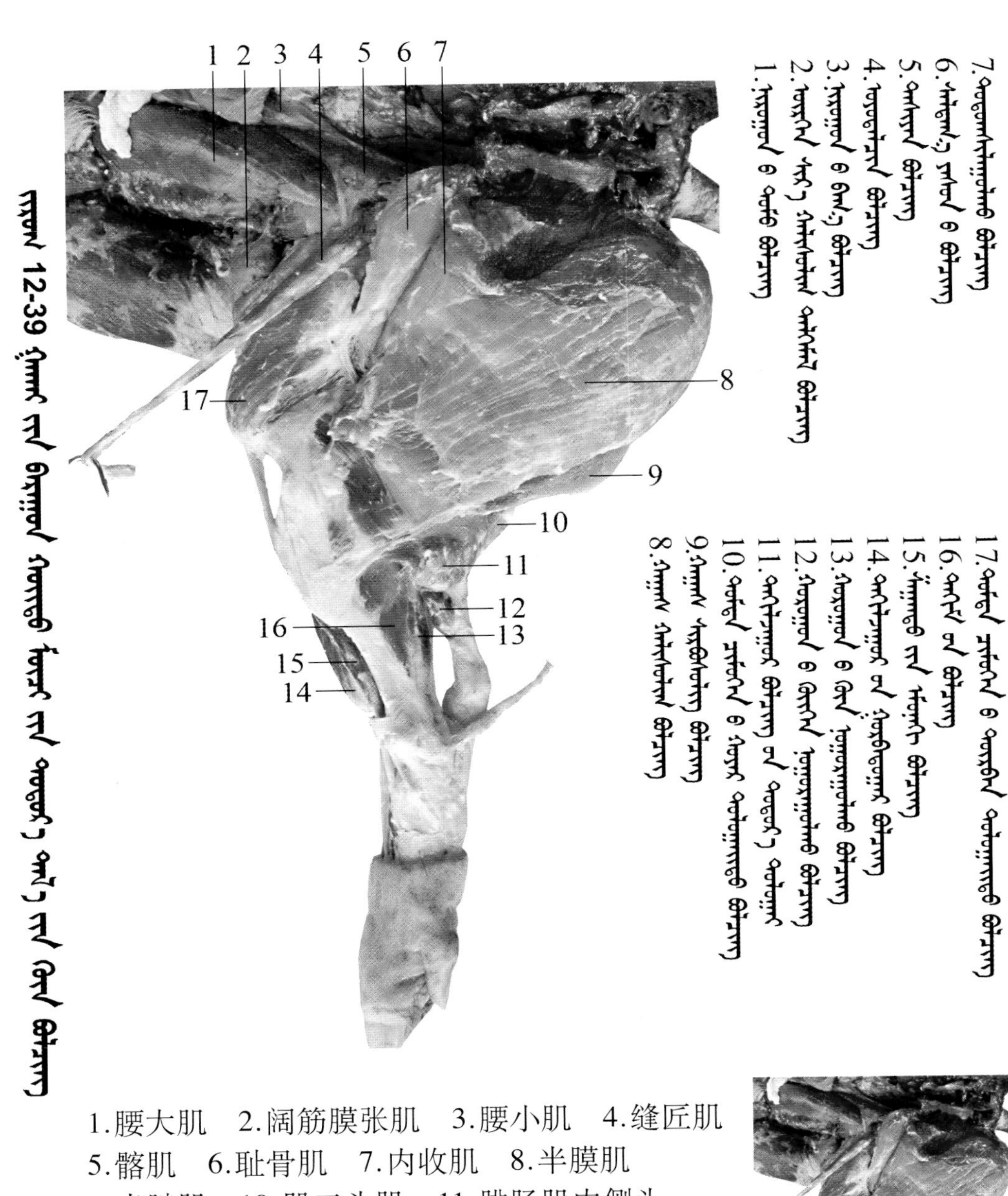

1.腰大肌 2.阔筋膜张肌 3.腰小肌 4.缝匠肌
5.髂肌 6.耻骨肌 7.内收肌 8.半膜肌
9.半腱肌 10.股二头肌 11.腓肠肌内侧头
12.趾浅屈肌 13.趾深屈肌（拇长屈肌）
14.腓骨第三肌 15.胫骨前肌 16.腘肌
17.股四头肌

图12-39 猪右后肢内侧深层肌

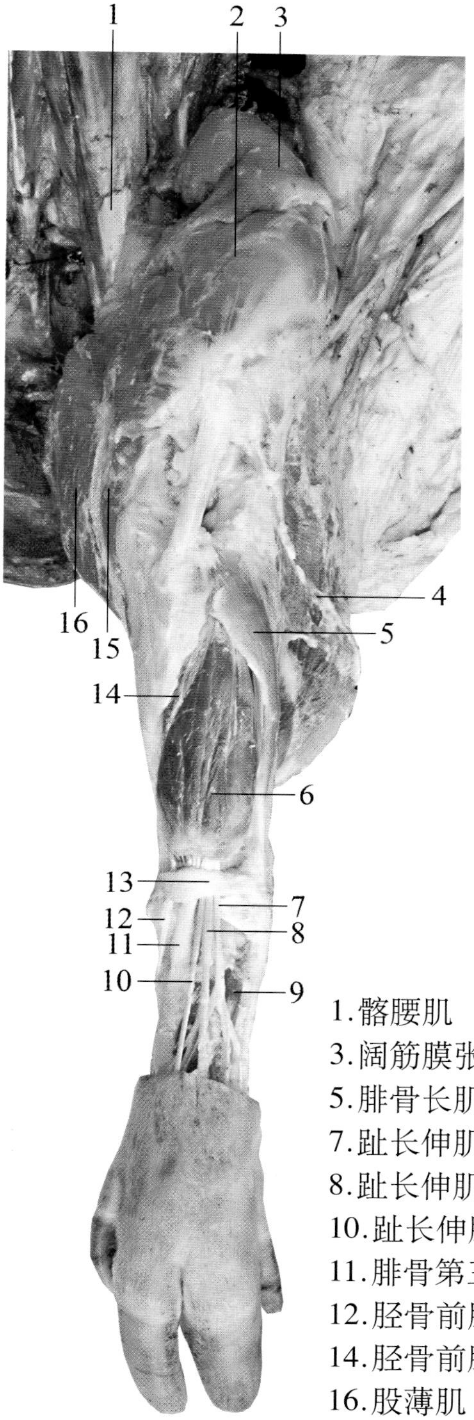

1.髂腰肌　2.股四头肌
3.阔筋膜张肌　4.股二头肌
5.腓骨长肌　6.腓骨第三肌
7.趾长伸肌外头腱
8.趾长伸肌中头腱　9.趾短伸肌
10.趾长伸肌内头腱
11.腓骨第三肌腱
12.胫骨前肌腱　13.伸肌支持带
14.胫骨前肌　15.缝匠肌
16.股薄肌

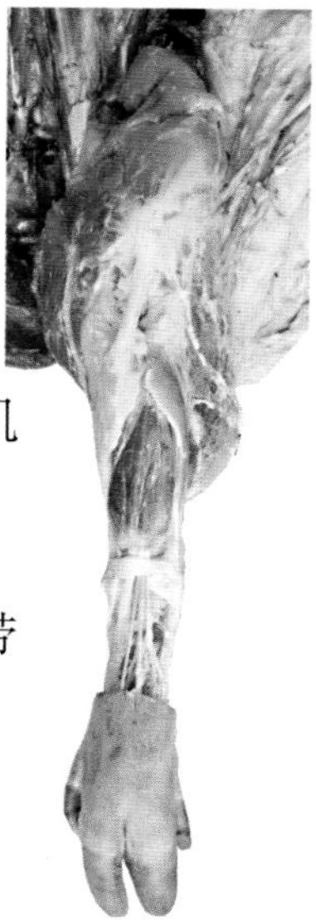

图12-40　猪左后肢肌（背侧）

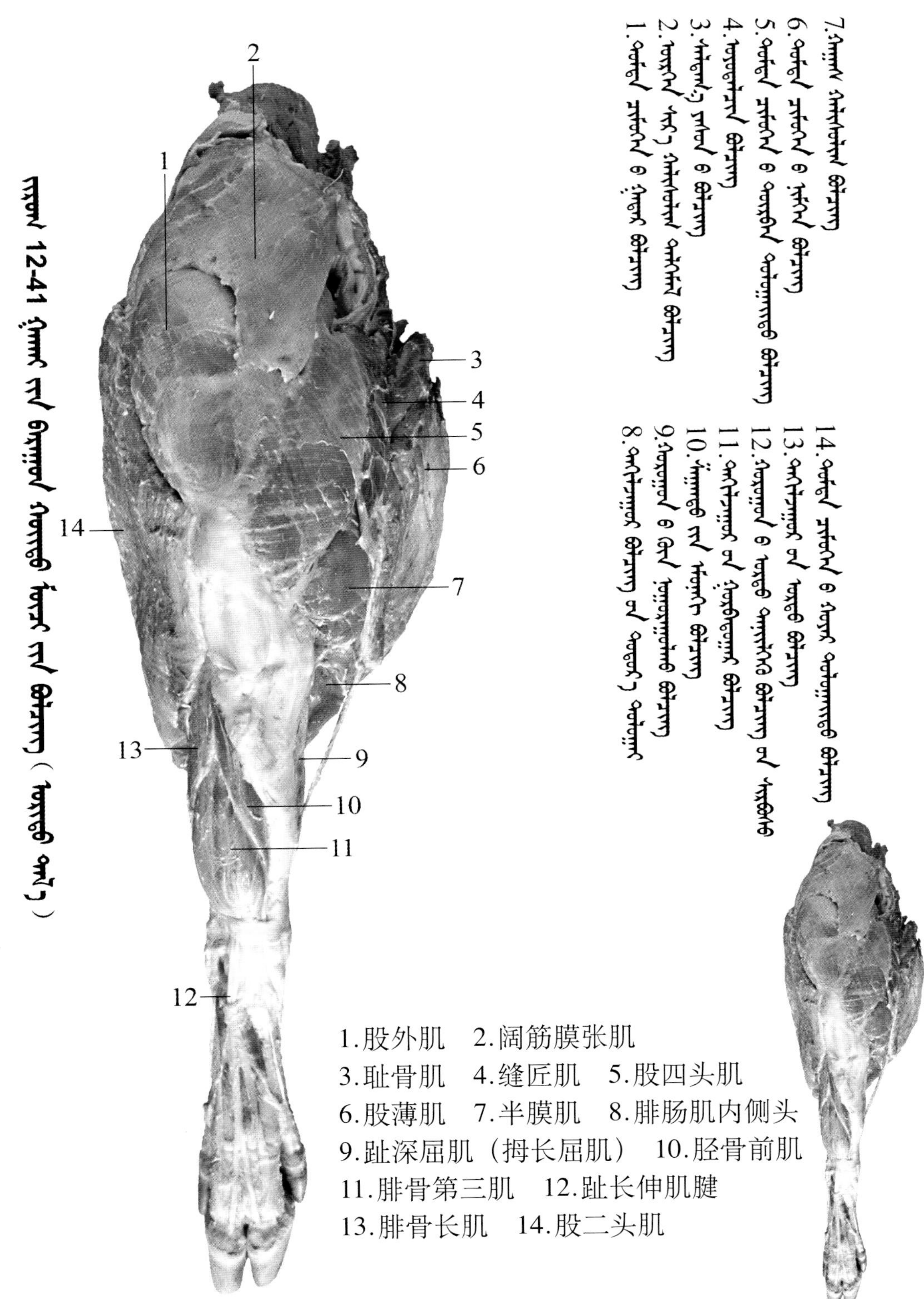

图12-41 猪右后肢肌（背侧）

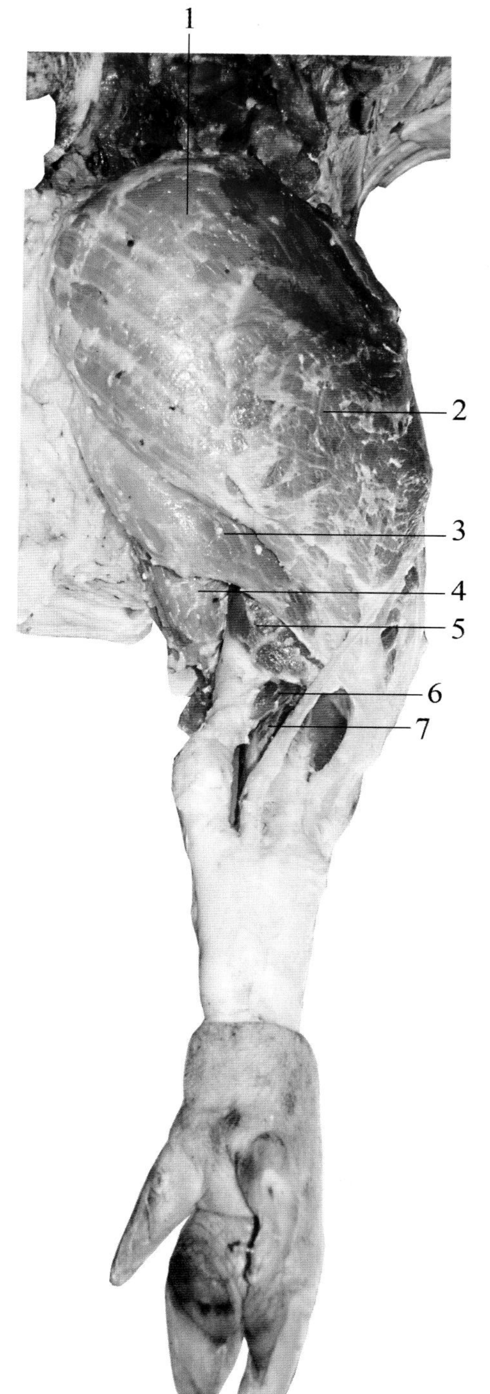

1.半膜肌　2.股薄肌
3.半腱肌　4.股二头肌
5.腓肠肌　6.趾浅屈肌
7.趾深屈肌（拇长屈肌）

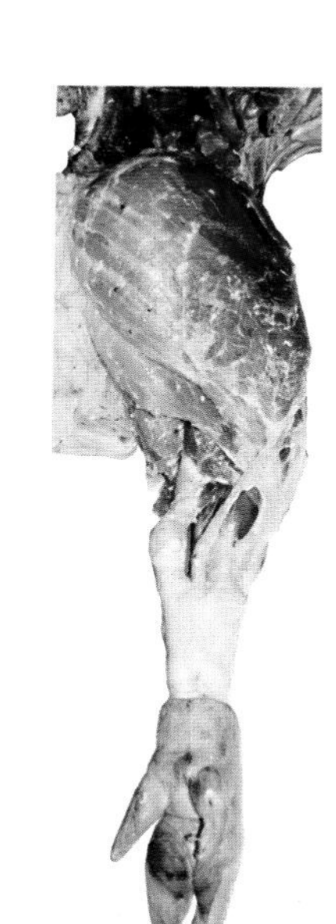

图12-42　猪左后肢肌-1（跖侧）

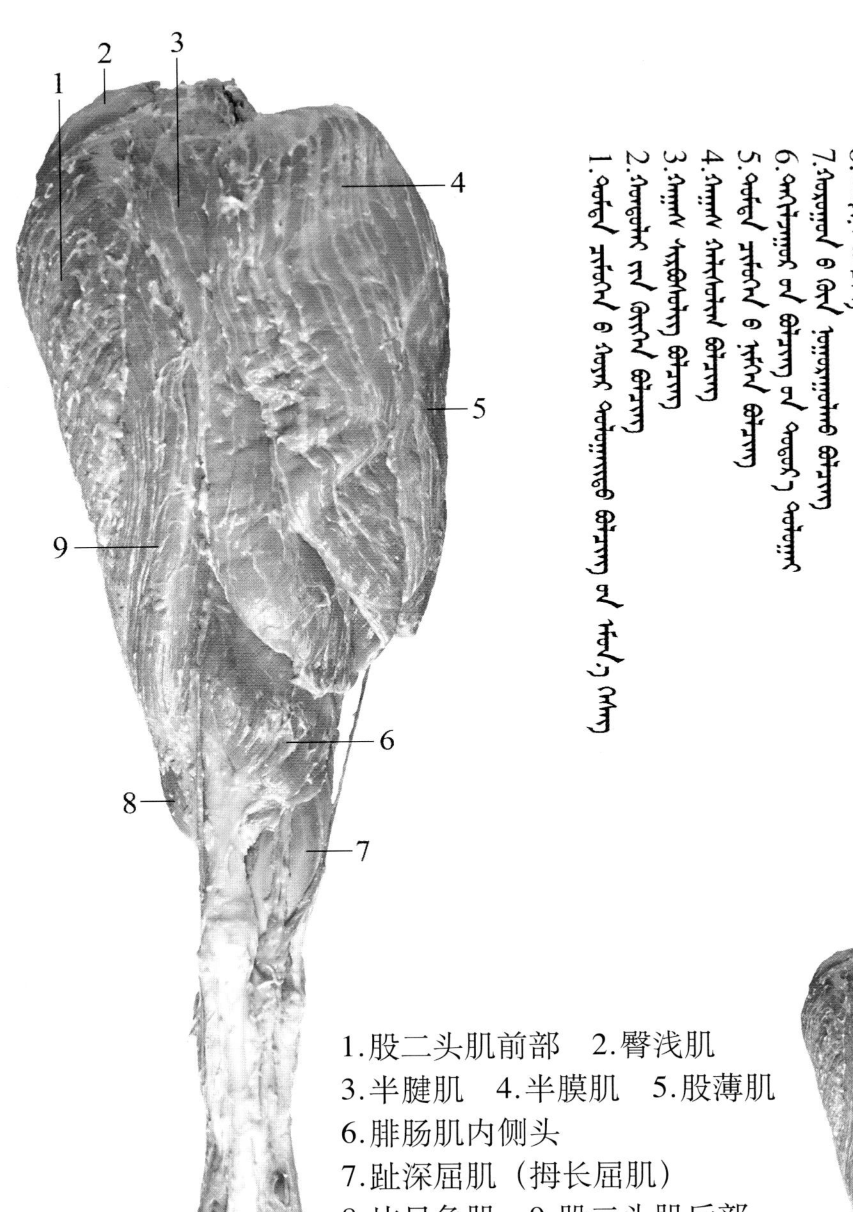

1.股二头肌前部　2.臀浅肌
3.半腱肌　4.半膜肌　5.股薄肌
6.腓肠肌内侧头
7.趾深屈肌（拇长屈肌）
8.比目鱼肌　9.股二头肌后部

图 12-43　猪左后肢肌-2（跖侧）

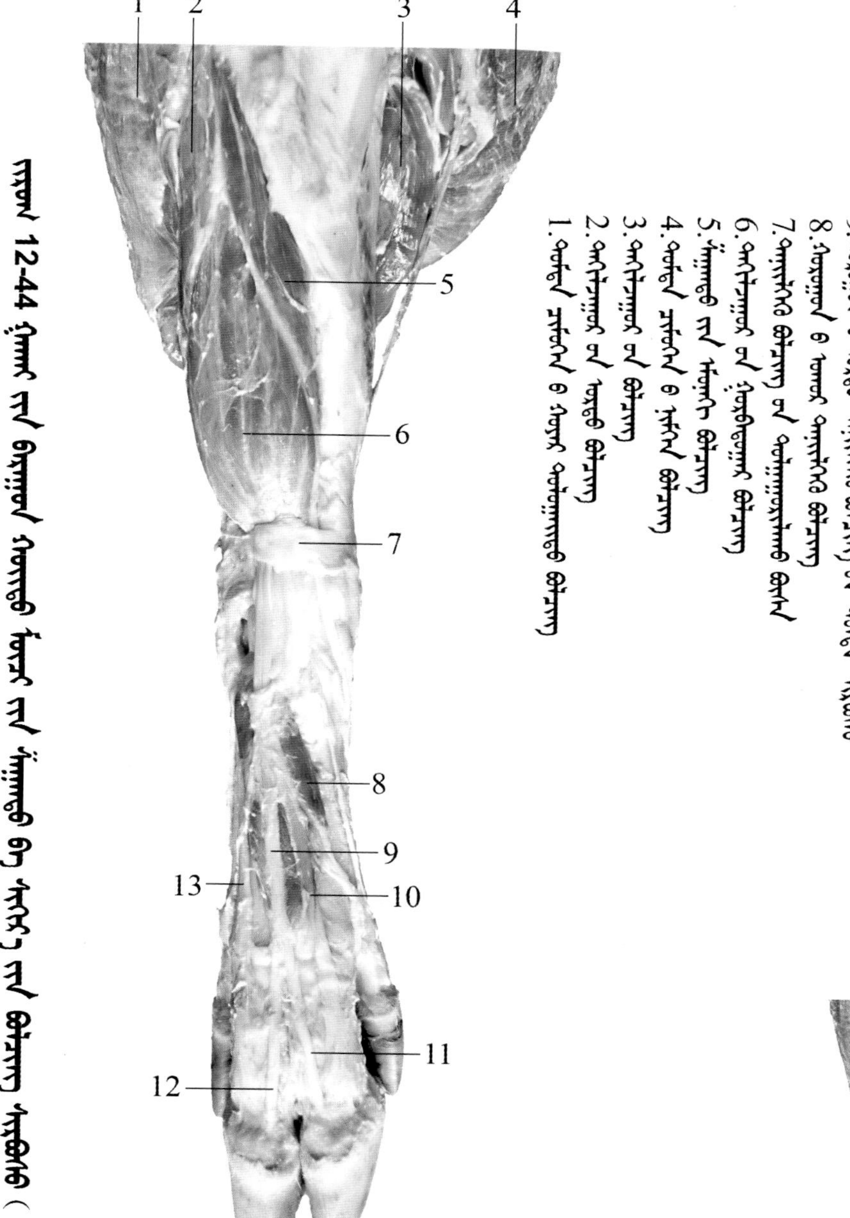

1.股二头肌　2.腓骨长肌　3.腓肠肌　4.股薄肌　5.胫骨前肌　6.腓骨第三肌　7.伸肌支持带　8.趾短伸肌　9.趾长伸肌中头腱　10.趾长伸肌内头腱　11.趾长伸肌第三趾腱　12.趾长伸肌第四趾腱　13.第四趾伸肌腱

图12-44　猪右后肢小腿和后脚部肌腱（背侧）

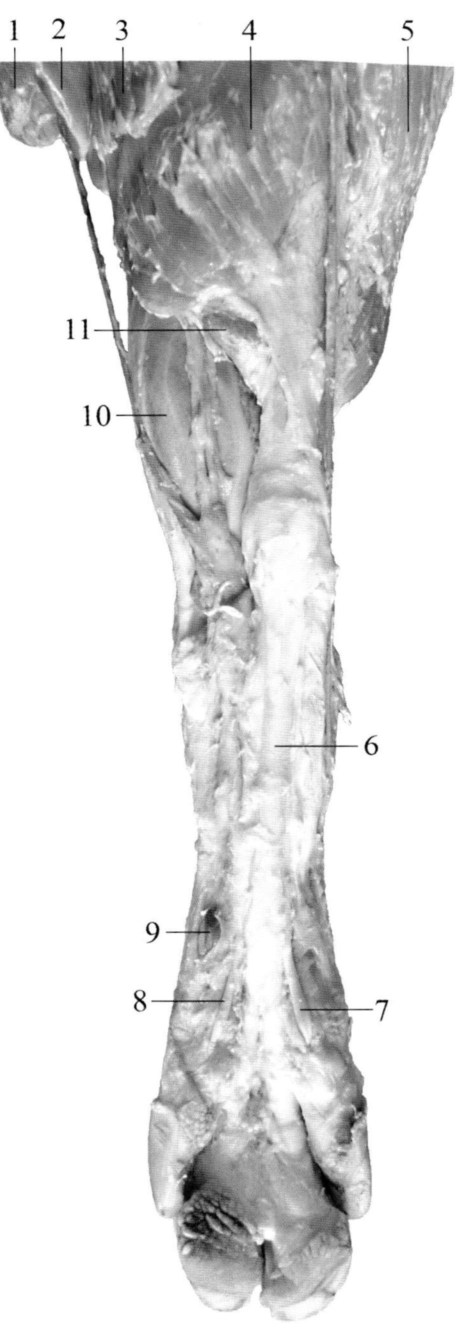

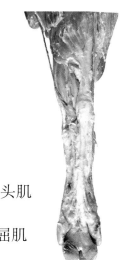

1.股薄肌　2.半膜肌　3.半腱肌　4.腓肠肌　5.股二头肌
6.趾浅屈肌腱　7.第五趾屈肌腱　8.第二趾屈肌腱
9.第二趾展肌　10.趾深屈肌（拇长屈肌）　11.趾浅屈肌

图 12-45　猪右后肢小腿和后脚部肌腱（跖侧）

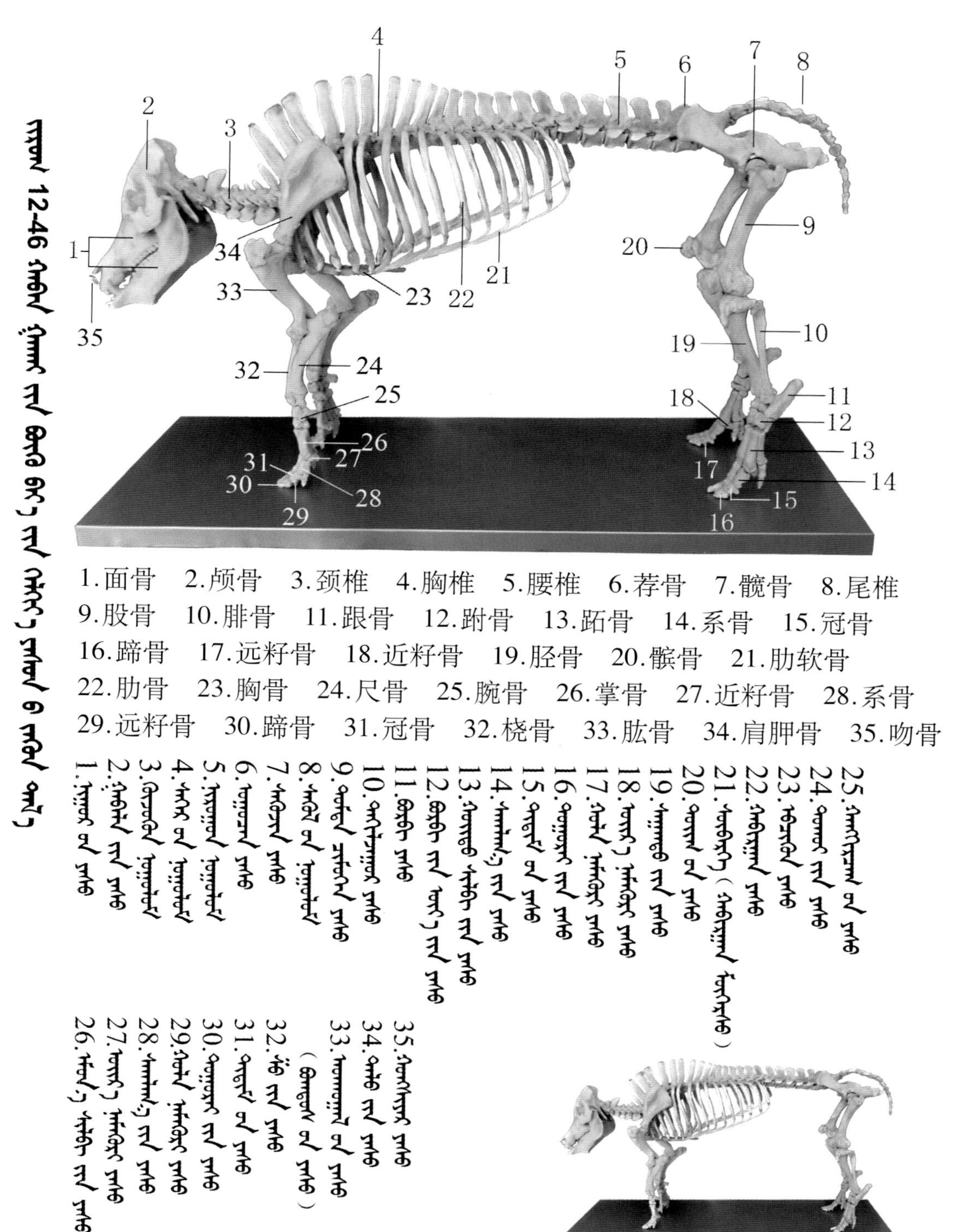

1.面骨　2.颅骨　3.颈椎　4.胸椎　5.腰椎　6.荐骨　7.髋骨　8.尾椎　9.股骨　10.腓骨　11.跟骨　12.跗骨　13.跖骨　14.系骨　15.冠骨　16.蹄骨　17.远籽骨　18.近籽骨　19.胫骨　20.髌骨　21.肋软骨　22.肋骨　23.胸骨　24.尺骨　25.腕骨　26.掌骨　27.近籽骨　28.系骨　29.远籽骨　30.蹄骨　31.冠骨　32.桡骨　33.肱骨　34.肩胛骨　35.吻骨

图12-46　公猪全身骨骼左侧观

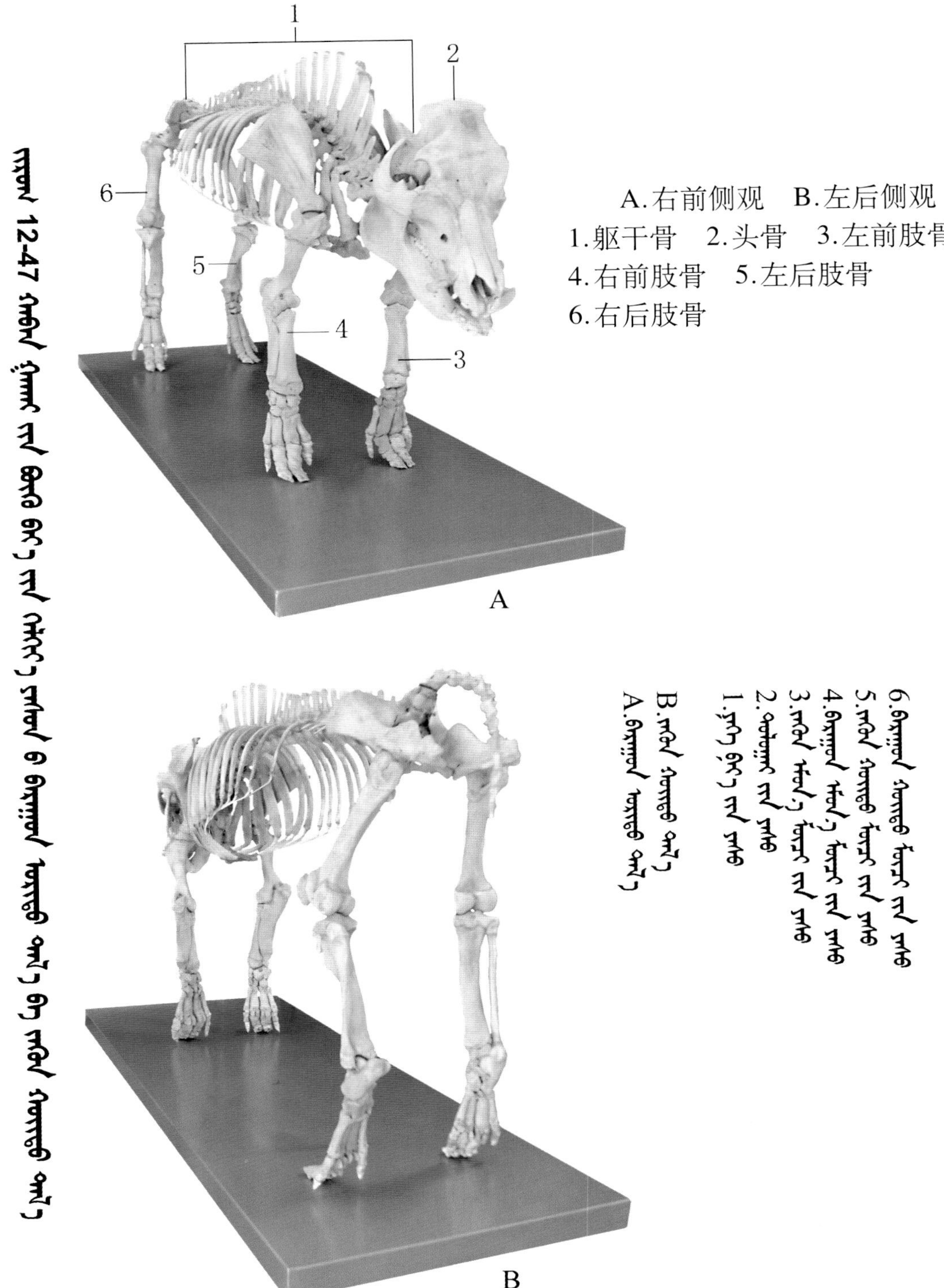

图12-47　公猪全身骨骼右前侧和左后侧观

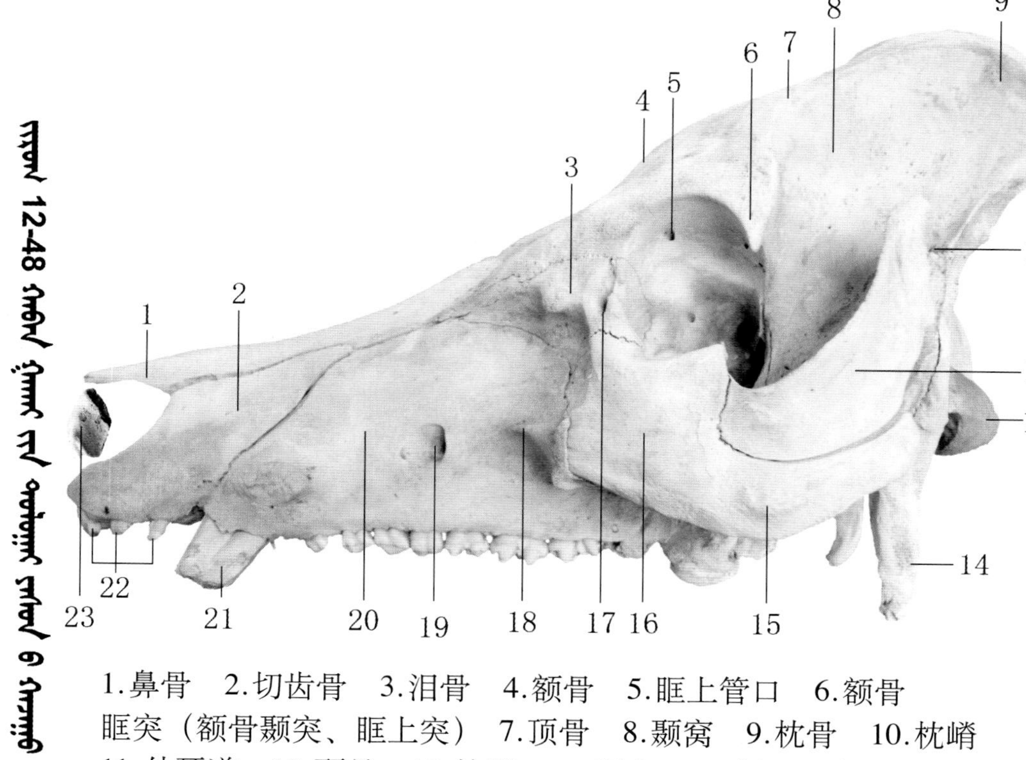

1.鼻骨　2.切齿骨　3.泪骨　4.额骨　5.眶上管口　6.额骨眶突（额骨颞突、眶上突）　7.顶骨　8.颞窝　9.枕骨　10.枕嵴　11.外耳道　12.颞骨　13.枕髁　14.颈突　15.颧骨颞突　16.颧骨　17.泪孔　18.面嵴　19.眶下孔　20.上颌骨　21.犬齿　22.切齿　23.吻骨

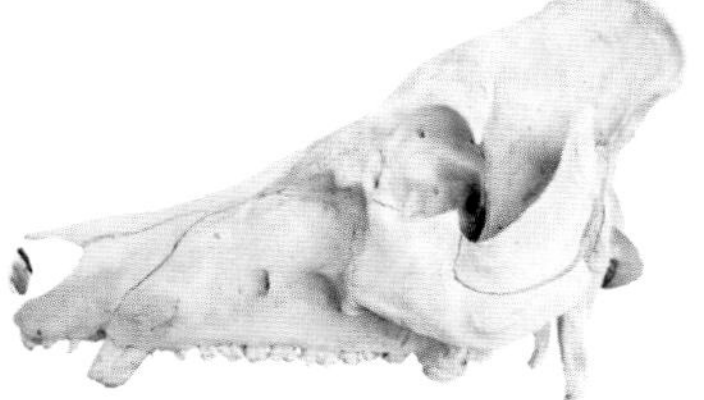

图12-48　公猪头骨侧面观-1

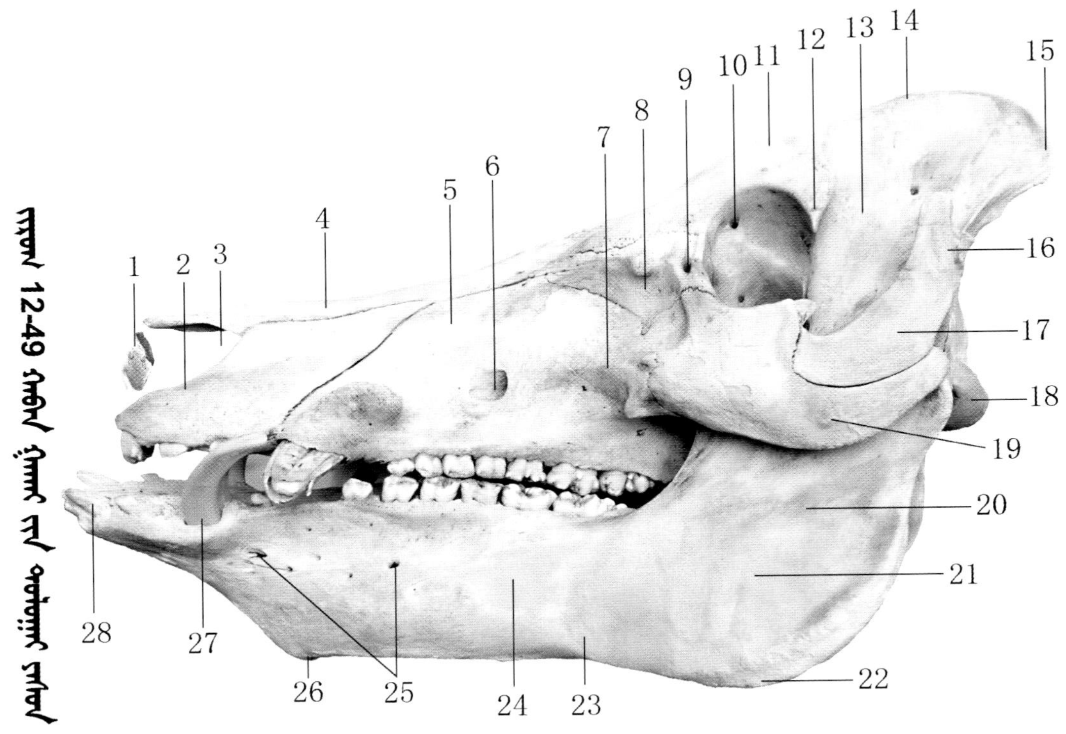

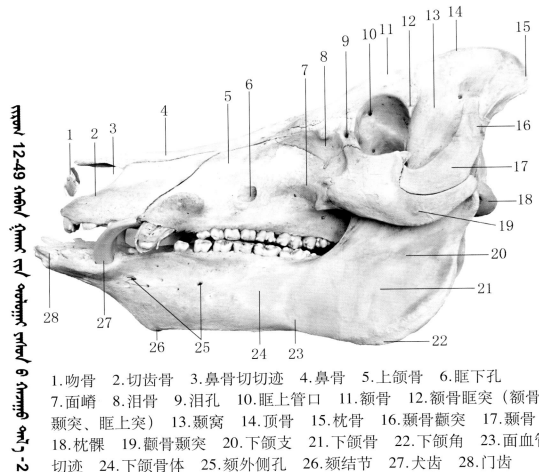

1.吻骨　2.切齿骨　3.鼻骨切切迹　4.鼻骨　5.上颌骨　6.眶下孔　7.面嵴　8.泪骨　9.泪孔　10.眶上管口　11.额骨　12.额骨眶突（额骨颞突、眶上突）　13.颞窝　14.顶骨　15.枕骨　16.颞骨颧突　17.颞骨　18.枕髁　19.颧骨颞突　20.下颌支　21.下颌骨　22.下颌角　23.面血管切迹　24.下颌骨体　25.颏外侧孔　26.颏结节　27.犬齿　28.门齿

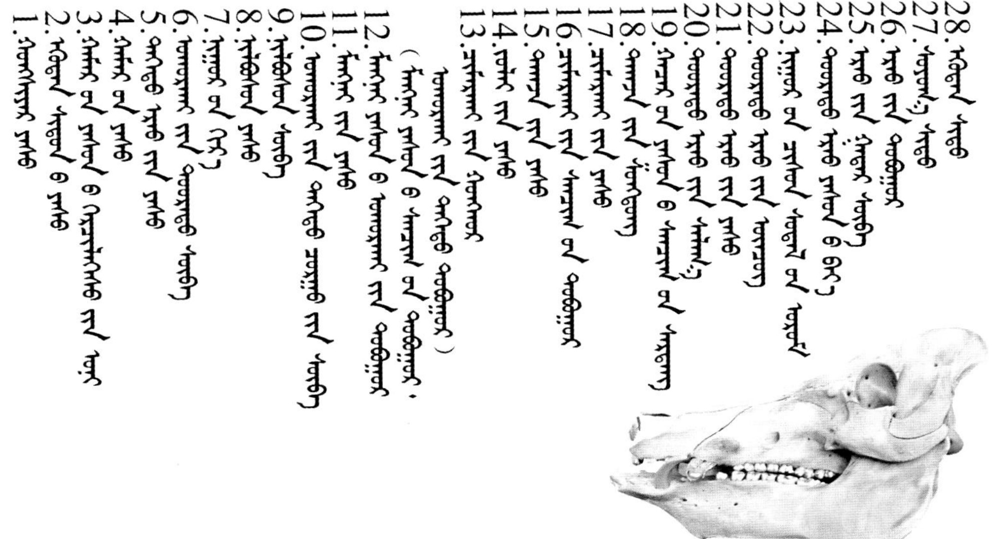

图12-49　公猪头骨侧面观-2

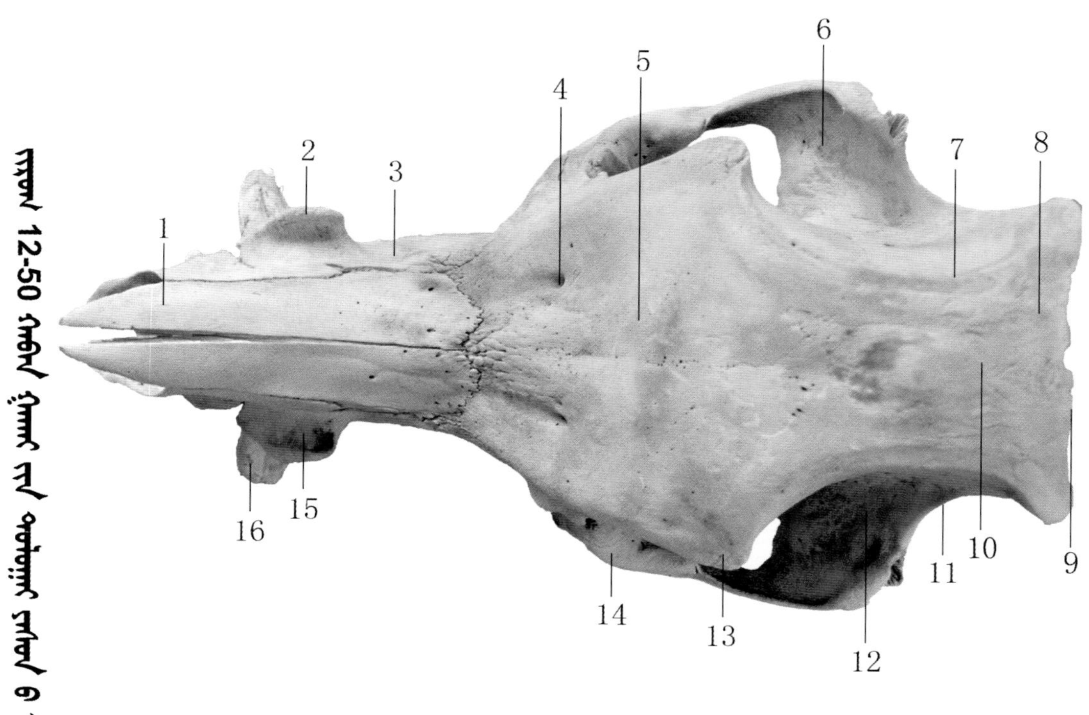

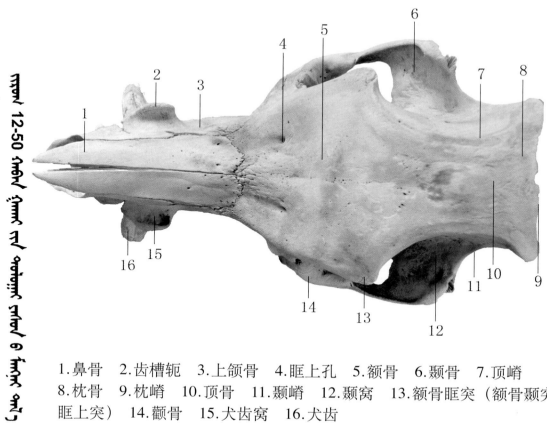

1.鼻骨　2.齿槽轭　3.上颌骨　4.眶上孔　5.额骨　6.颞骨　7.顶嵴　8.枕骨　9.枕嵴　10.顶骨　11.颞嵴　12.颞窝　13.额骨眶突（额骨颞突、眶上突）　14.颧骨　15.犬齿窝　16.犬齿

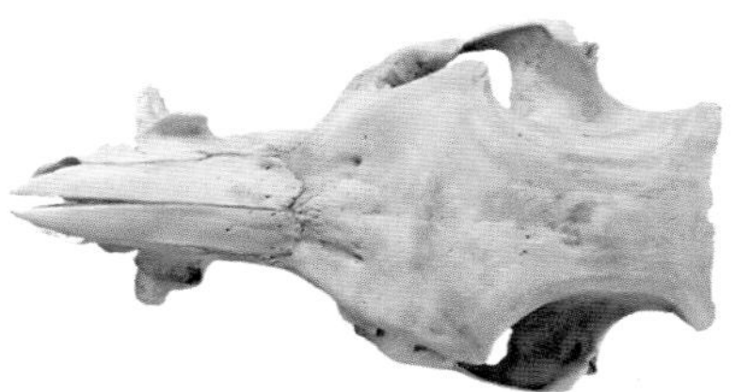

图12-50　公猪头骨额面观

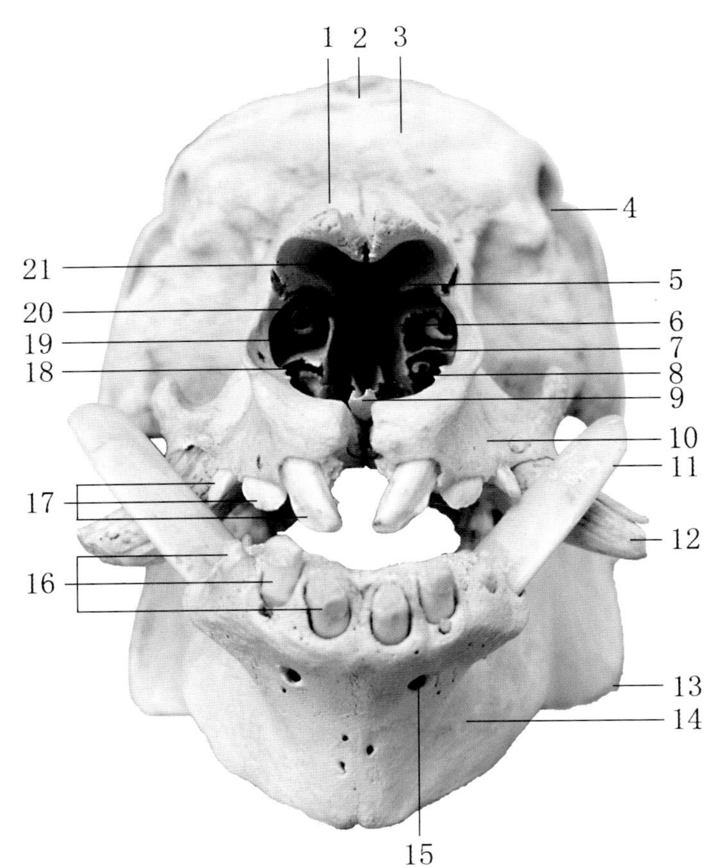

1.鼻骨　2.顶骨　3.额骨　4.眶窝　5.上鼻甲骨　6.下鼻甲骨上部　7.下鼻甲骨　8.下鼻甲骨下部　9.犁骨　10.上颌骨　11.下颌犬齿　12.上颌犬齿　13.下颌骨角　14.下颌骨体　15.颏孔　16.下颌切齿　17.上颌切齿　18.下鼻道　19.中鼻道　20.总鼻道　21.上鼻道

图12-51　公猪头骨前面观

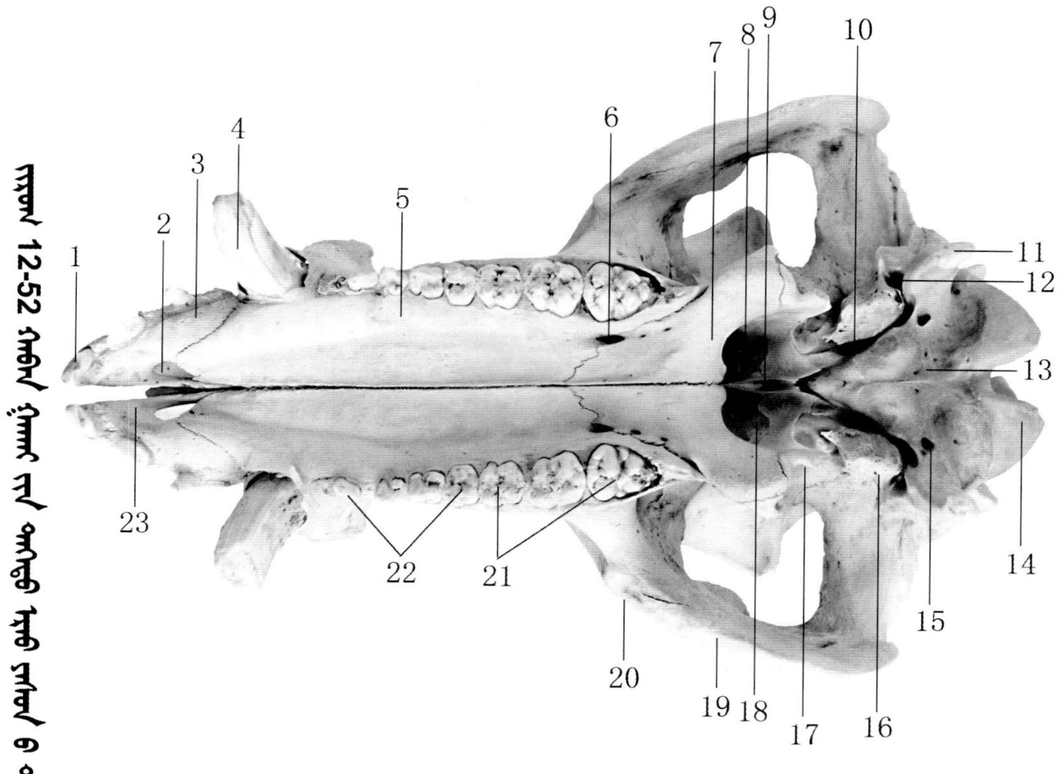

1.切齿　2.腭裂　3.切齿骨　4.犬齿　5.上颌骨腭突　6.腭大孔
7.腭骨水平板　8.鼻后孔　9.犁骨　10.破裂孔　11.颈突　12.颈静脉孔
13.枕骨底部　14.枕髁　15.舌下神经孔　16.鼓泡　17.蝶骨翼突
18.腭骨垂直板　19.颧弓　20.颧骨　21.臼齿　22.前臼齿　23.切齿骨腭突

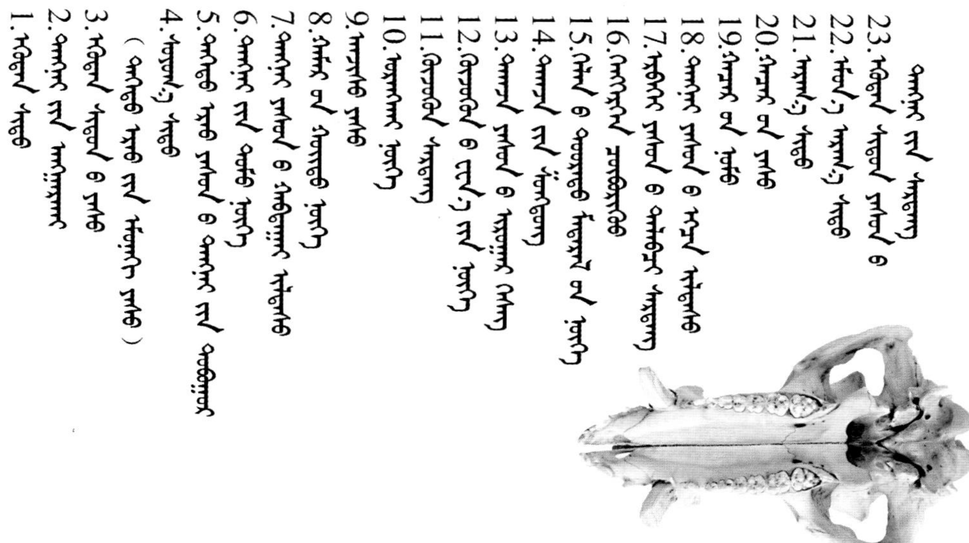

图12-52　公猪上颌骨腭面观

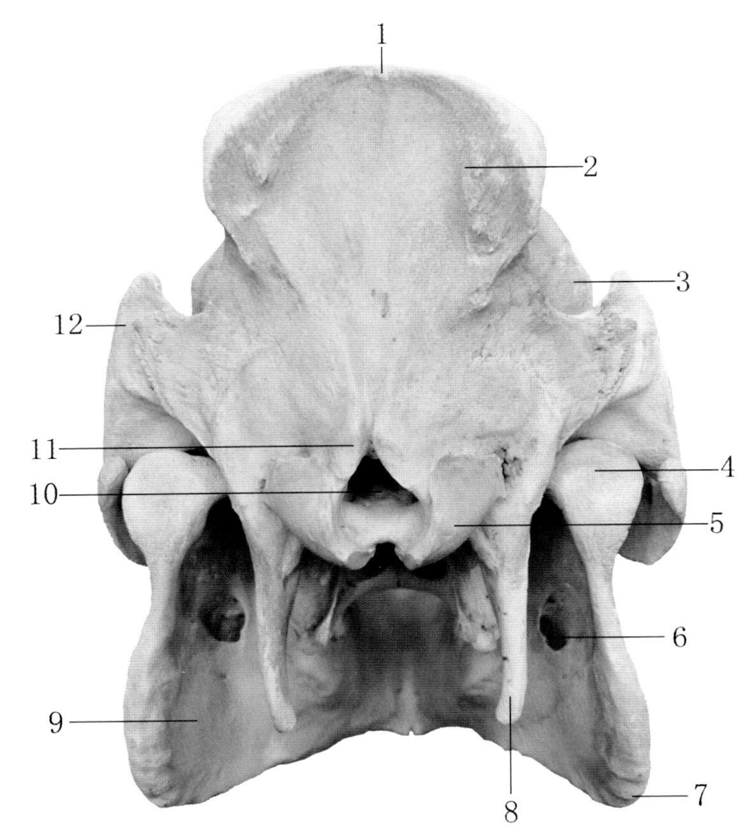

1.顶嵴　2.枕骨　3.额骨眶突（额骨颧突）　4.下颌髁　5.枕髁　6.下颌孔　7.下颌角　8.颈突　9.下颌体　10.枕骨大孔　11.项结节　12.颞骨

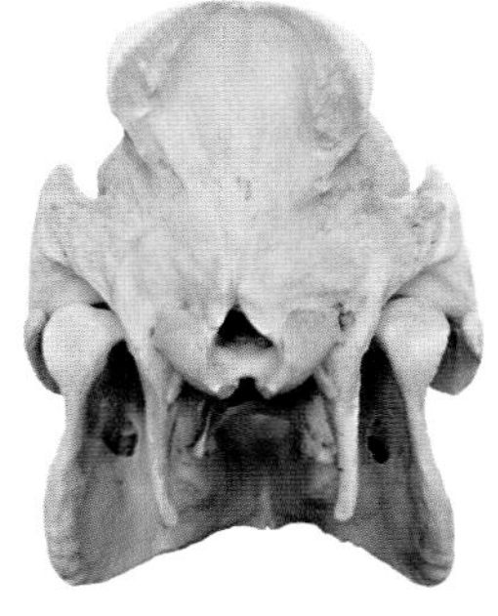

图12-53　公猪头骨后面观-1

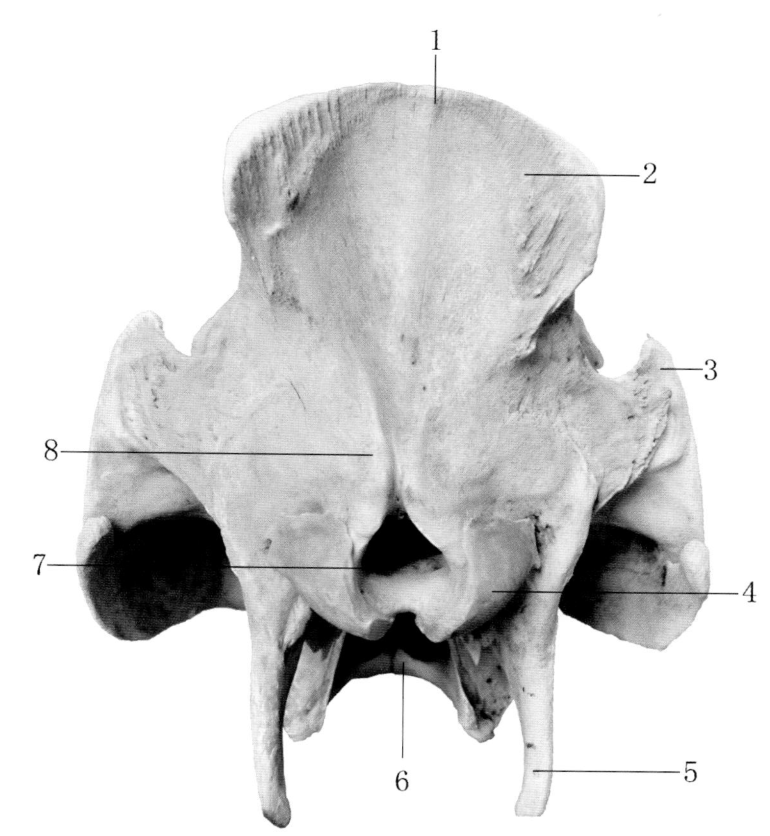

1.枕嵴 2.枕骨 3.颞骨 4.枕髁 5.颈突 6.犁骨 7.枕骨大孔
8.项结节

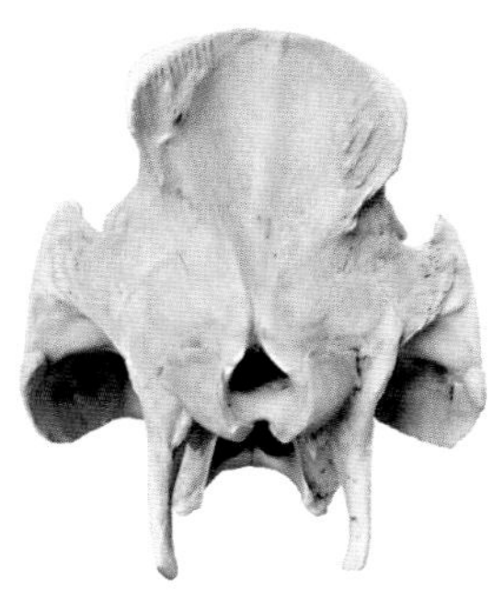

图12-54 公猪头骨后面观-2

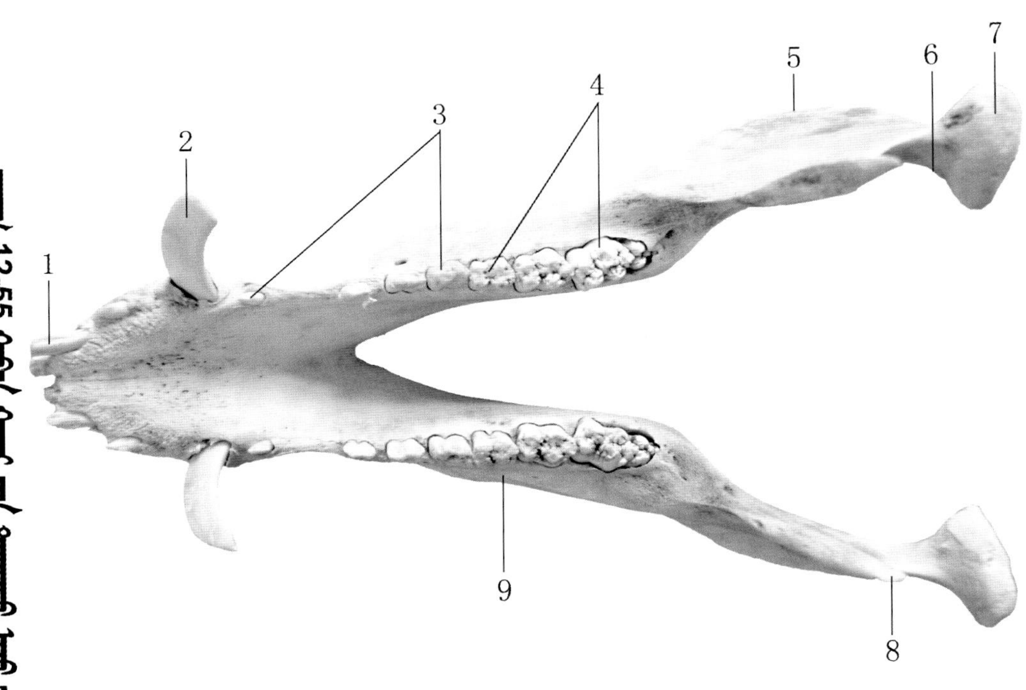

1.切齿　2.犬齿　3.前臼齿　4.臼齿　5.下颌角　6.下颌切迹
7.下颌髁　8.冠突　9.下颌体

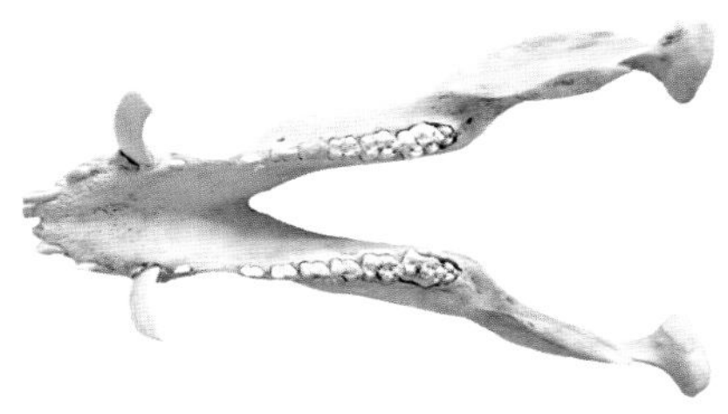

图12-55　公猪下颌骨上面观

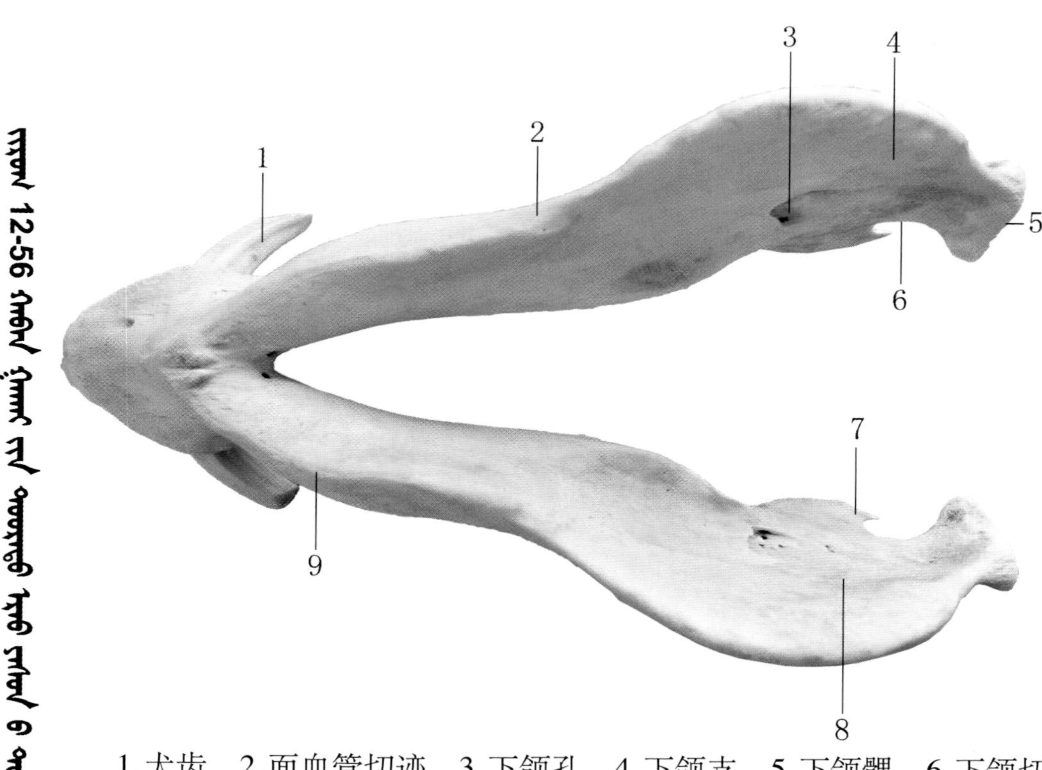

1.犬齿　2.面血管切迹　3.下颌孔　4.下颌支　5.下颌髁　6.下颌切迹
7.冠突　8.翼肌窝　9.颏结节

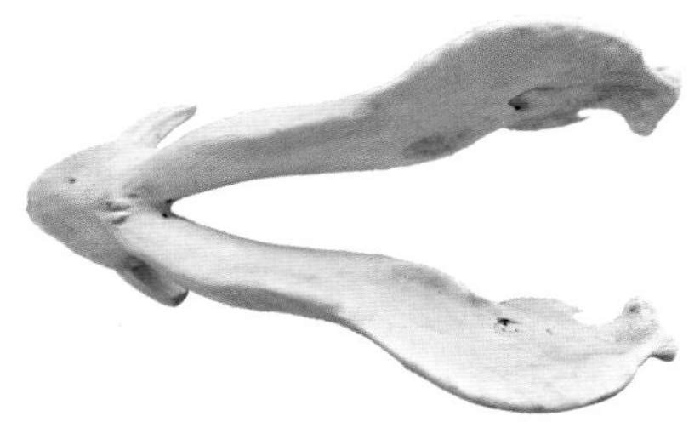

图12-56　公猪下颌骨下面观

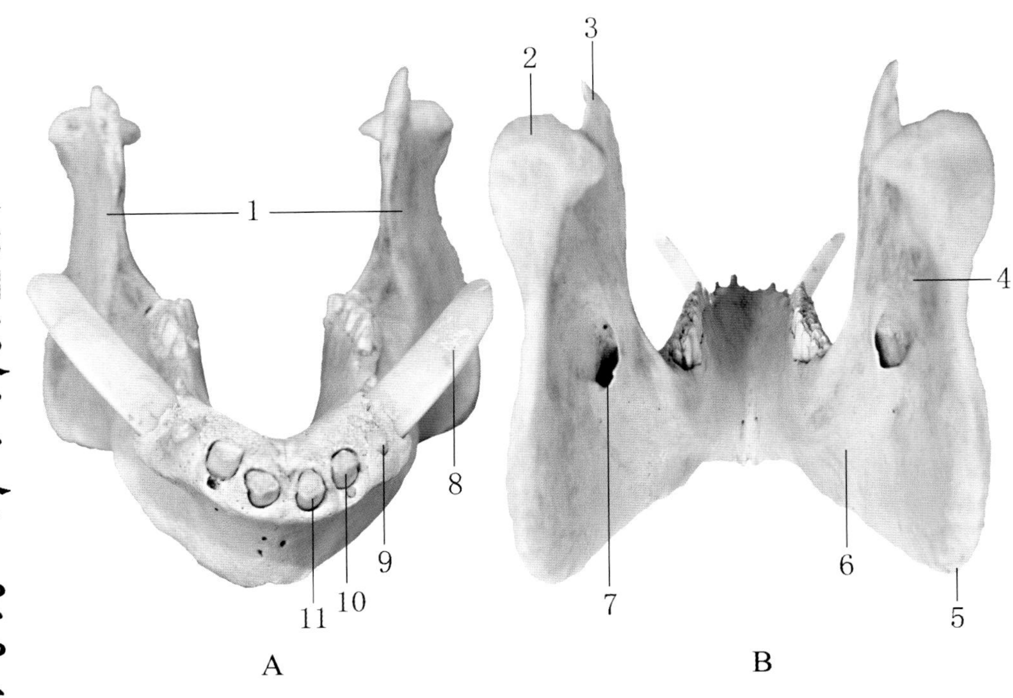

A.下颌骨前面观　B.下颌骨后面观

1.下颌支　2.下颌髁　3.冠突　4.翼肌窝　5.下颌角　6.下颌体
7.下颌孔　8.犬齿　9.隅齿　10.中间齿　11.门齿

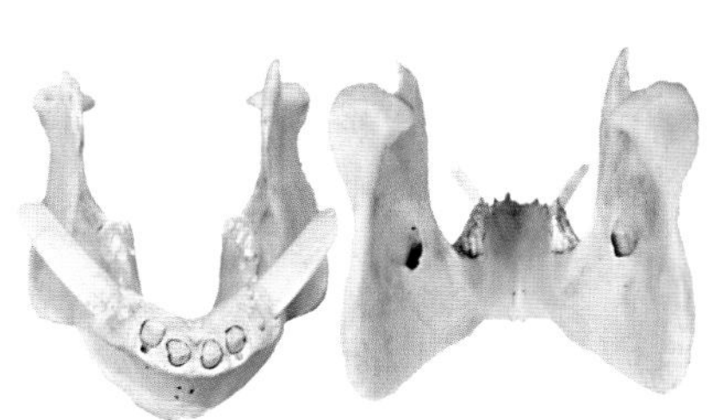

图12-57　公猪下颌骨前、后面观

ᠵᠢᠷᠤᠭ 12-58 ᠡᠷ᠎ᠡ ᠭᠠᠬᠠᠢ ᠶᠢᠨ ᠳᠣᠣᠷᠠᠳᠤ ᠡᠷᠦᠭᠦ ᠶᠠᠰᠤᠨ ᠤ ᠬᠠᠵᠠᠭᠤ ᠲᠠᠯ᠎ᠠ

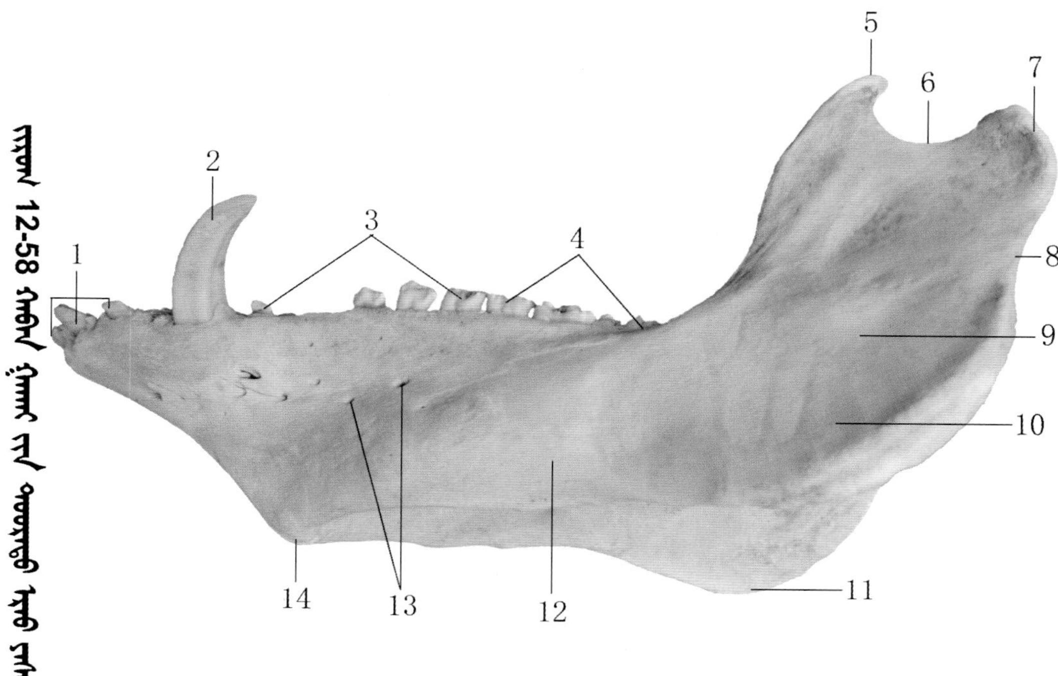

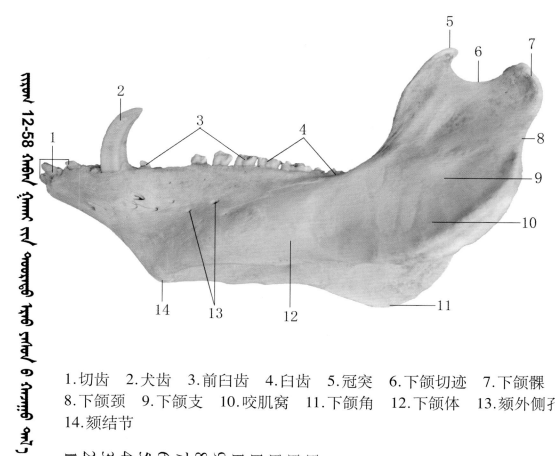

1.切齿　2.犬齿　3.前臼齿　4.臼齿　5.冠突　6.下颌切迹　7.下颌髁
8.下颌颈　9.下颌支　10.咬肌窝　11.下颌角　12.下颌体　13.颏外侧孔
14.颏结节

1.ᠵᠦᠰᠡᠭᠦᠷ ᠰᠢᠳᠦ
2.ᠰᠣᠶᠤᠭ᠎ᠠ ᠰᠢᠳᠦ
3.ᠡᠮᠦᠨ᠎ᠡ ᠠᠷᠠᠭ᠎ᠠ ᠰᠢᠳᠦ
4.ᠠᠷᠠᠭ᠎ᠠ ᠰᠢᠳᠦ
5.ᠲᠣᠭᠣᠨ ᠠᠰᠤᠷᠢ
6.ᠳᠣᠣᠷᠠᠳᠤ ᠡᠷᠦᠭᠦ ᠶᠢᠨ ᠣᠬᠢ
7.ᠳᠣᠣᠷᠠᠳᠤ ᠡᠷᠦᠭᠦ ᠶᠢᠨ ᠲᠣᠯᠣᠭᠠᠢᠴᠠ
8.ᠳᠣᠣᠷᠠᠳᠤ ᠡᠷᠦᠭᠦ ᠶᠢᠨ ᠬᠦᠵᠦᠭᠦᠴᠡ
9.ᠳᠣᠣᠷᠠᠳᠤ ᠡᠷᠦᠭᠦ ᠶᠢᠨ ᠰᠠᠯᠠᠭ᠎ᠠ
10 ᠵᠠᠵᠢᠯᠭ᠎ᠠ ᠪᠤᠯᠴᠢᠩ ᠤᠨ ᠬᠣᠩᠬᠣᠷ
11.ᠳᠣᠣᠷᠠᠳᠤ ᠡᠷᠦᠭᠦ ᠶᠢᠨ ᠥᠨᠴᠥᠭ
12.ᠳᠣᠣᠷᠠᠳᠤ ᠡᠷᠦᠭᠦ ᠶᠢᠨ ᠪᠡᠶ᠎ᠡ
13.ᠡᠷᠦᠭᠦ ᠶᠢᠨ ᠭᠠᠳᠠᠷ ᠬᠠᠵᠠᠭᠤ ᠶᠢᠨ ᠨᠦᠬᠡ
14.ᠡᠷᠦᠭᠦ ᠶᠢᠨ ᠪᠣᠳᠣᠯᠢᠭ

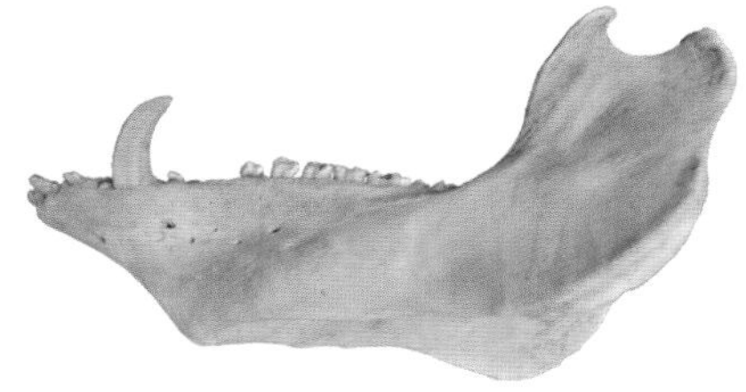

图12-58　公猪下颌骨侧面观

ᠵᠢᠷᠤᠭ 12-59 ᠪᠣᠬ᠎ᠠ ᠭᠠᠬᠠᠢ ᠶᠢᠨ ᠬᠡᠯᠡ ᠶᠠᠰᠤ

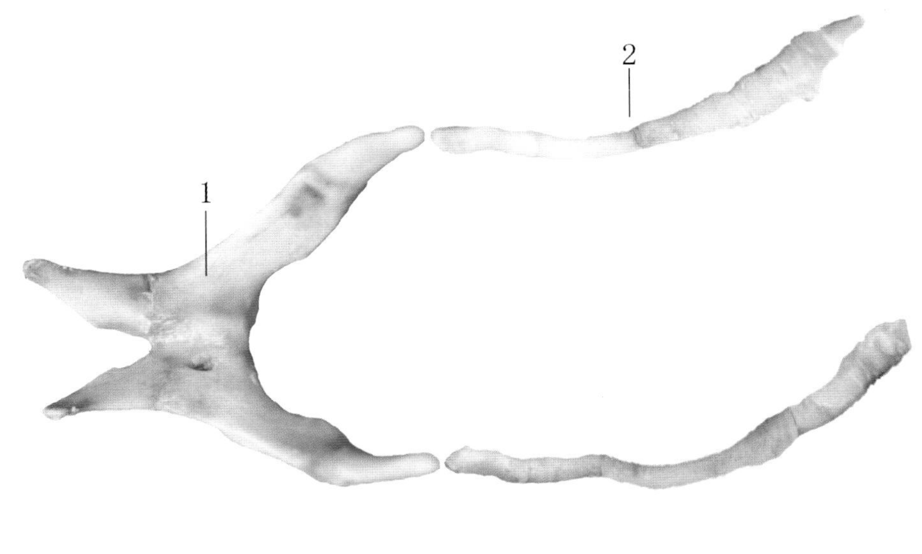

1.舌骨体　2.角舌骨

1.ᠬᠡᠯᠡ ᠶᠠᠰᠤᠨ ᠤ ᠪᠡᠶ᠎ᠡ
2.ᠡᠪᠡᠷᠲᠦ ᠬᠡᠯᠡ ᠶᠠᠰᠤ

图12-59　公猪舌骨

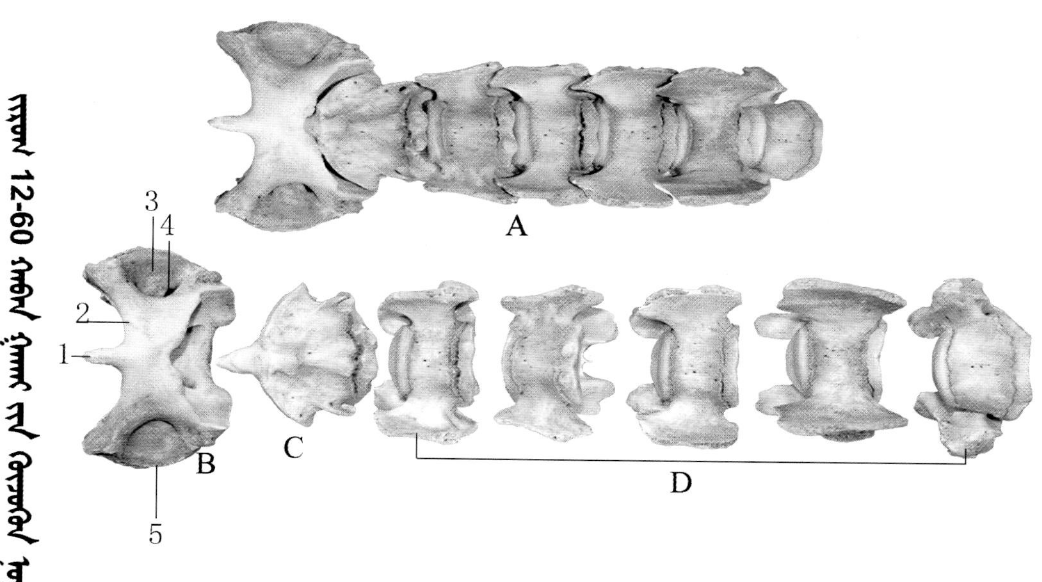

A.颈椎骨连结状态　B.寰椎　C.枢椎　D.第三～七颈椎
1.腹侧结节　2.腹侧弓　3.寰椎窝　4.横突孔　5.寰椎翼

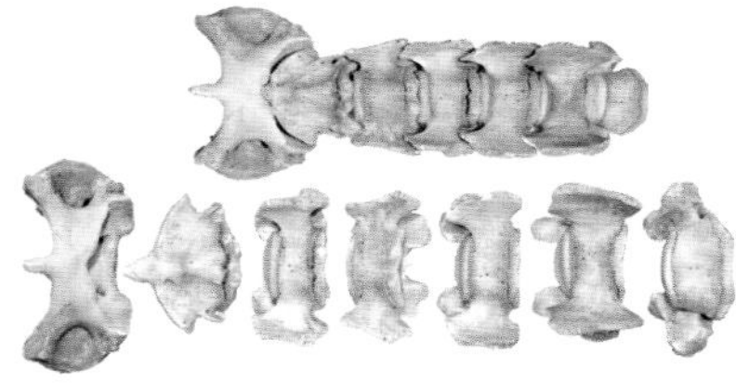

图12-60　公猪颈椎骨腹面观

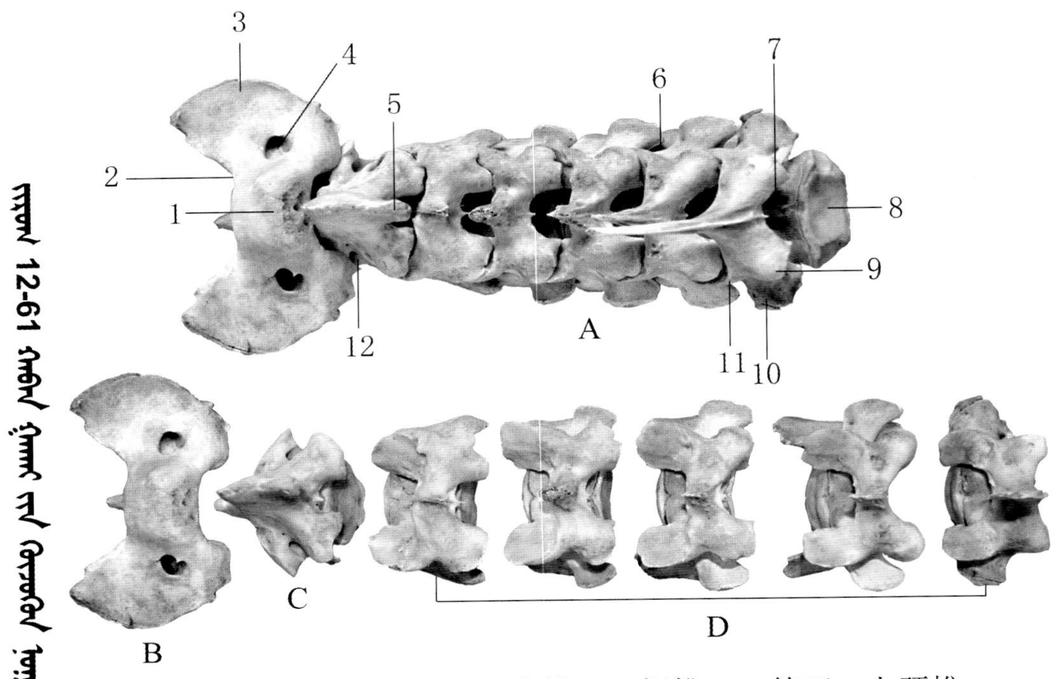

A.颈椎骨连结状态　B.寰椎　C.枢椎　D.第三～七颈椎

1.背侧结节　2.背侧弓　3.寰椎翼　4.翼孔和椎外侧孔　5.棘突　6.椎间孔　7.椎孔　8.椎窝　9.关节后突　10.横突　11.关节前突　12.椎外侧孔

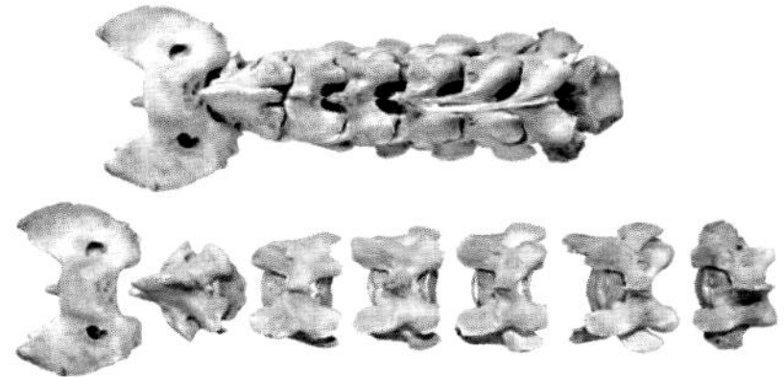

图12-61　公猪颈椎骨背面观

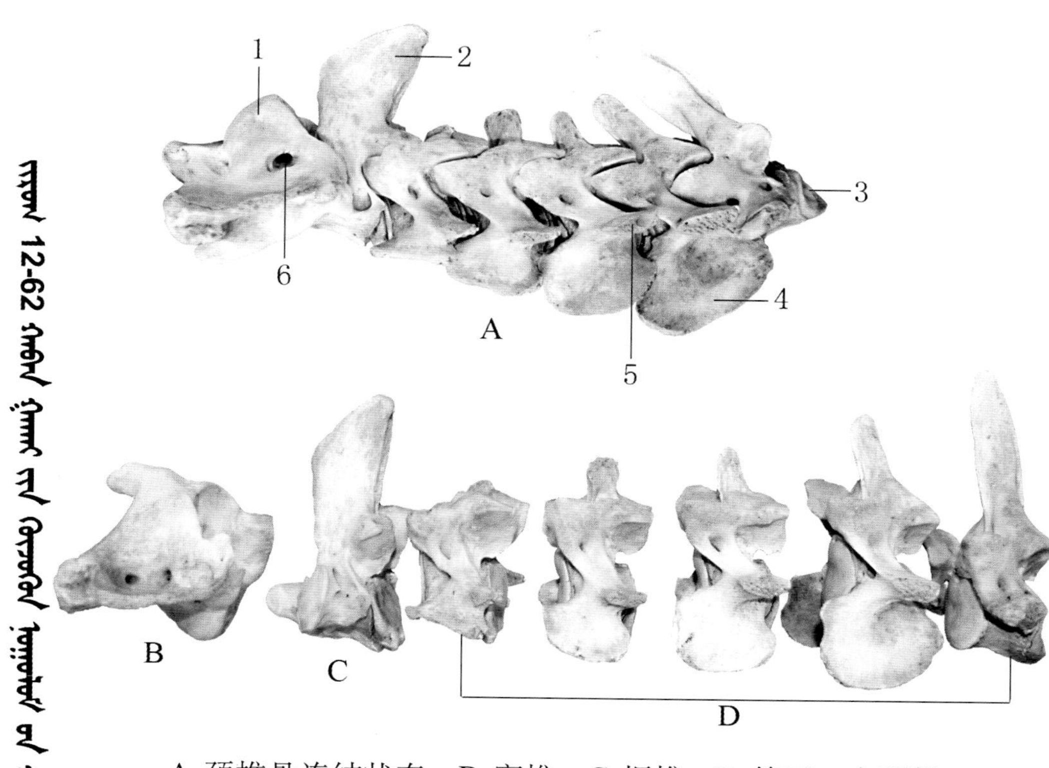

A.颈椎骨连结状态　B.寰椎　C.枢椎　D.第三～七颈椎
1.背侧结节　2.棘突　3.椎窝　4.腹侧板　5.横突　6.椎外侧孔

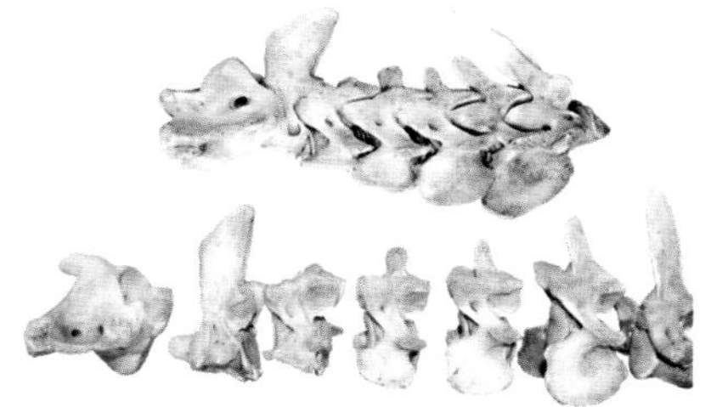

图12-62　公猪颈椎骨侧面观

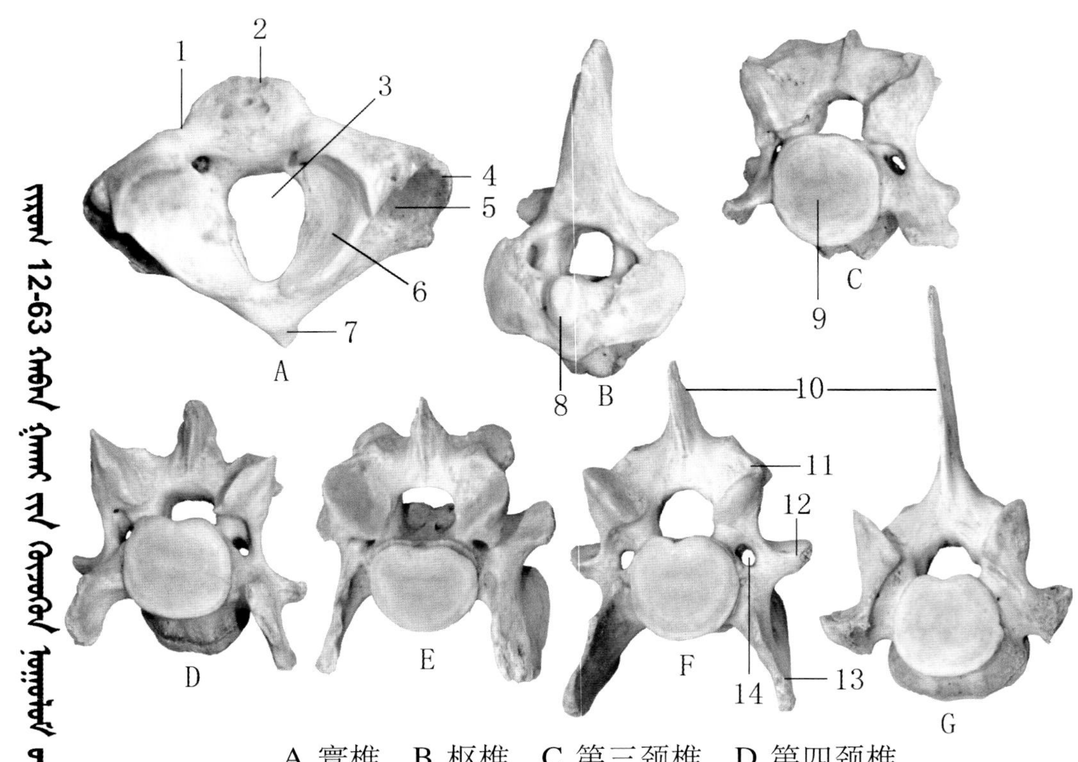

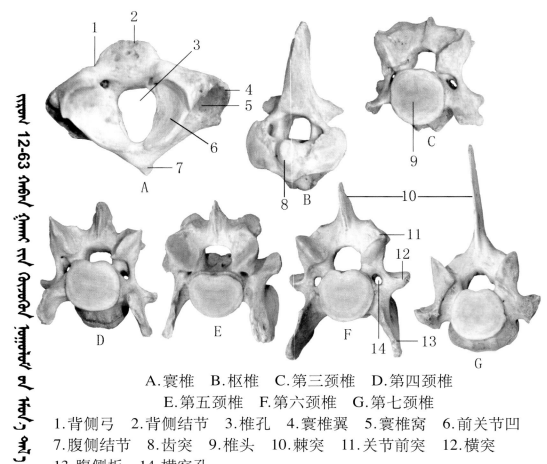

A.寰椎　B.枢椎　C.第三颈椎　D.第四颈椎
E.第五颈椎　F.第六颈椎　G.第七颈椎

1.背侧弓　2.背侧结节　3.椎孔　4.寰椎翼　5.寰椎窝　6.前关节凹
7.腹侧结节　8.齿突　9.椎头　10.棘突　11.关节前突　12.横突
13.腹侧板　14.横突孔

图12-63　公猪颈椎骨前面观

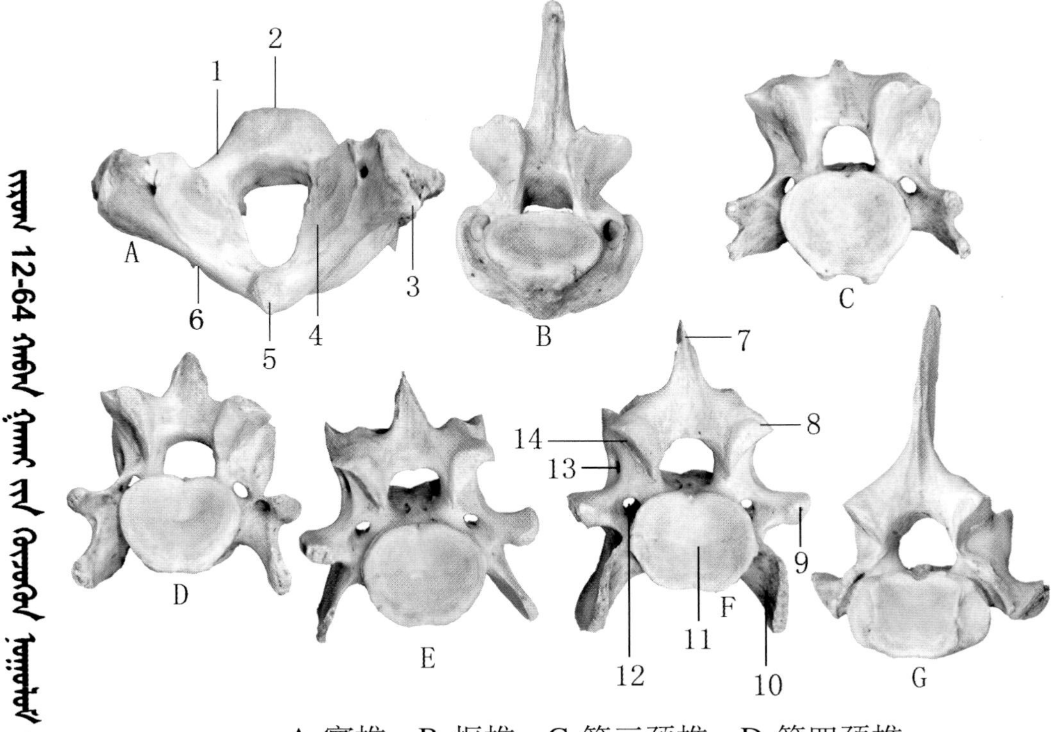

A.寰椎　B.枢椎　C.第三颈椎　D.第四颈椎
E.第五颈椎　F.第六颈椎　G.第七颈椎

1.背侧弓　2.背侧结节　3.后结节　4.后关节凹　5.腹侧结节　6.腹侧弓　7.棘突　8.关节后突　9.横突　10.腹侧板　11.椎窝　12.横突孔　13.椎外侧孔　14.关节面

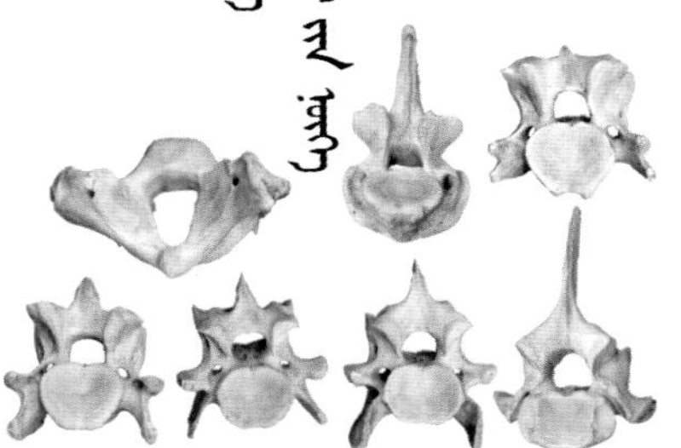

图12-64　公猪颈椎骨后面观

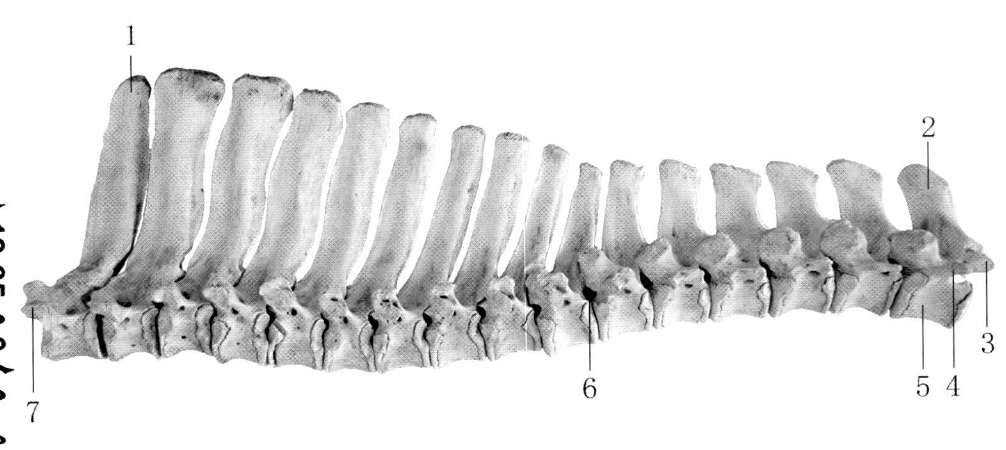

1.第一胸椎棘突　2.第十六胸椎棘突　3.关节后突　4.横突　5.椎体
6.椎间孔　7.关节前突

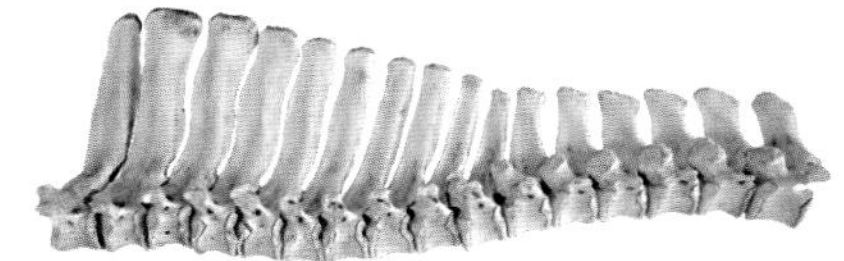

图12-65　公猪胸椎骨侧面观

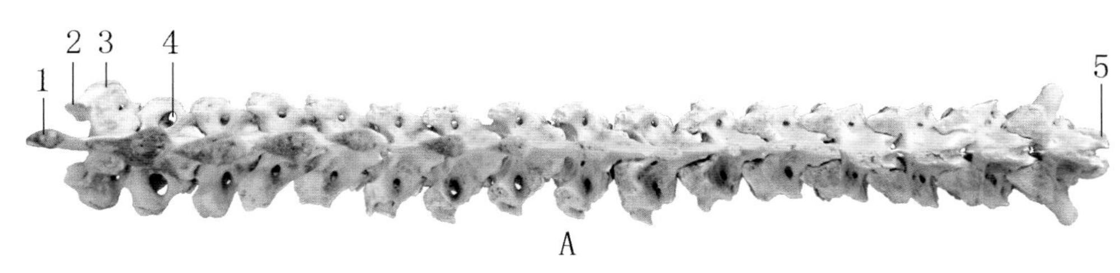

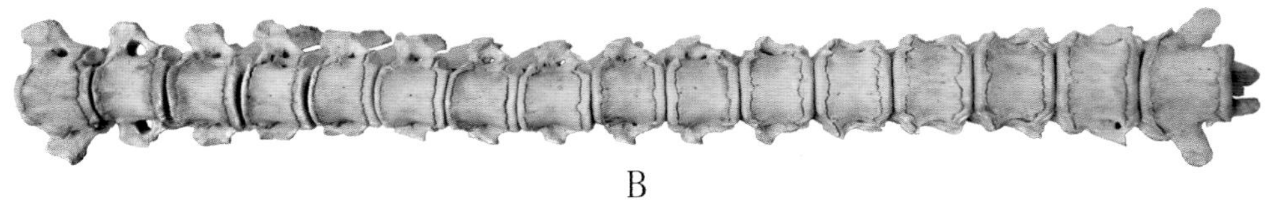

A.公猪胸椎背侧观　B.公猪胸椎腹侧观

1.棘突　2.关节前突　3.横突　4.椎外侧孔　5.关节后突

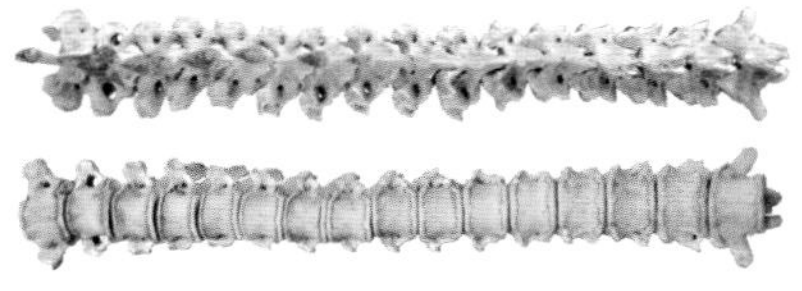

图12-66　公猪胸椎骨背、腹面观

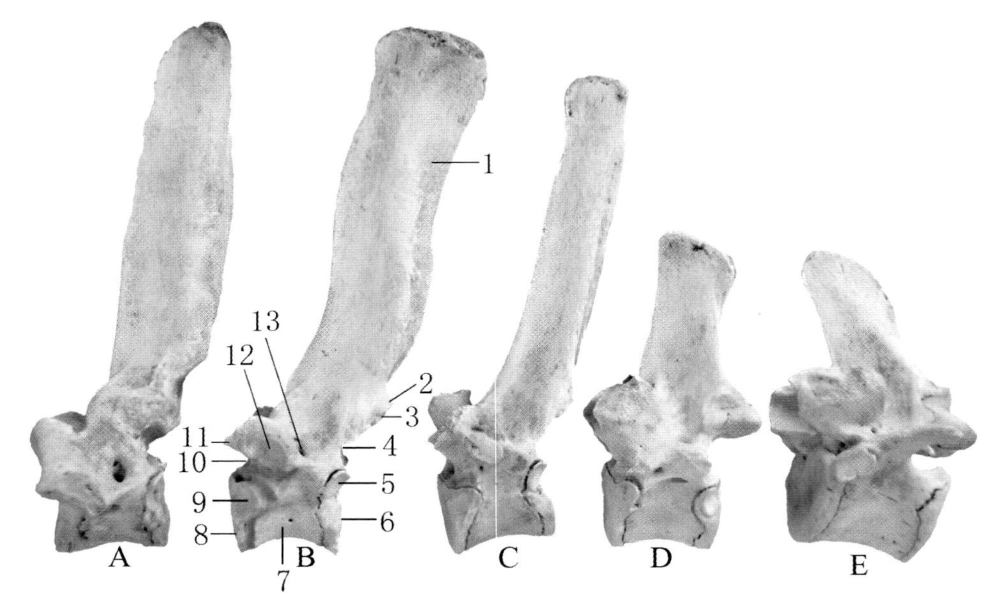

A.第一胸椎　B.第三胸椎　C.第七胸椎　D.第十二胸椎　E.第十六胸椎
1.棘突　2.关节后突　3.后关节面　4.椎后切迹　5.后肋凹　6.椎窝
7.椎体　8.椎头　9.前肋凹　10.椎前切迹　11.关节前突　12.横突肋凹
13.椎外侧孔

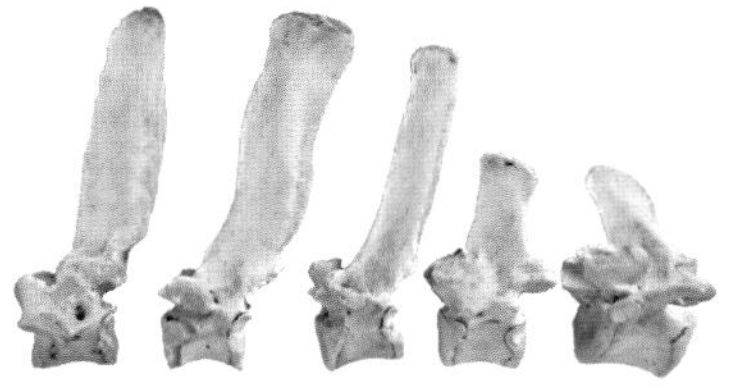

图12-67　公猪第一、三、七、十二、十六胸椎骨侧面观

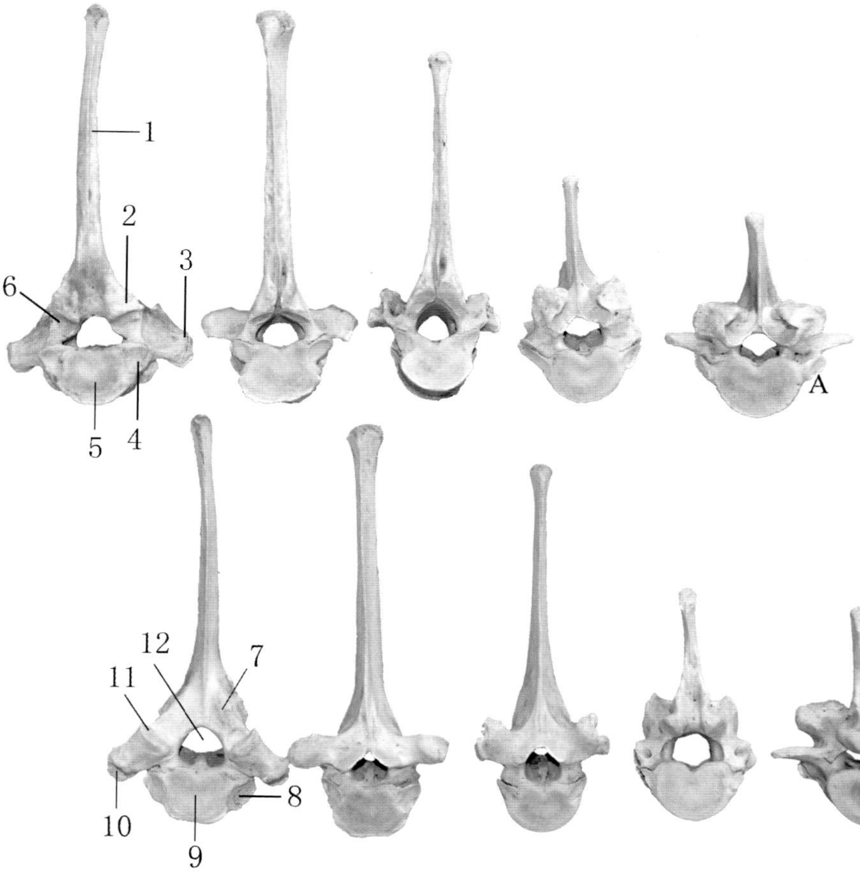

A.公猪第一、三、七、十二、十六胸椎骨前面观

B.公猪第一、三、七、十二、十六胸椎骨后面观

1.棘突 2.关节前突 3.横突 4.前肋凹 5.椎头 6.前关节面

7.后关节突 8.后肋凹 9.椎窝 10.横突肋凹 11.关节后面 12.椎孔

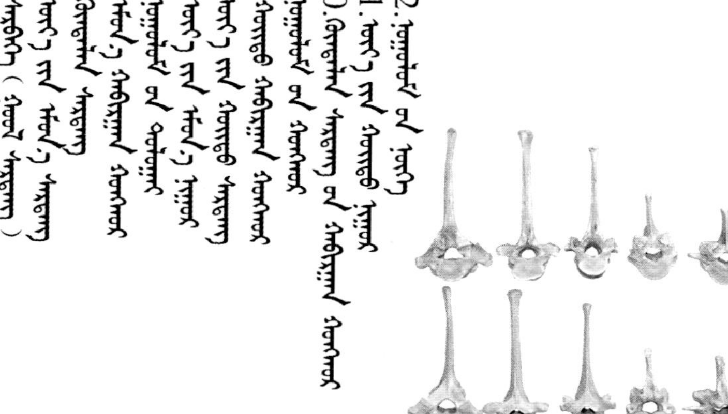

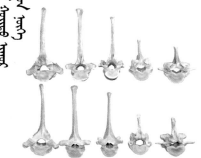

图12-68 公猪第一、三、七、十二、十六胸椎骨前、后面观

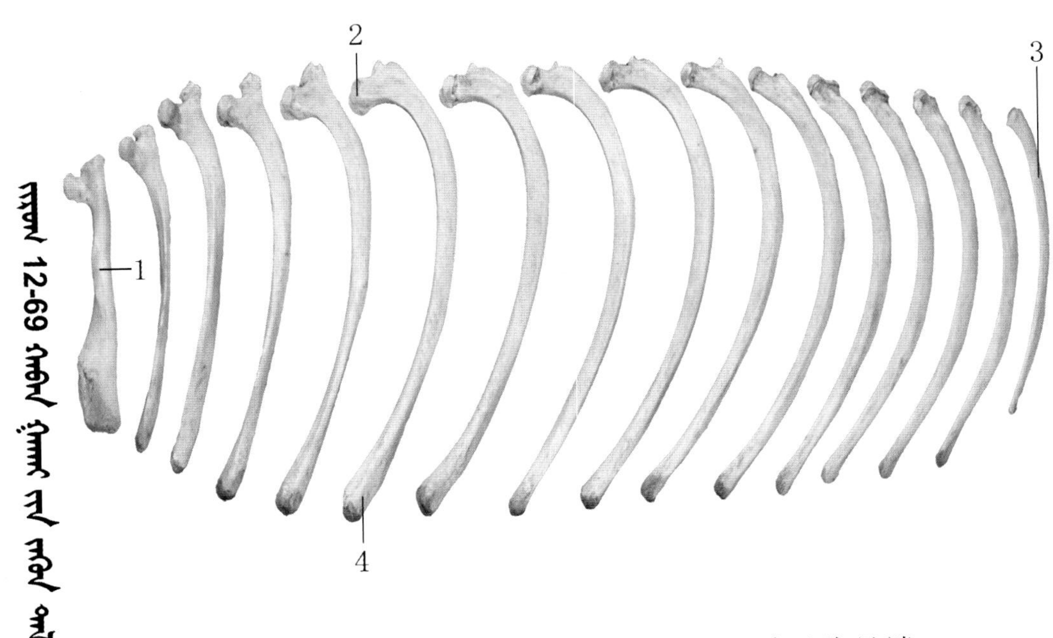

1.第一肋骨　2.肋骨头　3.第十六肋骨　4.肋骨胸骨端

图12-69　公猪左侧肋骨

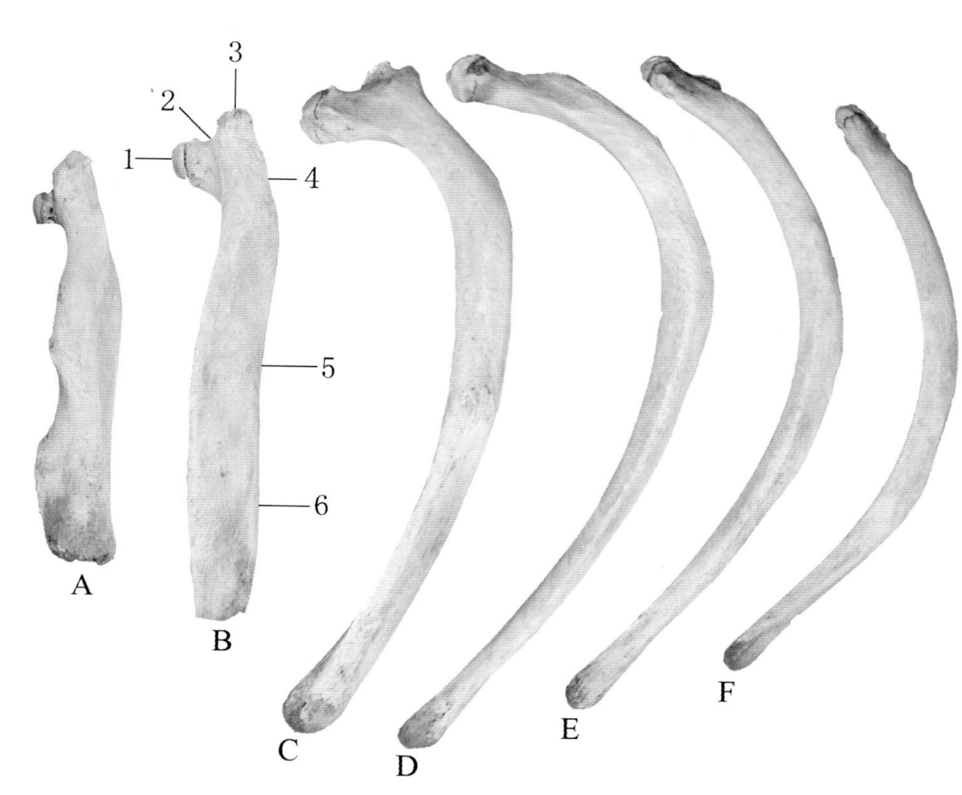

A.第一肋骨　B.第三肋骨　C.第五肋骨
D.第七肋骨　E.第十一肋骨　F.第十六肋骨
1.肋骨头　2.肋颈　3.肋结节　4.椎骨端　5.肋骨体　6.胸骨端

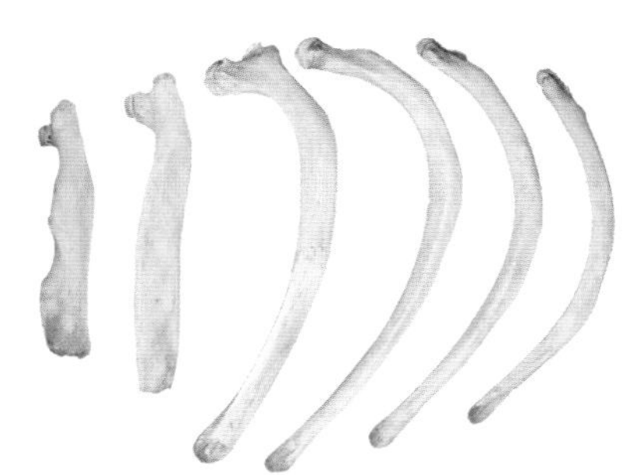

图12-70　公猪第一、三、五、七、十一、十六肋骨

ᠵᠢᠷᠤᠭ 12-71 ᠪᠣᠷᠣᠭ᠎ᠠ ᠭᠠᠬᠠᠢ ᠶᠢᠨ ᠥᠪᠴᠦᠭᠦᠨ ᠶᠠᠰᠤ

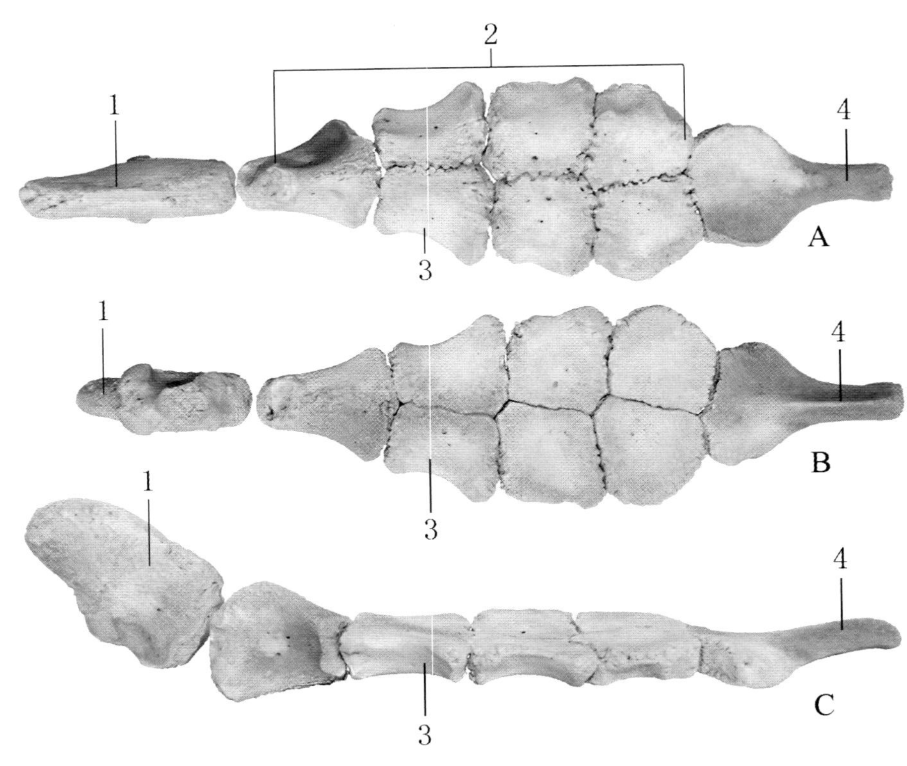

A.胸骨背侧观　B.胸骨腹侧观　C.胸骨左侧观
1.胸骨柄　2.胸骨体　3.胸骨节　4.剑状突

4. ᠰᠡᠯᠡᠮᠡᠨ ᠲᠣᠭᠣᠶ
3. ᠥᠪᠴᠦᠭᠦᠨ ᠶᠠᠰᠤᠨ ᠤ ᠦᠶ᠎ᠡ
2. ᠥᠪᠴᠦᠭᠦᠨ ᠶᠠᠰᠤᠨ ᠤ ᠪᠡᠶ᠎ᠡ
1. ᠪᠠᠷᠢᠭᠤᠯ

C. ᠥᠪᠴᠦᠭᠦᠨ ᠶᠠᠰᠤᠨ ᠤ ᠵᠡᠭᠦᠨ ᠬᠠᠵᠠᠭᠤ ᠲᠠᠯ᠎ᠠ
B. ᠥᠪᠴᠦᠭᠦᠨ ᠶᠠᠰᠤᠨ ᠤ ᠬᠡᠪᠡᠯᠢ ᠲᠠᠯ᠎ᠠ
A. ᠥᠪᠴᠦᠭᠦᠨ ᠶᠠᠰᠤᠨ ᠤ ᠨᠢᠷᠤᠭᠤ ᠲᠠᠯ᠎ᠠ

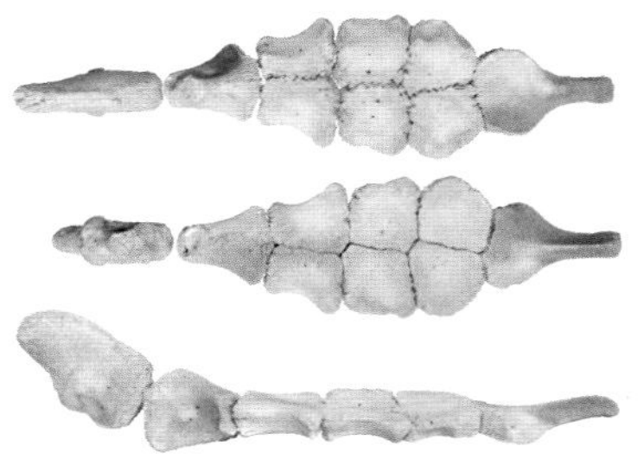

图12-71　公猪胸骨

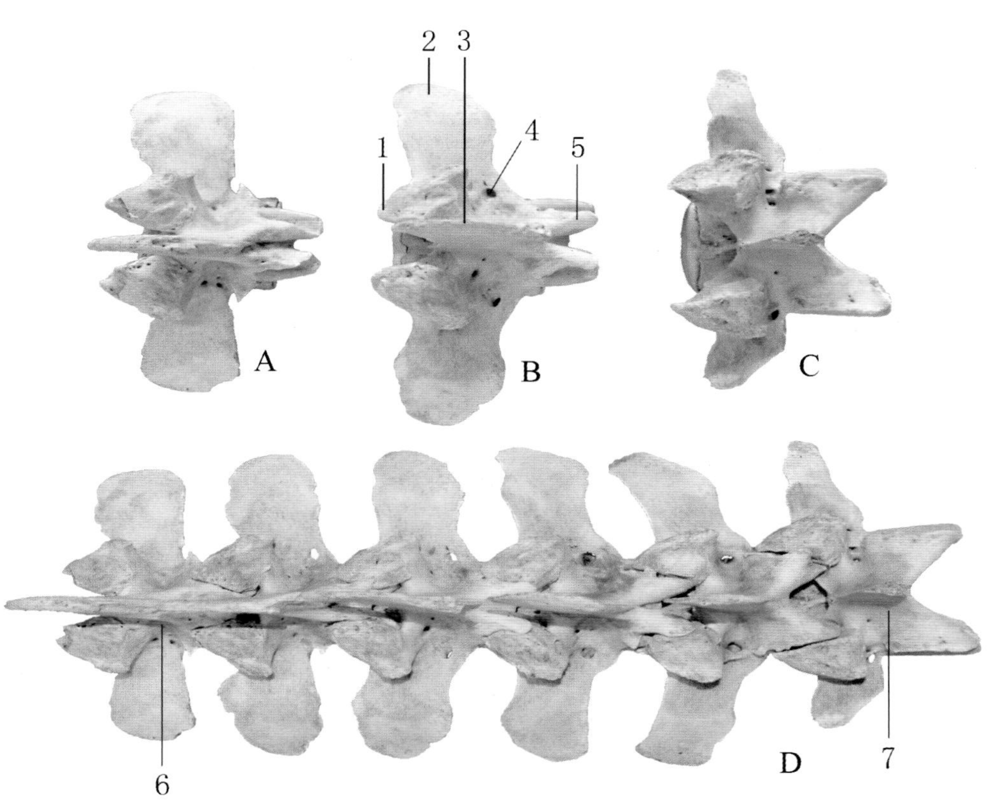

A.第一腰椎　B.第三腰椎　C.第六腰椎　D.腰椎骨连结状态
1.关节前突　2.横突　3.棘突　4.横突孔　5.关节后突　6.第一腰椎　7.第六腰椎

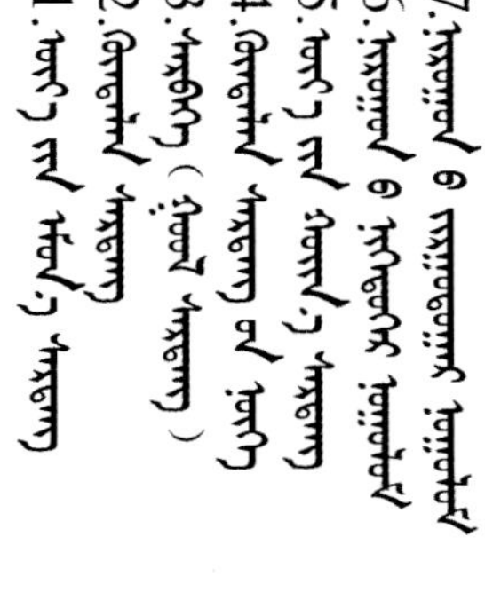

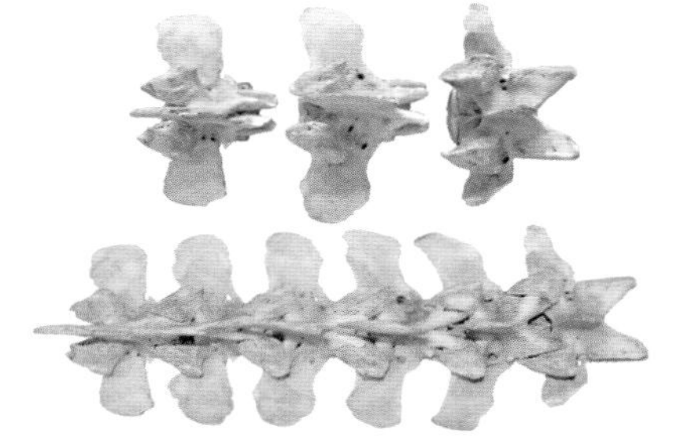

图12-72　公猪腰椎骨背面观

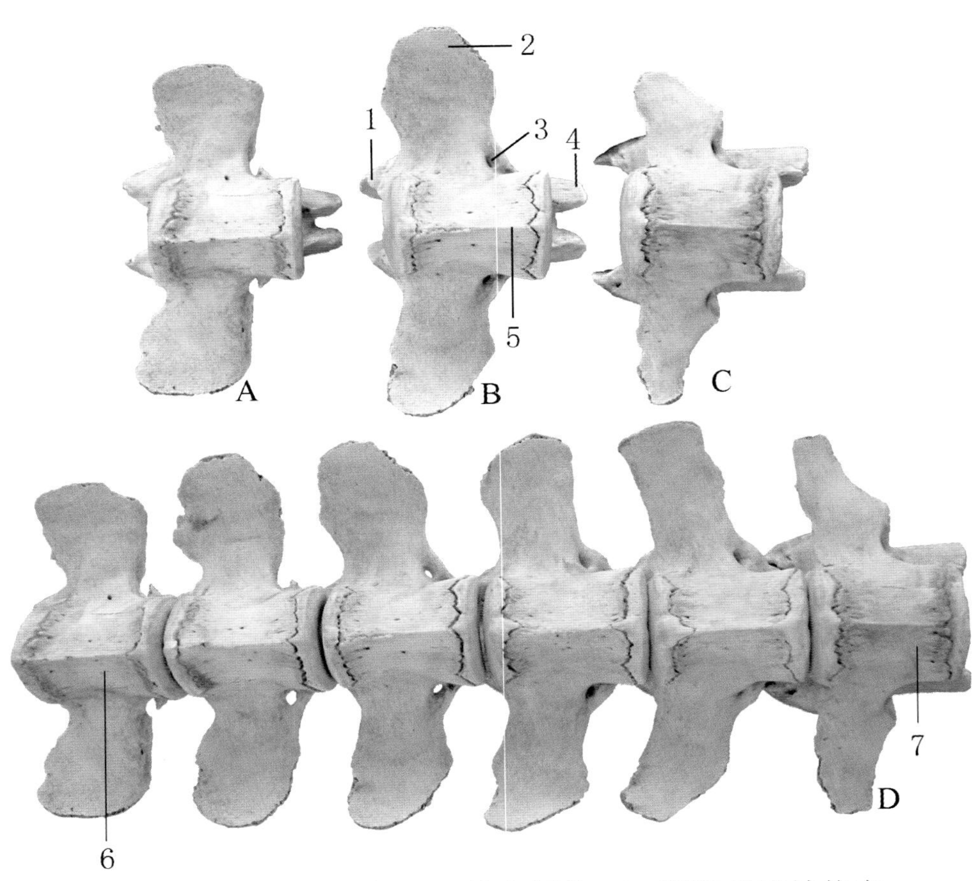

A.第一腰椎　B.第三腰椎　C.第六腰椎　D.腰椎骨连结状态
1.关节前突　2.横突　3.椎外侧孔　4.关节后突　5.腹侧嵴
6.第一腰椎　7.第六腰椎

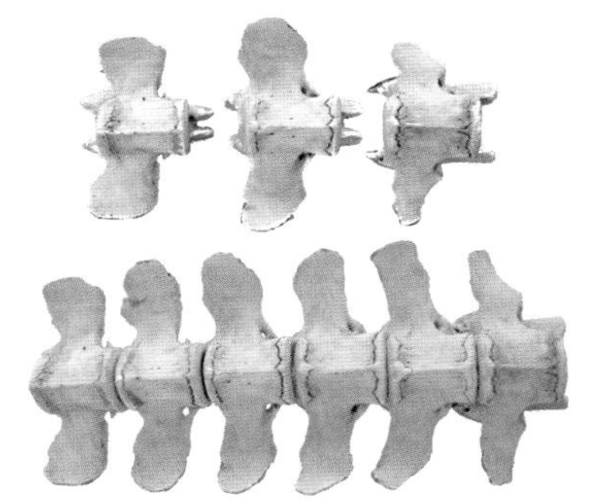

图12-73　公猪腰椎骨腹面观

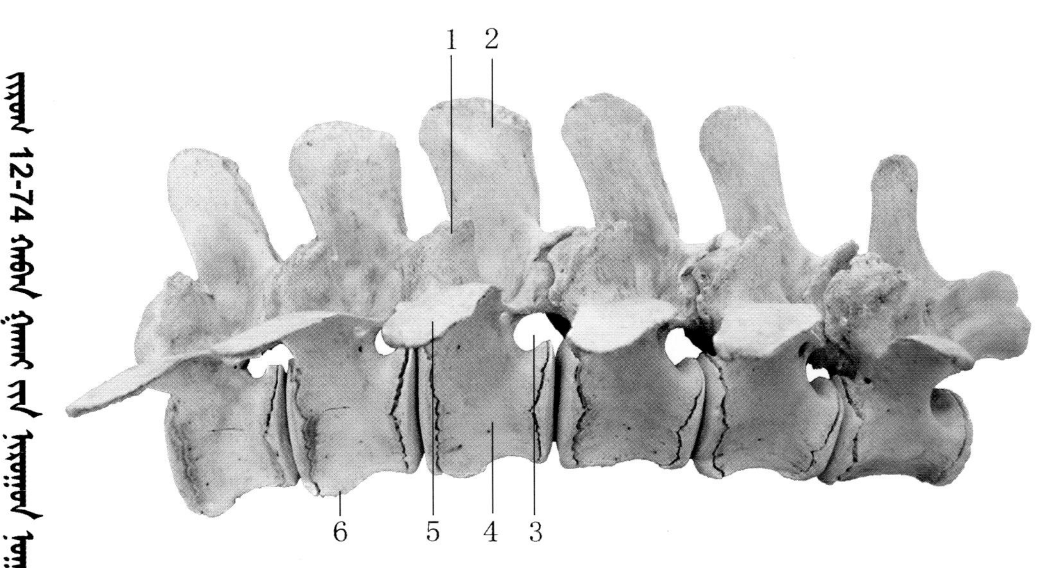

1.乳状突　2.棘突　3.椎间孔　4.椎体　5.横突　6.腹侧嵴

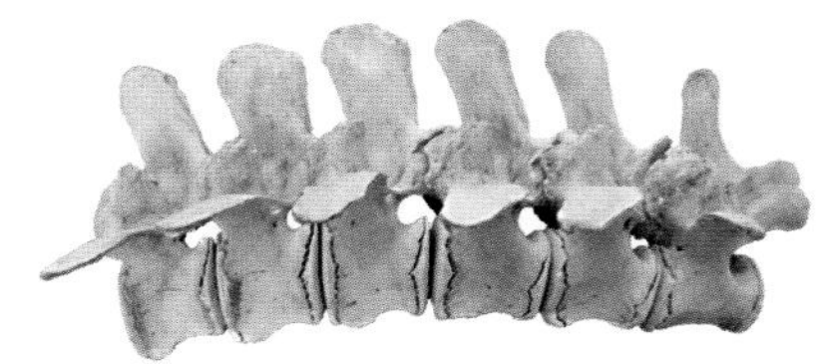

图12-74　公猪腰椎骨侧面观

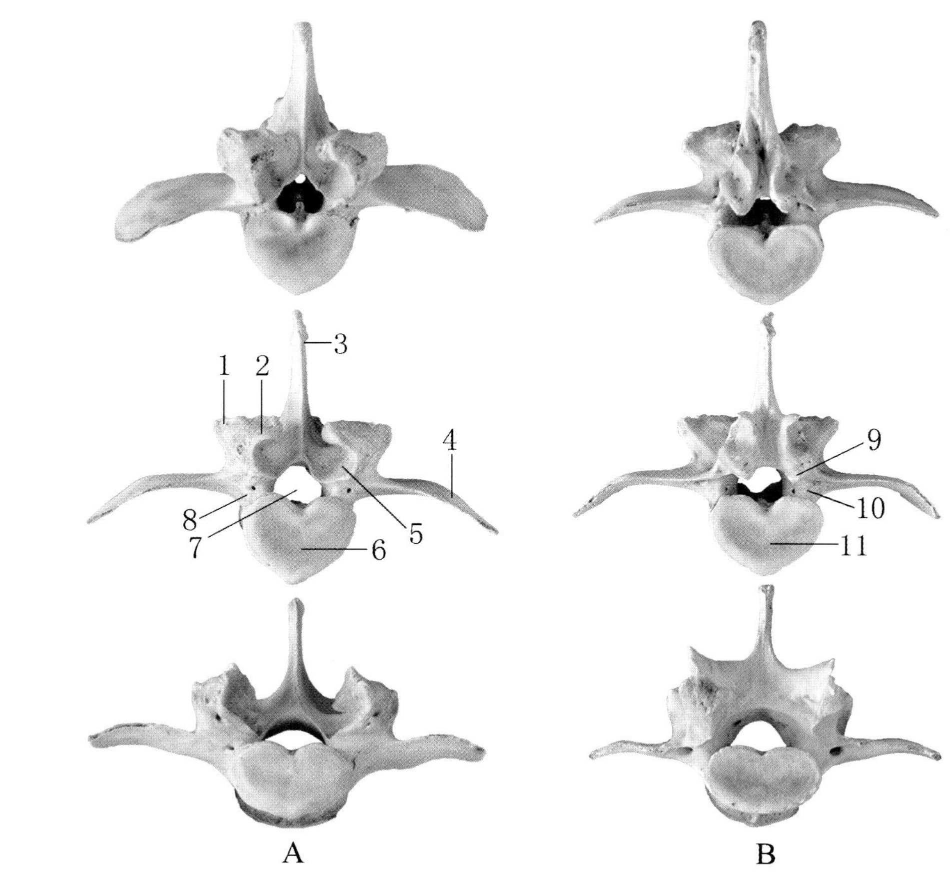

A.第一、三、六腰椎前面观　B.第一、三、六腰椎后面观
1.乳状突　2.关节前突　3.棘突　4.横突　5.关节面　6.椎头　7.椎孔
8.椎前切迹　9.关节后突　10.椎后切迹　11.椎窝

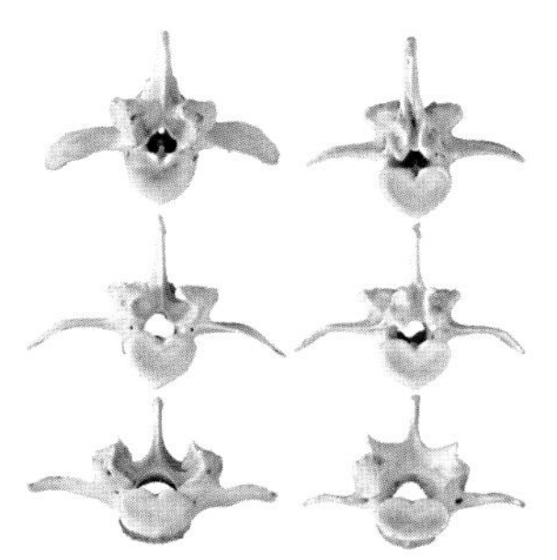

图12-75　公猪第一、三、六腰椎骨前、后面观

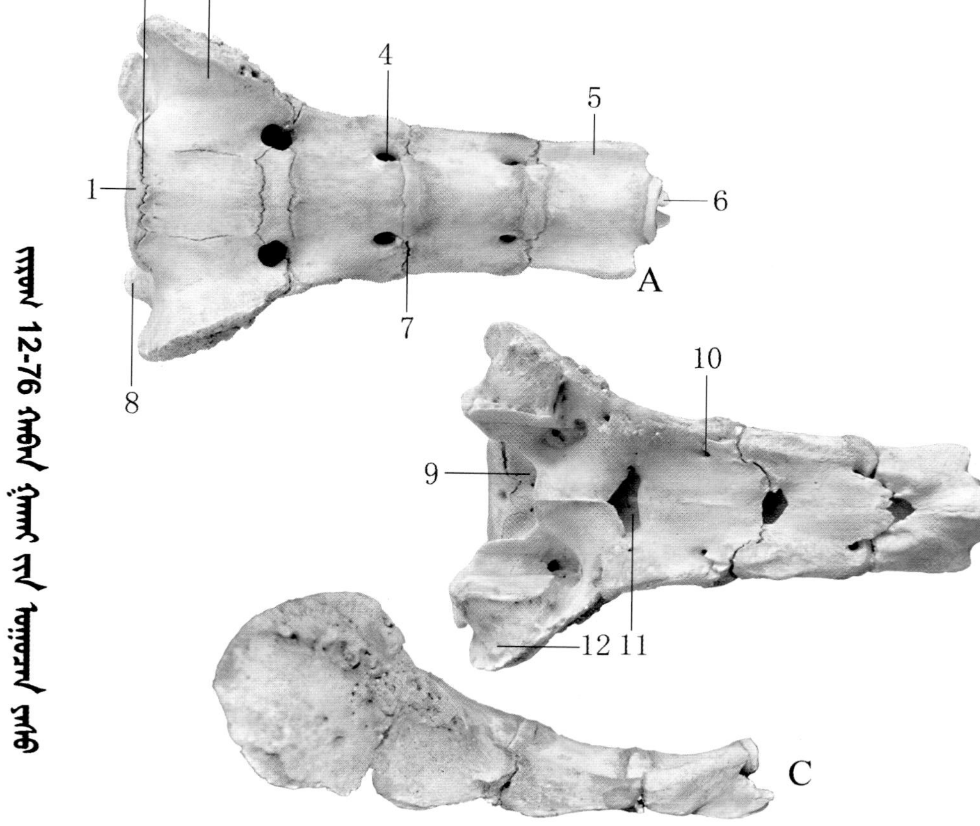

A.荐骨腹面观　B.荐骨背面观　C.荐骨左侧观

1.椎头　2.荐骨岬　3.荐骨翼　4.荐腹侧孔　5.第四荐椎　6.关节后突

7.横线　8.关节前突　9.荐管　10.荐背侧孔　11.弓间隙　12.耳状关节面

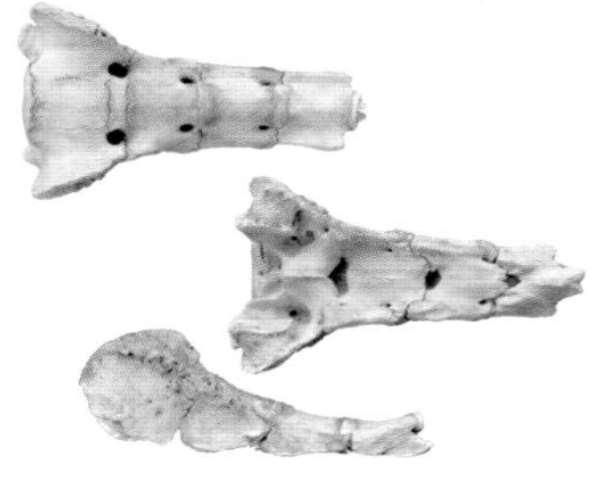

图12-76　公猪荐骨

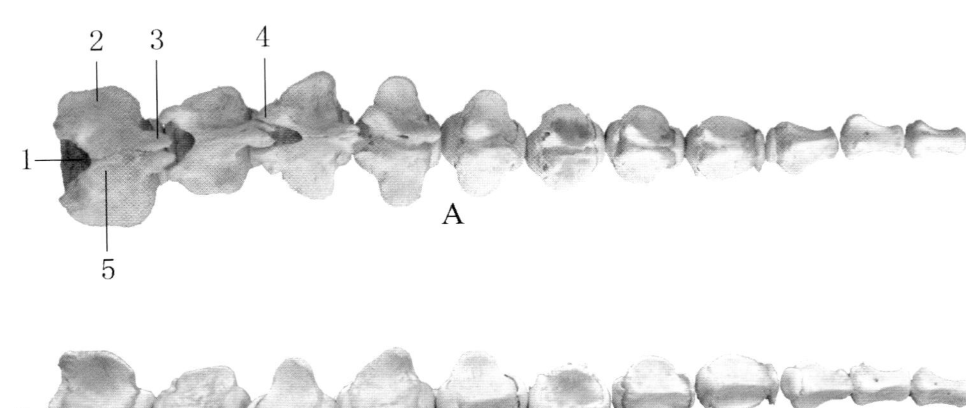

A.尾椎背面观　B.尾椎腹面观

1.椎孔　2.横突　3.关节后突　4.关节前突　5.椎弓　6.椎头

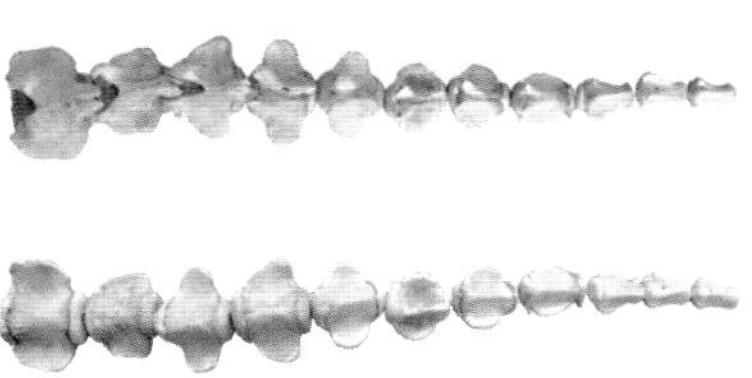

图12-77　公猪尾椎骨

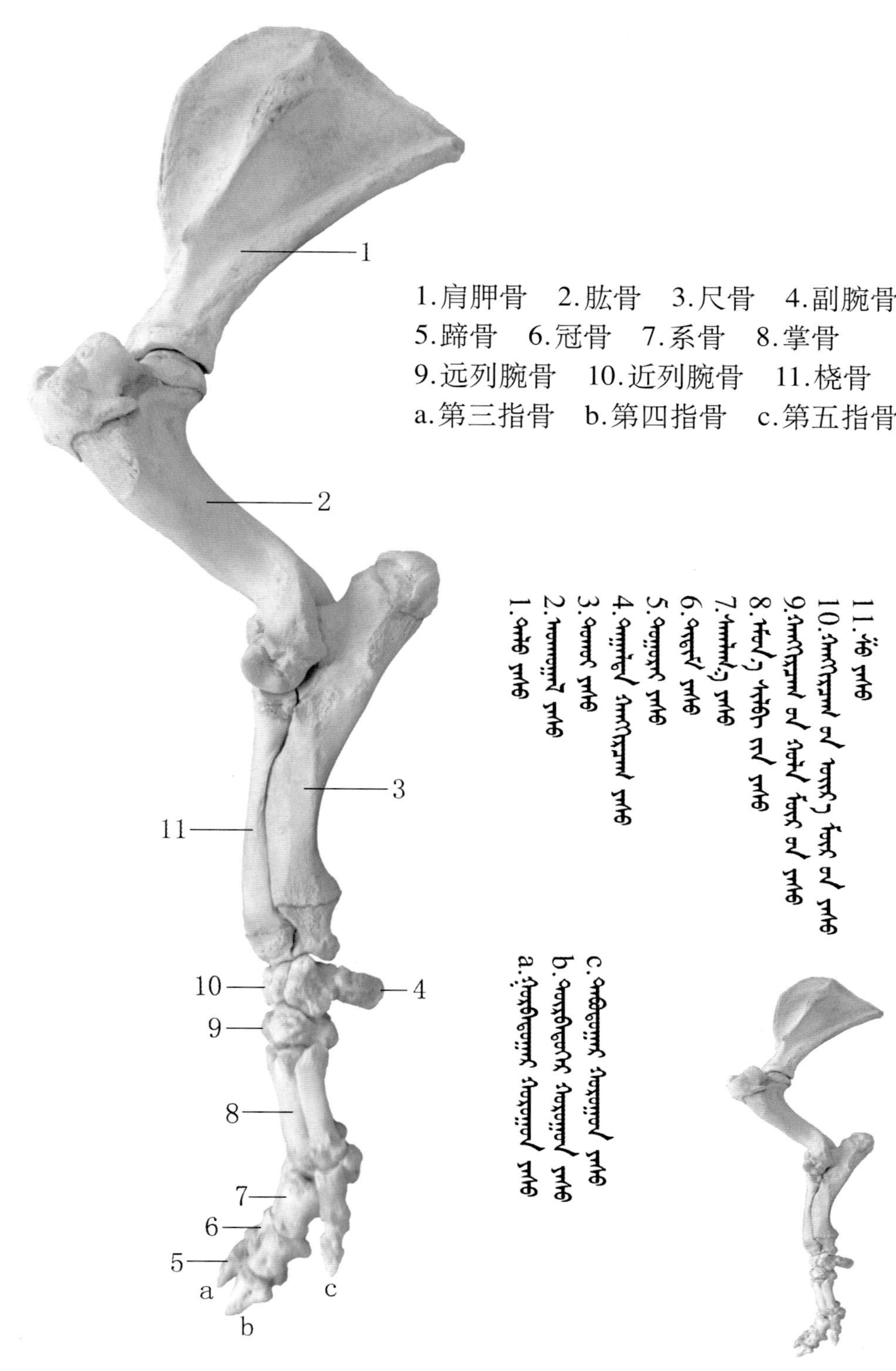

1.肩胛骨　2.肱骨　3.尺骨　4.副腕骨
5.蹄骨　6.冠骨　7.系骨　8.掌骨
9.远列腕骨　10.近列腕骨　11.桡骨
a.第三指骨　b.第四指骨　c.第五指骨

图12-78　公猪左前肢骨外侧观

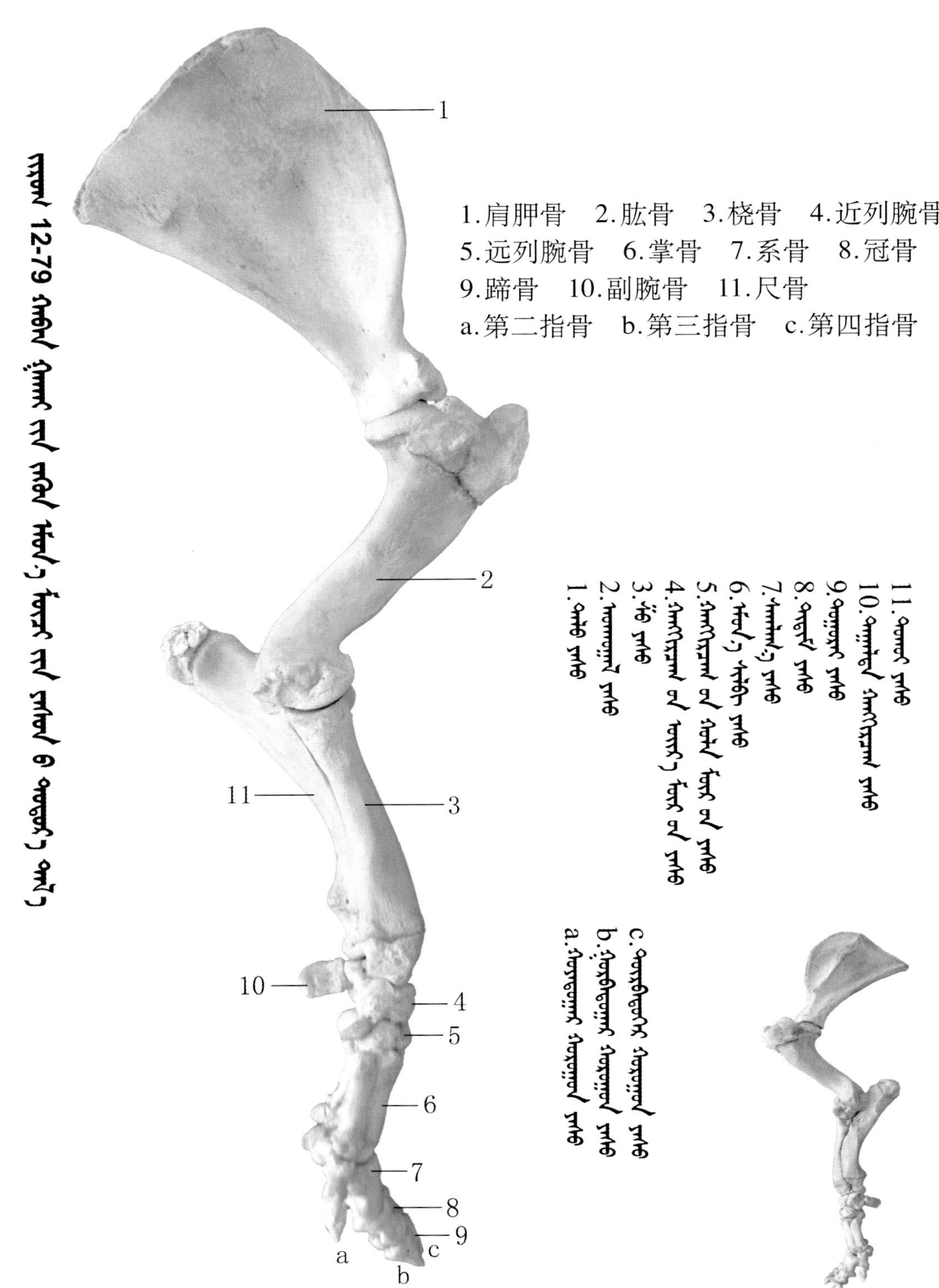

1.肩胛骨　2.肱骨　3.桡骨　4.近列腕骨
5.远列腕骨　6.掌骨　7.系骨　8.冠骨
9.蹄骨　10.副腕骨　11.尺骨
a.第二指骨　b.第三指骨　c.第四指骨

图12-79　公猪左前肢骨内侧观

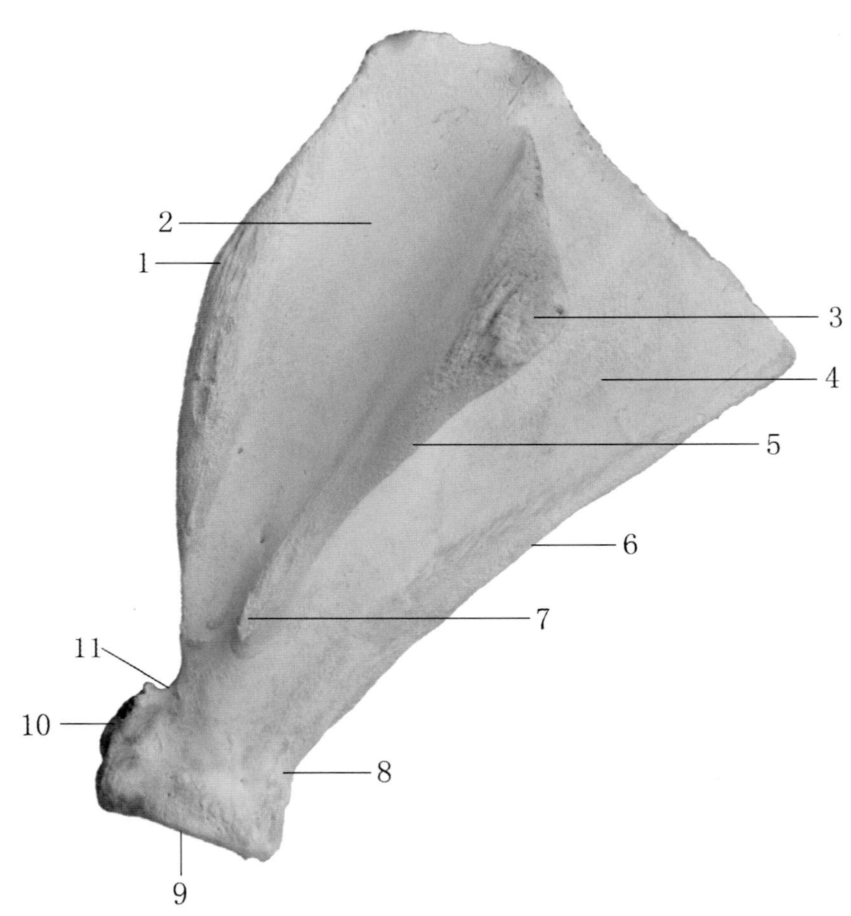

1.肩胛骨前缘　2.冈上窝　3.肩胛冈结节　4.冈下窝　5.肩胛冈
6.肩胛骨后缘　7.肩峰　8.肩胛骨颈　9.关节盂　10.盂上结节
11.肩胛切迹

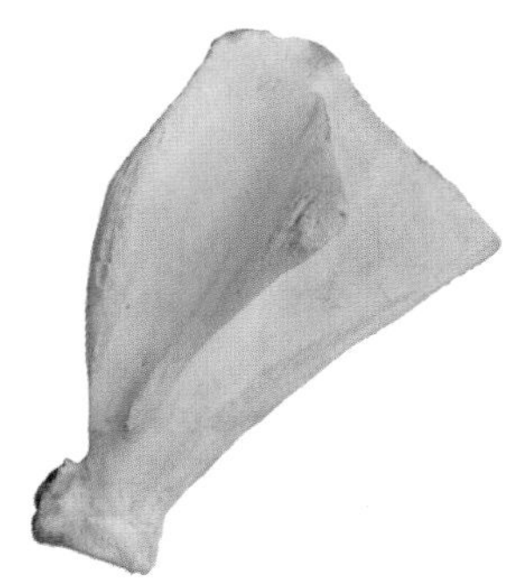

图12-80　公猪左肩胛骨外侧观

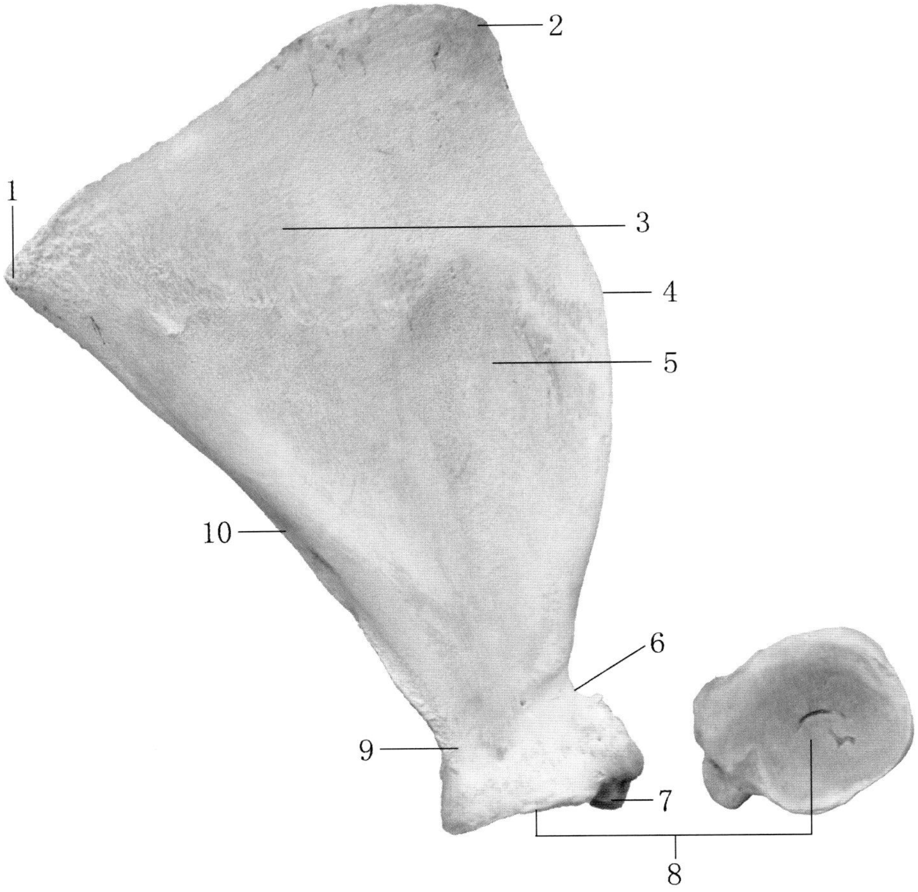

1.肩胛骨后角　2.肩胛骨前角　3.锯肌面　4.肩胛骨前缘　5.肩胛下窝
6.肩胛切迹　7.喙突　8.关节盂　9.肩胛骨颈　10.肩胛骨后缘

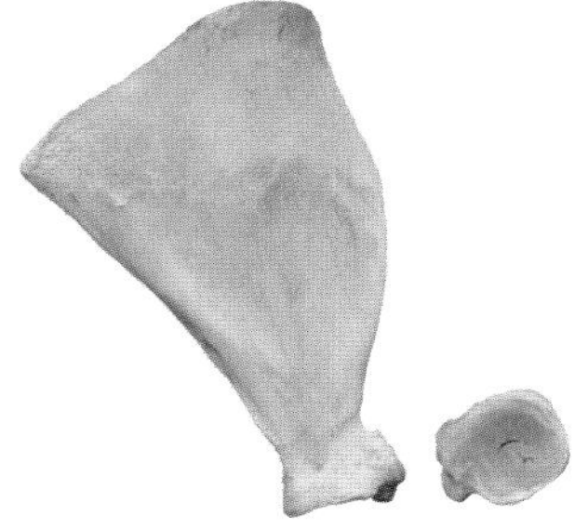

图12-81　公猪左肩胛骨内侧观

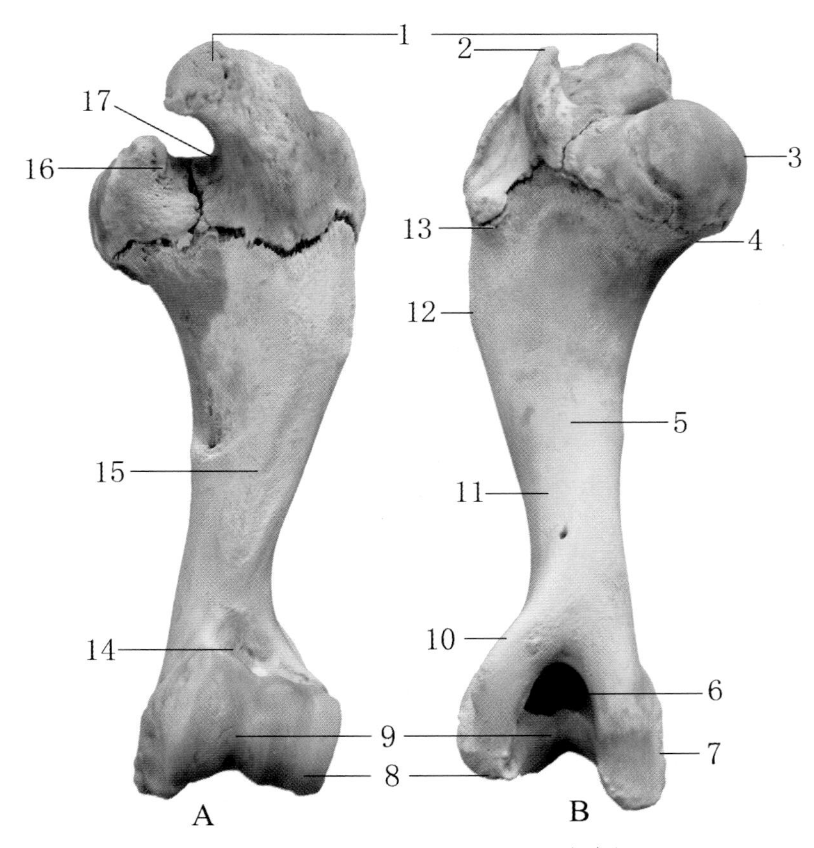

A.左肱骨背侧观　B.左肱骨掌侧观

1.大结节前部　2.大结节后部　3.肱骨头　4.肱骨颈　5.肱骨体
6.鹰嘴窝（肘窝）　7.内侧上髁　8.外侧髁　9.肱骨滑车
10.外侧上髁嵴　11.臂肌沟　12.三角肌粗隆　13.圆肌粗隆
14.髁上窝　15.肱骨嵴　16.小结节　17.二头肌沟（结节间沟）

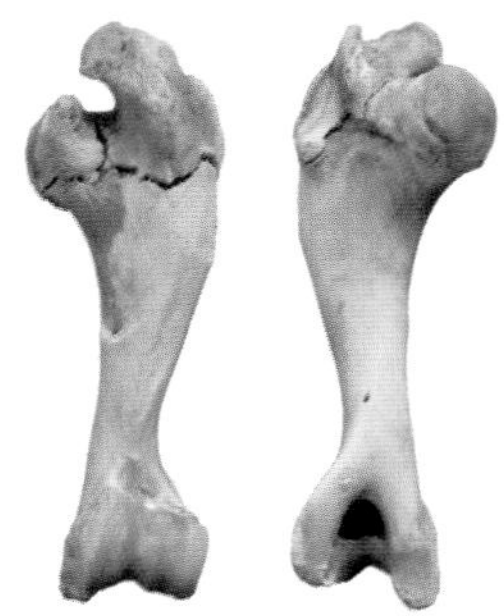

图12-82　公猪左肱骨-1

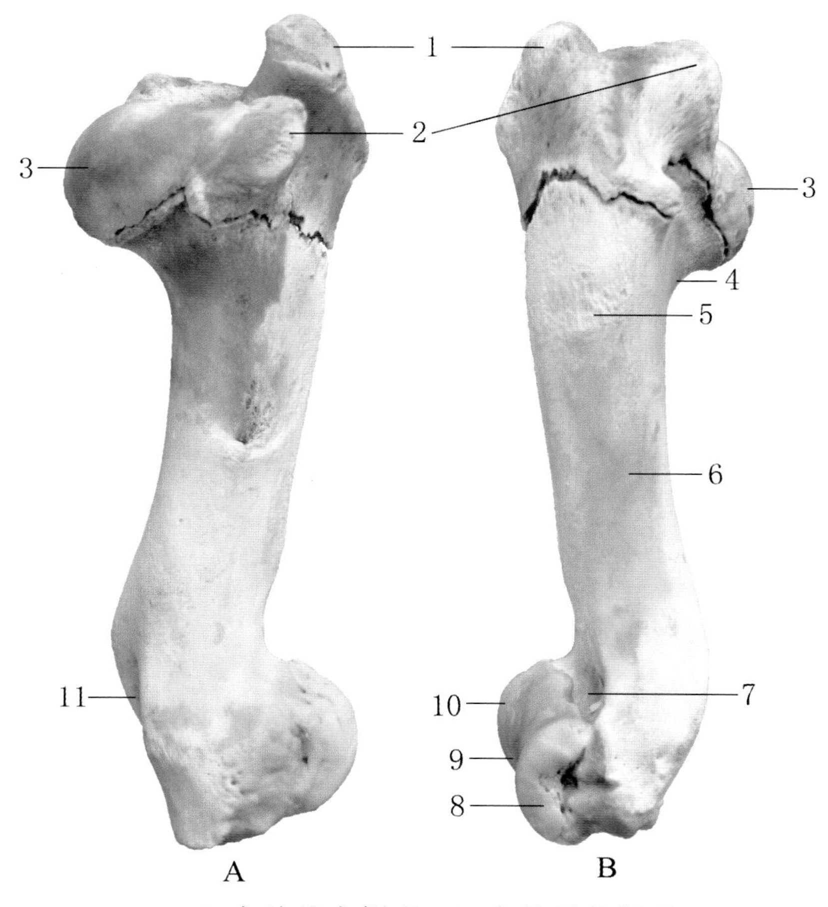

A.左肱骨内侧观　B.左肱骨外侧观

1.大结节前部　2.大结节后部　3.肱骨头　4.肱骨颈　5.圆肌隆起

6.肱骨体　7.髁上窝　8.外侧髁　9.肱骨滑车　10.内侧髁

11.鹰嘴窝（肘窝）

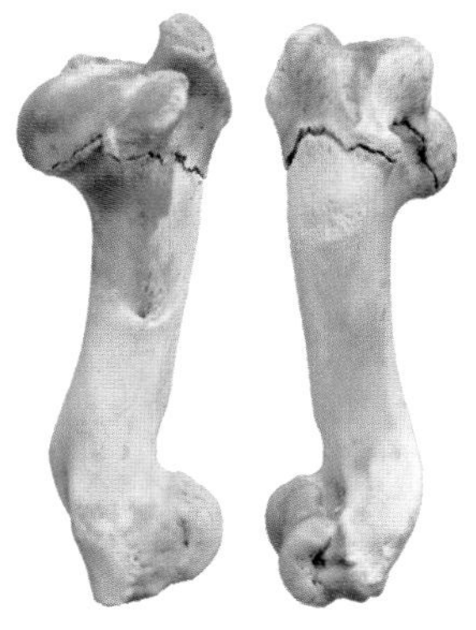

图12-83　公猪左肱骨-2

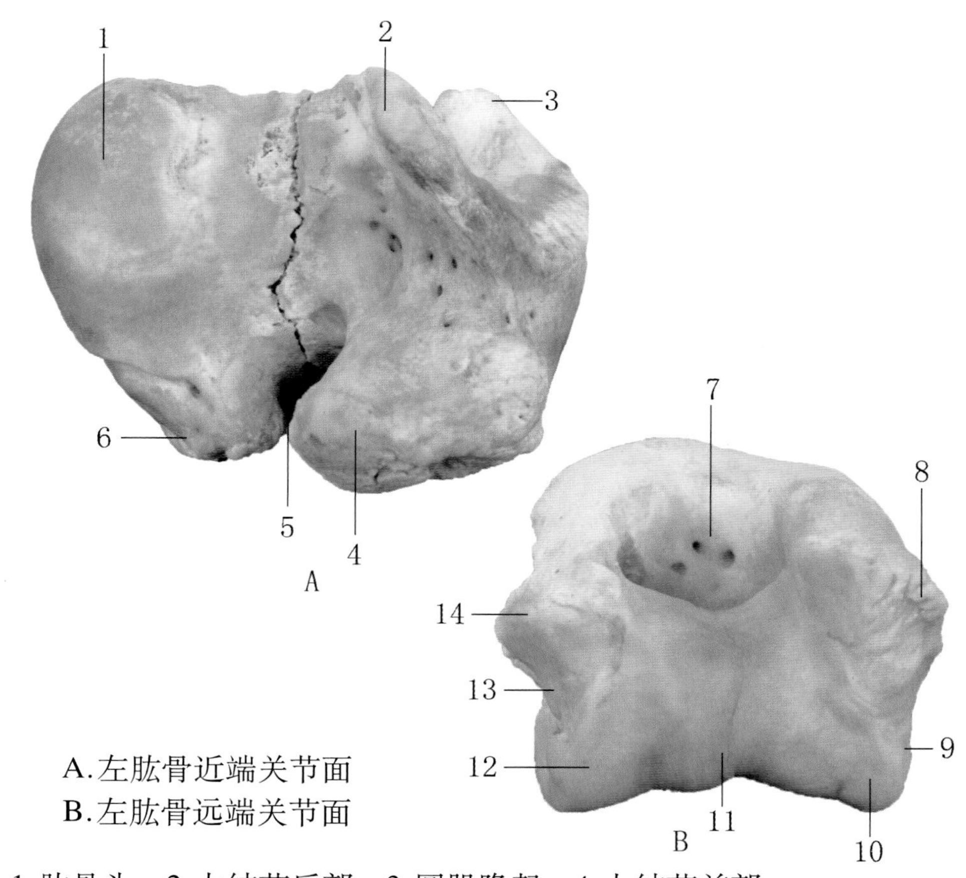

A.左肱骨近端关节面
B.左肱骨远端关节面

1.肱骨头　2.大结节后部　3.圆肌隆起　4.大结节前部
5.二头肌沟（结节间沟）　6.小结节　7.鹰嘴窝（肘窝）　8.内侧上髁
9.内侧韧带窝　10.内侧髁　11.肱骨滑车　12.外侧髁　13.外侧韧带窝
14.外侧上髁

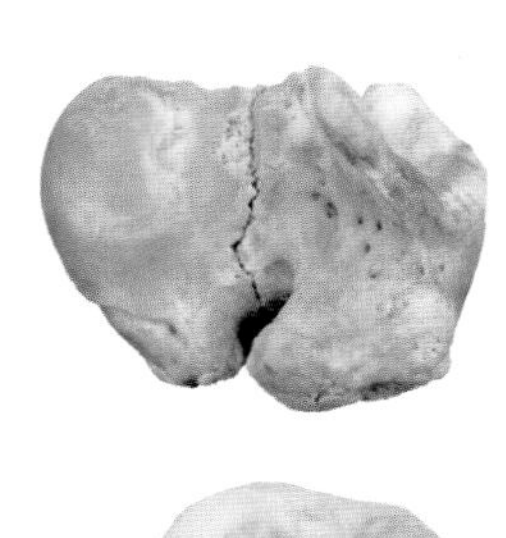

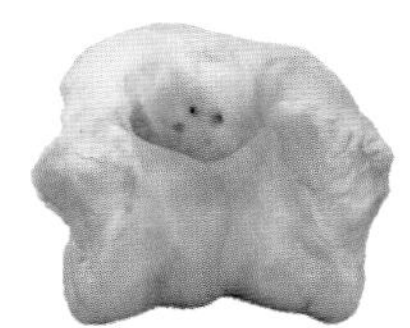

图12-84　公猪左肱骨关节面

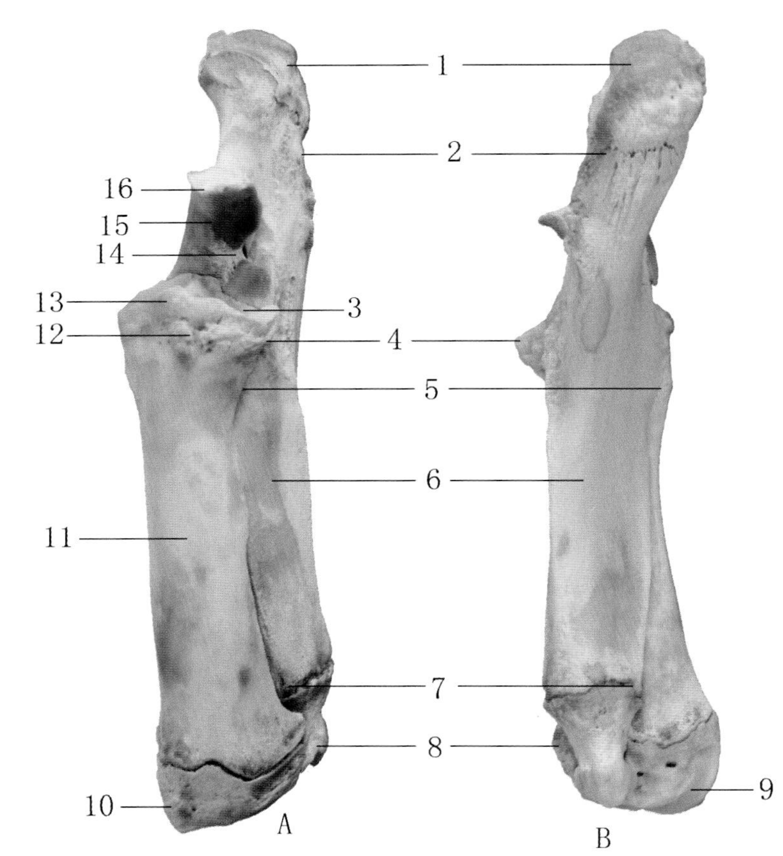

A.左前臂骨背侧观　B.左前臂骨掌侧观

1.肘突结节　2.肘突　3.桡骨头凹　4.外侧韧带结节

5.前臂骨近端间隙　6.尺骨体　7.前臂骨远端间隙　8.外侧茎突

9.腕关节面　10.内侧茎突　11.桡骨体　12.桡骨粗隆　13.冠突

14.滑车切迹　15.尺骨关节面　16.鹰嘴

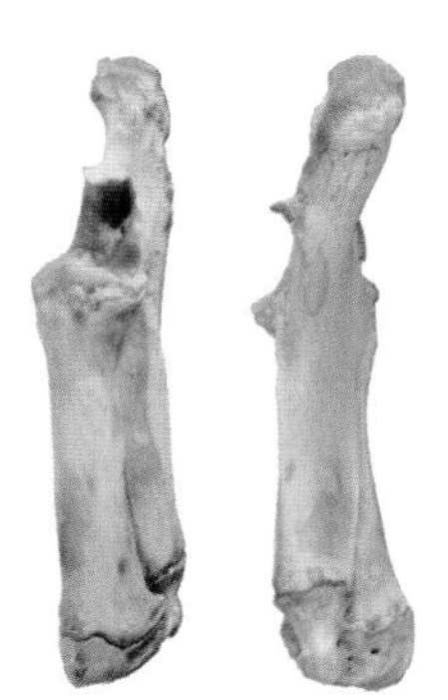

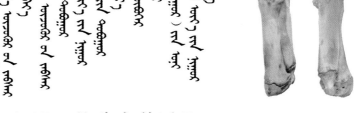

图12-85　公猪左前臂骨-1

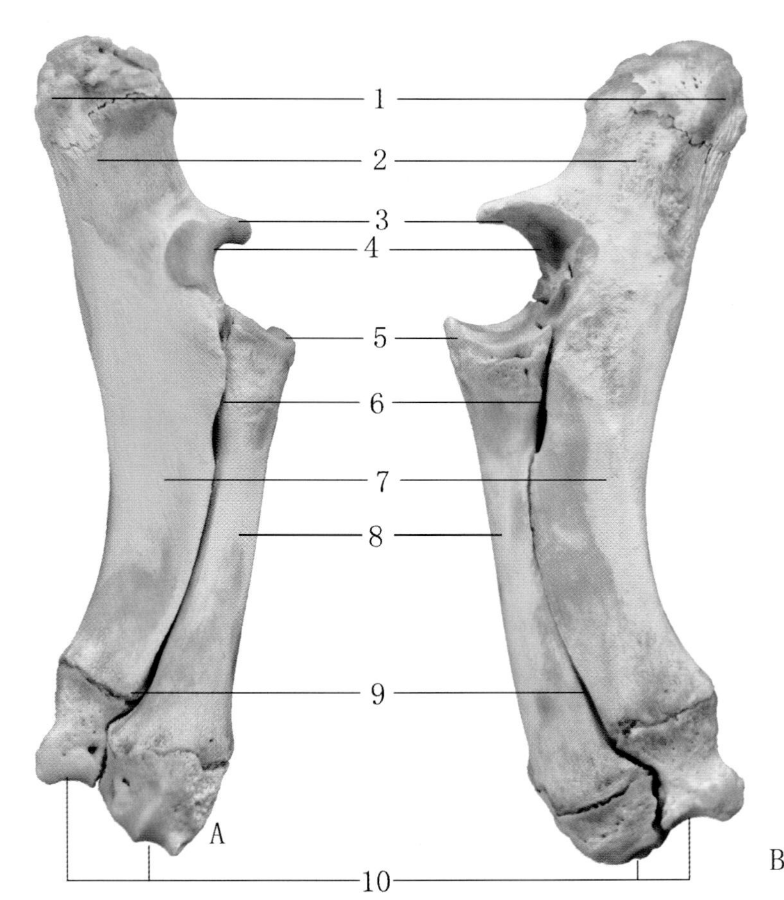

A.左前臂骨内侧观　B.左前臂骨外侧观

1.肘突结节　2.肘突　3.鹰嘴　4.尺骨肘关节面　5.冠突　6.前臂骨近端间隙　7.尺骨体　8.桡骨体　9.前臂骨远端间隙　10.腕关节面

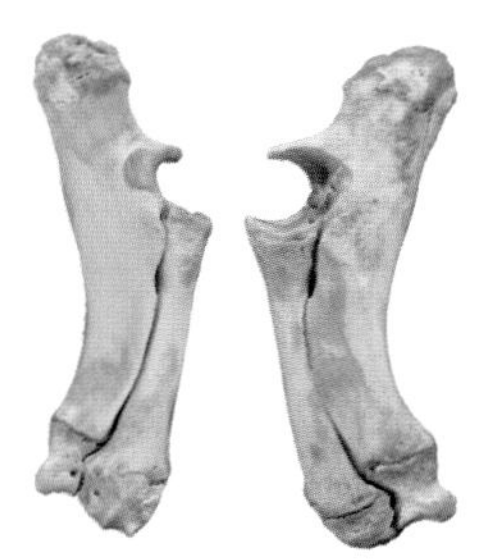

图12-86　公猪左前臂骨-2

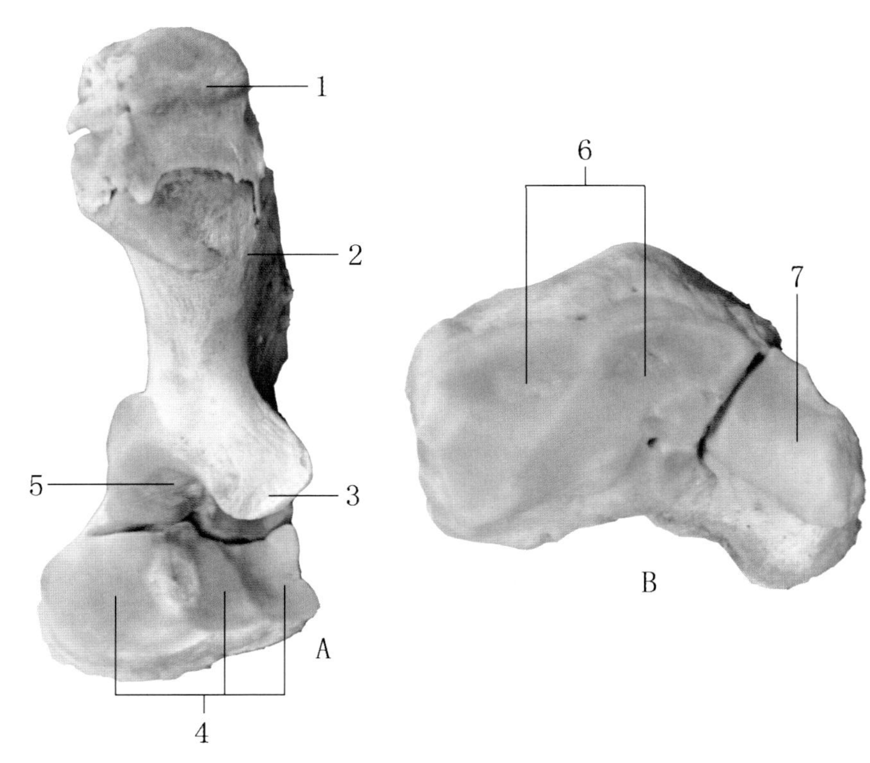

A.左前臂骨近端关节面　B.左前臂骨远端关节面

1.肘突结节　2.肘突　3.鹰嘴　4.桡骨头凹　5.尺骨肘关节面

6.桡骨腕关节面　7.尺骨腕关节面

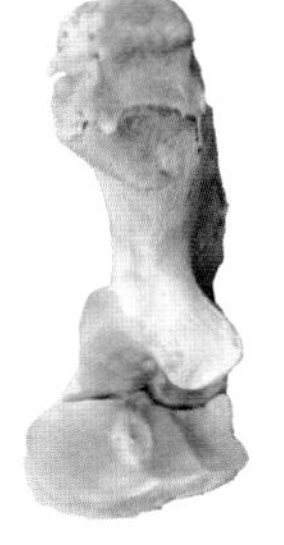

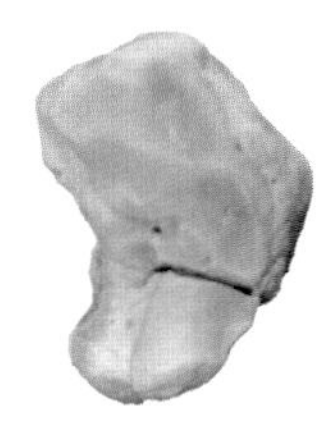

图12-87　公猪左前臂骨关节面

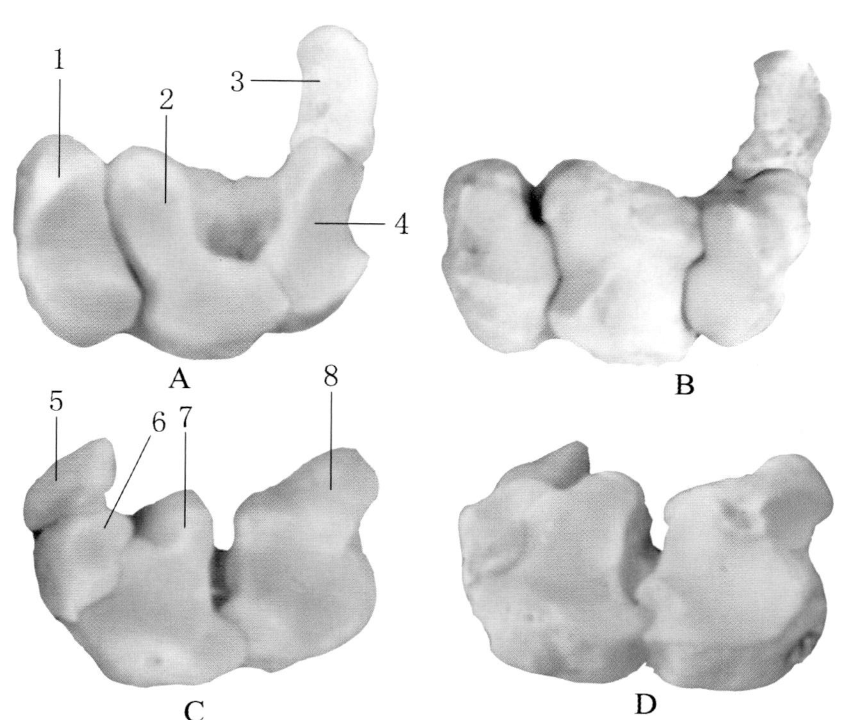

A.近列腕骨近端关节面　B.近列腕骨远端关节面
C.远列腕骨近端关节面　D.远列腕骨远端关节面
1.桡腕骨　2.中间腕骨　3.副腕骨　4.尺腕骨　5.第一腕骨
6.第二腕骨　7.第三腕骨　8.第四腕骨

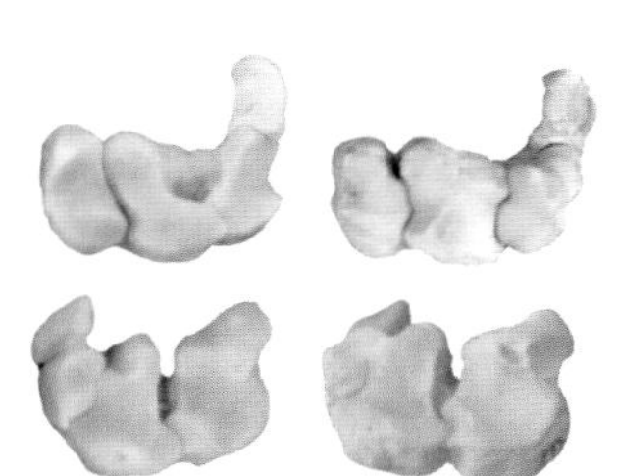

图12-88　公猪左腕骨

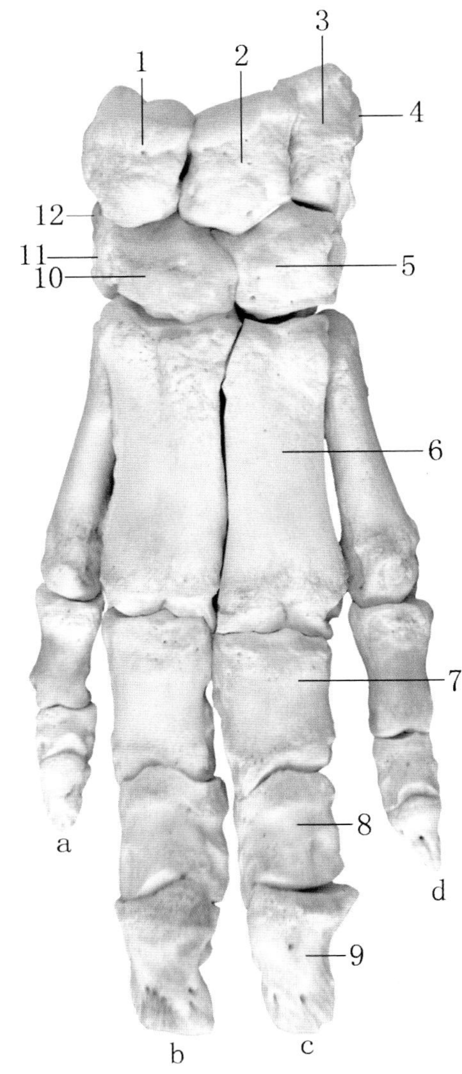

1.桡腕骨　2.中间腕骨　3.尺腕骨
4.副腕骨　5.第四腕骨　6.掌骨
7.系骨　8.冠骨　9.蹄骨　10.第三腕骨
11.第二腕骨　12.第一腕骨
a.第二指骨　b.第三指骨　c.第四指骨
d.第五指骨

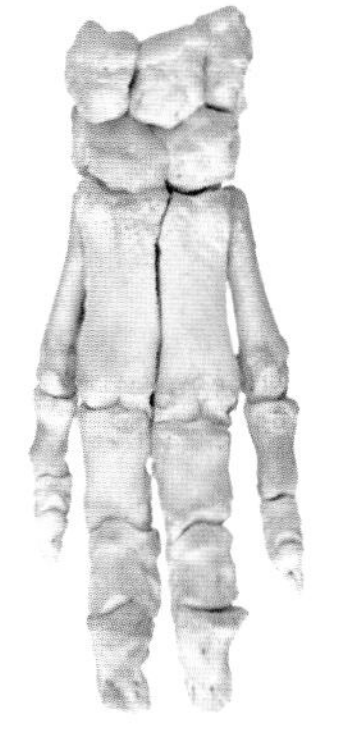

图12-89　公猪左前脚骨背侧观

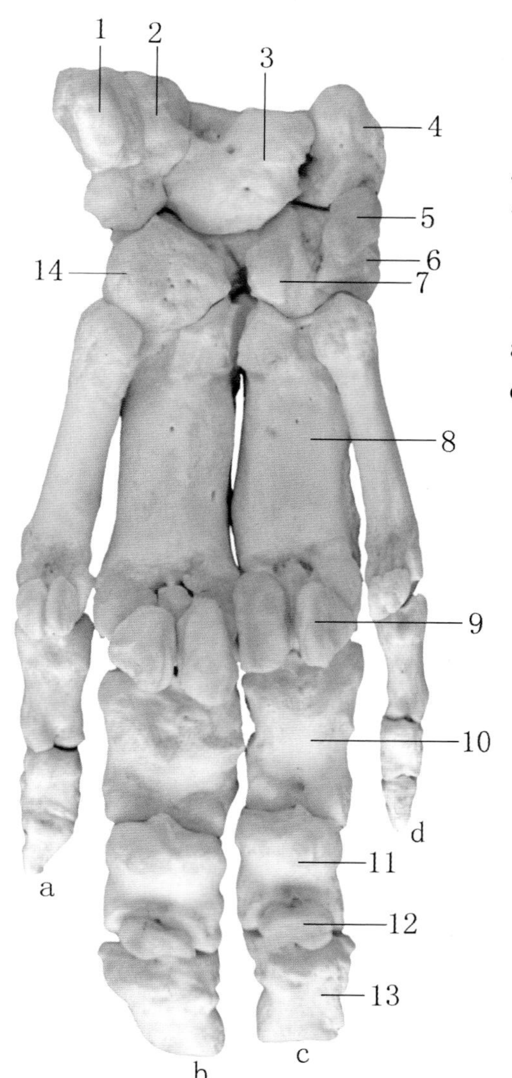

1.副腕骨　2.尺腕骨　3.中间腕骨
4.桡腕骨　5.第一腕骨　6.第二腕骨
7.第三腕骨　8.掌骨　9.近籽骨
10.系骨　11.冠骨　12.远籽骨
13.蹄骨　14.第四腕骨
a.第五指骨　b.第四指骨　c.第三指骨
d.第二指骨

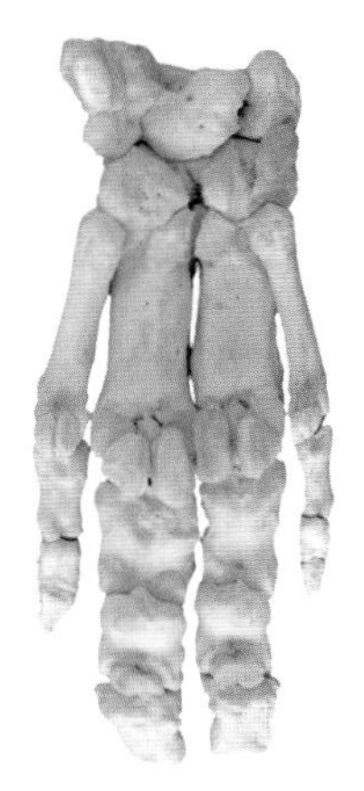

图12-90　公猪左前脚骨掌侧观

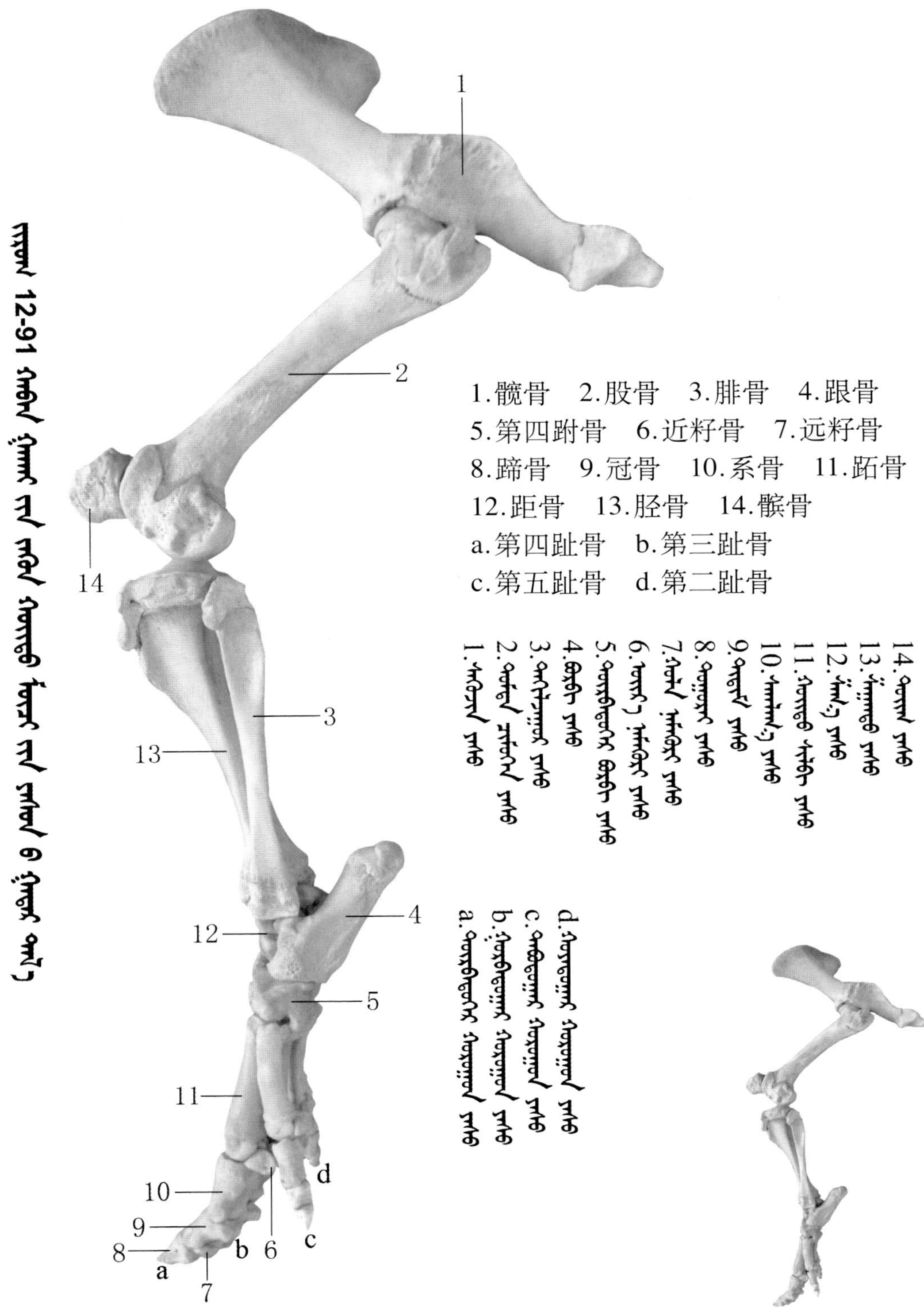

图12-91　公猪左后肢骨外侧观

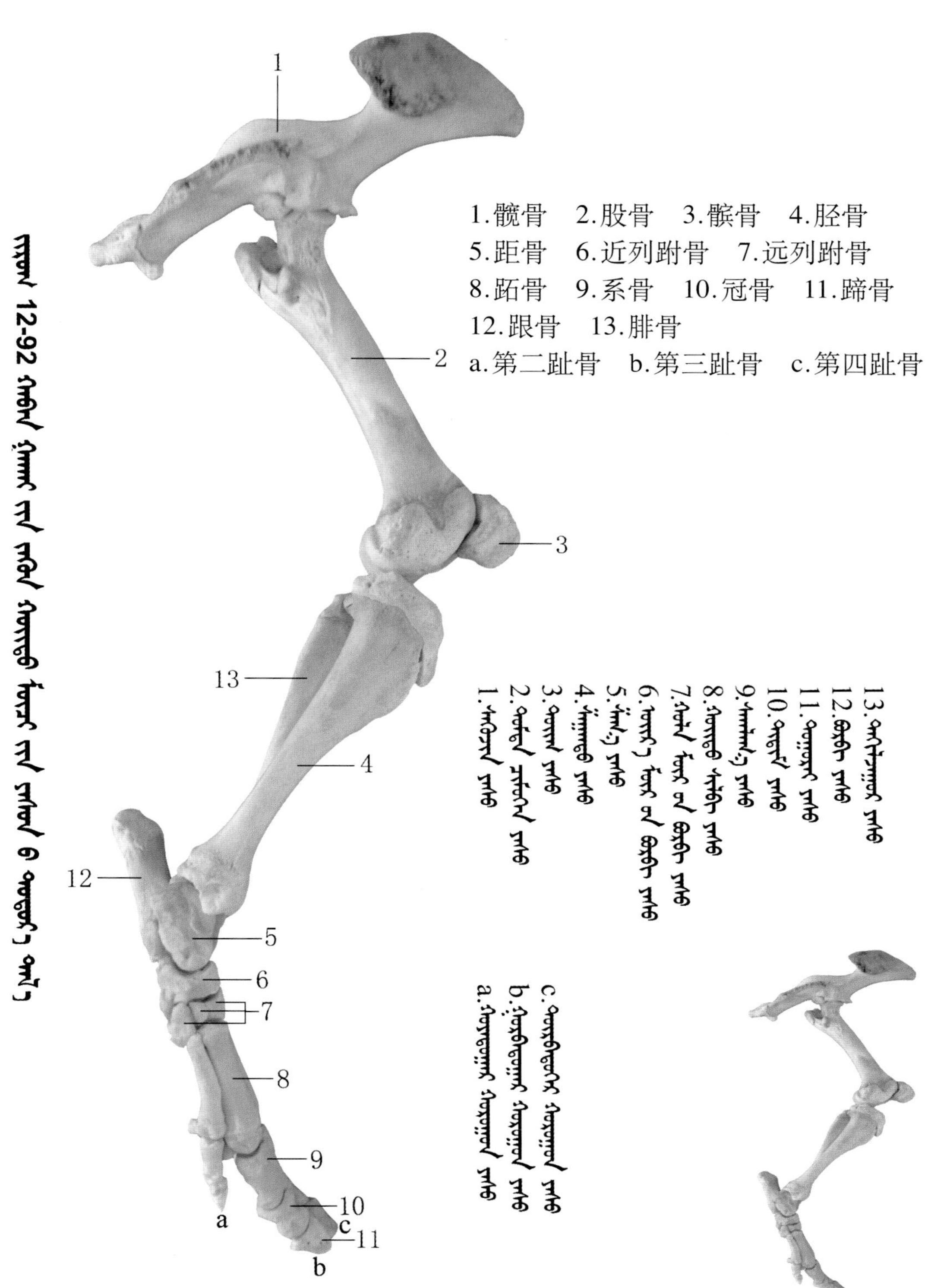

图 12-92　公猪左后肢骨内侧观

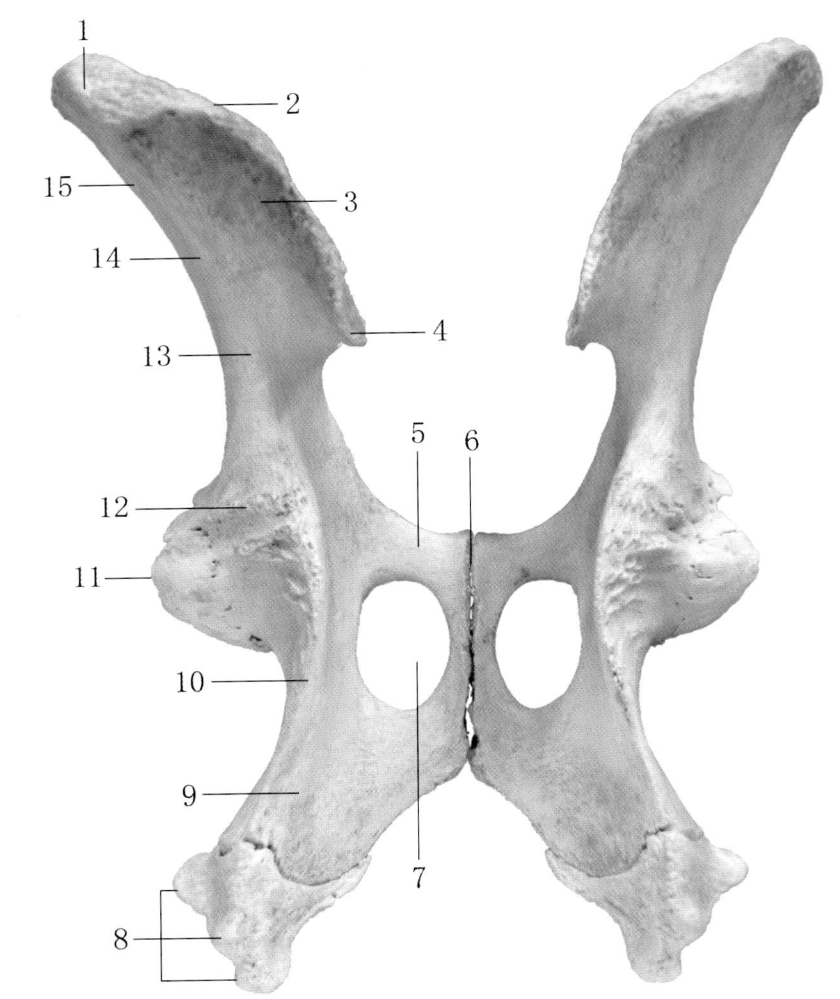

1.髋结节 2.髂骨嵴 3.髂骨翼 4.荐结节 5.耻骨 6.骨盆联合 7.闭孔 8.坐骨结节 9.坐骨 10.坐骨嵴 11.髋臼 12.肌线 13.髂骨体 14.臀线 15.臀肌面

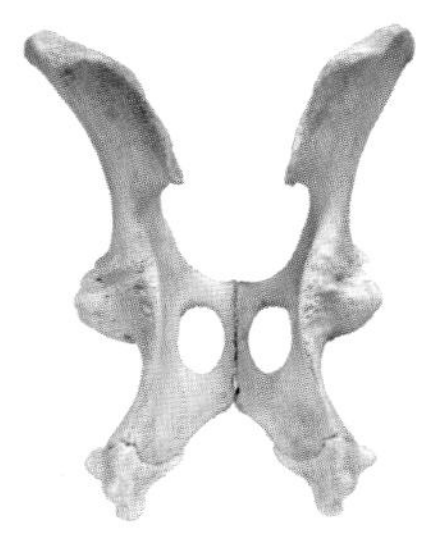

图12-93 公猪髋骨背侧观

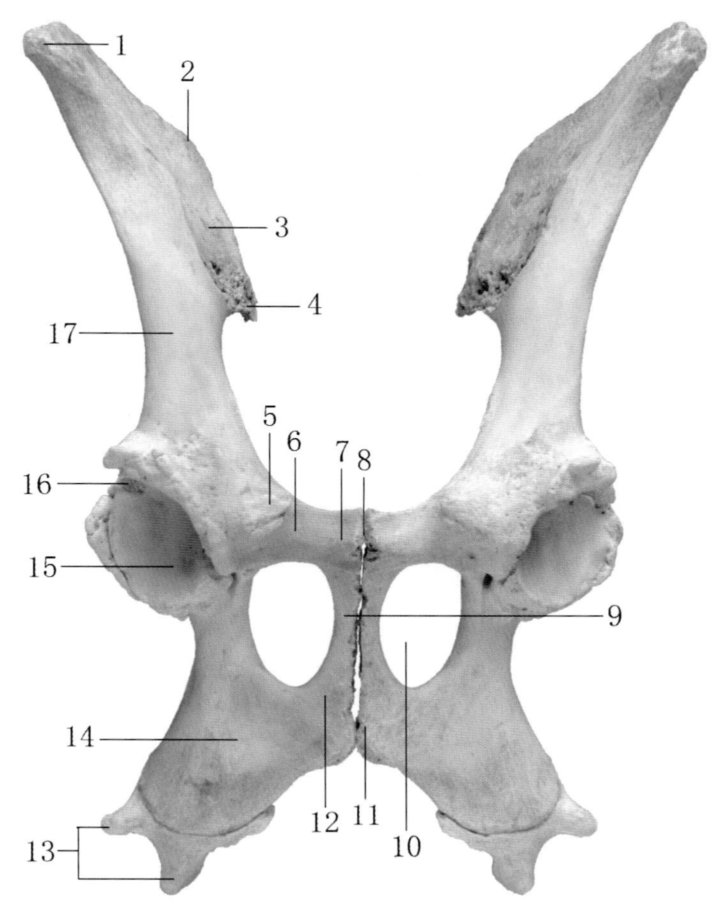

1.髋结节　2.髂骨嵴　3.耳状面　4.荐结节　5.髂耻隆起　6.耻骨体
7.耻骨前支　8.骨盆联合　9.耻骨后支　10.闭孔　11.骨盆联合嵴
12.坐骨支　13.坐骨结节　14.坐骨板　15.髋臼窝　16.髋臼切迹
17.髂骨体

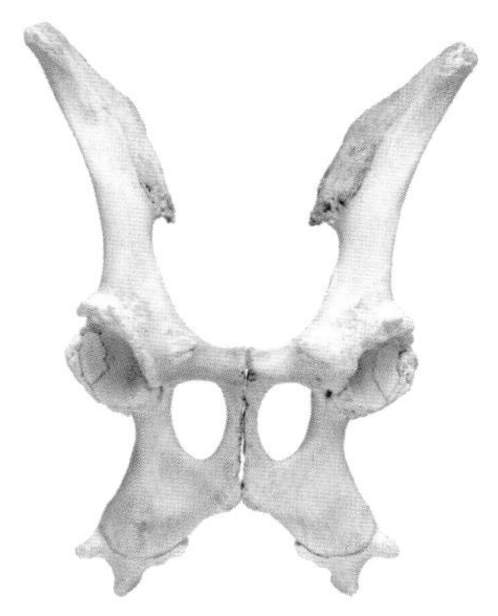

图12-94　公猪髋骨腹侧观

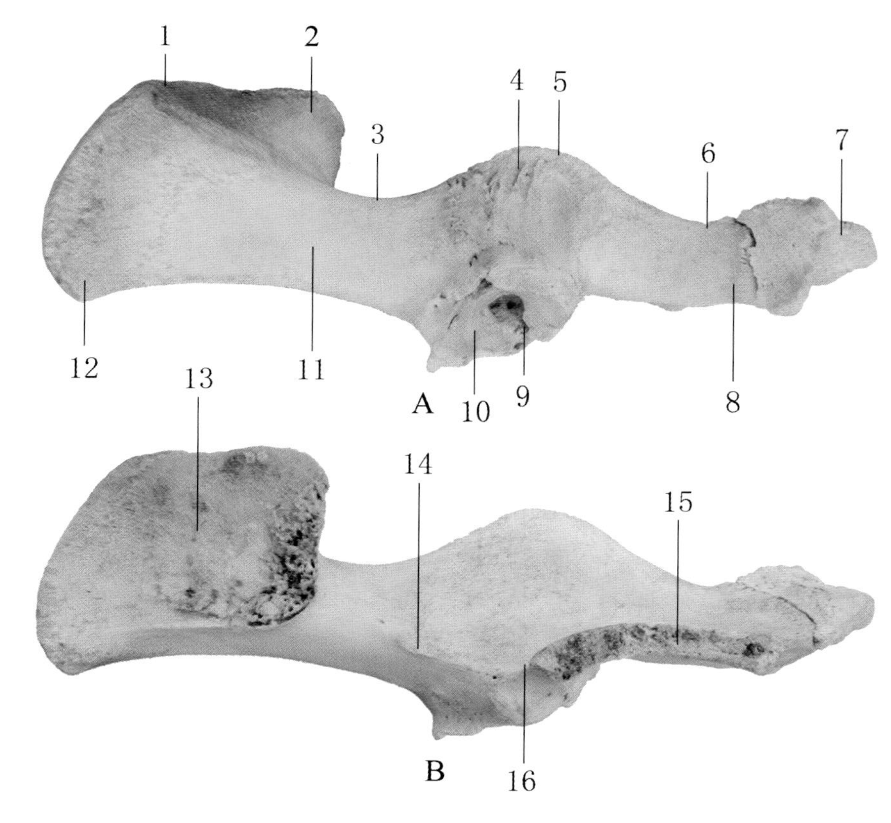

A.髋骨外侧观　B.髋骨内侧观

1.髂骨嵴　2.荐结节　3.坐骨大切迹　4.肌线　5.坐骨棘　6.坐骨小切迹　7.坐骨结节　8.坐骨　9.髋臼切迹　10.髋臼窝　11.髂骨体　12.髋结节　13.耳状面　14.腰小肌结节　15.耻骨联合面　16.髂耻隆起

图12-95　公猪髋骨内、外侧观

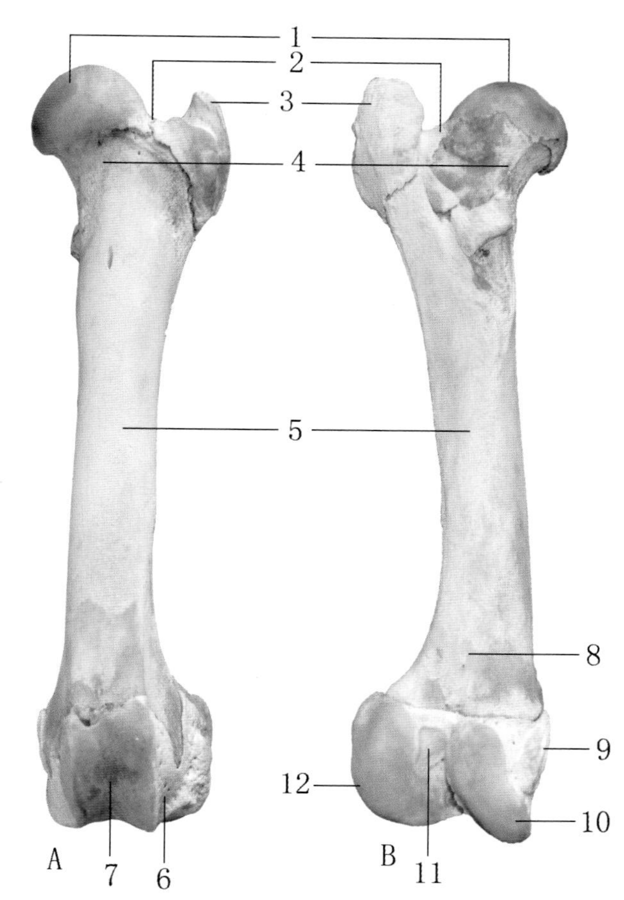

A.左股骨背侧观　B.左股骨跖侧观

1.股骨头　2.转子窝　3.大转子　4.股骨颈　5.股骨体　6.外侧上髁
7.股骨滑车　8.腘肌面　9.内侧上髁　10.内侧髁　11.髁间窝　12.外侧髁

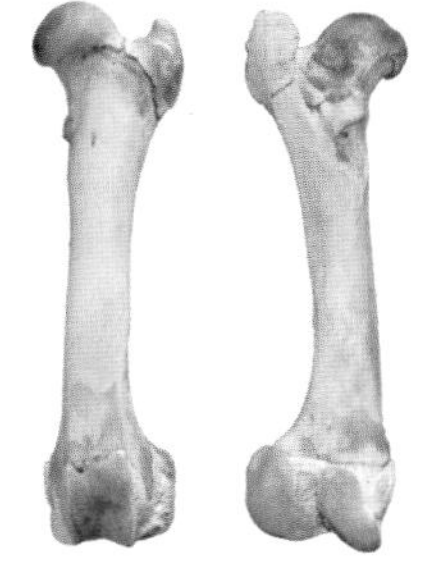

图12-96　公猪左股骨-1

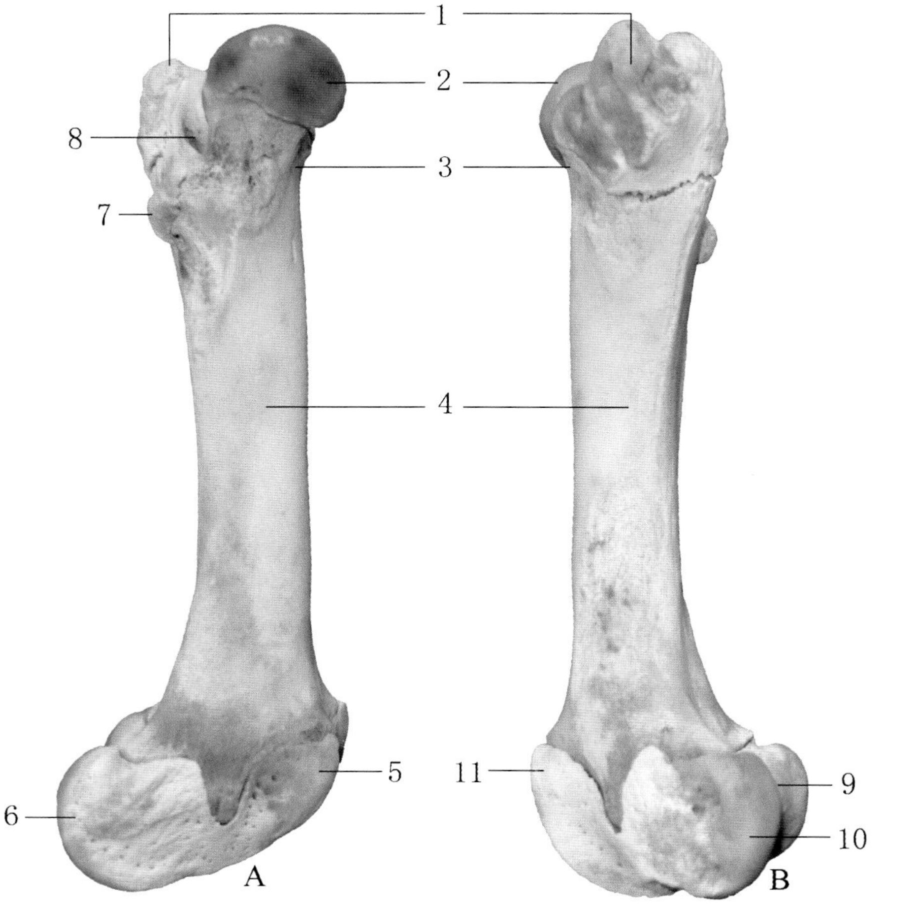

A.左股骨内侧观　B.左股骨外侧观

1.大转子　2.股骨头　3.股骨颈　4.股骨体　5.内侧上髁　6.内侧髁
7.小转子　8.转子窝　9.髁间窝　10.外侧髁　11.外侧上髁

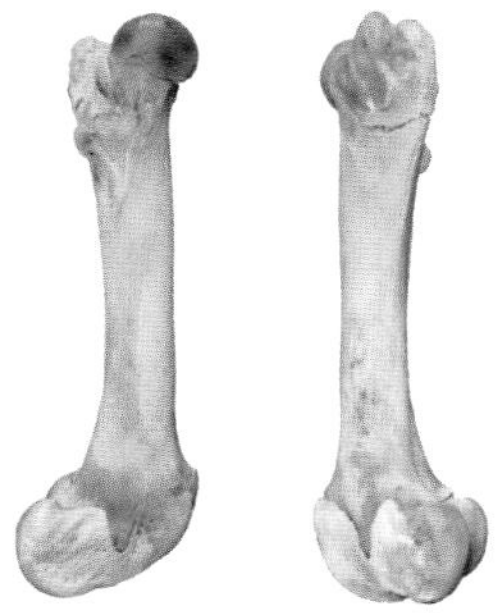

图12-97　公猪左股骨-2

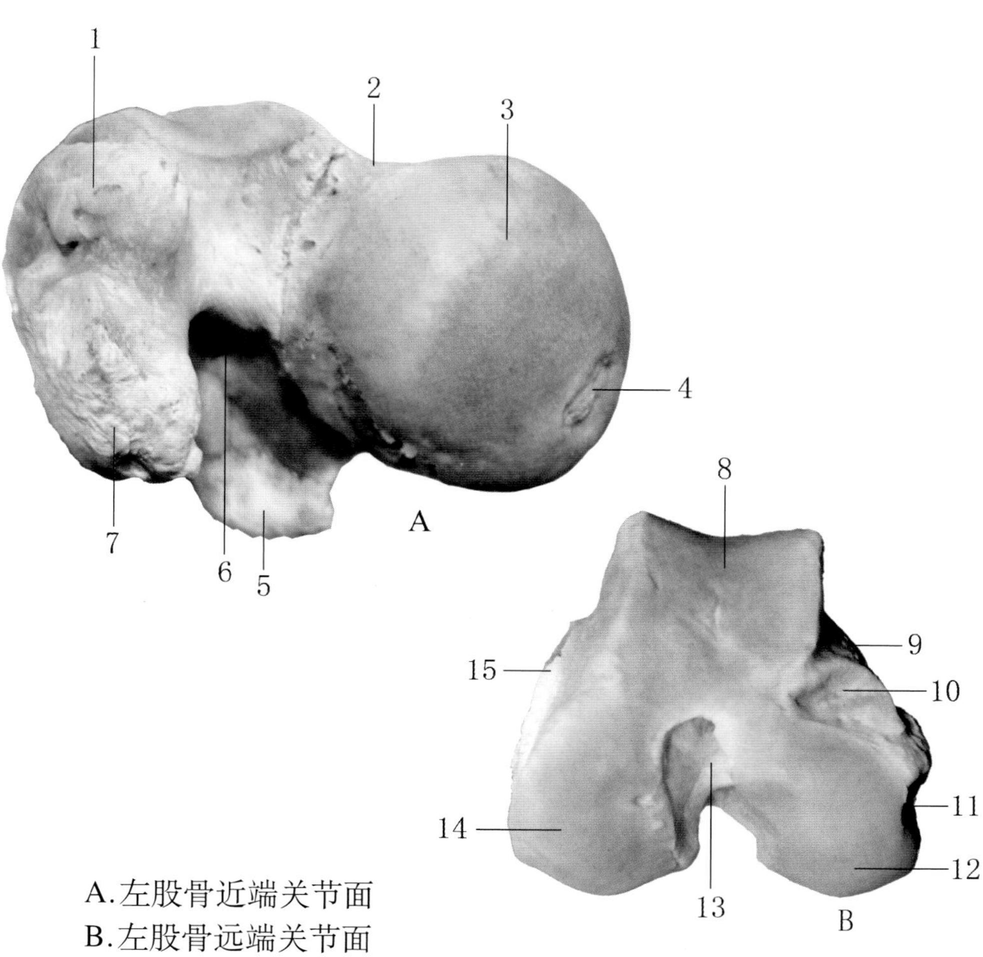

A.左股骨近端关节面

B.左股骨远端关节面

1.大转子前部　2.股骨颈　3.股骨头　4.股骨头凹　5.小转子　6.转子窝

7.大转子后部　8.股骨滑车　9.外侧上髁　10.伸肌窝　11.腘肌窝

12.外侧髁　13.髁间窝　14.内侧髁　15.内侧上髁

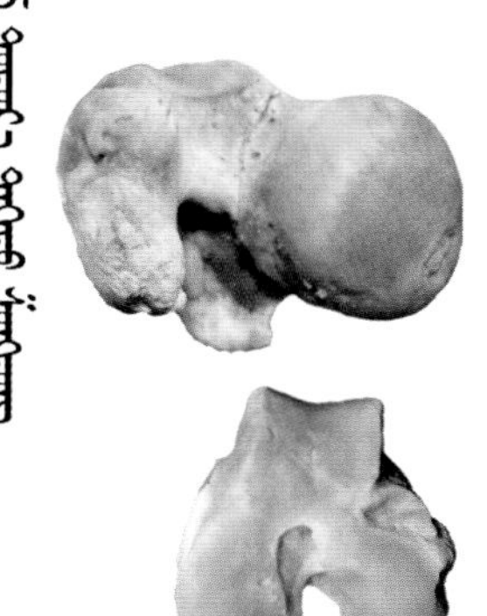

图12-98　公猪左股骨关节面

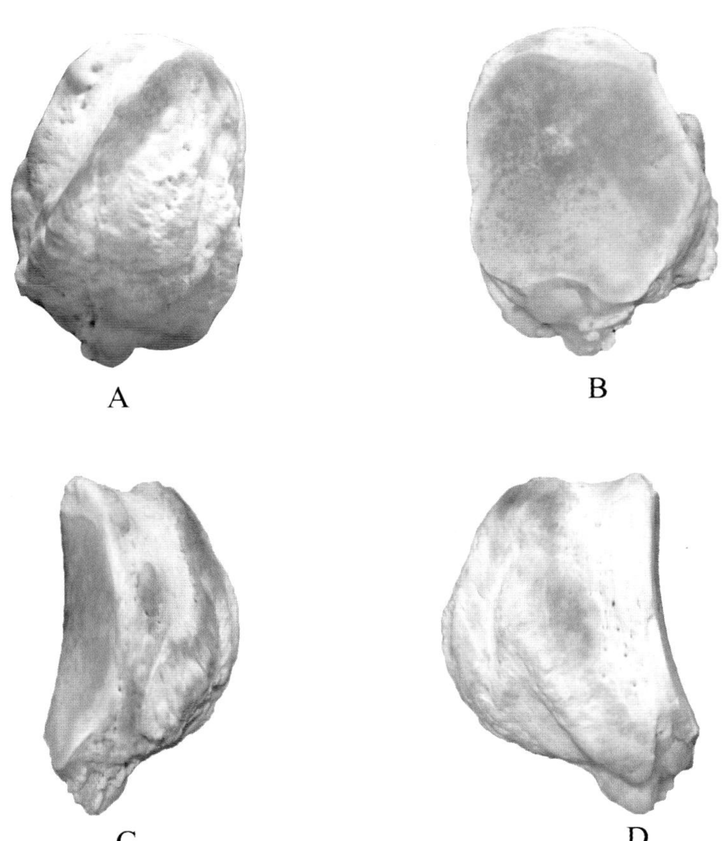

A.膝盖骨前面　B.膝盖骨关节面
C.膝盖骨内侧面　D.膝盖骨外侧面

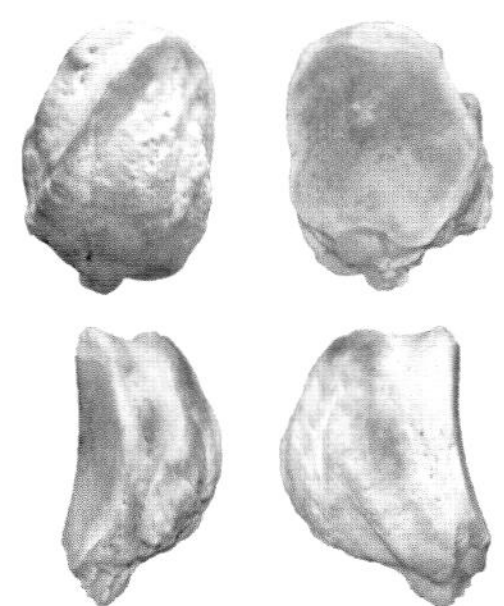

图12-99　公猪膝盖骨

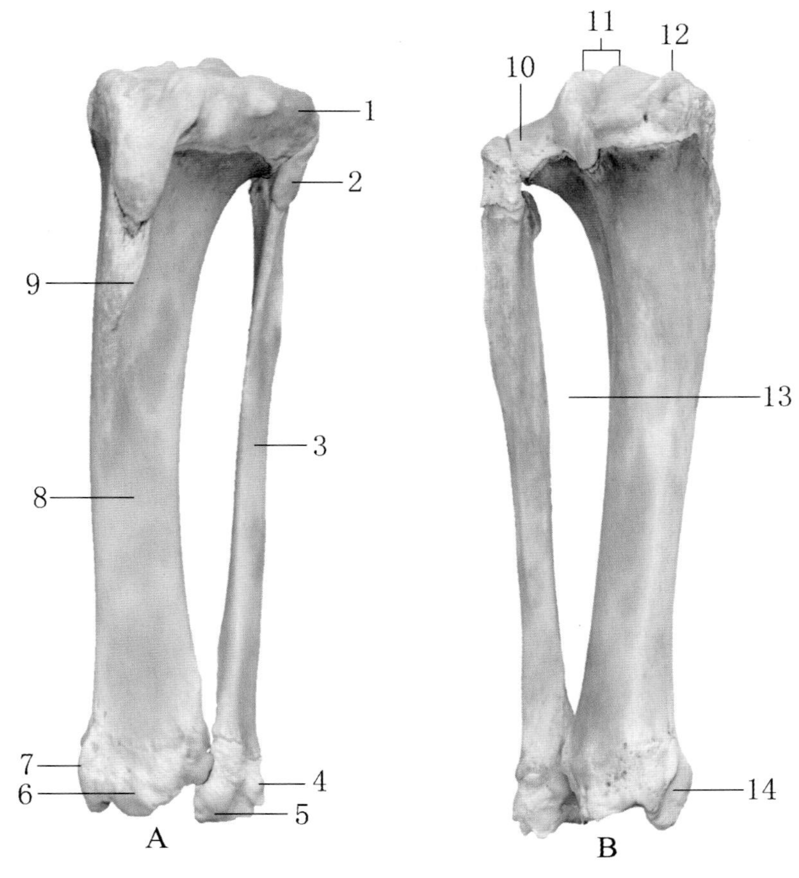

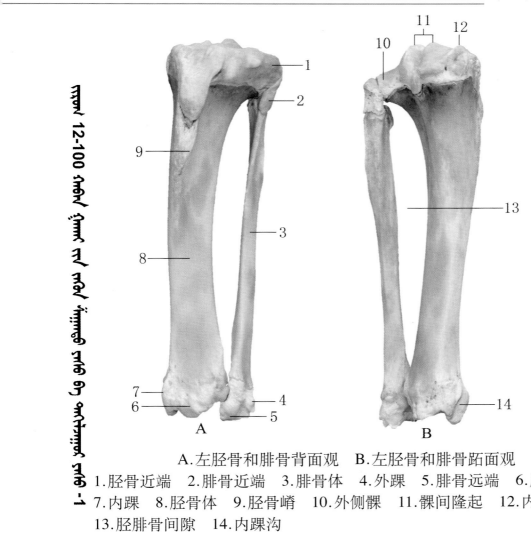

A.左胫骨和腓骨背面观　B.左胫骨和腓骨跖面观

1.胫骨近端　2.腓骨近端　3.腓骨体　4.外踝　5.腓骨远端　6.胫骨远端　7.内踝　8.胫骨体　9.胫骨嵴　10.外侧髁　11.髁间隆起　12.内侧髁　13.胫腓骨间隙　14.内踝沟

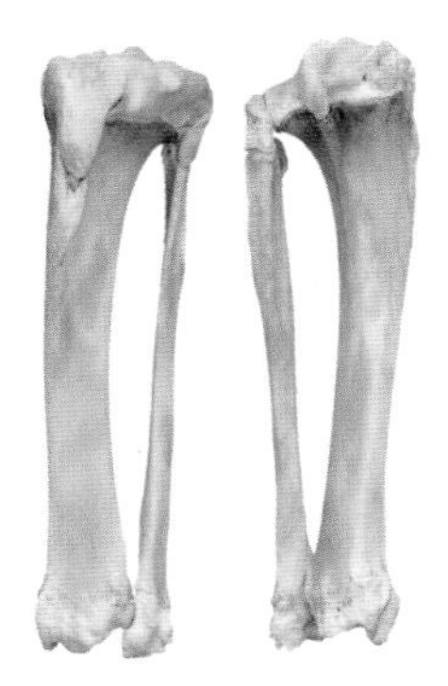

图12-100　公猪左胫骨和腓骨-1

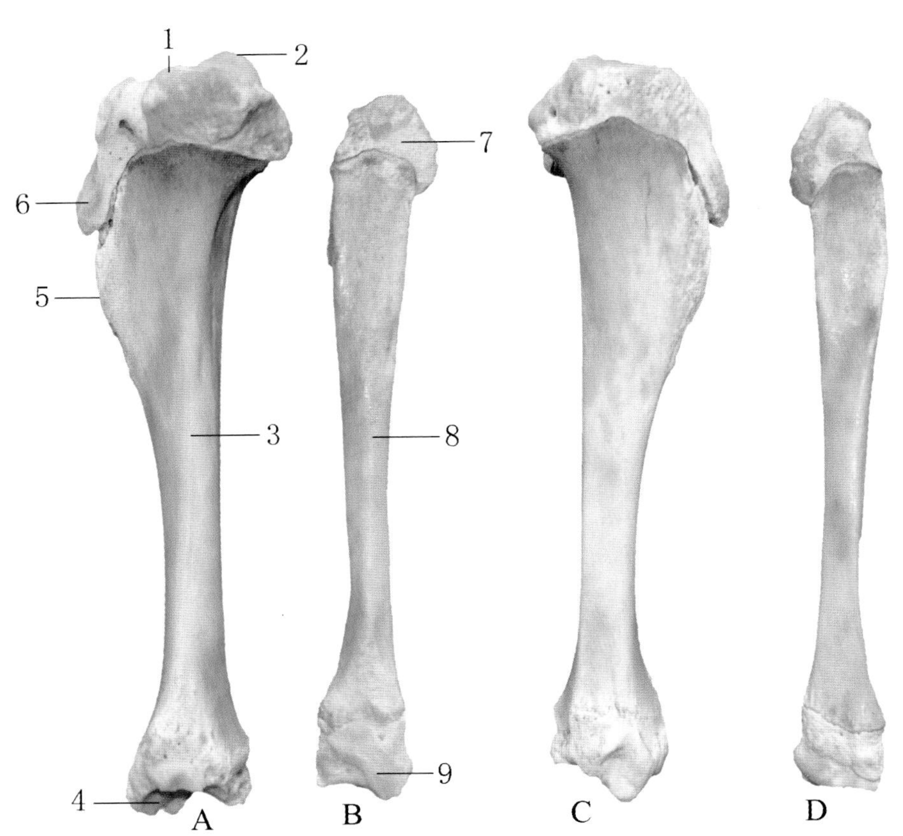

A.左胫骨外侧观　B.左腓骨外侧观
C.左胫骨内侧观　D.左腓骨内侧观

1.外侧髁　2.髁间隆起　3.胫骨体　4.胫骨踝关节面　5.胫骨嵴
6.胫骨粗隆　7.腓骨头　8.腓骨体　9.腓骨外踝关节面

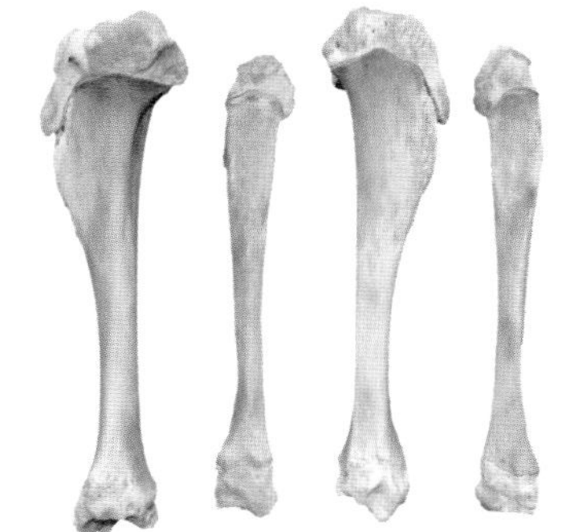

图12-101　公猪左胫骨和腓骨-2

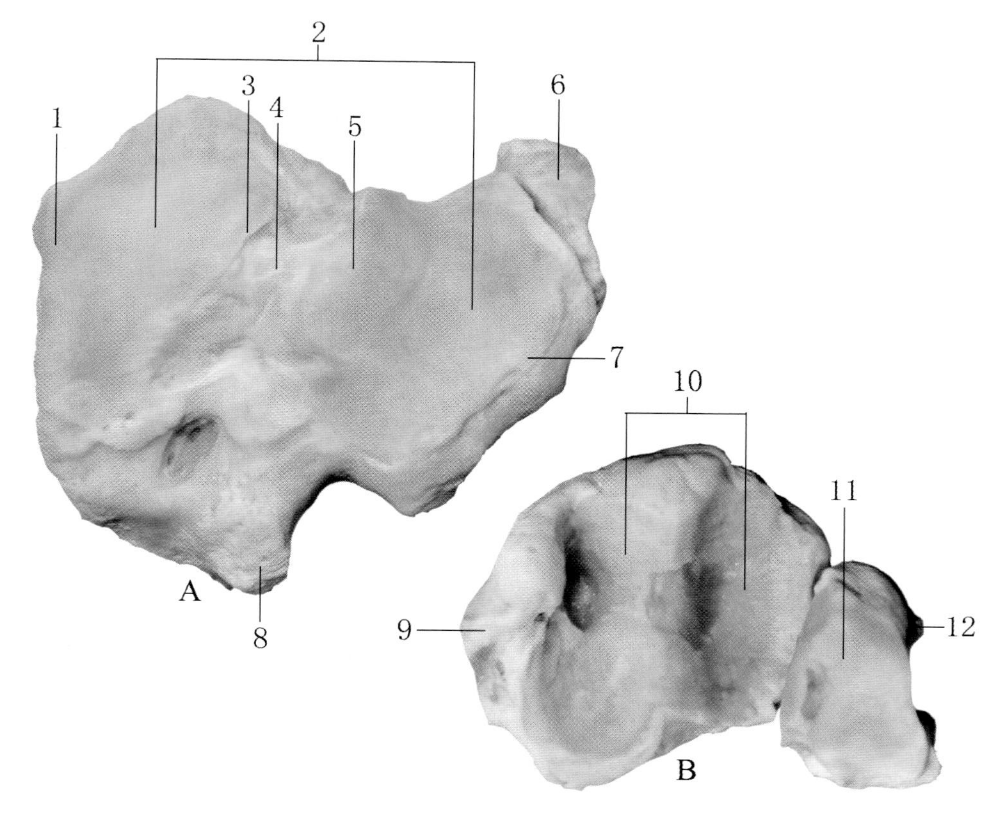

A.左胫骨和腓骨近端关节面　B.左胫骨和腓骨远端关节面
1.内侧髁　2.胫骨膝关节面　3.内侧髁间结节　4.髁间中央区
5.外侧髁间结节　6.腓骨头　7.外侧髁　8.胫骨粗隆　9.内踝
10.胫骨踝关节面　11.腓骨外踝关节面　12.外踝

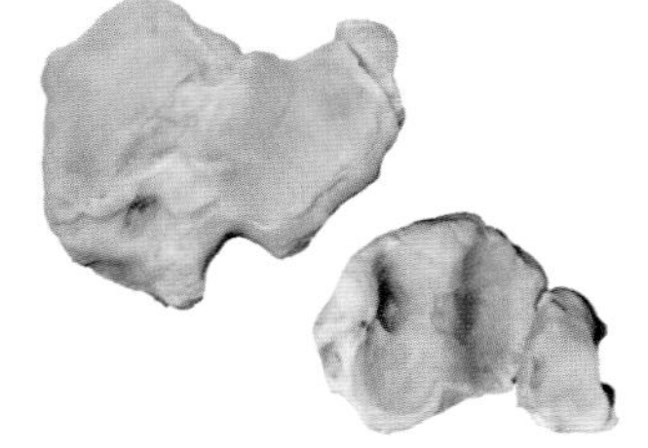

图12-102　公猪左胫骨和腓骨关节面

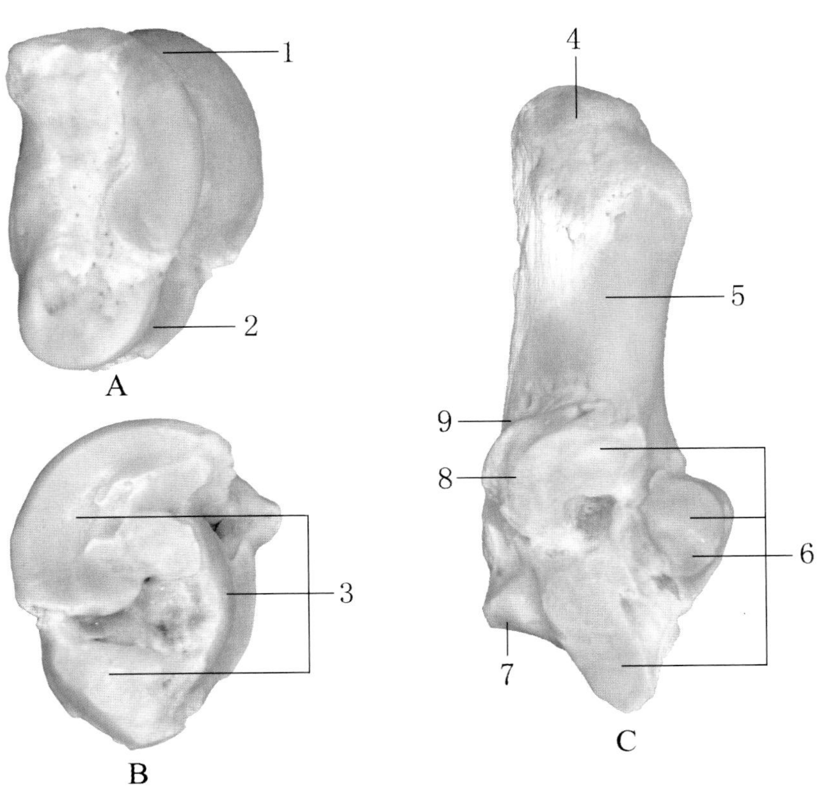

A.左距骨内侧观　B.左距骨外侧观　C.左跟骨背侧观

1.距骨近侧滑车　2.距骨远侧滑车　3.距骨跟骨关节面　4.跟结节　5.跟骨体　6.跟骨距骨关节面　7.第四跗骨关节面　8.载距突　9.跟骨沟

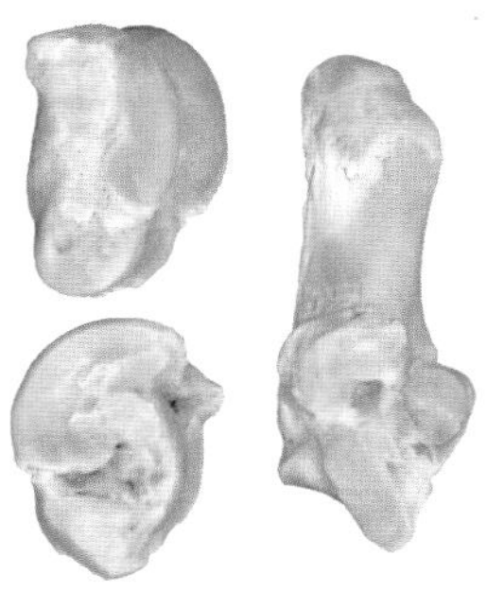

图12-103　公猪左距骨和跟骨

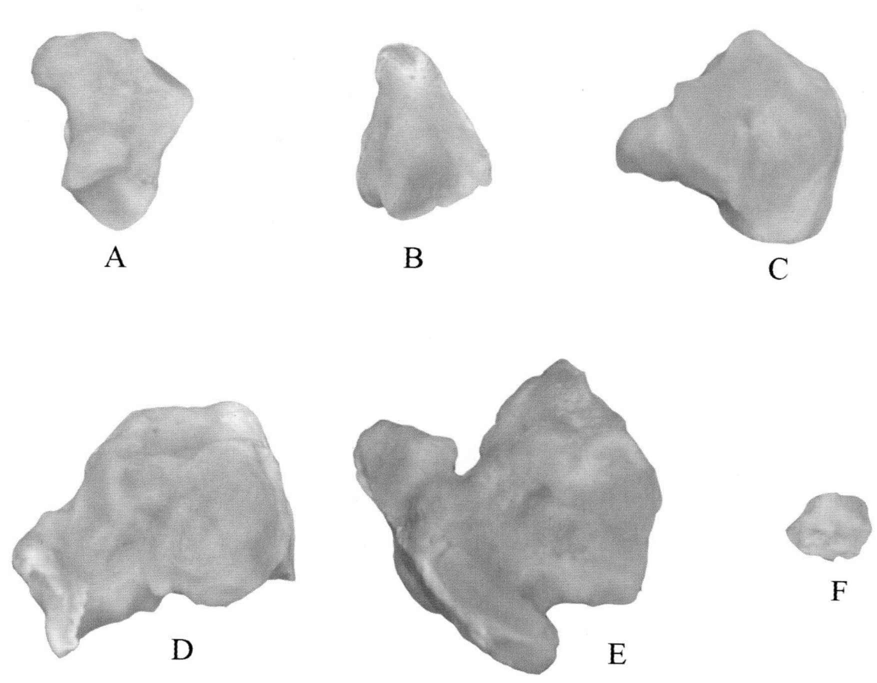

A.第一跗骨　B.第二跗骨　C.第三跗骨
D.中央跗骨　E.第四跗骨　F.副跗骨

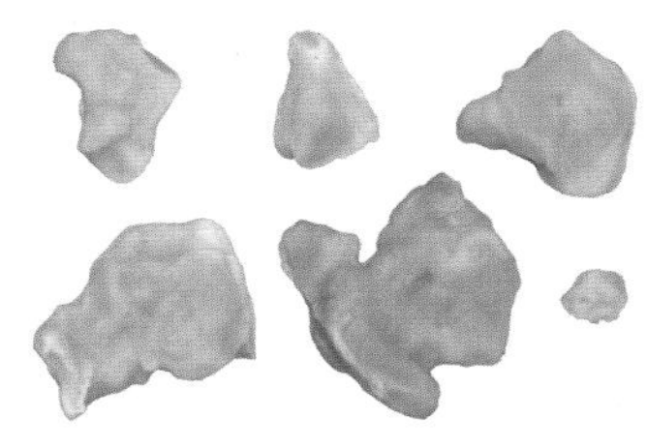

图12-104　公猪左后肢跗骨

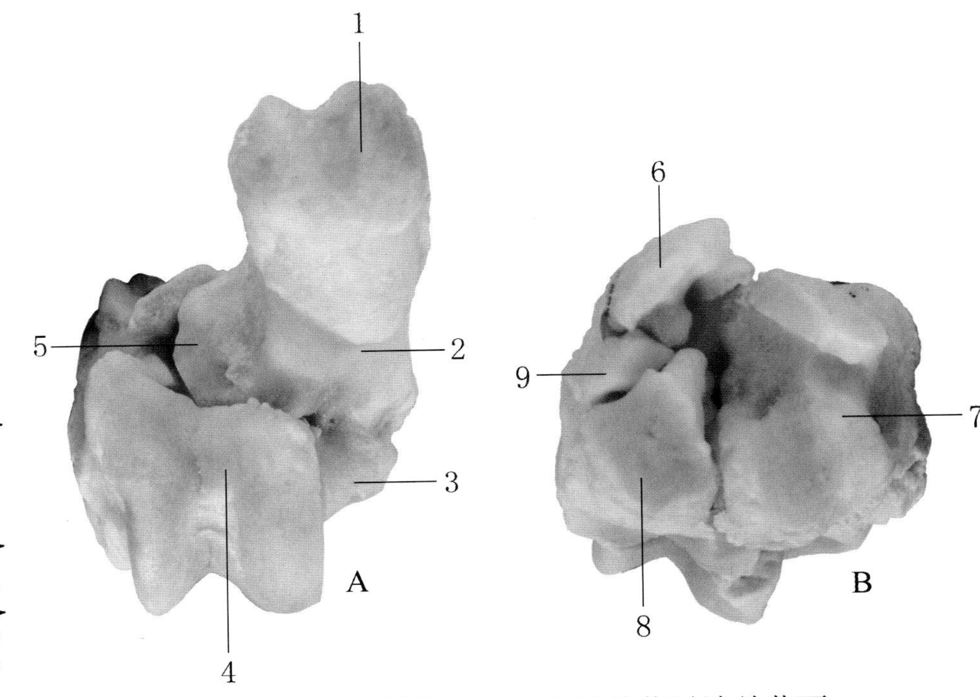

A.左跗关节近端关节面　B.左跗关节远端关节面

1.跟结节　2.跟骨体　3.跟骨腓骨关节面　4.距骨近侧滑车

5.载距突　6.第一跗骨　7.第四跗骨　8.第三跗骨　9.第二跗骨

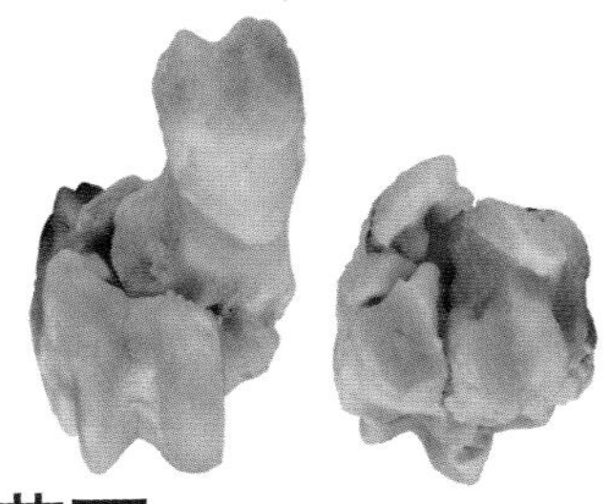

图12-105　公猪左跗骨关节面

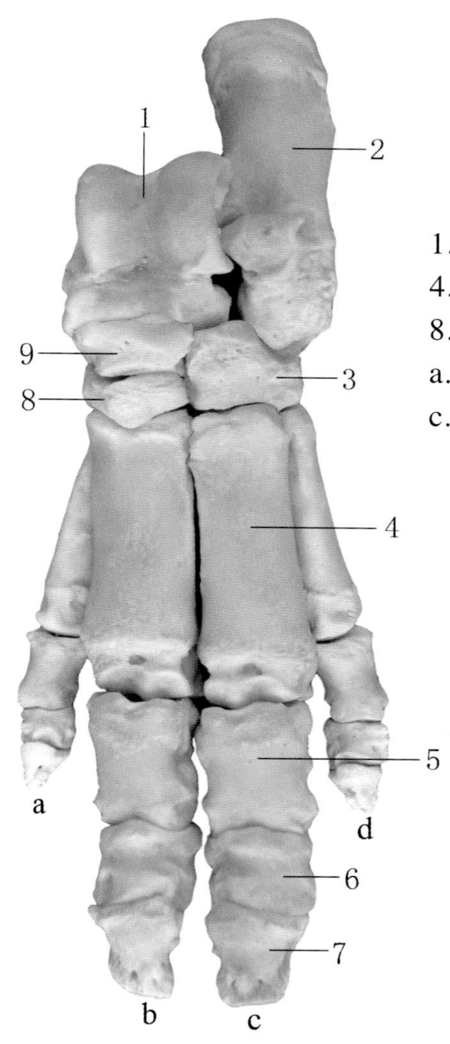

1.距骨　2.跟骨　3.第四跗骨
4.跖骨　5.系骨　6.冠骨　7.蹄骨
8.第三跗骨　9.中央跗骨
a.第二趾骨　b.第三趾骨
c.第四趾骨　d.第五趾骨

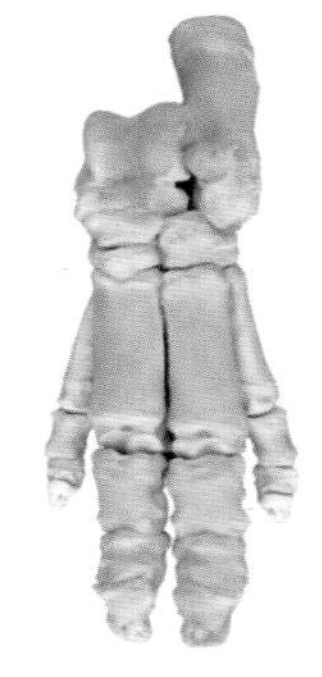

图12-106　公猪左后脚骨背侧观

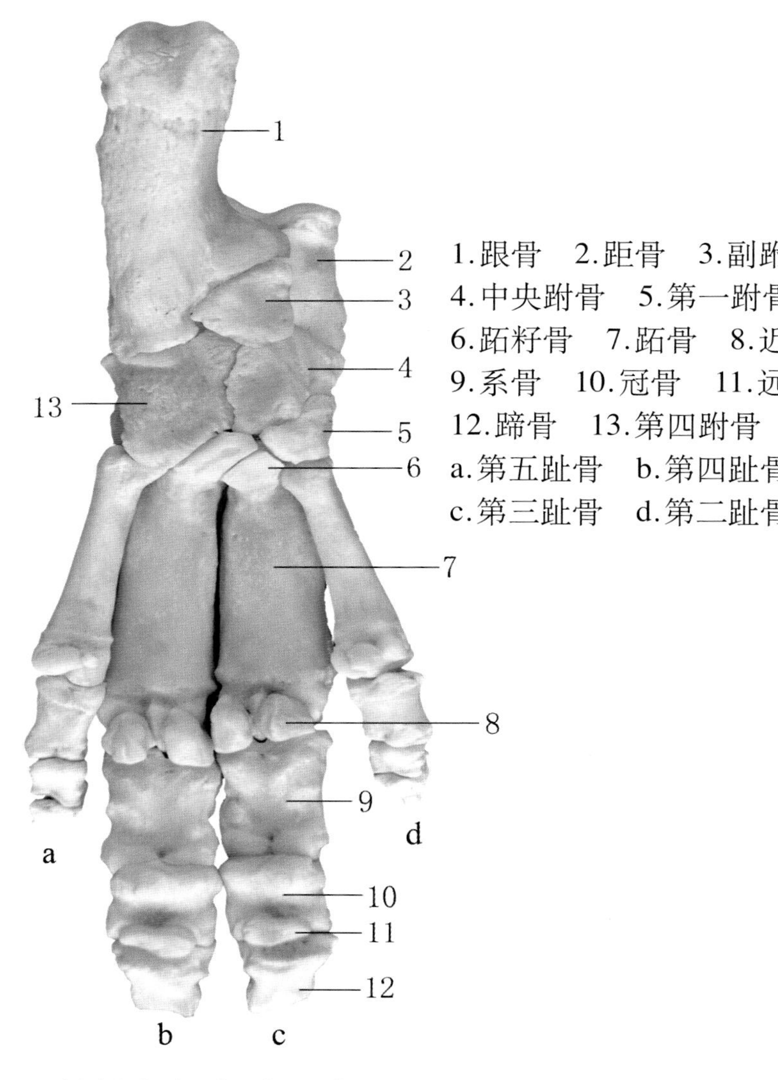

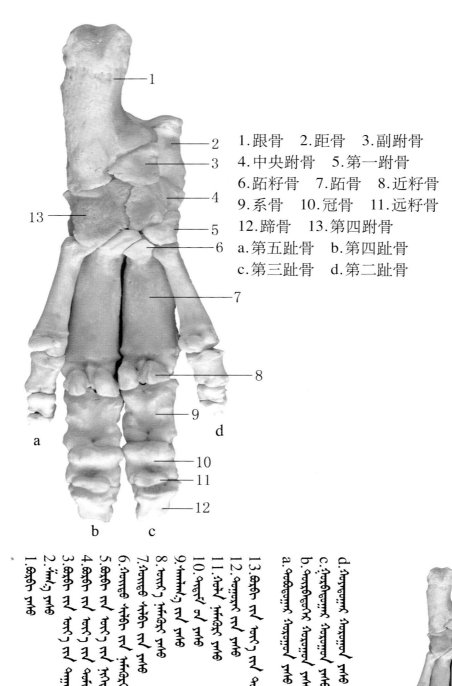

1.跟骨　2.距骨　3.副跗骨
4.中央跗骨　5.第一跗骨
6.跖籽骨　7.跖骨　8.近籽骨
9.系骨　10.冠骨　11.远籽骨
12.蹄骨　13.第四跗骨
a.第五趾骨　b.第四趾骨
c.第三趾骨　d.第二趾骨

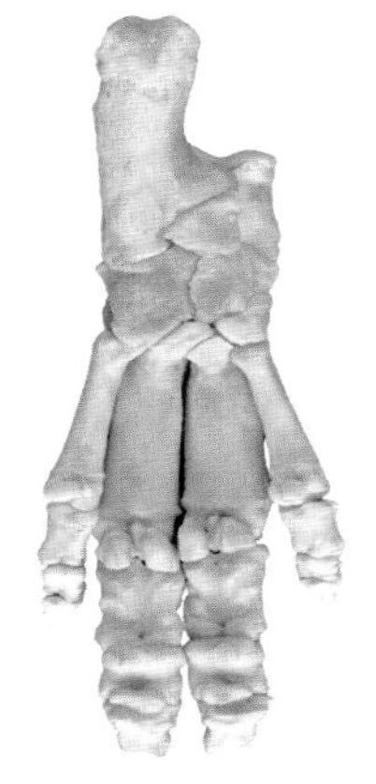

图12-107　公猪左后脚骨跖侧观

附录 猪实体解剖各部位名称的中英文对照

B

白体切面 sectiones corpus albicans 145
半腱肌 m. semitendinosus 184, 191, 218, 219, 220, 221, 222, 223, 225, 226, 229, 230, 232
半膜肌 m. semimembranosus 191, 218, 219, 220, 221, 222, 223, 224, 225, 226, 228, 229, 230, 232
包皮 preputium 2, 158, 159, 164, 168
包皮后部 pars caudalis preputium 163
包皮后部内层 pars caudalis lamina interna preputii 160
包皮后部外层 pars caudalis lamina externa preputii 160
包皮口 ostium preputiale 157, 158, 159, 160, 164
包皮盲囊(包皮憩室) saccus cecus preputiale (diverticulum preputiale) 158, 159, 164
包皮前部 pars cranialis preputium 160
包皮前肌 m. preputialis cranialis 158, 159, 160, 192, 193, 194, 205
背部 pars dorsi 2, 3
背侧弓 arcus dorsalis 248, 250, 251
背侧结节 tuberculum dorsale 248, 249, 250, 251
背阔肌 m. latissimus dorsi 191, 195, 205, 206, 207, 209, 210, 211, 213
背腰最长肌 m. longissiums thoracis et lumborum 191, 204, 218
被毛 pili lane 7
贲门 ostium cardiacum 34, 35
贲门腺区 reg. glandulae cardiacae 34
鼻部 pars nasalis 4, 5
鼻骨 os nasale 45, 46, 47, 235, 236, 237, 238
鼻骨切切迹 incisura nasoincisiva 236
鼻后孔 choanae 239
鼻孔 naris 4, 5, 13, 44
鼻中隔软骨 cartilago septi nasi septum nasi 45, 46, 47
比目鱼肌 m. soleus 219, 220, 221, 230
闭孔 foramen obturatum 128, 280, 281

壁动脉和静脉 a. et v. parietale 126
臂部 pars brachii 2, 3
臂动脉 a. brachialis 95
臂二头肌 m. biceps brachii 208, 209, 210, 211, 212, 214, 215
臂肌 m. brachialis 205, 206, 207, 212, 214, 216
臂肌沟 sulcus m. brachialis 269
臂静脉 v. brachialis 123
臂三头肌内侧头 caput mediale m. tricipitis brachii 209, 210, 211
臂三头肌外侧头 caput laterale m. tricipitis brachii 205, 206, 207, 212, 213, 214, 216, 217
臂三头肌长头 caput longum m. tricipitis brachii 205, 206, 207, 209, 210, 213
臂三头肌长头上束
caput longum m. tricipitis brachii superior fasciculus 211
臂三头肌长头下束
caput longum m. tricipitis brachii inferior fasciculus 211
臂神经丛 plexus brachialis 125, 126
臂头动脉 a. brachiocephalicus 74, 79, 81
臂头动脉干 truncus brachiocephalicus 64, 69, 72
臂头肌 m. brachiocephalicus 182, 188, 205, 206, 207, 208, 210, 212, 214, 215, 216, 217
表皮 epidermis 7
髌骨 patella 233, 278, 279
玻璃体 corpus vitreum 132

C

侧脑室 ventriculus lateralis 118
肠系膜 mesentery 32, 185
肠系膜淋巴结 lnn. mesenterici 185
尺骨 ulna 233, 265, 266
尺骨关节面 facies articularis ulnae 272
尺骨体 corpus ulnae 272, 273
尺骨腕关节面 facies articularis carpea ossis ulnaris 274
尺骨肘关节面 facies articularis cubiti ossis ulnae 273, 274
尺神经 n. ulnaris 95, 123, 124, 125, 126
尺腕骨 os carpi ulnare 275, 276, 277
齿槽 alveoli 45
齿槽轭 juga alveolaria 237
齿突 dens 250
耻骨 os pubis 280
耻骨后支 ramus caudalis ossis pubis 281

耻骨肌 m. pectineus 223, 224, 225, 226, 228
耻骨连结 juncturae ossis pubis 92, 96, 97, 99
耻骨联合面 facies synphysialis pubica 282
耻骨前支 ramus cranialis ossis pubis 281
耻骨体 corpus ossis pubis 281
唇皮肌 m. cutaneus labiorum 188

D

大肠 intestinum crassum 176
大结肠 colon crassum 25, 26
大结节后部 pars caudalis tuberculi majoris 269, 270, 271
大结节前部 pars cranialis tuberculi majoris 269, 270, 271
大脑 cerebrum 117
大脑半球 hemispherium 114, 115, 116, 175
大脑横裂 fissura transversa cerebri 115
大脑脚 pedunculus cerebri 116
大脑镰 falx cerebri 114
大脑右半球 hemispherium cerebralis dexter 118
大脑纵裂 fissura longitudinalis cerebri 115
大网膜和胃 omentum majus et gaster 18, 19, 22, 23, 30, 31, 59, 82
大圆肌 m. teres major 209, 210, 211
大转子 trochanter major 283, 284
大转子后部 pars caudalis trochantri majoris 285
大转子前部 pars cranialis trochantri majoris 285
胆管 ductus felleus 33, 37, 82
胆囊 vesica fellea 24, 31, 32, 33, 37, 82
胆总管 ductus choledochus 33
第二跗骨 os tarsale Ⅱ 292
第二肋骨 costae Ⅱ 58
第二肋骨断端 extremitas fracture ossis costale Ⅱ 61, 62
第二腕骨 os carpale Ⅱ 275, 276, 277
第二指骨 ossa digitorum manus Ⅱ 266, 276, 277
第二指外展肌 m. abductor lateralis digiti manus Ⅱ 215
第二指展肌 m. abductor digiti manus Ⅱ 209
第二趾骨 ossa digitorum pedis Ⅱ 278, 279, 293, 294
第二趾屈肌腱 tendo m. flexor digiti pedis Ⅱ 232
第二趾展肌 m. abductor digiti pedis Ⅱ 232
第六腰椎 vertebra lumbalis Ⅵ 259, 260
第三跗骨 os tarsale Ⅲ 292, 293

第三脑室脉络丛 plexus choroideus ventriculi tertii 118
第三腕骨 os carpale Ⅲ 275, 276, 277
第三眼睑 palpebra tertia 5, 129, 130, 131
第三指骨 ossa digitorum manus Ⅲ 265, 266, 276, 277
第三趾骨 ossa digitorum pedis Ⅲ 278, 279, 293, 294
第十六肋骨 costae XI 256
第十六胸椎棘突 processus spinosus vertebra thoracica XI 252
第十三肋骨 costae XIII 21
第四跗骨 os tarsale Ⅳ 278, 292, 293, 294
第四跗骨关节面 facies articularis ossis tarsalis Ⅳ 290
第四荐椎 vertebra sacralis Ⅳ 263
第四脑室 ventriculus quartus 118
第四腕骨 os carpale Ⅳ 275, 276, 277
第四指骨 ossa digitorum manus Ⅳ 265, 266, 276, 277
第四指伸肌 m. extensor digiti manus Ⅳ 205, 206, 212, 216
第四趾骨 ossa digitorum pedis Ⅳ 278, 279, 293, 294
第四趾伸肌(趾外侧伸肌)
m. extensor digitorum pedis Ⅳ (m. extensor digitorum pedis lateralis) 218, 219, 220, 221
第四趾伸肌腱 tendo m. extensor digitorum pedis Ⅳ 231
第五臼齿 dentes molars Ⅴ 47
第五指骨 ossa digitorum manus Ⅴ 265, 276, 277
第五指伸肌 m. extensor digiti manus Ⅴ 205, 206, 207, 216, 217
第五指伸肌腱 tendo m. extensor digiti manus Ⅴ 214
第五指展肌 m. abductor digiti manus Ⅴ 213, 216
第五趾骨 ossa digitorum pedis Ⅴ 278, 293, 294
第五趾屈肌腱 tendo m. flexor digiti pedis Ⅴ 232
第五趾伸肌 m. extensor digitorum pedis Ⅴ 218
第一跗骨 os tarsale Ⅰ 292, 294
第一肋骨 costae Ⅰ 57, 256
第一肋骨关节面 facies articularis ossis costale Ⅰ 62
第一乳头 papilla mammae Ⅰ 11
第一腕骨 os carpale Ⅰ 275, 276, 277
第一胸椎棘突 processus spinosus vertebra thoracica Ⅰ 252
第一腰椎 vertebra lumbalis Ⅰ 259, 260
第一至第八对乳头 papilla mammae Ⅰ-Ⅷ 153
蝶骨翼突 proc. pterygoideus ossis sphenoidalis 239
顶部 pars parietalis 4, 5, 44
顶骨 os parietale 235, 236, 237, 238
顶嵴 crista parietalis 237, 240

顶叶 lobus parietalis 115
动眼神经 n. oculomotorius 116
窦下室间沟(右纵沟)
sulcus interventricularis subsinuosus(sulci longitudinales dexter) 66, 71, 81

E

额部 pars frontalis 4, 5
额骨 os frontale 235, 236, 237, 238
额骨眶突(额骨颞突、眶上突)
proc. orbita ossis frontalis
(proc. temporalis ossis frontalis, proc.supraorbitalis) 235, 236, 237, 240
额叶 lobus frontalis 115
腭大孔 foramen palatinum majus 239
腭帆扁桃体 tonsilla veli palatini 15
腭骨垂直板 lamina perpendicularis ossis palatini 239
腭骨水平板 lamina horizontalis ossis palatini 239
腭裂 fissura palatina 239
耳垂 lobulus auriculae 234
耳郭 auricula 44
耳郭背 auricularis dorsalis 5
耳郭后缘 margo caudalis auricula 4, 5, 134
耳郭基 basilaris auricula 4, 134
耳郭尖 apex auriculae 4, 134
耳郭前缘 margo cranialis auricula 4, 134
耳孔 apertura auris 5
耳状面 facies auricularis 281, 282
耳状面关节 articulationes faciei auricularis 263
二腹肌 m. digastricus 190
二尖瓣 valvula bicuspidalis 76
二尖瓣壁瓣 valvula parietalis valvula bicuspidalis 77, 78, 79
二尖瓣隔瓣 valvula septalis valvula bicuspidalis 77, 78, 79
二头肌沟(结节间沟) sulcus m. biceps (sulcus intertubercularis) 269, 271

F

房间隔 septa interatrialis 80
腓肠肌 m. gastrocnemius 218, 219, 220, 221, 222, 224, 225, 229, 231, 232
腓肠肌内侧头 caput mediale m. gastrocnemii 226, 228, 230
腓骨 fibula 233, 278, 279

腓骨第三肌 m. peroneus tertius 218, 219, 220, 221, 222, 223, 224, 225, 226, 227, 228, 231
腓骨第三肌腱 tendo m. peroneus tertius 227
腓骨近端 extremitas proximalis fibularis 287
腓骨体 corpus fibulae 287, 288
腓骨头 caput fibulae 288, 289
腓骨外踝关节面 facies articularis malleoli lateralis ossis fibularis 288, 289
腓骨远端 extremitas distalis fibularis 287
腓骨长肌 m. peroneus longus 218, 219, 220, 221, 222, 227, 228, 231
腓静脉 v. peronea 96
腓浅神经 n. peroneus superficialias 128
腓深神经 n. peroneus profundus 128
腓总神经 n. peroneus communis 99, 127, 128
肺 pulmo 67, 200
肺动脉 a. pulmonalis 66, 68, 69, 76, 78, 79
肺动脉半月瓣 valvula semilunaris arteriae pulmonalis 72
肺动脉口 ostium arteriae pulmonalis 72
肺动脉内壁 paries medialis arteriae pulmonalis 72
肺尖叶 lobus apicalis pulmonis 93, 94
肺静脉 vv. pulmonales 65, 66, 71
肺门淋巴结 lnn. hilus pulmonalis 67
缝匠肌 m. sarforius 223, 224, 225, 226, 227, 228
跗部 pars tarsi 2, 3, 10, 184
跗骨 ossa tarsi 233
附睾管 ductus epididymidis 167
附睾韧带 lig. epididymidis 166
附睾体 corpus epididymidis 166
附睾体内侧 corpus epididymidis medialis 165
附睾头 caput epididymidis 159, 166, 167, 168
附睾头内侧 caput epididymidis medialis 165
附睾头外侧 caput epididymidis lateralis 165
附睾头血管 caput epididymidis vasorum 159
附睾尾 cauda epididymidis 166, 167, 168
附睾尾内侧 cauda epididymidis medialis 165
附睾尾外侧 cauda epididymidis lateralis 165
副耳褶 plica auricularis accessoria 134
副跗骨 os accessoriotarsi 294
副头静脉 v. cephalica accessoria 93, 94, 126
副腕骨 os carpi accessorium 265, 266, 275, 276, 277

腹白线 linea alba 11, 100, 101, 153, 157, 192, 194
腹壁 epigastrica 33, 136
腹壁及腹膜 epigastrica et peritoneum 21, 22
腹部 pars abdominis 2, 3, 11
腹侧板 lamina ventralis 249, 250, 251
腹侧弓 arcus ventralis 247, 251
腹侧嵴 crista ventralis 260, 261
腹侧结节 tuberculum ventrale 247, 250, 251
腹侧锯肌 m. serratus ventralis 209
腹股沟管 canalis inguinalis 102, 193
腹股沟浅淋巴结 lnn. inguinales superficiales 18, 22, 102, 150, 160
腹横肌 m. transversus abdominis 196, 197, 198, 199, 202, 203
腹横肌腱膜 aponeurosis m. transversus abdominis 197, 202
腹横肌切面 sectiones m. transversus abdominis 197
腹肌 musculus abdominis 102
腹膜 peritoneum 18, 102, 197
腹膜(腹左侧内壁) peritoneum 104
腹膜壁层 peritoneum parietale 198
腹膜腔和腹膜 cavum peritonaei et peritoneum 19
腹内斜肌 m. obliquus internus abdominis 196, 197, 198, 199
腹内斜肌腱膜 aponeurosis m. obliquus internus abdominis 198, 199
腹内斜肌切面 sectiones m. obliquus internus abdominis 196, 197, 198
腹皮下后静脉(阴部外静脉)
v. subcutanea abdominalis caudalis (v. pudenda externa) 97, 98
腹皮下静脉 v. subcutanea abdominalis 100, 101
腹皮下静脉入口 aditus v. subcutanea abdominalis 100
腹外斜肌 m. obliquus externus abdominis 183, 193, 194, 195, 196, 197, 198, 199, 203, 218
腹外斜肌腱膜 aponeurosis m. obliqui externi abdominis 192, 193, 194, 195, 196, 197
腹外斜肌切面 sectiones m. obliquus externus abdominis 196, 197198
腹直肌 m. rectus abdominis 198, 198, 202
腹直肌腱划 intersectio tendinea m. rectus abdominis 199
腹主动脉 aorta abdominalis 92, 105, 106, 107, 186

G

肝脏 hepar 24, 27, 59, 61, 62, 67, 83, 84, 86, 88, 105, 149, 176, 180, 186
肝动脉 a. hepatica 37, 38
肝方叶 lobus quadratus hepatis 37

肝膈面 facies diaphragmatica hepatis 30, 36
肝管 ductus hepaticus 33, 37
肝冠状韧带 lig. coronarium hepatis 36, 37
肝静脉 v. hepatica 38
肝镰状韧带 lig. falciforme hepatis 36
肝尾状叶 lobus caudatus hepatis 33, 36, 37, 82, 176
肝右内叶 lobus hepatis dexter medialis 22, 23, 30, 31, 32, 33, 36, 37, 82
肝右三角韧带 lig. triangulare hepatis dextra 36, 37
肝右外叶 lobus hepatis dexter lateralis 22, 23, 30, 31, 32, 33, 36, 37, 82
肝右叶 lobus hepaticus dexter 18
肝组织 tela hepatic 38
肝左叶 lobus hepatis sinister 19
肝左内叶 lobus hepatis sinister medialis 20, 21, 30, 31, 32, 33, 36, 37, 82, 104
肝左三角韧带 lig. triangulare hepatis sinistra 36, 37
肝左外叶 lobus hepatis sinister lateralis 20, 21, 31, 32, 36, 37, 104, 177
肝左叶 lobus hepaticus sinister 18
冈上肌 m. supraspinatus 205, 206, 207, 209, 210, 211, 212
冈上窝 fossa supraspinata 267
冈下肌 m. infraspinatus 205, 206, 207, 212
冈下窝 fossa irifraspinata 267
肛门 anus 24, 25, 26, 32, 106, 138, 139, 151, 156, 164, 168, 169

睾丸 testis 166
睾丸白膜 tunica albuginea testis 167
睾丸内侧 testis medialis 165
睾丸外侧 testis lateralis 165
睾丸小隔 septula testis 167
睾丸小叶 lobuli testis 167
睾丸血管 testicular vasculosum 162
睾丸游离缘 margo liber testis 165
睾丸纵隔和睾丸网 mediastinum et rete testis 167
膈 diaphragma 33, 59, 60, 61, 63, 65, 67, 82, 105, 177, 201
膈腹膜 diaphragma-peritoneal membrane 59
膈肌肋部 pars mm. costoseptales 200
膈肌切面 sectiones musculophrenica 62
膈肌胸骨部 pars sternalis musculophrenica 200
膈脚 crus diaphragmatis 203
膈右脚 crus diaphragmatis dexter 202
膈中心腱 centrum tendineum 30, 200

跟骨 calcaneus 233, 278, 279, 293, 294
跟骨腓骨关节面 facies articularis fibularis ossis calcaneus 292
跟骨沟 sulcus calcanei 290
跟骨距骨关节面 facies articularis talares ossis calcaneus 290
跟骨体 corpus calcanei 290, 292
跟腱 tendo calcaneus 128
跟结节 tuber calcanei 290, 292
弓间隙 spatium interarcuale 263
肱骨 humerus 233, 265, 266
肱骨滑车 trochlea humeri 269, 270, 271
肱骨嵴 crista humeri 269
肱骨颈 collum humeri 269, 270
肱骨体 corpus humeri 269, 270
肱骨头 caput humeri 269, 270, 271
巩膜 sclera 132
股薄肌 m. gracilis 223, 224, 225, 227, 228, 229, 230, 231, 232
股部 pars femoris 2, 3
股动脉 a. femoralis 96, 97, 98, 99
股动脉及静脉 a. femoralis et v. femoralis 92
股二头肌 m. biceps femoris 184, 191, 218, 219, 220, 221, 222, 224, 225, 226, 227, 228, 229, 231, 232
股二头肌后部 pars caudalis m. biceps femoris 219, 230
股二头肌前部 pars m. biceps brachii cranialis 230
股骨 os femoris 128, 233, 278, 279
股骨滑车 trochlea ossis femoris 283, 285
股骨颈 collum ossis femoris 283, 284, 285
股骨体 corpus ossis femoris 283, 284
股骨头 caput ossis femoris 283, 284, 285
股骨头凹 fovea caput ossis femoris 285
股后动脉 a. caudalis femoralis 127
股后静脉 v. caudalis femoralis 128
股静脉 v. femoralis 96, 97, 98, 99
股前动脉及静脉 a. femoralis cranialis et v. femoralis cranialis 98, 99
股深动脉 a. profunda femoris 99
股深动脉及静脉 a. profunda femoris et v. profunda femoris 92, 96, 97, 98
股深静脉 v. profunda femoris 99
股神经 n. femoralis 99, 191, 218, 219, 220, 223, 224, 225, 226, 227, 228

股四头肌外侧头 caput laterale m. quadriceps femoris 191
股外肌 m. vastus lateralis 221, 222, 228
股直肌 m. rectus femoris 221, 222, 223, 224
股中间肌 m. vastus intermedius 221, 222
骨盆联合 symphysis pelvis 280, 281
骨盆联合部 par symphysis pelvina 102
骨盆联合嵴 crista symphysis pelvis 281
骨盆腔 cavitas pelvis 91, 92, 96, 97, 98, 99
鼓泡 bulla tympanica 239
关节后面 facies articularis caudalis 225
关节后突 processus articularis caudalis 248, 251, 252, 253, 254, 255, 259, 260, 262, 263, 264
关节面 facies articularis 251, 262
关节前突 processus articularis cranialis 248, 250, 252, 253, 254, 255, 259, 260, 262, 263, 264
关节盂 cavitas glenoidalis 267, 268
冠骨 os coronale 23, 265, 266, 276, 277, 278, 279, 293, 294
冠突 processus coronoideus 242, 243, 244, 245, 272, 273
冠状窦 sinus coronarius 74, 81
冠状沟 sulcus coronalis 72, 80
腘肌 m. popliteus 222, 225, 226
腘肌面 facies m. poplitea 283
腘肌窝 fovea m. poplitei 285
腘淋巴结 lnn. poplitei profundi 184

H

颌下腺 gl. mandibularis 42, 57, 63, 172, 179, 182
横突 processus transversus 248, 249, 250, 251, 252, 253, 255, 259, 260, 261, 262, 264
横突孔 foramen transversarium 247, 250, 251, 259
横突肋凹 fovea costalis transversalis 254, 255
横线 lineae transversae 263
红体 corpus haemorrhagicum 143, 144
红体切面 sectiones corpus haemorrhagicum 145
虹膜 iris 132
喉 larynx 50, 57, 60, 63, 64
喉部 pars larynx 8, 172, 173, 179
喉环状软骨 cartilago cricoidea laryngis 49

喉口 aditus laryngis 16, 48, 49
后耳褶 plica auricularis caudalis 134
后关节凹 fovea articularis caudalis 251
后关节面 facies articularis caudalis 254
后脚部 pars pedis 2, 3
后结节 tuberculum caudale 251
后臼齿 dentes molars caudalis 15, 16
后肋凹 fovea costalis caudalis 254, 255
后腔静脉 vena cava caudalis 37, 65, 66, 67, 69, 70, 71, 91, 92, 106, 107, 176, 186, 200
后腔静脉裂孔 hiatus esophageus 200
后腔静脉内壁 paries medialis v. cava caudalis 74, 81
肩胛骨后缘 margo caudalis scapula 267, 268
后肢 membri pelvici 11, 153
滑车切迹 incisura trochlearis 272
环甲腹侧肌 m. cricothyroideus ventralis 172, 190
寰椎窝 fossa atlantis 247, 250
寰椎翼 ala atlantis 247, 248, 250
回肠 ileum 18, 20, 22, 23, 24, 25, 26, 40, 104, 177
回盲结口 ostium ileoccocolica 26, 40
会厌软骨 cartilago epiglottica 15, 16, 48, 49
会阴部 pars perinealis 3
喙臂肌 m. coracobrachialis 209, 210, 211
喙突 processus coracoideus 268

J

肌层 lamina muscularis 39
肌肉切面 sectiones muscularis 7
肌线 linea muscularis 280, 282
肌支 rr. musculares 128
棘突 processus spinosus 248, 249, 250, 251, 253, 254, 255, 259, 261, 262
脊髓 medulla spinalis 115, 116, 117, 118, 175
脊髓圆锥 conus medullaris 122
颊部 pars buccalis 4, 5, 44
甲状软骨 cartilago thyroidea 48
甲状软骨侧板 lamina cartilaginis thyroideae lateralis 49
甲状软骨关节面 facies articularis thyroidea 49
甲状软骨后角 cornu caudale cartilaginis thyroideae 49

甲状软骨体 lamina cartilaginis thyroideae 49
甲状腺 gl. thyroidea 42, 50, 60, 61, 63, 93, 94, 95, 172, 173, 179
肩峰 acromlon 267
肩关节 art. humeri 2, 3
肩胛部 pars scapulari 2, 3, 182
肩胛冈 spina scapulae 267
肩胛冈结节 tuber spinae scapulae 267
肩胛骨 scapula 233, 265, 266
肩胛骨后角 angulus caudalis scapula 268
肩胛骨颈 collum scapulae 267, 268
肩胛骨前角 angulus cranialis scapula 268
肩胛骨前缘 margo cranialis scapula 267, 268
肩胛切迹 incisura scapulae 267, 268
肩胛舌骨肌 m. omohyoideus 190
肩胛下肌 m. subscapularis 209, 210, 211
肩胛下窝 fossa subscapularis 268
荐背侧孔 forr. sacralia dorsalia 263
荐部 pars sacralis 2, 3, 156
荐部脊髓 pars sacralis medulla spinali 122
荐腹侧孔 forr. sacralia pelvina 263
荐骨 os sacrum 121, 233
荐骨岬 promontorium 263
荐骨翼 ala ossis sacri 263
荐管 canalis sacralis 263
荐结节 tuber sacrale 280, 281, 282
荐神经 nn. sacrales 122
剑状软骨 cartilago xiphoidea 22, 50
剑状突 proc. xiphoideus 258
腱索 chordae tendineae 74, 75, 78, 79
浆膜层 lamina tunica serosa 39
角膜 cornea 132
角膜及瞳孔 cornea et pupilla 131
角舌骨 ceratohyoideum 246
结肠 colon 18, 19, 20, 21, 22, 23, 24, 32, 82, 83, 84, 85, 86, 104, 105, 176, 177, 180, 185, 198
结肠半月襞 plica semilunaris coli 28, 29
结肠袋 haustra coli 26, 28, 29
结肠离心回 gyri centrifugales 25, 26, 27, 28, 29, 30, 31

结肠离心回起始部 origio gyri centrifugales 20
结肠系膜 mesocolon 29
结肠向心回 gyri centripetales 27, 28, 29, 30, 31
结肠中央曲 flexura centralis 27, 28, 29
睫毛 cilia 129
近列跗骨 ossa tarsi proximalia 279
近列腕骨 ossa carpi proximalia 265, 266
近籽骨 os sesamoideum proximale 233, 277, 278, 294
晶状体 lens 132, 133
精囊腺 gl. vesicularis 168, 169
精囊腺排泄管 ductus excretorius gl. vesicularis 169
精索 funiculus spermaticus 167
精索动脉 a. spermatica 161, 162
精索静脉 v. spermatica 161, 162
精索鞘膜 tunica vaginalis funiculus spermaticus 164
精索神经 n. spermatica 165, 166, 168
精索血管 funiculus spermaticus vasorum 165, 166, 168
精索血管丛 plexus vasculosus funiculus spermaticus 159, 162
颈(总)静脉 v. jugularis communis 61
颈部 pars colli 2, 3, 58, 93, 95, 123, 124, 125
颈部脊髓 pars colli medulla spinali 119
颈腹侧锯肌 m. serratus ventralis cervicis 191, 206, 210, 211, 212
颈静脉 vena jugularis 173
颈静脉孔 foramen jugulare 239
颈菱形肌 m. thomboideus cervicis 191
颈膨大部 intumescentia cervicalis 119
颈皮肌 m. cutaneus colli 118, 208
颈浅(肩前)淋巴结 lnn. cervicis superficiales(praescapulares) 182
颈浅静脉 v. cervicalis superficialis 57, 93, 94, 95
颈神经根 radix n. cervicalis 119
颈突 proc. jugularis 235, 239, 240, 241
颈外静脉 v. jugularis externa 93, 94, 95
颈椎 vertebra cervicalis 233
胫腓骨间隙 spatium interosseum tibiofibularis 287
胫骨 tibia 128, 233, 278, 279
胫骨粗隆 tuberositas tibiae 288, 289
胫骨踝关节面 facies articularis malleoli ossis tibiae 288, 289
胫骨嵴 crista tibiae 287, 288
胫骨近端 extremitas proximalis tibialis 288

胫骨前肌 m. tibialis cranialis 225, 226, 227, 228, 231
胫骨前肌腱 tendo m. tibialis cranialis 227
胫骨体 corpus tibiae 287, 288
胫骨膝关节面 facies articularis genu ossis tibiae 289
胫骨远端 extremitas distalis tibialis 287
胫前动脉及静脉 a. tibialis cranialis et v. tibialis cranialis 97, 98, 99
胫神经 n. tibialis 99, 127, 128
静脉壁 paries vena 80
臼齿 dentes molares 14, 239, 242, 245
距骨 talus 278, 279, 293, 294
距骨跟骨关节面 facies articularis calcanea ossis talus 290
距骨近侧滑车 trochlea ossis talus proximale 290, 292
距骨远侧滑车 trochlea ossis talus distale 209
锯肌面 facies serrata 268

K

颏结节 tuberculum mentale 236, 243, 245
颏孔 forr. mentalia 238
颏器 organon mentale 8, 134
颏外侧孔 forr. mentalia lateralia 236, 245
髁间隆起 eminentia intercondylaris 287, 288
髁间窝 fossa intercondylaris 283, 284, 285
髁间中央区 area intercondylaris centralis 289
髁上窝 fossa supracondylaris 269, 270
空肠 jejunum 18, 19, 20, 21, 22, 23, 24, 25, 26, 31, 32, 33, 87, 176, 177
空肠系膜 mesojejunum 87
空肠系膜血管 mesojejunum vasorum 87
口角 angulus oris 5, 13
口轮匝肌 m. orbicularis oris 188
口腔黏膜 tunica mucosa cavum ori 13
髋骨 os coxae 233, 278, 279
髋结节 tuber coxae 280, 281, 282
髋臼 acetabulum 280
髋臼切迹 incisura acetabuli 281, 282
髋臼窝 fossa acetabuli 281, 282
眶上管口 apertura canalis supraorbitalis 235, 236
眶上孔 foramen supraorbitale 237
眶窝 fossa orbita 238

眶下孔 foramen infraorbitale 235, 236
阔筋膜张肌 m. tensor fasciae latae 183, 191, 218, 219, 220, 221, 222, 223, 224, 225, 226, 227, 228

L

肋骨 os costae 179, 201, 201, 233
肋骨端 extremitas costae 257
肋骨体 corpus costae 257
肋骨头 caput costae 256, 257
肋骨胸骨端 extremitas costae et sternum 256
肋间肌 m. intercostalis 204
肋间静脉 vv. Intercostales 67
肋间内肌 mm. intercostales interni 200, 201, 203
肋间外肌 mm. intercostales externi 201
肋结节 tuberculum costae 257
肋颈 collum costae 257
肋软骨 cartilago costalis 233
泪骨 os lacrimale 235, 236
泪孔 forr. lacrimalia 235, 236
梨状叶 lobus piriformis 116
犁骨 vomer 46, 47, 238, 239, 241
菱形肌 m. thomboideus 209, 210, 211, 212
颅部 pars cranium 2, 3
颅骨 ossa cranii 233
卵巢 ovarium 90, 138, 140, 141, 142, 142, 144, 148
卵巢红体 corpus haemorrhagicum ovarium 141
卵巢切面 sectiones ovarium 145
卵泡 folliculi ovarici 90, 137, 140, 142
卵圆窝 fossa ovalis 74, 81
轮廓乳头 papillae vallatae 16

M

马尾 cauda equina 121, 122
盲肠 cecum 18, 19, 20, 21, 24, 25, 27, 32, 177
盲肠带 teniae ceci 26, 28, 29
盲肠袋 haustra ceci 28, 29
盲肠尖 apex ceci 22, 23, 26, 40
盲肠体 corpus ceci 26
门齿 incisor 13, 15, 16, 17, 236, 244

门静脉 vena portae 24, 37, 82, 176
面部 pars faciei 2, 3
面骨 ossa faciei 233
面嵴 crista facialis 235, 236
面皮肌 m. cutaneus faciei 188, 189
面血管切迹 incisura vasorum facialium 236, 243
拇长外展肌(腕斜伸肌)
m. abductor lateralis pollicis longus(m. obliquus extensor carpi) 207, 212, 214

N

脑垂体 hypophysis cerebri 117, 118
脑沟 sulci 115
脑回 gyri 115
脑桥 pons 116, 117, 118
内侧副头静脉 v. cephalica accessoria medialis 126
内侧茎突 processus styloideus medialis 272
内侧髁 condylus medialis 270, 271, 283, 284, 285, 287, 289
内侧髁间结节 tuberculum infercondylare mediale 289
内侧韧带窝 fossa ligamenti medialis 271
内侧上髁 epicondylus medialis 269, 271, 283, 284, 285
内踝 malleolus medialis 287, 289
内踝沟 sulcus malleolaris medialis 287
内收肌 m. adductor 220, 221, 222, 224, 225, 226
内眼角(内眦) canthus medialis(angulus oculi medialis) 5, 129, 130
黏膜层 lamina tunica mucosa 39
黏膜下组织 tela submucosa 39
尿道 urodeum 106, 151, 170
尿道肌 m. urethralis 139
尿道肌纵切面 plana longitudinalis m. urethralis 170
尿道黏膜 tunica mucosa urethralis 112
尿道球腺 gl. bulbourethralis 164, 168, 169
尿道球腺分泌物 gl. bulbourethralis secreta 170
尿道球腺横切面 transectiones gl. bulbourethralis 170
尿道球腺肌 m. bulboglandularis urethralis 168, 169
尿道球腺肌横切面 transectiones m. gl. bulbourethralis 170
尿道球腺肌纵切面 plana longitudinalis m. gl. bulbourethralis 170
尿道球腺纵切面 plana longitudinalis gl. bulbourethralis 170
尿道外口 ostium urethrae externum 147, 160, 163
尿生殖道骨盆部及尿道肌 par pelvina urogenital et m. urethralis 168

尿生殖前庭 vestibulum urogenitalis 106, 138, 139
尿生殖前庭黏膜 tunica mucosa vestibulum urogenitale 147, 148, 152
颞骨 os temporale 235, 236, 237, 240, 241
颞骨颧突 proc. zygomaticus ossis temporalis 236
颞嵴 crista temporalis 237
颞窝 fossa temporalis 235, 236, 237
颞叶 lobus temporalis 115

P

膀胱 vesica urinaria 89, 106, 136, 137, 150, 151, 164, 168, 186
膀胱壁切面 sectiones parietalis veslcalis 112
膀胱侧韧带 lig. vesicae laterale 150
膀胱动脉 a. vesica urinaria 89
膀胱颈 cervix vesicae 106, 169
膀胱颈黏膜 tunica mucosa cervix vesica 112
膀胱静脉 v. vesica urinaria 89
膀胱黏膜 tunica mucosa vesicalis 112
膀胱韧带 lig. vesicae 151
膀胱圆韧带 lig. teres vesicae 112
皮肤 cutis 45, 46, 47, 183
皮及皮下组织 cutis et tela subcutanea 101
皮下脂肪 adeps subcutaneous 7, 204
皮下组织 tela subcutanea 183
皮质层 stratum cortex 109, 110, 111
脾 lien 19, 21, 24, 27, 31, 83, 84, 86, 88, 104, 180, 186
脾(胃面) lien(facies gastrica) 85
脾背侧端 lienalis extremitas dorsalis 181
脾腹侧端 lienalis extremitas ventrae 181
脾后缘 margo caudalis lienalis 181
脾静脉 v. lienalis 83, 84, 181
脾门 hilus lienis 84, 181
脾前缘 margo cranialis lienalis 181
脾网膜 lienalis omentum 181
脾网膜静脉 v. lienalis omentum 84, 181
脾胃静脉 v. lienogastric 84, 85
胼胝体 corpus callosum 118
破裂孔 foramen lacerum 239

Q

脐 umbilicus 11, 153
髻胛部 pars interscapularis 2, 3
气管 trachea 48, 50, 51, 52, 53, 54, 64, 66, 67, 173
气管内壁 paries medialis trachea 55
气管软骨环 annulus cartilagines tracheales 49
奇静脉 v. azygos 70
髂耻隆起 eminentia iliopubica 281, 282
髂骨嵴 crista iliaca 280, 281, 282
髂骨体 corpus ossis ilii 280, 281, 282
髂骨翼 ala ossis ilii 280
髂肌 m. iliacus 223, 226
髂肌(内侧部) m. iliacus (medialis) 203
髂肋肌 m. iliocostalis 204
髂外动脉 a. iliaca externa 92, 96, 97
髂外静脉 v. iliaca interna 92, 96, 97, 99
髂下淋巴结(股前淋巴结) lnn. subiliaci(lnn. prefemorales) 183
髂腰肌 m. iliopsoas 202, 224, 227
前臂部 pars antebrachii 2, 3
前臂骨近端间隙 spatium interosseum antebrachii proximale 272, 273
前臂骨远端间隙 spatium interosseum antebrachii distalis 272, 273
前臂筋膜张肌 m. tensor fasciae antebrachii 205, 206, 207, 208, 209, 210, 211, 213, 215, 217
前耳褶 plica auricularis rostralis 134
前关节凹 fovea articularis cranialis 250
前关节面 facies articularis cranialis 255
前脚部 pars manus 2, 3
前臼齿 dentes premolares 15, 17, 239, 242, 245
前肋凹 fovea costalis cranialis 254, 255
前列腺 prostata 169
前列腺纵切面 plana longitudinalis prostatae 170
前腔静脉 v. cava cranialis 50, 60, 63, 64, 66, 68, 70
前腔静脉内壁 paries medialis v. cava cranialis 74, 81
前肢 membri thoracici 44
鞘膜 tunica vaginalis 164, 165, 166, 168
鞘膜腔 cavum vaginale 162
切齿 dentes incisivi 235, 239, 242, 245
切齿骨 os incisivum 45, 235, 236, 239

切齿骨腭突 proc. palatinus ossis incisivi 239
切齿乳头 papilla incisiva 15
丘脑 thalamus 118
球海绵体肌 m. bulbocavernosus 163, 164, 168, 169
躯干骨 ossa trunci 234
躯干皮肌 m. cutaneus trunci 100, 101, 191, 192, 193
躯干皮肌(内侧面) m. cutaneus trunci(facies medialis) 194, 195, 196
躯干皮肌静脉 v. m. cutaneus trunci 101
颧弓 arcus zygomaticus 239
颧骨 os zygomaticum 235, 237, 239
颧骨肌 m. malaris 188
颧骨颞突 proc. temporalis ossis zygomatici 235, 236
犬齿 dens canini 13, 14, 15, 17, 235, 236, 237, 239, 242, 243, 244, 245
犬齿窝 fossa canina 237

R

桡骨 radius 233, 264, 266
桡骨粗隆 tuberositas radii 272
桡骨体 corpus radii 272, 273
桡骨头凹 fovea capitis radii 272, 274
桡骨腕关节面 facies articularis carpea ossis radialis 274
桡神经 n. radialis 95, 123, 124, 125, 126
桡神经浅支 ramus superficialis n. radialis 125
桡腕骨 os carpi radiale 275, 276, 277
肉柱 trabeculae carneae 78, 79
乳房 mamma 3, 100, 153
乳头 papilla mammae 149, 157
乳头肌 mm. papillares 75, 77, 78
乳头切面 sectiones papilla mammae 154
乳头体 corpus mammillare 116
乳腺 glandulae lactiferae/ gl. mammariae 101
乳腺静脉 v. glandulae lactiferae/v. gl. mammariae 100, 101
乳腺切面 sectiones glandulae lactiferae/ sectiones gl. mammariae 100, 154
乳腺血管横断面 plana transversalia glandulae lactiferae vasorum/plana transversalia gl. mammariae vasorum 154
乳状突 proc. mamillaris 261, 262
软腭 palatum molle 13, 14, 15

S

腮腺 gl. parotis 41, 42, 175, 189
腮腺管 ductus parotideus 41
腮腺淋巴结 lnn. parotidei 182
三叉神经根 radix n. trigeminus 117
三尖瓣 valvula tricuspidalis 76
三尖瓣后瓣 valvula caudalis valvula tricuspidalis 74, 75
三尖瓣前瓣 valvula cranialis valvula tricuspidalis 74, 75
三尖瓣中瓣 valvula media valvula tricuspidalis 74, 75
三角肌 m. deltoideus 205, 206, 212
三角肌(内侧面) m. deltoideus (facies medialis) 207
三角肌粗隆 tuberositas deltoidea 269
上鼻道 meatus nasi dorsalis 45, 46, 47, 238
上鼻甲 concha nasalis dorsalis 45, 46, 47
上鼻甲骨 os conchae nasalis dorsalis 238
上唇 labium superius 5, 8, 13, 15, 134
上颌 maxillary 4, 5, 44, 50
上颌骨 maxilla 46, 47, 235, 236, 237, 238
上颌骨腭突 proc. palatinus maxillae 239
上颌切齿 dentes incisivi superiors 238
上颌犬齿 dens canini superiors 238
上臼齿 dentes molares superiors 13
上眼睑 palpebra superior 5, 129, 130, 134
勺状软骨 cartilago arytaenoidea 15, 16, 48, 49
勺状软骨尖 apex cartilaginis arytenoideae 49
舌根 radix linguae 14, 15, 16, 48
舌骨体 corpus ossis hyoidei 246
舌尖 apex linguae 13, 14, 16, 17
舌尖腹面 facies ventralis apex liguae 17
舌面动脉 a. linguofacialis 57
舌面静脉 v. linguofacialis 42, 57, 63, 179
舌体 corpus linguae 13, 16, 48
舌系带 frenulum linguae 17
舌下内阜及舌下腺管开口
caruncula sublingualis medialis et ostium ductus subliguales 17
舌下神经孔 foramen n. hypoglossi 239
伸肌窝 fossa extensoria 285
伸肌支持带 retinaculum extensorum 227, 231

神经垂体 neurohypophysis 116, 175
肾 ren 164, 169
肾(腹膜外) ren(peritoneum lateralis) 82
肾大盏 calices renales majores 109, 110
肾动脉 a. renalis 88, 105, 106, 108, 110, 186
肾静脉 v. renalis 88, 104, 105, 106, 108, 109, 110, 176, 177, 186
肾淋巴结 lnn. renale 33, 177
肾门 hilus renalis 104
肾乳头 papillae renales 109, 110
肾上腺 glandula adrenalis 105
肾神经 n. renalis 108
肾小盏 calices renales minores 109, 110
肾盂 pelvis renalis 109, 110, 111
十二指肠 duodenum 24, 25, 26, 31, 32, 33, 34, 35, 82
食道口 ostium esophageal 15, 16
食管 esophagus (oesophagus) 25, 27, 32, 34, 35, 67, 71, 200
食管裂孔 hiatus esophageus 200
视交叉 chiasma opticum 116, 117, 118, 175
视神经 n. opticus 131
室间隔 septum interventriculare 75
输精管 ductus deferens 161, 165, 166, 168
输卵管 tuba uterine 89, 90, 138, 140, 142, 143, 144, 148, 152
输卵管壶腹部 pars ampulla tubae uterinae 141, 145
输卵管伞 fimbriae tubae 140, 141, 142, 143, 144, 145
输卵管系膜 mesosalpina 144
输卵管系膜及血管 mesosalpinx et vasorum 90
输卵管峡部 pars isthmus tubae uterinae 141, 145
输卵管血管 tuba uterine vasorum 89
输尿管 ureter 88, 105, 106, 108, 110, 111, 112, 164, 168, 177, 186
四叠体 corpora quadrigemina 118
松果体 corpus pineale 118
髓质层 stratum medulla 109, 110, 111

T

提睾肌 m. cremaster 161, 164, 165, 166, 168
蹄壁 paries 9, 10
蹄壁轴面 facies axialis ungula parietis 9, 10

蹄底 solea 9, 10
蹄骨 os ungulare 233, 265, 266, 276, 277, 278, 279, 293, 294
蹄间隙 spatium interdigitale 9, 10
蹄球 corium tori 9, 10
蹄冠 corium coronae ungula 9, 10
体壁静脉 vena parietalis 88
瞳孔 pupilla 129, 130
头骨 cranium 234
头静脉 v. caphalica 57, 63, 93, 94, 95
臀部 pars glutaea 2, 3, 156, 184
臀肌 m. gluteus 220
臀肌面 facies m. glutea 280
臀浅肌 m. gluteus superficialis 191, 218, 219, 230
臀线 linea glutea 280
臀中肌 m. gluteus medius 191, 218, 219, 221, 222

W

外侧茎突 processus styloideus lateralis 272
外侧髁 condylus lateralis 269, 270, 271, 283, 284, 285, 287, 288, 289
外侧髁间结节 tuberculum intercondylare laterale 289
外侧韧带结节 tuberculum ligamenti lateralis 272
外侧韧带窝 fossa ligamenti lateralis 271
外侧上髁 epicondylus lateralis 271, 283, 284, 285
外侧上髁嵴 crista epicondyli lateralis 269
外耳道 meatus acusticus externus 235
外踝 malleolus lateralis 287, 289
外眼角(外眦) canthus lateralis(angulus oculi lateralis) 5, 129, 130
腕部 pars carpi 2, 3, 9
腕尺侧屈肌 m. flexor carpi ulnaris 206, 207, 208, 211, 213, 215, 216, 217
腕尺侧伸肌 m. extensor carpi ulnaris 206, 207
腕骨 ossa carpi 233
腕关节面 facies articularis carpea 272, 273
腕桡侧屈肌 m. flexor carpi radialis 205, 207, 208, 209, 210, 214, 215, 216, 217
腕桡侧伸肌 m. extensor carpi radialis 205, 206, 207, 208, 209, 210, 211, 212, 214, 215, 216, 217
腕斜伸肌腱 tendo m. obliquus extensor carpi 215

尾 cauda 2, 3, 91, 96, 98, 128, 156
尾椎 vertebra caudalis 121, 233
胃 gaster 20, 24, 25, 26, 27, 32, 33, 61, 67, 83, 84, 86, 88, 104, 105, 176, 177, 180, 186
胃（脏面）gaster(facies visceralis) 85
胃壁血管 paries gaster vasorum 84, 85
胃大弯 curvatura ventriculi major 34
胃底腺区 reg. glandulae fundi 35
胃憩室 diverticulum ventriculi 34, 35, 177
胃网膜 gastroepiploica 83
胃网膜附着缘 margo attachment gastroepiploica 85
胃网膜静脉 v. gastroepiploica 83
胃小弯 curvatura ventriculi minor 34
胃幽门 ventriculopyloricum 85
吻骨 fissura mediana 233, 235, 236
吻镜 planum rostrale 4, 5, 13, 44
吻突 rostrum 4, 5, 8, 13, 44, 57, 134
无腺区 reg. nonglandulosis 35

X

膝部 pars genu 2, 3, 183
膝直韧带 lig. patellae recti 225
系骨 os compedale 233, 265, 266, 276, 277, 278, 279, 293, 294
下鼻道 meatus nasi ventralis 45, 46, 47, 238
下鼻甲 concha nasalis ventralis 45, 46, 47
下鼻甲骨 os conchae nasalis ventralis 238
下鼻甲骨上部 pars superior os conchae nasalis ventralis 238
下鼻甲骨下部 pars inferior os conchae nasalis ventralis 238
下鼻甲上部 pars superior concha nasalis ventralis 45, 46
下鼻甲下部 pars inferior concha nasalis ventralis 45, 46
下唇 labium inferius 5, 8, 13, 16, 17, 44, 134
下颌 submaxill 4, 5, 8, 41, 42, 44, 50, 57, 63, 173, 179, 182
下颌骨 mandibula 236
下颌骨角 angulus mandibulae 238
下颌骨体 corpus mandibula 236, 238
下颌骨支横断面 plana transversalia ramus mandibula 15, 16
下颌角 angulus mandibulae 236, 240, 242, 244, 245

下颌颈 collum mandibulae 245
下颌髁 condylus mandibulae 240, 242, 243, 244, 245
下颌孔 foramen mandibulae 240, 243, 244
下颌淋巴结 lnn. mandibulares 179
下颌切齿 dentes incisive inferiores 238, 242, 243, 245
下颌犬齿 dens canini inferiores 238
下颌舌骨肌后部 pars caudalis m. mylohyoidei 190, 190
下颌体 corpus mandibulae 240, 242, 244, 245
下颌支 ramus mandibulae 236, 2343, 244, 245
下臼齿 dentes molares inferiores 13
下眼睑 palpebra inferior 5, 129, 130, 134
腺垂体 adenohypophysis 116, 175
项结节 tuber nuchae 240, 241
小肠 intestinum tenue 27, 28, 29, 30, 82, 86, 84, 85, 86, 88, 180, 185
小肠系膜 mesenteriolum 86
小肠系膜淋巴结 lnn. mesenteriolum 86
小肠系膜血管 mesenteriolum vasorum 86
小结节 tuberculum minus 269, 271
小脑 cerebellum 114, 117, 175
小脑白质 substantia alba cerebelli 118
小脑半球 hemispherium cerebelli 115, 116
小脑灰质 substantia grisea cerebelli 118
小脑幕 tentorium cerebelli 114
小脑蚓部 vermis cerebelli 115, 117
小腿部 pars cruris 2, 3
小网膜的肝十二指肠韧带 lig. hepatodudenale omentum minus 37
小网膜的肝胃韧带 lig. hepatogastric omentum minus 37
小转子 trochanter minor 284, 285
斜方肌 m. trapezius 205, 207, 209
心 cor 51, 93, 172
心包 pericardium 61, 65, 68, 69, 70, 71
心包、心 pericardium et cor 42, 50, 57, 58, 59, 63, 173, 179, 200
心包内层 lamina interna pericardii 60
心包外层 lamina externa pericardii 60
心大静脉 v. cordis magna 68
心横肌 trabecula septomarginalis 78, 79
心尖 apex cordis 54, 61, 65, 66, 68, 69, 70, 71, 75, 78, 79, 81

心尖切迹 incisura apicis cordis 68, 70
心切迹 incisura cardiaca 78
心小静脉 vv. cordis-minimae 65
心右冠状沟 sulcus coronarius dexter 66, 68, 70, 81
心中静脉 v. cordis media 65, 70
胸部 pars thoracica 100, 180
胸部脊髓 pars thoracica medulla spinali 119, 120
胸侧部(肋部)pars thoracis lateral(pars costalis) 2, 3
胸骨 sternum 233
胸骨柄 manubrium sterni 200, 258
胸骨部 pars sternalis 2, 3, 11, 153
胸骨端 extremitas sterni 257
胸骨甲状肌 m. sternothyroideus 190
胸骨节 sternebrae 258
胸骨前淋巴结 lnn. sternales craniales 179
胸骨舌骨肌 m. sternohyoideus 41, 63, 179, 190
胸骨体 corpus sterni 258
胸骨心包韧带 ligg. Sternopericardiaca 61, 62, 65
胸横肌 m. transversus thoracis 200
胸肌后神经 nn. pectorales caudales 125
胸菱形肌 m. thomboideus thoracis 191
胸内动脉和静脉肋间腹侧支
ramus ventralis intercostale a. thoracica interna et a. thoracica interna 58
胸内动脉右支 ramus dexter a. thoracica interna 58
胸内动脉左支 ramus sinistra a. thoracica interna 63
胸内静脉右支 ramus dexter v. thoracica interna 58, 60, 63
胸内静脉左支 ramus sinister v. thoracica interna 60, 63
胸浅后肌(胸横肌)
mm. pectorales superficiales caudalis (m. transversus thoracis) 192, 193, 194, 205, 208
胸浅肌 mm. pectorales superficiales 209, 210, 213
胸浅前肌(胸降肌)
mm. pectorales superficiales cranialis (m. pectoralis descendens) 208, 214, 215
胸腔 cavitas thoracica 124
胸腔前口 ostium cavum thoracis cranialis 58, 59, 94, 95, 124, 125
胸深后肌(胸升肌)
m. pectoralis profundus caudalis (m. thoraeieus ascendens) 192, 193, 194, 195, 205, 208, 209, 210, 215
胸深前肌(锁骨下肌)
m. pectoralis profundus cranialis (m. subclavius) 191, 206, 207, 209, 210, 211, 212

胸神经根 radix n. thoracica 120
胸头肌 m. sternocephalicus 57
胸下颌肌 m. sterno-mandibularis 190
胸腺颈叶 lobus cervicalis thymi 42, 172, 179
胸腺胸叶 lobus thoracicus thymi 42, 58, 172, 179
胸腺中叶 lobus intermedius thymi 42, 57, 172, 179
胸斜方肌 m. trapezius thoracis 191
胸主动脉 aorta thoracica 67, 68, 71
胸主动脉淋巴结 lnn. thoracici aortici 67
胸椎 vertebra thoracica 201, 204, 233
嗅沟 sulcus thinalis 116
嗅脚 pedunculus olfactorius 116
嗅结节 tuberculum olfactorium 116, 175
嗅球 bulbus olfactorius 114, 115, 116, 117, 118, 175
悬蹄 unguicula 9, 10
血管丛(蔓状丛) plexus vasculosus(plexus pampiniformis) 165, 166, 167
蕈状乳头 papillae fungiformes 16

Y

咽 pharynx 14
咽和食管连接部 juncturae pharynx et esophagus 48
咽喉外侧淋巴结 lnn. laryngea pharyngis lateralis 42
咽峡 isthmus faucium 48
延髓 medulla oblongata 114, 115, 116, 117, 118, 175
延髓锥体 pyramis oblongata 116
眼 oculus 4, 44
眼球内直肌 m. rectus medialis bulbus oculi 131
眼球上斜肌 m. obliquus dorsalis bulbus oculi 131
眼球上直肌 m. rectus dorsalis bulbus oculi 131
眼球退缩肌 m. retractor bulbi 131
眼球外直肌 m. rectus lateralis bulbus oculi 131
眼球下斜肌 m. obliquus ventralis bulbus oculi 131
眼球下直肌 m. rectus ventralis bulbus oculi 131
腰背侧皮肤 lumborum cutaneus dorsalis 204
腰部 pars lumbalis 2, 3
腰部脊髓 pars lumbali medulla spinali 120, 121, 122
腰大肌 m. psoas major 88, 91, 105, 150, 186, 223, 225, 226
腰淋巴干 trunci lumbales 186

腰膨大部 intumescentia lumbalis 120, 122
腰神经 n. lunbalis 121, 122
腰小肌 m. psoas minor 202, 203, 226
腰小肌结节 tuberculum m. psoas minoris 282
腰椎 vertebra lumbalis 233
咬肌 m. masseter 190
咬肌横断面 plana transversalia m. masseter 15, 16
咬肌窝 fossa masseterica 245
腋大静脉 v. axillaris magna 93, 94, 95
腋动脉 a. axillaris 94, 123, 124
腋动脉和腋静脉 a. axillaris et v. axillaris 125
腋静脉 v. axillaris 61, 63, 123, 124
腋神经 n. axillaris 94, 95
腋小静脉 venula axillaris 93, 94, 95
胰脏 pancreas 24, 32, 33, 82, 105, 177
翼肌窝 fossa pterygoidea 243, 244
翼孔和椎外侧孔 for. alare et for. vertebrale laterale 248
翼内肌 m. pterygoideus medialis 15, 190
翼内肌横断面 plana transversalia m. pterygoideus medialis 16
阴部外动脉 a. pudenda externa 102, 161
阴部外静脉 v. pudenda externa 102, 158, 159, 161, 162
阴唇 labium pudendi 147
阴道 vagina 106, 138, 139, 148, 151
阴道黏膜 tunica mucosa vaginalis 147, 148, 152
阴道黏膜皱 tunica mucosa crumple vaginalis 147
阴道外口 ostium vaginalis externum 147, 148
阴蒂 clitoris 148
阴茎 penis 161, 162, 168
阴茎乙状弯曲 flexura sigmoidea penis 163
阴茎根 radix penis 163, 164, 169
阴茎根断端 extremitas fracture radix penis 163
阴茎鞘 vagina penis 159, 160
阴茎鞘及阴茎 vagina penis et penis 158
阴茎缩肌 m. constrictor peni 164
阴茎体 corpus penis 163, 164
阴茎头 glans penis 160, 163, 164
阴茎头螺旋部 pars spiralis glans penis 159, 160, 163
阴门 vulva 106, 138, 139, 151
阴囊 scrotum 2, 159, 161, 162

阴囊缝 raphe scroti 156, 157
阴囊及右侧睾丸 scrotum et testis dexter 156, 157, 158
阴囊及左侧睾丸 scrotum et testis sinister 156, 157, 158
隐动脉 a. saphena 99
隐动脉及静脉 a. saphena et v. saphena 97, 98
隐静脉 v. saphena 99
隐神经 n. saphenus 98, 99
鹰嘴 olecranon 272, 273, 274
鹰嘴窝（肘窝）fossa olecrani 269, 270, 271
硬腭 palatum durum 13, 45, 46, 47
硬腭缝 raphe palatum durum 14, 15
硬腭褶 rugae palatum durum 14, 15
幽门 pylorus 34, 35
幽门腺区 reg. glandulae pyloricae 35
幽门圆枕 torus pyloricus 35
右侧背阔肌（内侧面）m. latissimus dorsi dextri (facies medialis) 191
右侧附睾头 caput epididymidis dexter 161, 162, 164
右侧腹壁腹膜 epigastrica peritoneum dexter 82
右侧睾丸 testis dexter 161, 162, 164, 168
右侧精囊腺纵切面 plana longitudinalis gl. vesicularis dexter 170
右侧精索 funiculus spermaticus dexter 158, 161, 162
右侧精索神经 n. spermatica dextra 164
右侧精索血管 funiculus spermaticus vasorum dextrum 164
右侧颈皮肌浅部 pars superficialis m. cutanei colli dextri 189
右侧肋骨 costae dexter 23
右侧卵巢 ovarium dextrum 136, 137, 139, 149, 150, 151, 152
右侧髂内静脉 v. iliaca interna dextra 92
右侧输精管 ductus deferens dexter 164
右侧输卵管 tuba uterine dextra 139, 150, 151
右侧输卵管伞 fimbriae tubae dextra 136, 137, 139, 151
右侧输尿管 ureter dexter 151
右侧胸骨舌骨肌 m. sternohyoideus dexter 189
右侧子宫角 cornua uteri dextri 136, 137, 139, 149, 150, 151
右耳 auris dexter 42
右房室口 ostium atrioventriculare dextrum 75, 76, 80, 81
右肺 pulmo dexter 69, 69
右肺背缘 margo dorsalis pulmonis dexter 51, 52
右肺副叶 lobus accessorius pulmonis dexter 54, 55, 66, 70, 71
右肺膈叶 lobus diaphragmaticus pulmonis dexter 50, 51, 52, 55, 60, 61, 66

右肺膈叶腹缘 margo ventralis lobi diaphragmaticus pulmonis dexter 52, 53
右肺膈叶膈面
facies diaphragmatica lobi diaphragmaticus pulmonis dexter 54
右肺膈叶后缘 margo caudalis lobi diaphragmaticus pulmonis dexter 52, 53, 54
右肺膈叶肋面 facies costalis lobi diaphragmaticus pulmonis dexter 53
右肺后缘 margo caudalis pulmonis dexter 51
右肺尖叶 lobus apicalis pulmonis dexter 50, 53, 54, 55, 60, 66
右肺尖叶后部 pars caudalis lobi apicalis pulmonis dexter 52
右肺尖叶前部 pars cranialis lobi apicalis pulmonis dexter 52
右肺静脉 vv. pulmonales dexter 70
右肺心切迹 incisura cardiaca pulmonis dextra 50, 52, 53
右肺心叶 lobus cardiacus pulmonis dexter 50, 52, 53, 54, 55, 66, 70, 71
右肺心叶腹缘 margo ventralis lobi cardiacus pulmonis dexter 52, 53
右肺心叶支气管内壁
paries medialis bronchus lobi cardiacus pulmonis dexter 55
右肺叶间裂 fissura interlobaris pulmonis dexter 52, 53, 54
右肺纵隔面 facies medialis pulmonis dexter 51
右骨盆壁静脉 v. paries pelvina dextra 91
右后肢 membri pelvici dextri 20, 198
右后肢骨 ossa cinguli membri pelvici dextri 234
右颈动脉 a. jugularis derter 64
右颈内静脉 v. jugularis interna dextra 64
右颈外静脉 v. jugularis externa dextra 63, 64
右髂外静脉 v. iliaca interna dextra 91
右前肢 membri thoracici dextri 20, 57, 123
右前肢骨 ossa cinguli membri thoracici dextri 234
右前肢前臂部 pars antebrachii membri thoracici dextri 125
右前肢肘部 pars cubiti membri thoracici dextri 125
右肾 ren dexter 23, 32, 33, 106, 107, 149, 176
右肾静脉 v. renalis dexter 107
右肾上腺 gl. suprarenalis dextra 176
右输尿管 ureter dexter 107
右锁骨下动脉 a. subclavia dextra 64
右腿跗部 pars tarsi crus dextrum 156
右心耳 auricula dextra 68, 69, 70, 81
右心耳梳状肌 mm. pectinati auricula dextra 80
右心房 atrium dextrum 54, 61, 64, 65, 66, 68, 70, 72, 73
右心房（心包内）atrium dextrum (intrapericardial) 62
右心房壁 paries atrium dextrum 80

右心房梳状肌 mm. pectinati atrium dextrum 74, 76
右心室 ventriculus dexter 54, 61, 64, 65, 66, 68, 69, 70, 71, 74, 79, 81
右心室(心包内) ventriculus dexter (intrapericardial) 62
右心室壁 paries ventriculus dexter 75
右心室腔 cavum ventriculus dexter 80
右腰大肌 m. psoas major dexter 203
盂上结节 tuberculum supraglenoidale 267
隅齿 dens incisivi Ⅲ 15, 17, 244
圆肌粗隆 tuberositas teres 269
圆肌隆起 eminentia m. teres 270, 271
圆锥乳头 papillae conicae 16
远列跗骨 ossa tarsi distalia 279
远列腕骨 ossa carpi distalia 265, 266
远籽骨 os sesamoideum distale 233, 277, 278, 294

Z

载距突 sustentaculum tali 290, 292
掌部 pars metacarpi 2, 3, 9
掌骨 ossa metacarpalia 233, 265, 266, 276, 277
褶间沟 sulcus interplicae 134
真皮 corium 7
枕骨 os occipitale 235, 236, 237, 2340, 241
枕骨大孔 foramen magnum 240, 241
枕骨底部 pars basilaris ossis occipitalis 239
枕嵴 crista occipitalis 235, 237, 241
枕髁 condylus occipitalis 235, 236, 239, 240, 241
枕叶 lobus occipitalis 115
正中动脉和静脉 a. mediana et v. mediana 126
正中神经 n. medianus 95, 123, 124, 125, 126
直肠 rectum 23, 24, 25, 26, 27, 32, 105, 106, 138, 139, 149, 150, 151, 164, 168, 169, 177
跖部 pars metatarsi 2, 3, 10
跖骨 ossa metatarsalia 233, 278, 279, 293, 294
跖籽骨 os sesamoideum metatarsale 294
指部 pars digiti manus 2, 3
指浅屈肌 m. flexoris digitorum manus superficialis 205, 27, 211
指浅屈肌腱 tendo m. flexoris digitorum manus superficialis 213, 217
指浅屈肌浅部

pars superficialis m. flexoris digitorum manus superficialis 213
指浅屈肌浅肌腹
venter musculi superficialis m. flexoris digitorum manus superficialis 210, 215, 217
指深屈肌 m. flexoris digitorum manus profundi 207, 215
指深屈肌臂头
m. flexoris digitorum manus profundi brachiocephalicus 209
指深屈肌尺头 caput ulnare m. flexoris digitorum manus profundi 208, 209, 210, 211, 212, 213, 216, 217
指深屈肌第二指腱
tendo digiti Ⅱ m. flexoris digitorum manus profundi 217
指深屈肌第五指腱
tendo digiti Ⅴ m. flexoris digitorum manus profundi 217
指深屈肌肱头浅部 pars superficialis capitis humeralis m. flexoris digitorum manus profundi 205, 206, 210, 213, 216, 217
指外侧伸肌 m. extensor digitorum manus lateralis 214
指外侧伸肌腱 tendo m. extensor digitorum manus lateralis 214
指总伸肌 m. extensor digitorum manus communis 205, 206, 207, 212, 214, 216
指总伸肌(外头、中头、内头)腱 tendo capitis lateralis m. extensoris digitorum manus communis/tendo capitis medii m. extensoris digitorum manus communis/tendo capitis medialis m. extensoris digitorum manus communis 206
指总伸肌腱 tendo m. extensoris digitorum manus communis 216
趾部 pars digiti pedis 2, 3
趾短伸肌 m. extensor digitorum pedis brevis 221, 222, 227, 231
趾浅屈肌 m. flexoris digitorum pedis superficialis 222, 225, 226, 229, 232
趾浅屈肌腱 tendo m. flexoris digitorum pedis superficialis 232
趾深屈肌(拇长屈肌)
m. flexor digitorum pedis profundus(m. flexoris hallucis longi) 219, 220, 221, 222, 223, 224, 225, 226, 228, 229, 230, 232
趾长伸肌第三趾腱 tendo digiti Ⅲ m. extensoris digiti pedis longi 231
趾长伸肌第四趾腱
tendo digitorum pedis Ⅳ m. extensoris digiti pedis longi 231
趾长伸肌腱 tendnos m. extensoris digiti pedis longi 228
趾长伸肌内头腱
tendo capitis medialis m. extensoris digiti pedis longi 227, 231
趾长伸肌外头腱
tendo capitis lateralis m. extensoris digiti pedis longi 227
趾长伸肌中头腱
tendo capitis medii m. extensoris digiti pedis longi 227, 231
中鼻道 meatus nasi medius 45, 46, 47, 238
中间齿 dens incisivi Ⅱ 15, 16, 17, 224

中间腕骨 os carpi intermedium 275, 276, 277
中央跗骨 os tarsi centrale 293, 294
终丝 filum terminale 122
舟状窝 fossa scaphoidea 134
肘部 pars cubiti 2, 3
肘突 processus anconeus 272, 273, 274
肘突结节 tuberculum processus anconeus 272, 273, 274
肘正中静脉 v. mediana cubiti 93, 94, 126
主动脉 aorta 54, 69, 72, 74, 78, 79, 81
主动脉半月瓣 valvula semilunaris aorta 73
主动脉根 radix aortic 76
主动脉弓 arcus aortae 64, 67, 68, 70
主动脉口 ostium aortae 73, 78
主动脉内壁 paries medialis aorta 73
转子窝 fossa trochanterica 283, 284, 285
椎弓 arcus vertebrae 264
椎后切迹 incisura vertebralis caudalis 254, 262
椎间孔 foramen intervertebrale 248, 252, 261
椎孔 foramen vertebrale 248, 250, 255, 262, 264
椎前切迹 incisura vertebralis cranialis 254, 262
椎体 corpus vertebrae 252, 254, 261
椎头 caput vertebrae 250, 254, 255, 262, 263, 264
椎外侧孔 foramen vertebrale laterale 248, 249, 251, 253, 254, 260
椎窝 fossa vertebrae 248, 249, 251, 254, 255, 262
锥旁室间沟(左纵沟)
sulcus interventricularis paraconalis (sulci longitudinales sinister) 54, 61, 62, 64, 68, 69
子宫动脉 a. uterina 143
子宫角 cornua uteri 82, 88, 89, 90, 104, 138, 140, 141, 142, 143, 144, 145, 146, 147, 148, 152
子宫角黏膜 tunica mucosa cornua uteri 146, 148, 152
子宫颈 cervix uteri 137, 138, 139, 150, 151
子宫颈黏膜 tunica mucosa cervix uteri 147, 148, 152
子宫颈切面 sectiones cervix uteri 146
子宫颈圆枕 pulvini cervicales 147, 148, 152
子宫阔韧带 lig. latum uteri 89, 90, 136, 137, 138, 139, 140, 141, 142, 143, 146, 147, 149, 150, 151, 152
子宫阔韧带动脉 a. lig. latum uteri 89, 90
子宫阔韧带静脉 v. lig. latum uteri 89, 90, 143
子宫阔韧带淋巴结 lnn. lig. latum uteri 90

子宫体 corpus uteri 137, 138, 139, 142, 150, 151
子宫体黏膜 tunica mucosa corpus uteri 146, 147, 148, 152
总鼻道 tueatus nasi communis 45, 46, 238
总耳褶 plica auricularis communis 134
总鞘膜 tunica vaginalis communis 159, 162
纵隔 mediastinum 53, 54, 59, 62
最后乳头 papilla mammae postrema 11
左臂动脉 a. brachialis sinister 64
左侧附睾体 corpus epididymidis sinister 164
左侧附睾头 caput epididymidis sinister 161, 162, 164
左侧附睾尾 cauda epididymidis sinister 164
左侧睾丸 testis sinister 159, 161, 162, 164, 168
左侧精囊腺 gl. vesicularis sinister 170
左侧精索 funiculus spermaticus sinister 158, 159
左侧精索神经 n. spermatica sinistra 164
左侧精索血管 funiculus spermaticus vasorum sinitrum 164
左侧颈皮肌浅部 pars superficialis m. cutanei colli sinistri 189
左侧卵巢 ovarium sinistrum 136, 137, 139, 150, 151, 152
左侧尿道球腺 gl. bulbourethralis sinister 170
左侧输精管 ductus deferens sinister 164
左侧输卵管 tuba uterine sinistra 136, 139, 151
左侧输卵管伞 fimbriae tubae sinistra 136, 137
左侧输尿管 ureter sinister 151
左侧胸骨舌骨肌 m. sternohyoideus sinister 189
左侧子宫角 cornua uteri sinistri 136, 137, 139, 149, 150, 151
左耳 auris sinister 8
左房室口 ostium atrioventriculare sinistrum 76, 77, 78, 79, 80
左肺 pulmo sinister 68, 69, 70, 71
左肺背缘 margo dorsalis pulmonis sinister 51, 53
左肺腹缘 margo ventralis pulmonis sinister 51
左肺膈叶 lobus diaphragmaticus pulmonis sinister 50, 51, 55, 59, 66
左肺膈叶腹缘
margo ventralis lobi diaphragmaticus pulmonis sinister 53
左肺膈叶膈面
facies diaphragmatica lobi diaphragmaticus pulmonis sinister 54
左肺膈叶后缘
margo caudalis lobi diaphragmaticus pulmonis sinister 53, 54
左肺膈叶肋面
facies costalis lobi diaphragmaticus pulmonis sinister 53

左肺膈叶支气管内壁
paries medialis bronchus lobi diaphragmaticus pulmonis sinister 55
左肺后缘 margo caudalis pulmonis sinister 51
左肺尖叶 lobus apicalis pulmonis sinister 50, 51, 53, 54, 55, 66, 173
左肺心切迹 incisura cardiaca pulmonis sinistra 50, 51, 53
左肺心叶 lobus cardiacus pulmonis sinister 50, 51, 53, 54, 55, 65, 66
左肺心叶支气管内壁
paries medialis bronchus lobi cardiacus pulmonis sinister 55
左肺叶间裂 fissura interlobaris pulmonis sinister 51, 53, 54
左腹股沟(肷部) inguen sinister 157, 158
左腹股沟浅淋巴结 lnn. inguinales superficiales sinistra 158
左骨盆壁静脉 v. paries pelvina sinistra 91
左冠状沟 sulcus coronarius sinister 65, 68, 69, 71
左后肢骨 ossa cinguli membri pelvici sinistri 234
左季肋部 regio hypochondriaca sinistra 30, 31
左颈动脉 a. jugularis sinister 64
左颈深静脉 v. cervicalis profunda sinistra 64
左颈外静脉 v. jugularis externa sinistra 63
左奇静脉 v. azygos sinistra 67, 71
左髂内静脉 v. iliaca interna sinistra 91
左髂外静脉 v. iliaca externa sinistra 91
左前肢 membri thoracici sinistri 50, 124, 125, 173
左前肢骨 ossa cinguli membri thoracici sinistri 234
左肾 ren sinister 20, 21, 88, 104, 105, 106, 107, 149, 177, 186
左肾动脉 a. renalis sinister 107
左肾静脉 v. renalis sinister 107
左肾上腺 gl. suprarenalis sinistra 177
左输尿管 ureter sinister 107
左锁骨下动脉 a. subclavia sinistra 64, 79
左腿膝部 pars genu crus sinistrum 157
左心耳 auricula sinistra 73
左心耳梳状肌 mm. pectinati auricula sinistra 80
左心房 atrium sinistrum 54, 64, 65, 68, 69, 71, 76, 77, 78, 79
左心房壁 paries atrium sinistrum 80
左心房梳状肌 mm. pectinati atrium sinistrum 79
左心室 ventriculus sinister 61, 64, 65, 66, 68, 69, 71, 73, 75, 81
左心室(心包内) ventriculus sinister (intrapericardial) 62
左心室壁肌 paries musculus ventriculi cordis sinistri 78

左心室壁肌切面 sectiones paries musculus ventriculi cordis sinistri 77, 79
左心室腔 cavum ventriculus sinister 79, 80
左腰大肌 m. psoas major sinister 203
左腋动脉 a. axillaris 64
坐骨 os ischii 280, 282
坐骨板 lamina ischiadiadica 281
坐骨大切迹 incisura ischiadica major 282
坐骨棘 spina ischiadica 282
坐骨嵴 spina ischiadica 280
坐骨结节 tuber ischiadicum 280, 281, 282
坐骨神经 n. ischiadicus 96, 97, 98, 99, 127, 128
坐骨小切迹 incisura ischiadica mino 282
坐骨支 ramus ossis ischii 281

主要参考文献

C.J.G. 温辛,K.M. 戴斯(荷). 1983. 牛解剖学基础[M]. 郭和以, 等, 译. 北京: 农业出版社.

F. W. Chamberlain, D. V. M. 1943. Atlas of Avian Anatomy[M]. East Lansing: Michigan State College.

《英汉兽医学词汇》编纂组. 1979. 英汉兽医学词汇[M]. 北京: 人民卫生出版社.

《英汉医学词汇》编纂组. 1979. 英汉医学词汇[M]. 北京: 人民卫生出版社.

安徽农学院. 1977. 家畜解剖图谱[M]. 上海: 上海人民出版社.

安徽农学院. 1985. 家畜解剖学图谱[M]. 那顺巴雅尔, 译. 呼和浩特: 内蒙古人民出版社.

陈兼善, 等. 1988. 英汉动物学辞典[M]. 上海: 上海科学技术文献出版社.

陈耀星, 等. 2002. 动物局部解剖学[M]. 北京: 中国农业大学出版社.

陈耀星, 等. 2010. 畜禽解剖学[M]. 北京: 中国农业大学出版社.

董长生, 等.2009. 家畜解剖学[M]. 第4版. 北京: 中国农业出版社.

董常生, 周浩良, 等. 2009. 家畜解剖学[M]. 第4版. 北京: 中国农业出版社.

甘肃农业大学兽医系. 1979. 简明兽医词典[M]. 北京: 科学出版社.

林大诚, 等. 1994. 北京鸭解剖[M]. 北京: 北京农业大学出版社.

林大诚. 1984. 禽类国际解剖学名词[M]. 北京: 北京农业大学出版社.

林辉, 等. 1992. 猪解剖图谱[M]. 北京: 农业出版社.

刘执玉, 等. 1992. 英汉解剖学词汇[M]. 北京: 中国医药科学出版社.

陆承平, 等. 2002. 现代实用兽医词典[M]. 北京: 科学出版社.

罗克. 1983. 家禽解剖学与组织学[M]. 福州: 福建科学技术出版社.

马仲华, 等. 2002. 家畜解剖学及组织胚胎学[M]. 第3版. 北京: 中国农业出版社.

内蒙古农牧学院, 安徽农学院, 郭和以, 等. 1989. 家畜解剖学[M]. 第2版. 北京: 农业出版社.

内蒙古农牧学院. 1983. 家畜解剖学·蒙古文版[M]. 呼和浩特: 内蒙古教育出版社.

汤逸人, 等. 1988. 英汉畜牧科技词典[M]. 北京: 农业出版社.

汪定基, 等. 1991. 家畜局部解剖学[M]. 北京: 中国农业出版社.

熊本海, 恩和, 等. 2012. 绵羊实体解剖学图谱[M]. 北京: 中国农业出版社.

熊本海, 恩和, 苏日娜, 等. 2014. 家禽实体解剖学图谱[M]. 北京: 中国农业出版社.

张宝文, 等. 1989. 英汉兽医学词汇[M]. 西安: 陕西人民出版社.

张季平, 等. 1977. 英汉医学及生物学词素略语词典[M]. 北京: 科学出版社.

张世英, 杨本升, 等. 1994. 现代英汉畜牧兽医大词典[M]. 吉林: 吉林科学技术出版社.

张世英, 杨本升, 等. 1994. 现代英汉畜牧兽医大辞典[M]. 长春: 吉林科学技术出版社.

钟孟淮, 等. 2001. 动物繁殖与改良[M]. 北京: 中国农业出版社.